U0269078

清华
开发者书库

Principles of AllJoyn Technology and IoT Programming

AllJoyn技术原理及物联网程序开发指南

李永华 王思野◎编著
Li Yonghua Wang Siye

清華大學出版社
北京

内 容 简 介

本书以目前物联网的发展为背景，总结AllSeen联盟的开源AllJoyn新技术及其开发方法。以AllJoyn技术的原理为基础，系统地介绍如何利用AllJoyn技术进行物联网的互联系统开发，继而为物联网的互联互通提供技术支撑，其主要内容包括以下几个方面：物联网技术概述（第1章），主要介绍物联网的产生、架构、技术及发展情况；AllJoyn技术的基本原理（第2章），阐述了AllJoyn技术框架及核心功能；AllJoyn基础服务（第3章），主要对AllJoyn技术支持的基础服务进行讲解，包括通知、配置、控制等基础服务；基于AllJoyn的开发方法（第4章～第8章），分别针对Android、Windows、Linux、iOS系统以及瘦客户端的开发进行阐述，包括系统配置、AllJoyn框架的搭建、基础服务开发方法以及具体的开发实例。本书内容由浅入深、先系统后实践，技术讲解与实践案例相结合，以供不同层次的人员需求；同时，本书附有实际开发的软件实现代码，供读者自我学习和自我提高使用。

本书可作为大学信息与通信工程及相关领域的高年级本科生及研究生教材，也可以作为物联网开发爱好者手册，还可以为物联网方向的创客提供帮助。对于从事物联网、AllJoyn技术开发和专业技术人员，本书也可以作为主要的技术参考书。

图书在版编目（CIP）数据

AllJoyn技术原理及物联网程序开发指南/李永华，王思野编著. --北京：清华大学出版社，2016
（清华开发者书库）
ISBN 978-7-302-42144-3

Ⅰ. ①A…　Ⅱ. ①李…　②王…　Ⅲ. ①互联网络－应用　②智能技术－应用　Ⅳ. ①TP393.4　②TP18

中国版本图书馆CIP数据核字（2015）第271904号

责任编辑：盛东亮
封面设计：李召霞
责任校对：时翠兰
责任印制：刘海龙

出版发行：清华大学出版社
网　　址：http://www.tup.com.cn，http://www.wqbook.com
地　　址：北京清华大学学研大厦A座　　**邮　　编**：100084
社 总 机：010-62770175　　**邮　　购**：010-62786544
投稿与读者服务：010-62776969，c-service@tup.tsinghua.edu.cn
质量反馈：010-62772015，zhiliang@tup.tsinghua.edu.cn
课件下载：http://www.tup.com.cn，010-62795954
印 装 者：清华大学印刷厂
经　　销：全国新华书店
开　　本：186mm×240mm　　**印　　张**：24.5　　**字　　数**：554千字
版　　次：2016年3月第1版　　**印　　次**：2016年3月第1次印刷
印　　数：1～2000
定　　价：69.00元

产品编号：063469-01

序

FOREWORD

物联网发展，方兴未艾，其广泛用于家居、电器、工业控制等各个领域，而工业界的各种技术及标准多种多样。2013 年 12 月，AllSeen 联盟诞生，并以开源 AllJoyn 技术为基础，代表着物联网的发展向标准化迈进了坚实的一步。物联网产品需要满足不同消费者的多样性需求，未来物联网的市场巨大，这为 AllJoyn 技术产品的发展提供了无限空间。

作为 AllSeen 联盟的基础，AllJoyn 技术是一个中性平台系统，旨在简化邻近异构分布式移动通信网络系统。异构性不仅表示不同的设备，而且可以是具有不同操作系统、不同编程语言和不同类型的设备，并且使用不同的通信技术。AllJoyn 的平台和语言独立特性就是由于它拥有独特的数据类型抽象方法和接口设计，这意味着 AllJoyn 能与不同的平台进行连接，用 C/C++/Object C 或者 Java 写成的 AllJoyn 应用，可以通过 AllJoyn 与其他系统进行连接。

作为一个全新的开源软件系统，AllJoyn 为运行跨越不同设备的分布式应用提供一个具有移动性、安全性和动态配置的环境，它不仅能解决异构分布式系统的固有问题，还能解决伴随移动性系统产生的随时接入问题，使开发人员能集中注意力解决应用程序的核心问题。

本书的第 1 章为物联网技术概述，主要介绍物联网的产生、架构、技术及发展情况；为读者归纳总结了物联网的产生、架构、技术及未来发展情况。

AllJoyn 技术的基本原理为本书的第 2 章内容，阐述了 AllJoyn 技术框架及核心功能，从 AllJoyn 总线、接口、服务、方法、属性、信号、广播、发现和会话的使用进行了详细的叙述；同时，给出了 AllJoyn 技术的协议框架，有助于读者对 AllJoyn 技术的核心有一个总体的把握和深入的理解，从而为 AllJoyn 技术的开发奠定坚实的基础。

AllJoyn 基础服务是本书的第 3 章内容，主要对 AllJoyn 技术支持的基础服务进行讲解，包括通知、配置、控制等基础服务；作为与 AllJoyn 核心技术配合使用的基础服务，为未来物联网的应用提供了基础的服务框架，开发者可以基础服务框架进行相应的技术开发，从而减小 AllJoyn 技术开发的周期和开发的难度，为 AllJoyn 产品的通用性提供了技术保障。

本书从第 4 章到第 8 章，分别针对 Android、Windows、Linux、iOS 系统以及瘦客户端的开发进行阐述，包括系统配置、AllJoyn 框架的搭建、基础服务开发方法以及具体的开发实例，从不同的操作系统、不同的编程语言进行实例化讲解和说明，为读者提供一个实际的可操作环境，从而快速掌握 AllJoyn 技术及物联网程序开发方法。

本书是作者在科研和实践教学中的经验总结，一方面，作者目前的研究方向是物联网和智能硬件研发；另一方面，作者选取素材的角度也非常好，既有 AllJoyn 技术原理的阐述，也有实际实现细节及程序代码实现的案例。

本书的内容十分丰富，无论是新手还是熟练的开发人员，都能从书中找到有用的信息。针对当前快速发展的物联网及智能硬件产业，本书无疑提供了 AllJoyn 技术学习及开发的完整过程，通过 AllJoyn 技术开源平台，可以快速上手物联网产品的研发，为高年级本科生、研究生、创客和电子爱好者提供了很好的解决方案。最后，希望本书能够给读者带来帮助。

薛国栋

AllSeen 联盟总裁

2016 年 1 月

前言

PREFACE

近年来物联网快速发展，各种标准、技术层出不穷，物联网的应用领域不断拓展，IDC预测，到2020年，全世界连网装置将超过2120亿个，市值将达到8.9兆美元。技术多样化发展的同时，也为物联网互联互通带来隐患，业界制定统一标准的呼声也愈来愈高。2013年12月，AllSeen联盟应运而生，探索建立物联网统一标准，真正开发一套通用的物联网互连架构，为物联网未来的发展提供了新的思路。

AllSeen联盟由Linux基金会负责运营，目前联盟包括顶级会员有海尔、佳能、伊莱克斯、LG电子、微软、高通、松下、特艺、夏普、索尼，还有Silicon Image和TP Link以及近200家社区会员，涉及芯片、模块、产品、安全、家电、系统、集成等多方面的物联网厂商，这种跨领域组成的AllSeen联盟，有助于开发一套通用的物联网互连架构，为未来物联网的更加广泛的应用提供了技术保障。

AllSeen联盟最初的框架来源AllJoyn开源项目，主要由高通创新中心驱动，采用Apache和BSD许可协议。无论是终端产品、应用、服务，通过AllJoyn技术就可以相互通信。AllJoyn是由开放、统一的框架和核心服务组成的，让开发者通过其软件开发框架，可以开发点对点及多屏幕的应用，以便使邻近的系统、应用或设备得以互联互通、控制及共享资源。AllSeen联盟最终希望打造一个跨平台、接入方式、编程语言的开放软件架构，可以让不同的设备，比如电视、机顶盒、路由器、冰箱、洗衣机、智能照明系统和其他设备无缝地连接起来，并跨越iOS、Android、Windows、Linux或Mac等不同的操作系统。

本书以当前物联网的发展为背景，总结AllJoyn技术的原理及应用方法。从物联网技术开发方法出发，系统地介绍如何利用AllJoyn技术进行不同系统下的AllJoyn产品研发，继而进行相应的应用。因此，本书面向未来的物联网工业创新与发展，通过AllJoyn软件架构，紧紧跟随AllJoyn技术的发展，为物联网技术的发展提供创新型人才。因此，本书将实际科研中应用AllJoyn技术进行总结，不仅包括处理能力较强的各种标准客户端系统应用，同时包括能力相对较弱的瘦客户端系统应用，希望对教育教学及工业界有所帮助，起到抛砖引玉的作用。

本书的主要内容包括以下几个方面：物联网技术概述（第1章），主要介绍物联网的产生、架构、技术及发展情况；AllJoyn技术的基本原理（第2章），阐述了AllJoyn技术框架及核心功能；AllJoyn基础服务（第3章），主要对AllJoyn技术支持的基础服务进行讲解，包括通知、配置、控制等基础服务；基于 AllJoyn 的开发方法（第 4 章～第 8 章），分别针对 Android、Windows、Linux、iOS 系统以及瘦客户端的开发进行阐述，包括系统配置、AllJoyn 框架的搭建、基础服务开发方法以及具体的开发实例。

本书的内容和素材来源主要来自 AllSeen 联盟的官方网站 www.allseenalliance.org。首先，是作者所在的学校近几年承担的科研成果和教育成果总结，在此特别感谢林家儒教授、陆月明教授和吕铁军教授的鼎力支持和悉心指导；其次，是作者指导的研究生在物联网和智能硬件方面的研究工作及成果总结，在此特别感谢杜展志、李博、李森、万昊、唐皓、高祥和邢达同学的大力协助；再次，AllSeen 联盟鼎力支持，为本书提供了第一手资料，在此向 AllSeen 联盟表示感谢；最后，父母妻儿在精神上给予了极大的支持与鼓励，才使得此书得以问世，向他们表示感谢！

本书由北京市教育科学“十二五”规划重点课题（优先关注），北京市职业教育产教融合专业建设模式研究（ADA15159）资助，特此表示感谢！

本书内容由浅入深，先系统后实践，技术讲解与实践案例相结合，以供不同层次的人员需求；同时，本书附有实际开发的软件实现代码，供读者自我学习和自我提高使用。本书可作为大学信息与通信工程及相关领域的高年级本科生及研究生教材，也可以作为物联网开发爱好者手册，还可以为物联网方向的创客提供帮助。对于从事物联网、AllJoyn 技术开发和专业技术人员，也可以作为主要的技术参考书。

由于作者的水平有限，书中不当及错误之处在所难免，衷心地希望各位读者多提宝贵意见及具体的整改措施，以便作者进一步修改和完善。

李永华

于北京邮电大学

2016 年 1 月

目录

CONTENTS

第1章 物联网技术概述

1.1 物联网产生背景

互联网从产生到现在，不断地发展和变化；在互联网之上，创造了许多新的业务应用和商业模式；在互联网不断进化的同时，各种技术的发展也在改变着IT行业的发展方向。当前，有线和无线的宽带接入变得无处不在，而且价格也不断地下降；智能硬件设备可以搭载多种传感器，变得更加强大，向微型化发展；多种设备之间的通信，导致互联网的进一步发展，这就是物联网。当接入设备能够获取更多网络数据时，物理实体通过相关的数据，可以为网络用户提供更多智能服务，成为物联网发展的主要驱动力量。

物联网描述了一个所有物体全部成为互联网中的元素，所有的物体都拥有独有的特征，并且可以通过互联网访问，可以获取它的位置与状态，可以添加各种服务，进行智能的扩展，融合了数字与物理世界，极大地影响着个人和社会环境。因此，通过技术进步，世间万物正朝着“永远在线”的方向发展，从绿色IT、能源效率、智能家居、车联网、可穿戴设备、智慧医疗等各种领域，不胜枚举，各种行业的应用从物联网概念逐渐走向实际应用。物联网的发展同时伴随着挑战，一方面是不同技术之间如何打破壁垒，真正实现万物互联，包括不同接入技术之间，不同操作系统之间，不同编程语言之间的互联互通；另一方面，在信息安全领域，为确保向社会各领域提供一个公平而且可信任又开放的物联网，标准化和监管是必不可少的。

物联网的发展在国际上引起了高度的重视，比如美国提出的智慧地球，中国政府提出的感知中国，欧盟提交《物联网——欧洲行动计划》的公告，通过构建新型物联网管理框架来引领世界物联网发展，这些都是对未来物联网发展的战略性构想。在企业层面的发展也是如火如荼，比如，Apple公司发布新一代操作系统，实现更流畅的苹果设备无缝对接、个人健康信息管理应用、智能家居应用等；Google公司2014年所并购的物联网公司，包括Nest Labs、智能恒温器制造商、MyEnergy、在线家庭水、电、天然气使用管理方案提供商、DropCam、家居安防摄像头制造商、Revolv、智能家居自动化控制中枢制造商；Intel公司通过高级性能、连接性、安全性和易管理性为物联网实现更加智能的嵌入式解决方案；Microsoft公司可为企业提供一种独特的集成方法，使其能够通过收集、存储和处理数据来利用物联网的优势，该方法通过各种产品组合进行扩展，其中包括一系列的个人电脑、平板电脑和企业网络边缘的行业设备、开发工具、后台系统和服务以及多样化的合作伙伴生态系统。

国内的企业中，海尔提出了U+平台，作为智能数字家电产业技术创新战略联盟推出的具有行业性质的开放平台，是一个开放的、成熟的商业生态系统，从芯片、模组、电控、厂商、开发者、投资者、电子商务、云服务平台和跨平台合作等所有的参与者都能从中受益。百度公司，语音技术将通过免费、开放的策略，打造周边信息查询、导航、公交线路、到站提醒、盲人路线自定义以及丰富的旅游、餐饮、购物等生活服务语音模块，并进入了智能手机、车载、教育等多个服务领域。阿里巴巴公司与多个家电厂商签署战略合作协议，将共同构建基于阿里云的物联网开放平台，实现家电产品的连接对话和远程控制，将在未来形成统一的物联网产品应用和通信标准，实现家电全系列产品的无缝接入和统一控制。腾讯公司从手机QQ、QQ空间等移动社交平台到以应用宝为核心的分发渠道，随着开放平台及智能硬件的发展，"开放连接"的另一端开始指向硬件领域，腾讯社交智能硬件开放平台"QQ物联"正式切入物联网领域。

总体而言，目前世界上的物联网发展呈现了多元的趋势：各个大型的科技企业准备制订自己的物联网标准，而一些企业则联合起来成立了联盟，制订共同的物联网标准。在全球物联网加速发展并推动产业变革之际，企业进一步升级其设备的应用性，逐渐向智能生活移动终端过渡，以争夺物联网领域主导权。多个国际物联网联盟高度重视并展开实际的研发。因此，未来一定会出现实用化、智能化的物联网，对于未来社会发展必将产生深远的影响。

1.2 物联网基本架构

物联网(Internet of Things，IoT)是一个基于互联网、传统电信网等信息承载体，让所有能够被独立寻址的普通物理对象实现互联互通的网络。物联网一般为无线网，由于每个人周围的设备可以达到1000～5000个，所以，物联网可能要包含500～1000M个物体。在物联网上，每个人都可以应用智能感知将真实的物体网络联结，在物联网上都可以查找出它们的具体位置。通过物联网可以用中心计算机对机器、设备、人员进行集中管理和控制，也可以对家庭设备、汽车进行遥控、搜寻位置以及防止物品被盗等各种应用。物联网将现实世界数字化，应用范围十分广泛。物联网的应用领域主要包括运输和物流领域、健康医疗领域、智能环境(家庭、办公、工厂)领域、个人和社会领域等几个方面，具有十分广阔的市场和应用前景。

1.2.1 物联网的由来

互联网是一个不断发展进化的实体，其重要性在人类社会的发展中不断增长，通过扩展创造新的价值。互联网开始于"计算机的因特网"，世界级的网络服务例如万维网建立了初始的顶层平台。而近些年，互联网却开始向"人的因特网"的方向转变，创造了例如Web 2.0

的概念，由相互联系的人们创造并使用其内容。

技术的发展推进了互联网的边界，宽带网络连接变得更加普及，无论是在发达国家，还是在发展中国家，带宽变得更加廉价。比如，非洲某些地区，由于光纤网络发展带来了社会各个方面的显著进步。一方面，设备硬件的处理能力与存储空间正在急速增长，技术发展让这些设备越来越小，设备的变化不仅让人们可以更好地使用互联网，而且创造了一系列新的发展机会。在整个人类社会中，正在经历一场由PC领域为主的社会，到移动电子设备为主的巨变，包括智能手机、笔记本电脑或是平板电脑。另一方面，这些设备由于传感器和探测器的发展而使其性能大幅度提升；多个方面的结合则创造了一个任何位置的设备均可以连接至网络中的环境，也就有了设备感知及计算，通过信息传输，成为了互联网的一部分。除此以外，物理设备也可以搭载智能硬件而被其他设备感知，这个融合把物理世界与虚拟世界通过智能设备联系到一起，把互联网的概念扩展成物联网。

物联网的实践最早可以追溯到1990年施乐公司的网络可乐贩售机——Networked Coke Machine，1991年美国麻省理工学院（MIT）的Kevin Ash-ton教授首次提出物联网的概念，1995年比尔盖茨在《未来之路》一书中也曾提及物联网，但未引起广泛重视。1999年美国麻省理工学院建立了“自动识别中心（Auto-ID）”，提出“万物皆可通过网络互联”，阐明了物联网的基本含义。早期的物联网是依托射频识别（RFID）技术的物流网络，随着技术和应用的发展，物联网的内涵已经发生了较大变化。2003年，美国《技术评论》提出传感网络技术将是未来改变人们生活的十大技术之首。2005年11月17日，在突尼斯举行的信息社会世界峰会（WSIS）上，国际电信联盟（ITU）发布《ITU互联网报告2005：物联网》，引用了“物联网”的概念。物联网的定义和范围已经发生了变化，覆盖范围有了较大的拓展，不再只是指基于RFID技术的物联网。2008年后，为了促进科技发展，寻找新的经济增长点，各国政府开始重视下一代的技术规划，将目光放在了物联网上。在中国，2008年11月在北京大学举行的第二届中国移动政务研讨会“知识社会与创新2.0”提出移动技术、物联网技术的发展代表着新一代信息技术的形成，并带动了经济社会形态、创新形态的变革，推动了面向知识社会的以用户体验为核心的下一代创新（创新2.0）形态的形成，创新与发展更加关注用户，注重以人为本，而创新2.0形态的形成又进一步推动新一代信息技术的健康发展。

1.2.2 物联网的结构

在物联网概念中“物”的定义是非常广的，并且包含了各种不同的物理元素。这其中包含了我们每天使用的个人产品，如智能手机、平板电脑和数码相机；它同样包括了我们环境中的元素，使其可以通过网关与我们相连接。基于以上观点的“物”可以有庞大数量的设备与物体被接入互联网中，每一个都提供了数据与信息，甚至是服务。物联网思维让连接从原来的“任何时间、任何地点、任何人”变成了“任何时间、任何地点、任何物”。当这些事物被加入网络中时，让越来越多的智能处理和服务支持经济发展，环境和健康成为可能，物联网的各个元素的示意图如图1-1所示。

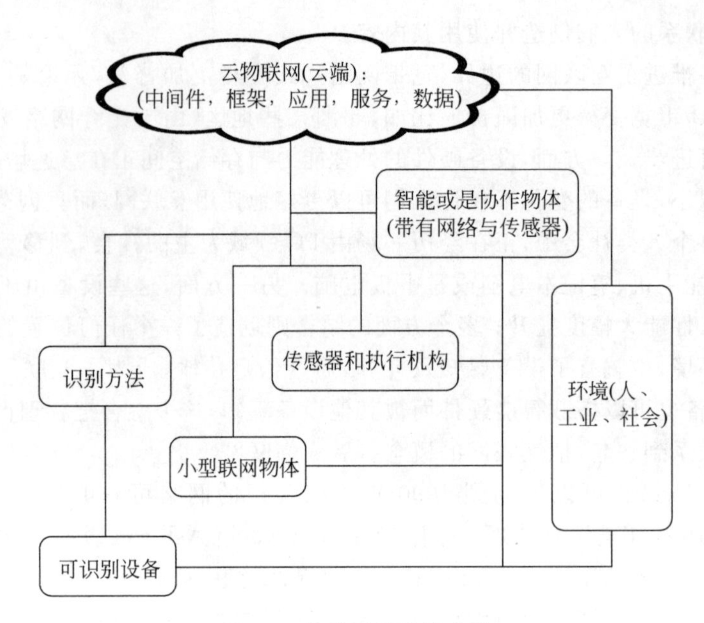

图 1-1　物联网元素示意图

图 1-1 是抽象意义上的物联网生态系统的示意，设备本身需要能被相应的技术识别，通过多种手段能够辨识出设备的属性，当然也可以包括诸如相关的位置信息，这些都可以整合在一起。相应地，这些使用传感器的联网物体开始变得小型化，并且融入到我们的日常生活中。传感器和执行器网络基于当地环境可以做出相关的反应，并且可以联系具体的状况和时间做出更高级的服务。智能物体感知到活动与状态，并且将它们连接到物联网中。中间件和框架允许其他设备使用接收的数据，运行相关的应用和服务，比如，云端可以提供容量，使这些应用和服务的质量更高，从而使物联网按照相关的设想来改变环境。

在这个意义上说，几乎所有的事物都会连接上网络，即使是个人的随身物品也会有迹可循，它的状态和位置信息将会在高层次的服务中被实时获取。在这种背景下，确定物联网的作用范围是非常重要的。数以几十亿计的物体连入网络，每一个都提供了数据，而它们中的大部分都有影响所处环境的能力。当处理这些庞大的数据时，需要更加智能的设备进行判断决策。我们可以利用今天已经熟知的互联网技术，逐渐向物联网方面进化，以这种形式奠定物联网的基础。当物联网领域出现连续的技术更新并趋近成熟，那么物联网进化的核心驱动力便是各种各样的应用。

随着物联网的发展，人们提出了物联网的技术体系框架，从可实现的角度对物联网的发展进行了总结，如图 1-2 所示。

传感层是物联网感知物理世界获取信息和实现物体控制的首要环节，传感器将物理世界中的物理量、化学量、生物量转化成可供处理的数字信号；识别技术实现对物联网中物体标识和信息的获取。

传输层主要实现物联网数据信息和控制信息的双向传递、路由和控制，重点包括低速近

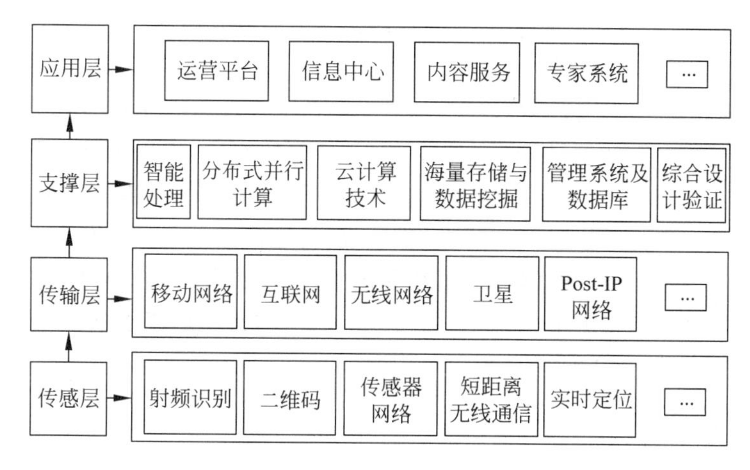

图 1-2　物联网体系结构示意图

距离无线通信技术、低功耗路由、自组织通信、无线接入 M2M 通信增强、IP 承载技术、网络传送技术、异构网络融合接入技术以及认知无线电技术。

支撑层综合运用高性能计算、人工智能、数据库和模糊计算等技术，对收集的感知数据进行通用处理，重点涉及数据存储、并行计算、数据挖掘、平台服务、信息呈现等。

应用层是一种松耦合的软件组件技术，它将应用程序的不同功能模块化，并通过标准化的接口和调用方式联系起来，实现快速可重用的系统开发和部署，可提高物联网架构的扩展性，提升应用开发效率，充分整合和复用信息资源。

1.3　物联网相关技术

当前全球制造业发展越来越呈现数字化、网络化和智能化的新特征，从国家层面上看，美国提出“工业互联网”战略、德国提出“工业 4.0”战略、中国提出“互联网＋”战略，主要意图就是抢占智能制造这一未来产业竞争制高点。从企业层面看，应把实施互联网战略作为企业提升竞争力的关键环节。互联网不再只是企业生产的工具和手段，已成为支撑企业成长的关键要素和支撑平台。基于互联网思维下的企业转型升级，推动了众多制造业新业态的崛起，已经成为当前制造业发展新的亮点，更是当前经济形势下难得的发展机遇。

从技术层面上看，物联网是互联网概念的延伸，如果说互联网是“软”的，那么物联网则是“软(云平台)＋硬(硬件)”的模式。这也是为什么互联网巨头转型到物联网时，需要做硬件，而传统的硬件公司转型到物联网就要做云平台，这是物联网软硬件的互补性需求。“软硬结合”，硬件是基础设施，连接是必要条件，通过硬件获取数据及软件的处理，才是物联网的核心价值。因此，物联网带来的价值绝大多数将来自于云平台上的数据，也就是说未来“物联网”出没的地方，“大数据”“云平台”就像孪生兄弟一样相伴而行。而现今市场上缺少的不是硬件个体，而是如何让硬件之间互联互通，同时提供多样的云平台服务，比如数据的存储、分析、处理、推送，这样才能为人类社会的进步起到推动作用。

物联网本身可以是任何大小的网络，比如，物联网系统可以是一种智能家庭局域网，为了方便人们在住宅、办公场所等室内的各种活动而形成一种多样化网络架构，通常由灯光照明、电器控制、遮阳控制、节能控制、远程抄表、应用软件、互联规划和共享网络等子系统组成，主要利用综合布线技术、网络通信技术、智能家居-系统设计方案安全防范技术、自动控制技术和音视频技术将家居生活有关的设施集成，构建高效的住宅设施与家庭日程事务的管理系统，提升家居安全性、便利性、舒适性和艺术性，并实现环保节能的居住环境。也就是说，如今物联网发展所取得的成果，是建立在逐步取得的技术进步上的，下面将简单介绍物联网的相关技术。

1.3.1 接入技术

在智能家居领域，有线组网技术是最先兴起的，这种组网方式具有稳定性高、通信速度快等优点，但存在着网络庞大、布线复杂、灵活性差等诸多缺点。总地来说，有线组网技术发展普及比较好，经过多年的发展，市场出现了许多成熟的技术，有线方式主要包括电力线载波的 X-10 和 CEBUS、电话线方式 HomePNA、以太网方式的 IEEE802.3 以及专用总线方式的 IEEE1394 和 LONWORKS 等。物联网中使用的传统布线方案，不仅布线复杂且成本高昂，因此，基于无线技术的物联网互联方案渐渐获得市场的青睐，下面将目前主要的无线和有线的接入方式做简单的介绍。

1. ZigBee

ZigBee 技术作为一种低速短距离传输的无线网络协议，在物联网领域获得了广泛的使用，替代了传统的有线布线。基于 ZigBee 的智能家居能源管理系统简化了家庭布线的复杂度，实现了家电的无线互联，为用户提供了舒适的家庭环境、方便易用的家电管理以及远程查看和管理家电的功能。ZigBee 协议以其低功耗、低成本、低速率、低复杂度和易组网等特点使它在医疗监护、环境监测、智能交通、智能电网和智能家居等方面已经广泛研究与应用。基于 ZigBee 的智能家居简化了家庭电器的复杂度，实现了家电的无线互联，为用户提供了舒适的家庭环境和方便易用的家电管理。

为了方便地管理家电的工作模式，提出使用基于 ZigBee 技术的智能插座和红外遥控器等技术实现对家电的无线控制。其中，智能插座可以对所有的家电执行简单的开关控制，而红外遥控器则可以对诸如空调或者电视机之类的多控制状态的家电执行控制，它们虽然为家庭用户提供了方便易用的家电控制，但却无法满足远离家庭的用户管理家电的需求。针对这个问题，提出使用基于 Web 的动态网页远程管理家电的智能家居系统，该系统使用运行 μC/OS-II 嵌入式操作系统的 ARM Cortex-M3 作为系统控制器，使用 ZigBee 无线传感器网络实现家电控制以及环境信息采集，提供动态网页供用户远程访问家电环境信息以及控制家电设备。

2. 红外通信

红外通信技术是以红外线作为通信媒质的特定应用，通常用在移动电话、笔记本电脑和掌上电脑中。红外通信是被设计用于短距离、低功率、无许可证的通信，但是，红外通信因为其技术限制，导致传输距离受到很大的限制。例如，红外线不能穿越阻挡信号的物体、传输角度不能过大等。因此，在早期的智能家居应用中用到红外技术效果并不理想。

在智能家居系统中，常常利用 ZigBee 技术来控制红外遥控器，从而间接地控制利用红外通信的家用电器。因为角度的偏离会影响设备对红外线的接收，令红外遥控器固定在室内合适的位置，这样人们就可以通过 ZigBee 向红外遥控器发送指令，这些指令经过遥控器识别后转换成相应的红外通信指令，并发送到相应的红外控制家电上，使用基于 ZigBee 技术的红外遥控器，这样的方法可以免去对家电的更新，只是对遥控器进行重新设计，实施起来较为方便，但是这样仅仅是实现了对红外家电简单控制，没有任何家电信息的收集与交互。

3. BlueTooth

BlueTooth 技术是无线数据和语音传输的开放式标准，它将各种通信设备、计算机及其终端设备、各种数字数据系统、家用电器采用无线方式联接起来。该技术是一种用于替代便携或者固定电子设备上所使用的电缆或连线的短距离无线连接技术，工作在 2.4GHz 的 ISM 频段上，其技术采用 1600 次每秒的扩频调频技术，发射功率为 3 类，即 1mw、10mw 和 100mw，通信距离为 10～100m，传输速率有 3Mbps 左右。在传输数据信息的时候，还可传输一路话音信息，这也是 BlueTooth 技术的一个重要的特点之一。

BlueTooth 技术适用于在短距离(大约 10m)范围内替代电缆，如果增大发射功率，它的传输距离可达 100m，而家庭中各个家电之间的相隔距离一般不会超过此距离；蓝传输速率对于家庭网络中各种家电间中等速率的数据传输，完全可以满足；抗干扰能力强，它的快速跳频使系统更加稳定，它的前向纠错能力可以限制噪声的影响，这样家庭中的各种 BlueTooth 家电可以互不干扰地正常工作；BlueTooth 系统具有连接的普遍性、标准的开放性以及很强的扩展性，可以满足家庭网络中更多的需要；BlueTooth 芯片的成本相对较低，因而可大大降低网络家电的成本；中国无线电管理委员会已对 BlueTooth 技术开放了相应的频段，为大面积的推广应用提供了可能。

4. WiFi

WiFi 是一种可以将个人电脑、智能移动设备等终端以无线方式互相连接的技术，可以方便地与现有的有线以太网络整合，组网成本低，通常对应以 PC 共享上网为主要应用模式的家庭网络服务。

在 ARM S3C2440 处理器和 Linux 嵌入式操作系统基础上，利用 WiFi 模块互连各个家电终端，组建了家庭无线网络，系统采用的是典型的客户机与服务器架构，充分发挥了客户端 PC 的处理优势，实现一个可以在 WiFi 热点区域接入互联网的无线通信终端，并可以对家电设备远程控制。一种基于 ZigBee 网络与 WiFi 视频监控网络构成的智能家居监控系统，利用 ZigBee 传输标量数据和控制信号，利用 WiFi 传输音视频数据并为下层的 ZigBee 网络提供 Internet 网络接入的网关功能，发挥两种无线技术的优势。

5. 陆基移动通信网

蜂窝移动通信(Cellular Mobile Communication)是采用蜂窝无线组网方式,在终端和网络设备之间通过无线通道连接起来,进而实现用户在活动中可相互通信。其主要特征是终端的移动性,并具有越区切换和跨本地网自动漫游功能。蜂窝移动通信业务是指经过由基站子系统和移动交换子系统等设备组成蜂窝移动通信网提供的话音、数据、视频图像等业务,主要包括第二代移动通信系统 GSM、CDMA,第三代移动通信系统 WCDMA、CDMA2000 以及 TD-SCDMA,第四代移动通信系统 LTE、未来 5G 移动通信系统等。

6. 电力线

网络信息传输介质用电力线有很大优势,目前,大多数家居中已经铺设电力线,电缆不需要另外布设,施工难度降低了。但是家庭中所使用的手持移动设备,不能采用电力线接入网络。另外,它的缺点还有传输速率仅 300Kbps,不能满足数字信号音频和视频信号的传输,保密性差,标准未统一,接入设备昂贵等。目前国际上采用电力线作为联网传输介质推出的解决方案有 X-10、CEBUS 等。

7. 电话线

HomePNA(Home Phoneline Networking Alliance,家庭电话线网络联盟)是一个非营利性组织,致力于协调采用统一的标准,统一电话线网络的工业标准。该联盟在 1998 年由 11 个公司共同建立。该联盟旨在以家庭电话线为连接介质构造家庭网络,使用频分复用技术,在同一条电话线上同时传送话音和数据信号,当用户上网时,打电话和收发传真都不受影响。HomePNA 先后推出两个版本,分别是 HomePNA1.0 和 2.0,其中 1.0 版本支持 1Mbps 的速率,2.0 版本支持 10Mbps 以上速率。韩国三星公司曾推出基于此项技术的家用智能产品。这种方式是通过在电话线上加载高频载波信号来实现信息传递的,可以同时满足电话业务、XDSL 和家庭内部数据传输,互不干扰。利用墙上预留的电话插座,能够避免重新布线,但是在家庭中电话线插座不可能随处安装,在扩充新节点时还是会面临重新再布线的问题。

8. 以太网

以太网(Ethernet)指的是由 Xerox 公司创建并由 Xerox、Intel 和 DEC 公司联合开发的基带局域网规范,该技术基于铜介质的双绞线和同轴电缆实现信号的双向传输,数据传输率很高,可以达到 10Mbps 或 100Mbps,甚至达到 1000Mbps,能够传输数据、电话、视频以及家电控制信息,主要用于有线局域网和高速因特网。现阶段,以太网技术在目前的家庭设备互联中是最简单也是最普及的,成本也不高,但专门布线费用大,安装维护比较困难,几乎不具备移动性,家庭中的用户宁可使用已经铺设好的电话线或电缆,却不愿意再重新安装以太网线。因此,以太网方式可能是家庭网络发展初期的解决方案,但不是家庭网络的最终方案。

9. 专用总线

通过采用专用总线的形式来实现家庭控制网络组建,并完成小区的智能相连,如 LONWORKS、RS-485 总线等解决方案。它的优点是抗干扰能力比较强,技术相对成熟;缺点是需要重新铺设线路，给用户带来麻烦。

10. RFID

射频识别(Radio Frequency Identification，RFID)技术又称无线射频识别，是一种通信技术，可通过无线电信号识别特定目标并读写相关数据，而无须识别系统与特定目标之间建立机械或光学接触。常用的有低频(125～134.2kHz)、高频(13.56MHz)、超高频，微波等技术。RFID 读写器也分移动式的和固定式的，目前 RFID 技术应用很广，比如，图书馆、门禁系统、食品安全溯源等。

从概念上来讲，RFID 类似于条码扫描，对于条码技术而言，它是将已编码的条形码附着于目标物并使用专用的扫描读写器利用光信号将信息由条形磁传送到扫描读写器；而 RFID 则使用专用的 RFID 读写器及专门的可附着于目标物的 RFID 标签，利用频率信号将信息由 RFID 标签传送至 RFID 读写器。从结构上讲 RFID 是一种简单的无线系统，只有两个基本器件，该系统用于控制、检测和跟踪物体，系统由一个询问器和很多应答器组成。RFID 技术的飞速发展对于物联网领域的应用具有重要的意义。

11. NFC 技术

近场通信(Near Field Communication，NFC)是一种短距高频的无线电技术，在 13.56MHz 频率运行于 20cm 距离内，由非接触式射频识别(RFID)演变而来，由飞利浦半导体(现恩智浦半导体公司)、诺基亚和索尼公司共同研制开发，其基础是 RFID 及互联技术；其传输速率有 106Kbps、212Kbps 或者 424Kbps 三种。目前近场通信已通过成为 ISO/IEC IS 18092 国际标准、ECMA-340 标准与 ETSI TS 102 190 标准。NFC 采用主动和被动两种读取模式，在单一芯片上结合感应式读卡器、感应式卡片和点对点的功能，能在短距离内与兼容设备进行识别和数据交换；工作频率为 13.56MHz。但是使用这种手机支付方案的用户必须更换特制的手机，目前这项技术在日韩被广泛应用，手机用户凭着配置了支付功能的手机就可以行遍全国，手机可以用作机场登机验证、大厦的门禁钥匙、交通一卡通、信用卡、支付卡等等。

1.3.2 基于网络的信息管理技术

无线通信技术提供了家电互联的可能性，而 Web 技术的融入将会使家电信息的管理变得更加方便。越来越多的传感器正在接入互联网，其中包括便携式传感器，例如手机中自带的各种传感器、环境感应传感器组成的传感器网络、智能家居中的传感器、各种商品货物上的标识传感器，它们共同组成了物联网(Internet of Things)，或称为物联 Internet。

这样，Internet 分别给互联的物体一个 IP，这些传感器的目的是监测数据，形成了一个庞大的监测网络，从而供用户参考。为了更好地管理传感器网络和利用传感器网络所监测的数据，Web 技术脱颖而出，它将传感器网络中的各种数据资源、监测设备、应用系统以及计算资源都融合在互联网上，形成了另外一种概念上的物联网，即 Web of Things，物联 Web，通过 Web 互联，能够令人们实时、全面、智能、可靠地监视和管理现实世界的对象，用户能够方便地获得感兴趣的传感器或传感器观测值，从而根据这些观测值来决定自己对设备的下一步动作。

1. 家电传感器检索技术

用户想要方便地获得智能家居传感器或传感器对家电的观测值，需要用到检索技术，当前的检索方式可以分为两类，语义检索和相似性检索。其中语义检索分为简易文本检索和详细文本检索。简易文本检索支持检索描述传感器的文本元数据，例如传感器的类型、位置、测量单位等，但是实际应用性不强，因为人们描述同一概念的方式不同，简易文本的绑定容易造成检索误差；详细文本检索将描述传感器的多个相关的文本元数据标记在传感器上，提供传感器描述表及详细的传感器描述，这样在一定程度上降低了用户检索的误差，但是执行复杂，相关的文本元数据确定不易。相似性检索技术在一定程度上降低了语义检索的文本输入准确度要求，以图片或者数据检索与其相似的传感器或传感器数据，提高了易用性。检索技术可以用于智能家居的客户端，使用相似性检索利于客户端在不同地方的使用，不用进行客户端与智能家居的单独匹配，适合多种平台。

2. 嵌入式Web服务器

智能家居控制器是一个由软件和硬件共同组成的具有计算机能力的功能实体，实现它的一种方法就是采用PC。PC不仅具有足够能力实现控制与网关功能，而且可以很方便地实现控制和网关功能，但是作为控制中心也有它的不足，比如体积大，功耗大，成本高，所以使用PC作为智能家居控制器并不是合适的。为了克服PC的这些不足，可以采用嵌入式系统来实现基于以太网的智能家居控制器。嵌入式系统以应用为中心，针对家居控制中心的要求，在软硬件上可定制设计，使之在功能、可靠性、成本、体积和功耗等方面适合家庭控制中心的要求。

基于嵌入式Web服务器系统的网络智能家居控制器，不仅符合物联网的发展趋势，而且具有很好的技术研究和应用价值，其中一些用于控制电灯、电冰箱、空调等家用电器的运行状态。物联网控制器采用ARM处理器S3C44B0作为核心处理单元，硬件平台由S3C44B0和以太网控制器CS8900等器件组成，软件主要以精简TCP/IP协议栈为核心，两者共同组建了嵌入式物联网Web服务器。精简TCP/IP协议栈包括了以太网控制器驱动程序、ARP协议模块、IP协议模块、ICMP协议模块、TCP协议模块和HTTP协议模块，在HTTP协议的基础上，建立了嵌入式Web服务器TCP/IP Lean。用户可以使用任意的浏览器对家居中的设备和环境进行检测和控制。

采用ZigBee技术与嵌入式Web服务器相结合的方式控制物联网，使用ZigBee技术组建了家居无线控制网络，并且实现了所有节点之间的数据收发，组网灵活，加入或退出节点都极为方便，加入了嵌入式Web服务器，不仅提供了用户通过浏览器查询家居温度、控制家居中灯节点的功能，还设计了一个较为友好方便的访问界面。

总体来说，当今主流是物联网的无线接入技术，可以很好地实现设备之间的互联，而Web技术的引入，极大地方便了信息的查询管理。对于物联网的管理，除了嵌入式Web服务器以外，还有基于Android、iOS平台的应用程序，通过相应的软件来对物联网进行管理。这些物联网能够启动的前提是，控制端与各个接入家庭网的智能家电在系统上必须保证匹配，也就是说所有家电都必须要有统一的标准，这样才能令控制端较好地对其进行操作，而当今物联网的控制标准尚缺，平台匹配较差，物联网需要定制，大大影响了用户对家电的选择性，因此，出台相应的标准和具有适应各种不同家电智能系统的用户平台极为迫切。

3. 云计算技术

云计算是由 Google 提出的一种网络应用模式。狭义云计算是指 IT 基础设施的交付和使用模式，指通过网络以按需、易扩展的方式获得所需的资源；广义云计算是指服务的交付和使用模式，指通过网络以按需、易扩展的方式获得所需的服务。这种服务可以是 IT 和软件、互联网相关的，也可以是任意其他的服务，它具有超大规模、虚拟化、可靠安全等独特功效。

云计算是把一些相关网络技术和电脑融合在一起的产物，它是利用分布式计算机计算出的信息和运行数据中心改成与互联网相近，使资源能够运用到有用的技术上，对存储系统和电脑做必要的咨询。目的是把各种消费进行低成本处理并融合为功能完整的实体，还可以运用 MSP、SAAS 等模式分布并计算到终端用户。云计算是以加强改善其处理能力为重点，用户终端的负担也相应降低，I/O 设备也能够简化，还可以对它的计算功能进行合理的享受并运用。例如百度等搜索功能就是它的应用之一。

随着物联网产业的深入发展，物联网发展到一定规模后，在物理资源层与云计算结合是水到渠成。一部分物联网行业应用，如智能电网、地震台网监测等，终端数量的规模化导致物联网应用对物理资源产生了大规模需求，一个是接入终端的数量可能是海量的，另一个是采集的数据可能是海量的。云计算在物联网中的应用主要有三种方式，即 IaaS 模式、SaaS 模式和 PaaS 模式。

（1）IaaS 模式在物联网中的应用。无论是横向的通用的支撑平台，还是纵向的特定的物联网应用平台，都可以在 IaaS 技术虚拟化的基础上实现物理资源的共享，实现业务处理能力的动态扩展。IaaS 技术在对主机、存储和网络资源的集成与抽象的基础上，具有可扩展性和统计复用能力，允许用户按需使用。除网络资源外，其他资源均可通过虚拟化提供成熟的技术实现，为解决物联网应用的海量终端接入和数据处理提供了有效途径。同时，IaaS 对各类内部异构的物理资源环境提供了统一的服务界面，为资源定制、出让和高效利用提供了统一界面，也有利于实现物联网应用的软系统与硬系统之间某种程度的松耦合关系。目前国内建设的一些和物联网相关的云计算中心、云计算平台，主要是 IaaS 模式在物联网领域的应用。

（2）SaaS 模式在物联网中的应用。SaaS 模式的存在由来已久，被云计算概念重新包装后，除了可以利用云计算的其他技术（如 IaaS 技术）外，没有特别本质上的变化。通过 SaaS 模式，仍然实现的是物联网应用提供的服务被多个客户共享使用。这为各类行业应用和信息共享提供了有效途径，也为高效利用基础设施资源、实现高性价比的海量数据处理提供了可能。在物联网范畴内出现的一些变化是，SaaS 应用在感知延伸层进行了拓展，它们依赖感知延伸层的各种信息采集设备采集了大量的数据，并以这些数据为基础进行关联分析和处理，向最终用户提供业务功能和服务。

(3) PaaS模式在物联网中的应用。Gartner把PaaS分成两类：APaaS和IPaaS。APaaS主要为应用提供运行环境和数据存储；IPaaS主要用于集成和构建复合应用。人们常说的PaaS平台大都指APaaS，如Force.com和GoogleAppEngine。在物联网范畴内，由于构建者本身价值取向和实现目标的不同，PaaS模式的具体应用存在不同的应用模式和应用方向。

从目前来看，物联网与云计算的结合是必然趋势，但是，物联网与云计算的结合，也需要水到渠成，不管是PaaS模式还是SaaS模式，在物联网的应用，都需要在特定的环境中才能发挥应有的作用。

4. 大数据技术

对于“大数据”(Big data)，研究机构Gartner给出了这样的定义：“大数据”是需要新处理模式才能具有更强的决策力、洞察发现力和流程优化能力的海量、高增长率和多样化的信息资产。大数据技术的战略意义不在于掌握庞大的数据信息，而在于对这些含有意义的数据进行专业化处理。换言之，如果把大数据比作一种产业，那么这种产业实现盈利的关键，在于提高对数据的加工能力，通过加工实现数据的增值。

从技术上看，大数据与云计算的关系就像一枚硬币的正反面一样密不可分。大数据必然无法用单台的计算机进行处理，必须采用分布式架构。它的特色在于对海量数据进行分布式数据挖掘，但它必须依托云计算的分布式处理、分布式数据库和云存储、虚拟化技术。随着云时代的来临，大数据也吸引了越来越多的关注。“著云台”的分析师团队认为，大数据通常用来形容一个公司创造的大量非结构化数据和半结构化数据，这些数据在下载到关系型数据库用于分析时会花费过多时间和金钱。大数据分析常和云计算联系到一起，因为实时的大型数据集分析需要像MapReduce一样的框架来向数十、数百甚至数千的电脑分配工作。

大数据需要特殊的技术，以有效地处理大量的容忍经过时间内的数据。适用于大数据的技术，包括大规模并行处理(MPP)数据库、数据挖掘电网、分布式文件系统、分布式数据库、云计算平台、互联网和可扩展的存储系统。物联网通过智能硬件为云计算提供大量的数据，物联网、大数据与云计算技术之间的关系如图1-3所示。

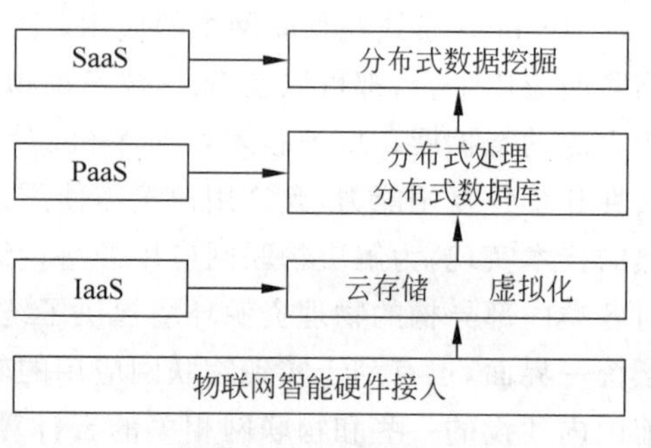

图1-3 物联网、云计算与大数据的关系

1.3.3 物联网语义

1. 物联网数据交换标准现状

物联网系统分为三个层面，即感知层、传输层和应用层。感知层主要是对物体进行识别或数据采集；传输层是通过现有的通信网络将信息进行可靠传输；应用层则是对采集的数据进行智能处理或展示。基于物理、化学、生物等技术发明的传感器“标准”已经有多项专利，而传输层的各种通信标准也已基本成熟，建立新的物联网通信标准难度较大，可行性较小。因此，物联网标准的关键和亟待统一的是关于应用层的标准，而其中尤以数据表达、交换和处理标准为核心。

目前，针对物联网应用层的数据交换标准主要有PML、EDDL、M2MXML、NGTP等。其中PML是实体标注语言，它是EPC(产品电码)物联网中交换信息的共同语言，用来描述人及机器都可以使用的自然物体的描述标准；EDDL是电子设备描述语言，它可以描述现场设备中的数据，以用于工程、调试、监视运行和诊断；M2M XML是一种用于终端设备间的通信协议，它包含一个用于分析协议的、与语义无关的Java API；NGTP是宝马公司推出的开放式Telematics协议架构平台，它使用统一、开放的接口来区分Telematics服务供应链的各个环节。此外，还有智能建筑领域的OB1X标准、公共安全与应急领域的CAP标准以及PCM(脉码调制)遥测技术的IRIG标准等。

可以看出，现有的物联网应用层的数据交换标准大多是针对某一特定领域或行业业务提出的，有一定的局限性，所以当前物联网缺少的是一个统一的物联网数据交换大集成应用标准(或标准体系)。欧盟有关机构正在进行数据交换标准"融合"的研究，目标是综合考虑相关领域已有的基于XML的数据交换标准，以便为那些在不同的标准中语义上具有等价性的数据元素(尽管他们可能有不同的名字)提供全球唯一的交叉引用方式和标识结构，从而提炼出一个基础的元数据标准，把这个标准作为物联网数据交换的核心，那么，对于不同的行业应用，就可以基于元数据扩展出相应的行业数据交换标准。

总体来说，物联网的标准化工作已经得到了业界的普遍重视，但对于应用层的标准化工作来说，还需要客观分析物联网标准的整体需求，从国际标准、国家标准、行业标准、地区标准等多个层次进行统筹设计；其次，还需要协调各个标准的推进策略，优化资源配置。

2. 物联网数据交换标准的语义基础是本体

本体(Ontology)起源于哲学，被Neches等人引入计算机科学领域后，在人工智能、语义Web、软件工程、图书馆学以及信息架构等领域得到了广泛应用。本体最流行的定义是Gruber在1993年给出的，即"本体是概念模型的明确的规范说明"。Studer在对前人的定义进行概括后提出：本体的概念包括以下四个方面。

(1) 概念模型：它是客观世界现象的抽象模型，其表示的含义独立于具体的环境状态；

(2) 明确：所使用的概念及使用这些概念的约束都有明确的定义；

(3) 形式化：本体的表示是形式化的，可以被计算机处理；

(4) 共享：本体中体现的是共同认可的知识，反映的是相关领域中公认的概念集，它所针对的是团体而不是个体。

本体的目标是获取相关的领域知识，提供对该领域知识的共同理解，确定该领域内共同认可的词汇，并从不同层次的形式化模式上给出这些词汇(术语)和词汇间相互关系的明确定义。所以，本体是具有不同知识表示的Web应用系统之间进行数据或知识交换共享的基础结构。通过定义共享和公共的领域知识，本体可帮助机器之间或机器与人之间更加精确的交流，实现相互之间的语义交换，而不只是语法级的交互。

按照领域依赖程度，Guarino 将本体划分为四类：第一类是顶级本体，用于描述通用的概念和概念之间的关系，如时间、空间、物质、对象、事件、动作等，顶级本体独立于特定的问题和领域，与具体的应用无关；第二类是领域本体，用于描述特殊领域(如教育或金融)中的概念，即陈述性知识；第三类是任务本体，用于描述特定任务或活动(如入学或取款)中的概念，即过程性知识；第四类是应用本体，应用本体可通过进一步特殊化领域本体和任务本体，将其用于描述既依赖于特定领域、又依赖于特定任务的概念，这些概念通常对应于领域个体执行特定活动时所扮演的角色(如学生入学或客户取款)。Daniel 等人利用现有的本体创建工具[28]，构建了通用的语义传感器本体，实现大型的语义传感器网络基础设施。

本体从底层向上分为顶级本体、领域本体和任务本体以及应用本体，这些不同层次的本体可提供整个世界的共性描述，而物联网正是要将世界连接起来。

首先，物联网所连接的各种物体都处在同一个世界中，它们都具有某些共同的特点，即人们对于这个世界的基本认识，如时空、物质、事件、行为等，所以，物联网数据交换标准体系的基础是顶级本体标准。其次，物联网各个垂直的应用领域都有特殊性。具体到每一个领域，都有可能、有必要发展一套依托于领域本体的标准。但是，很多类型的业务词汇和流程是可以跨越多个垂直应用领域而公用的，所以，还有必要发展起跨领域的物联网任务本体标准，即某个领域的本体标准可能构建于多个任务本体标准之上，而某个任务本体也有可能被多个领域本体所引用。再次，具体到每个企业、组织甚至个人，它们针对于自身的物品、行为、过程等，也可以建立起基于顶级本体、领域本体和任务本体的应用本体标准，以供其他个体在与自身发生信息交换时共享这些事先定义好的内容。

构建本体时要确定本领域内公认的词汇，建立对某个领域知识的共同理解和相关关系的描述，并能够给出领域词汇和词汇之间相互关系在不同层次的形式化模式上的明确定义，从而能够完整地提取领域知识。本体层首先需要对基本的类/属性进行描述，同时还必须对本体以及本体之间的关系进行描述，是语义网的核心层。本体层的专用描述语言规范也出现许多，得到大家认可的有 DAML(DARPA Agent Markup Language)、SHOE(Simple HTML Ontology Language)、OIL(Ontology Inference Language)以及 DAML＋OIL，目前，学术界使用最多的是由 W3C 组织推荐的 OWL(Web Ontology Language)本体描述语言。

3. 物联网数据交换标准的语法基础是 XML

ASN.1 是 ISO 和 ITU-T 的联合标准，ASN.1 本身只定义了表示信息的抽象句法，但是没有限定其编码的方法，各种 ASN.1 编码规则提供了由 ASN.1 描述其抽象句法数据值的传送语法(具体表达)。标准的 ASN.1 编码规则有基本编码规则(Basic Encoding Rules，BER)、规范编码规则(Canonical Encoding Rules，CER)、唯一编码规则(Distinguished Encoding Rules，DER)、压缩编码规则(Packed Encoding Rules，PER)和 XML 编码规则(XML Encoding Rules，XER)。

XML(eXtensible Markup Language，可扩展标记语言)是 W3C 组织于 1998 年推出的

一种用于数据描述的元标记语言标准。作为SGML(Standard Generalized Markup Language,标准通用标记语言)的一个简化子集,它结合了SGML丰富的功能和HTML的简单易用,同时具有可扩展性、自描述性、开放性、互操作性、可支持多国语言等特点,因而得到了广泛的支持与应用。对于作为物联网数据交换标准的格式来说,XML具有以下显著优点:

(1) 可定义行业或领域标记语言,XML可以用DTD或者Schema来定义,一份遵循DTD或者Schema定义的XML文档才是有效的。因此,XML可以针对不同的应用建立相关的标记语言,如化学标记语言(CML)、数学标记语言(MathML)、语音标记语言(VoiceXML)等,包括目前物联网中很多已经存在的标准都是基于XML定义的。

(2) 具有结构化的通用数据格式,XML使用树形目录结构形式,可以自行定义文字标签并指定元素间的关系,同时它也是W3C公开的一种数据格式,没有版权的使用限制,因而十分适合作为不同应用程序之间的信息交换格式。

(3) 可提供整套方案,XML拥有一整套技术体系,如可扩展样式表语言XSL、数据查询技术xQuery、文档对象模型DOM等等。

(4) XML在语法上的结构化信息表达能力和本体在语义上的透明性之间的优势互补为物联网数据交换标准的建立提供了很好的解决思路。

基于上述思路,物联网数据交换标准应以XML为语法格式、以标准化的本体为语义共识。按照本体的分类,物联网数据交换标准体系应以顶级本体为基础,以纵向的领域本体和横向的任务本体为支撑,建立起各种不同的应用本体标准,其整个物联网数据交换标准体系示意如图1-4所示。

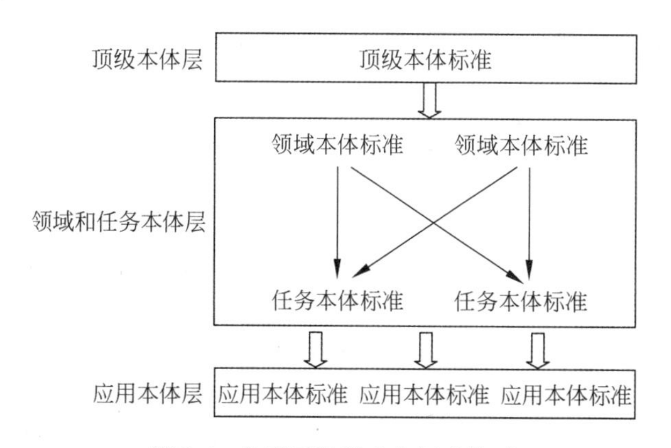

图1-4　物联网数据交换标准体系

4. 物联网数据互操作是RDF(Resource Description Framework)

RDF(Resource Description Framework)Model和RDF Schema是语义网体系结构框架的互操作层。

语义数据的定义和互操作由这两层来完成。W3C组织研究开发了用来描述资源及其之间关系的RDF规范。RDF通常采用三元组来表示互联网上的各种信息资源、属性及其值，具体表示为 RDF 的"陈述"(Statement)主体，即某个资源(Resource)的某个属性(Property)(谓词)的值是客体(某个资源或者是原生值)。

RDF Schema 是在 RDF 的基础上引入了描述类和属性的能力，它定义了属性的定义域与值域类以及属性之间的关系等等，就像是一本大词典，定义了都是计算机可以理解的词汇，计算机在分析执行程序的时候直接在词典中查询这些定义就可以知道数据所包含的语义了。

物联网中的数据语义不同，虽然可以通过 XML、本体等技术来构建一套物联网数据交换标准体系，并成立相关标准组织来进行管理，但这只能在一定程度上解决一定范围内的数据交换问题，而不可能也没必要建立一整套全面的数据交换标准，并要求所有参与者都要符合这个标准。所以，整个物联网数据交换标准体系应该是由少数几个顶级本体标准、大多数领域和任务的领域本体标准与任务本体标准，以及数量众多的应用本体标准组成。正因为如此，还需要在物联网的各个终端的必要位置上设置恰当的转换器或者接口，从而实现针对同一对象、应用或业务而语义不同的标准之间的转换。

1.3.4 M2M 技术

随着技术的发展，越来越多的设备具有了通信和联网能力，这将使得网络一切(Network Everything)逐步变为现实。人与人之间的通信需要更加直观、精美的界面和更丰富的多媒体内容，而 M2M 的通信更需要建立一个统一规范的通信接口和标准化的传输内容。另一方面，通信网络技术的出现和发展，给社会生活面貌带来了极大的变化。人与人之间可以更加快捷地沟通，信息的交流更顺畅。但是，目前仅仅是计算机和其他一些 IT 类设备具备这种通信和网络能力，众多的普通机器设备几乎不具备联网和通信能力，例如家电、车辆、自动售货机、工厂设备等。

ETSI 是国际上较早系统展开 M2M 相关研究的标准化组织，2009 年初成立了专门的 TC 来负责统筹 M2M 的研究，旨在制定一个水平化的、不针对特定 M2M 应用的端到端解决方案的标准。其研究范围可以分为两个层面，第一个层面是针对 M2M 应用用例的收集和分析；第二个层面是在用例研究的基础上，开展应用无关的统一 M2M 解决方案的业务需求分析、网络体系架构定义和数据模型、接口和过程设计等工作。

M2M 技术的目标就是使所有机器设备都具备联网和通信能力，其核心理念就是网络一切(Network Everything)。M2M 技术具有非常重要的意义，有着广阔的市场和应用，推动着社会生产和生活方式新一轮的变革。M2M 是一种理念，也是所有增强机器设备通信和网络能力的技术的总称。人与人之间的沟通很多也是通过机器实现的，例如，通过手机、电话、电脑、传真机等机器设备之间的通信来实现人与人之间的沟通。另外一类技术是专为机器和机器建立通信而设计的。如许多智能化仪器仪表都带有 RS-232 接口和 GPIB 通信接口，增强了仪器与仪器之间，仪器与电脑之间的通信能力。目前，绝大多数的机器和传感器不具备本地或者远程的通信和联网能力。

M2M 系统框架从数据流的角度考虑，在 M2M 技术中，信息总是以相同的顺序流动。

在这个基本的框架内，涉及多种技术问题和选择。例如：机器如何连成网络？使用什么样的通信方式？数据如何整合到原有或者新建立的信息系统中？但是，无论哪一种 M2M 技术与应用，都涉及 5 个重要的技术部分：机器、M2M 硬件、通信网络、中间件、应用，如图 1-5 所示。

智能化机器是使机器"开口说话"，让机器具备信息感知、信息加工(计算能力)、无线通信能力。M2M 硬件进行信息的提取，从各种机器/设备那里获取数据，并传送到通信网络；通信网络将信息传送到目的地；中间件在通信网络和 IT 系统间起桥接作用；应用对获得数据进行加工分析，为决策和控制提供依据。

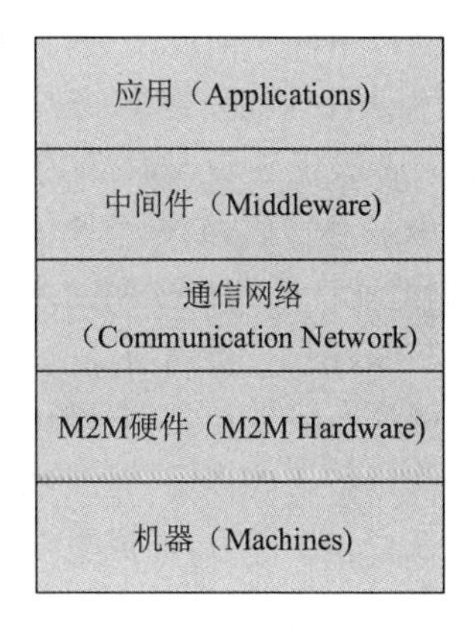

图 1-5　M2M 系统架构示意图

因此，M2M 不是简单的数据在机器和机器之间的传输，更重要的是，它是机器和机器之间的一种智能化、交互式的通信。也就是说，即使人们没有实时发出信号，机器也会根据既定程序主动进行通信，并根据所得到的数据智能化地做出选择，对相关设备发出正确的指令。可以说，智能化、交互式成为了 M2M 有别于其他应用的典型特征，这一特征下的机器也被赋予了更多的"思想"和"智慧"。

M2M 是将数据从一台终端传送到另一台终端，也就是机器与机器(Machine to Machine)的对话。但从广义上来说，M2M 可代表机器对机器(Machine to Machine)人对机器(Man to Machine)、机器对人(Machine to Man)、移动网络对机器(Mobile to Machine)之间的连接与通信，它涵盖了所有实现在人、机器、系统之间建立通信连接的技术和手段。

M2M 产品主要由三部分构成：①无线终端，可以是特殊的行业应用终端，也可以是通常的手机或笔记本电脑；②传输通道，从无线终端到用户端的行业应用中心之间的通道；③行业应用中心，也就是终端上传数据的会聚点，对分散的行业终端进行监控。其特点是行业特征强，用户自行管理，而且可位于企业端或者托管。

M2M 应用市场正在全球范围快速增长，随着包括通信设备、管理软件等相关技术的深化，M2M 产品成本的下降，M2M 业务将逐渐走向成熟。目前，在美国和加拿大等国已经实现安全监测、机械服务、维修业务、自动售货机、公共交通系统、车队管理、工业流程自动化、电动机械、城市信息化等领域的应用。

1.4　物联网的发展

1.4.1　两化融合及互联网+

两化融合是指电子信息技术广泛应用到工业生产的各个环节，信息化成为工业企业经营管理的常规手段。信息化进程和工业化进程不再相互独立进行，不再是单方的带动和促进关系，而是两者在技术、产品、管理等各个层面相互交融，彼此不可分割，并催生工业电子、工业软件、工业信息服务业等新产业。两化融合是工业化和信息化发展到一定阶段的必然产物，信息化与工业化主要在技术、产品、业务、产业四个方面进行融合。也就是说，两化融合包括技术融合、产品融合、业务融合、产业衍生四个方面。物联网在制造业的“两化融合”可以从以下四个角度来进行理解：①生产自动化，将物联网技术融入制造业生产，如工业控制技术、柔性制造、数字化工艺生产线等；②产品智能化，在制造业产品中采用物联网技术提高产品技术含量，如智能家电、工业机器人、数控机床等；③管理精细化，在企业经营管理活动中采用物联网技术，如制造执行系统MES、产品追溯、安全生产的应用；④产业先进化，制造业产业和物联网技术融合优化产业结构，促进产业升级。

“互联网＋”是创新2.0下的互联网发展新形态、新业态，是知识社会创新2.0推动下的互联网形态演进。“互联网＋”代表一种新的经济形态，即充分发挥互联网在生产要素配置中的优化和集成作用，将互联网的创新成果深度融合于经济社会各领域之中，提升实体经济的创新力和生产力，形成更广泛的以互联网为基础设施和实现工具的经济发展新形态。“互联网＋”行动计划将重点促进以云计算、物联网、大数据为代表的新一代信息技术与现代制造业、生产性服务业等的融合创新，发展壮大新兴业态，打造新的产业增长点，为大众创业、万众创新提供环境，为产业智能化提供支撑，增强新的经济发展动力，促进国民经济提质增效升级。

2015年3月5日上午中国全国人大第十二届三次会议上，李克强总理在政府工作报告中首次提出“互联网＋”行动计划。李克强总理所提的“互联网＋”与较早相关互联网企业讨论聚焦的“互联网改造传统产业”基础上已经有了进一步的深入和发展。李克强总理在政府工作报告中首次提出的“互联网＋”实际上是创新2.0下互联网发展新形态、新业态，是知识社会创新2.0推动下的互联网形态演进。伴随知识社会的来临，驱动当今社会变革的不仅仅是无所不在的网络，还有无所不在的计算、无所不在的数据、无所不在的知识。“互联网＋”不仅仅是互联网移动了、泛在了、应用于某个传统行业了，更加入了无所不在的计算、数据、知识，造就了无所不在的创新，推动了知识社会以用户创新、开放创新、大众创新、协同创新为特点的创新2.0，改变了我们的生产、工作、生活方式，也引领了创新驱动发展的“新常态”。

李克强总理提出的“互联网＋”实际上是创新2.0下的互联网发展新形态、新业态，是知识社会创新2.0推动下的互联网形态演进。新一代信息技术发展催生了创新2.0，重塑了物联网、云计算、社会计算、大数据等新一代信息技术的新形态。新一代信息技术的发展又推动了创新2.0模式的发展和演变，Living Lab(生活实验室、体验实验区)、Fab Lab(个人制造实验室、创客)、AIP(“三验”应用创新园区)、Wiki(维基模式)、Prosumer(产消者)、Crowdsourcing(众包)等典型创新2.0模式不断涌现。新一代信息技术与创新2.0的互动与演进推动了“互联网＋”的浮现，关于知识社会环境下新一代信息技术与创新2.0的互动演进可参阅《创新2.0研究十大热点》一文[3]。互联网随着信息通信技术的深入应用带来的创新形态演变，本身也在演变变化并与行业新形态相互作用共同演化，如同以工业4.0为代表的新工业革命以及 Fab Lab 及创客为代表的个人设计、个人制造、群体创造。可以说“互联网+”是新常态下创新驱动发展的重要组成部分,是物联网发展的重大驱动力量。

1.4.2 物联网联盟

在 2014 年,有很多具有强大影响力的国内外企业组建了物联网联盟,为未来物联网领域的规范标准奠定了基础;另一方面,联盟之间的许多工作有重复之处,并且一个企业参与了多个联盟,如何进一步融合是未来联盟之间发展的重点,下面是目前物联网行业技术标准的重要联盟。

1. AllSeen Alliance 技术联盟

AllSeen Alliance 技术联盟诞生于 2013 年 12 月,目前拥有近 200 家会员企业,既有高通、思科、TP-LINK、Silicon Image、Technicolor、Microsoft 这类软硬件厂商,也有海尔、LG、松下、夏普、Electrolux 等消费类电子产品厂商。AllSeen Alliance 的创始会员高通公司对其最为重要,该协会的开源软件框架 AllJoyn 基于高通的代码和技术平台创建。AllSeen Alliance 的目标是让配置不同操作系统和通信网络协议的家用商务设备实现协作互助。2015 年 3 月微软宣布 Windows 10 全面支持 AllJoyn 技术并推出了适用于 AllJoyn 的工具包。

2. IEEE 学会 P2413 项目

技术标准的传统权威 IEEE(电气电子工程师学会)发起了整顿 IoT 领域的 P2413 项目,力图一统物联网技术标准,解决业内在标准制定上的重复浪费工作。2014 年 7 月,IEEE P2413 项目召集 23 家供应商和其他相关方举行了首次会议,宣布学会“希望”制订一整套明确的物联网书面标准,并在 2016 年某个时候出版。但是,以物联网的快速发展势头,IEEE 这样的预订日程实在太过漫长。可能等到 IEEE 的标准解决方案面世时,制造商与供应商推出的事实标准或已被业界默认接受。目前该工作组的供应商和组织机构包括思科、华为、通用电气、甲骨文、高通和 ZigBee 联盟等。

3. 工业互联网联盟

工业互联网联盟(IIC)2014 年 3 月正式成立,其原始成员为 AT&T、思科、通用电气、IBM 和英特尔。该联盟现有逾百名成员,华为、微软、三星等业内知名企业均在其中。IIC 着重于各家企业的物联网建设及策略,并未着力制订行业标准,而是与认证机构合作,以求确保各商业领域的物联网技术融会贯通。IIC 的宗旨是让多家正在开发 IoT 与 M2M 技术的企业实现共同协作、相互影响。这涉及界定基本标准要求、参考架构和概念证明的问题。

4. 开放互联联盟

同样在 2014 年 7 月成立的还有“开放互联联盟”OIC,该联盟已拥有戴尔、惠普、英特尔、联想和三星等 50 多名会员。OIC 正组织撰写一系列开源标准。在那些标准的帮助下,各类联网设备将能寻找、隔离和确认彼此,进行沟通、相互影响,完成数据交换。该联盟计划在 2015 年末发布面向开发者的首个源代码。

5. Thread Group 联盟

Thread Group 联盟同样诞生于 2014 年 7 月，Google 旗下智能家居公司 Nest 和三星等 50 家机构都是该联盟的成员，中国家电企业美的集团也在其中。Thread 是一种基于 IP 的安全网络协议，用来连接家里的智能产品。该联盟因此得到重要先发优势，其协议支持一种现已上市的芯片，并能给所有设备都分配一个 IPv6 地址。由于 Thread 仅定义联网，这为其支持的产品今后适用于 AllSeen 和 OIC 这类更高层面的标准奠定了基础。该联盟将从 2015 年上半年起进行产品认证。

此外，过去一年多还有许多机构和行业协会在物联网领域跃跃欲试，比如通信标准化协会 oneM2M、International Society for Automation(ISA)等。今年很可能还会有些新的联盟、企业联合体和企业杀入物联网。IoT 领域已有许多标准认证主体，有的机构致力于完善补充现有方案标准，有的机构致力于技术标准冲突解决。然而，很多认证标准的冲突与重复都出自同一联盟内部的企业成员之间，这无疑加大了标准制定的难度。因此，在 IoT 行业之初，标准统一的可能性很小，必然存在多个标准并行的局面，以保障各方的利益。

1.4.3 AllJoyn 技术

2013 年底，全球电子业界组成 AllSeen Alliance，物联网发展迈出一大步。开发基于 AllJoyn 的物联网通信控制管理系统，是整个行业迈出了一大步。AllJoyn 技术，由高通公司主导的高通创新中心(Qualcomm Innovation Center)所开发的开放源代码专案，主要用于基于 WiFi、PLC、以太网及 BlueTooth 技术的近距离定位与点对点的无线传输。

AllJoyn 是一个中性平台系统，旨在简化邻近异构分布式移动通信网络系统。异构性不仅表示不同的设备，而且可以是具有不同操作系统、不同编程语言和不同类型的设备(例如个人电脑、手机、平板电脑和消费性电子产品)，并且使用不同的通信技术。AllJoyn 始终秉承相邻性和移动性的设计理念，在移动环境下，设备将不断与其他的相邻设备连接和断开，底层的网络状况也在不断发生变化，因此，需要一种全新的机制完成异构网络设备的互联互通。

在 AllJoyn 技术中，最基本的概念就是把所有一切通过软件总线紧密联系起来，虚拟的分布式总线是由运行在设备上的后台程序 AllJoyn Daemons 实现的。Daemon 实现了进程内通信的系统(Inter-Process Communication，IPC)，定义了多客户端和多服务端之间的面向服务(Service-Oriented Architecture，SOA)的结构。这个结构就是一条能连接多个后台程序的虚拟总线，客户端和服务器(端)通过总线配件(Bus Attachments)连接到总线上。总线配件位于客户端和服务器的本地进程中，用于提供和本地 AllJoyn 后台程序间的内部进程通信，它可以是任意形式的应用。每个总线配件连到总线时都会从系统自动获取一个唯一的标示名，一个具有特定标示名的总线配件意味着至少有一个实现接口的具有特定标示名的总线对象。

AllJoyn 的平台和语言独立特性就是由于它拥有独特的数据类型抽象方法和接口设计，这意味着 AllJoyn 能与运行在各种各样的平台的后台程序进行连接，用 C/C++/Object

C 或者 Java 写成的 AllJoyn 应用可以通过 AllJoyn 后台程序与其他总线配件进行连接。

作为一个全新的开源软件系统，AllJoyn 能为运行跨越不同设备的分布式应用提供一个具有移动性、安全性和动态配置的环境，它不仅能解决异构分布式系统的固有问题，还能解决伴随移动性系统产生的随时接入问题，使开发人员能集中注意力解决应用程序的核心问题。因此，AllJoyn 技术将在今后的物联网推广中占有重要地位。

第 2 章

AllJoyn 技术

物联网的概念,即万物互联,就是要将所有的人和设备联系在一起,根据目前的互联网应用,发挥更加丰富的功能,从而丰富我们的生活。因而,物联网的产出之一便是智能生活,在不久的将来,与人们的生活息息相关的各种设备,都是通过网络互联实现联动,为人们提供更加丰富的生活情景,比如智能家居、智能办公室、车联网以及各种智能硬件等。

在万物互联的物联网中,将会有数以亿计的设备,物联网无法像互联网一样将所有的设备都注册在一个控制中心;另一方面,在物联网中,交互最多的还是网络互联的近邻设备。因此,业界迫切需要有一个服务框架能自动识别出近邻物联网中存在的设备和服务,而且,随着家庭设备暴露出越来越多的连接和控制接口,安全问题也日益突出。

如果将不同生活场景看作一个邻近的物联网络,那么,今后人们生活的情景很有可能会是如图 2-1 所示的场景。

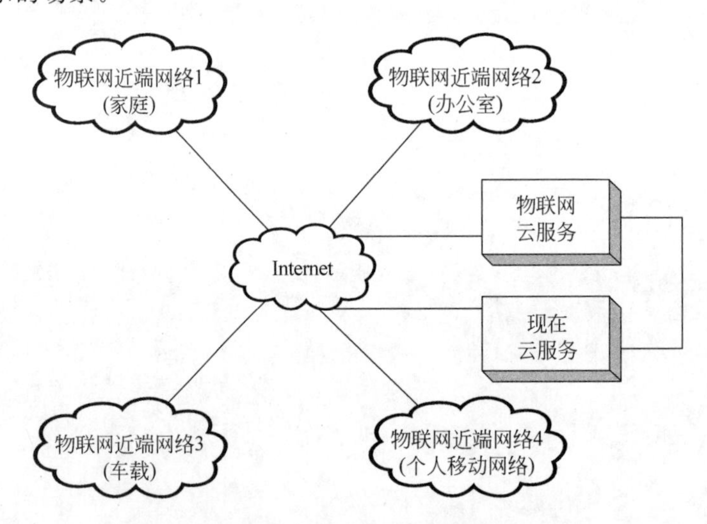

图 2-1　物联网的应用场景

在同一个物联网网络中的某个智能设备能自动发现和识别其他设备,并与之进行端对端的通信。对于那些需要通过 NAT 的设备,可以通过云端的发现服务去寻找自己感兴趣的设备,当然这些云端的服务也可以让不同近邻区域的设备实现通信,除此之外,云端的服务还可以为整个物联网提供某些特定的功能。

从图2-1可以看出，在物联网中，近邻物联网中的设备之间的相互交互是实现物联网更丰富功能的关键所在。整个物联网最关键的便是设备广播和发现、网络的动态移动管理、安全性和隐私、不同操作系统的交互和拓展性，因此，本章将详细介绍2014年全球最受关注的开源项目——AllJoyn技术，它是目前最主要的物联网框架之一。

2.1 AllJoyn技术简介

AllJoyn是一个具有平台中立性的开源软件系统，旨在为异构分布式移动系统简化近邻通信。所谓平台中立性，是指AllJoyn系统最大程度地独立于它所运行设备的操作系统、硬件和软件。事实上，AllJoyn系统在设计之初就将目标定位在Microsoft Windows、Linux、Android、iOS、OSX、OpenWRT和带有Unity插件的互联网浏览器。

异构强调的不仅仅是物理区分的不同设备，也包括运行在不同操作系统使用不同通信方式的不同种类的设备(比如个人电脑，手持设备，平板，电子设备)；移动强调的是在该系统中，设备总是在不断进入或是离开其他设备的邻近区域，底层的网络容量也会时时刻刻发生变化。

因此，AllJoyn在设计之初，便主要关注移动性、安全性与动态配置这三个方面。从整体来说，AllJoyn主要处理了从异构分布式系统中继承的诟病，解决了引入移动性所带来的新问题，从而使得开发者能够专注于他们想要开发应用的关键问题，而无须处理或理解多节点(多传输)环境下复杂的底层网络通信。

整体来说，AllJoyn为异构式分布系统中的邻近设备提供了一个基于邻近的端对端通信的方式，同时，这种通信方式不要求有一个集中式的主机来进行控制。基于AllJoyn的设备可以运行一个或多个AllJoyn的应用，并且这些设备形成端对端的AllJoyn网络。该网络中的AllJoyn系统允许这些应用广播自己的存在和发现其他AllJoyn设备或服务的存在，并且它们还能通过可以发现的API来将自己支持的功能暴露给外界。

在AllJoyn设备的邻近网络中，物联网设备上的AllJoyn应用可以被看作是P2P的，即对等端。一个实现了AllJoyn的应用可以是服务提供者，也可以是服务消耗者，或者同时承担这两者的角色。服务提供方负责来实现具体的服务，并将自己广播到网络中，对这些服务感兴趣的服务消耗者通过AllJoyn技术发现这些服务，然后就可以和服务提供者进行连接并且调用其所提供的服务。当然，一个应用可以同时承担这两者的角色，即可以向外界广播自己的存在并提供某些功能，也可以发现自己感兴趣的服务或设备并进行连接。下面给出一个有四个设备的AllJoyn通信框架，如图2-2所示，其中设备1和设备2是服务提供设备，设备3是服务消费者，而设备4既是服务提供者，也是服务消费者。

因此，AllJoyn技术具有如下优势。

1. 开源

AllJoyn™是高通公司创新中心(QuIC)贡献给AllSeen联盟的开放平台，是一个基于移

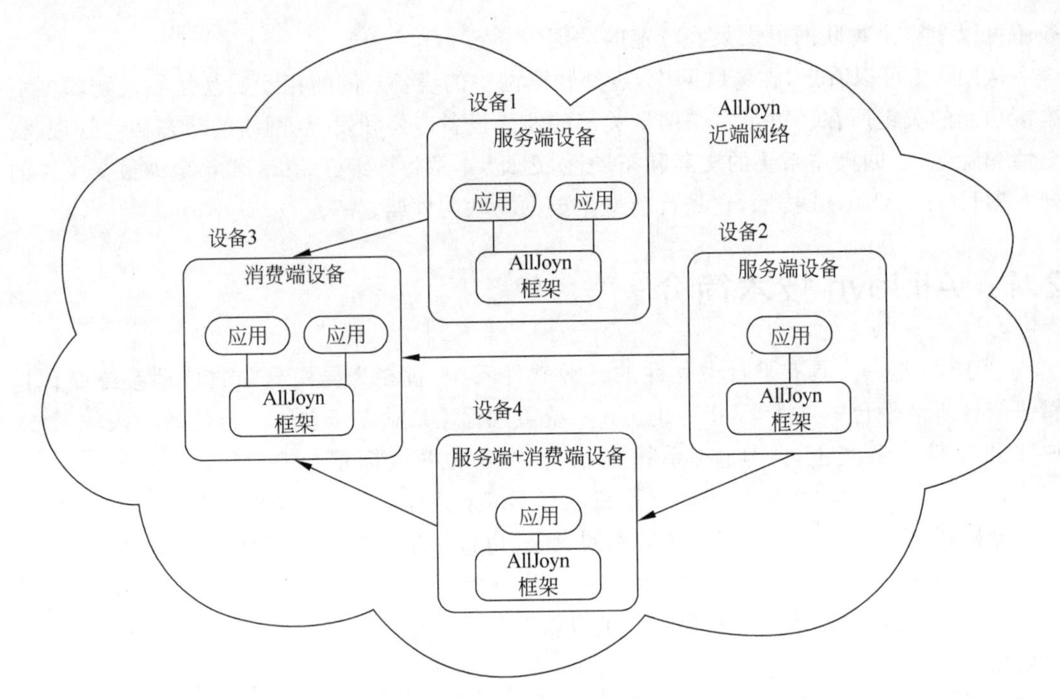

图 2-2 AllJoyn 通信框架示意图

动软件的开源项目，遵循 Apache 2.0 版本许可。目前已有众多国际知名公司和机构加入其中共同开发，AllJoyn 的所有源代码都可以进行下载和查看，并且 AllJoyn 项目鼓励开发者对其进行丰富和完善，并且 AllJoyn 开源项目还配备了专门的 AllJoyn 社区供开发者讨论开发过程中所遇到的问题，AllJoyn 的源代码可以从 https://allseenalliance.org/获取。

2. 独立于操作系统

AllJoyn 提供了一个抽象层，允许 AllJoyn 及其应用程序运行在多个操作系统平台上。AllJoyn 支持大部分的标准 Linux 发行版本，包括 Ubuntu 等，并可以运行在 Android2.2 和更高版本的智能手机和平板设备上。AllJoyn 还在常见版本的 Microsoft Windows 操作系统上进行了测试和验证，包括 Windows XP、Windows 7、Windows RT 和 Windows 8。此外，AllJoyn 也可以运行在苹果操作系统上，包括 iOS、OS X，嵌入式操作系统包括 OpenWRT 和带有 Unity 插件的网络浏览器。

3. 独立于开发语言

目前，开发人员可以使用 C++、Java、C#、JavaScript 和 Objective-C 语言来创建应用程序。

4. 独立于物理网络和协议

目前，AllJoyn 网络设备支持多种通信技术，如图 2-3 所示，可以支持 PLC、以太网和 WiFi 等接入技术。AllJoyn 提供了一个抽象层，它为底层网络协议栈定义了统一的接口，使得软件工程师可以相对容易地添加新的通信方式。比如，WiFi 联盟 2013 年发布的允许点对点的 WiFi 连接的 WiFi Direct 规范，目前 AllJoyn 便在积极开发其通信模块，以便在为 AllJoyn 开发者提供的通信方式中增加 WiFi Direct 功能和其预关联发现机制。

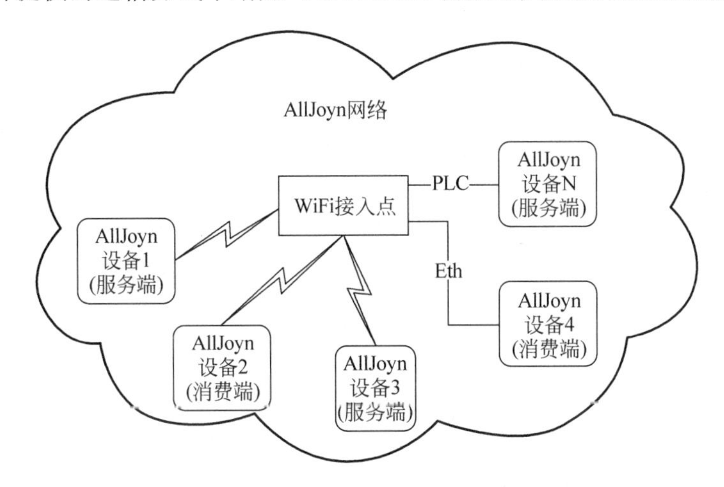

图 2-3 AllJoyn 多种接入技术示意图

5. 动态配置

通常情况下，移动设备在使用过程中会经常变更使用地点，不断与各种网络进行连接和断开。这也就意味着它的 IP 地址可能会改变，网络接口可能将变得无法使用，而服务也可能只是短暂性的。

AllJoyn 可以获知当前服务的断开和新服务的出现，并在需要的时候创建新的连接。在设计之初，AllJoyn 便准备作为 WiFi Hotspot2.0 技术的应用层，通过 WiFi Hotspot2.0 技术提升手机和信号发射塔对 WiFi 热点的漫游透明度。

在有些情况下，网络拓扑结构对分布式应用程序的性能至关重要。将蓝牙网络配置成微微网会比配置成分散网达到更好的性能。AllJoyn 根据每种网络技术的具体特性在内部对这些配置进行管理，从而开发人员不必对这些细节进行深入理解。

6. 服务广播和发现

当设备需要交互时，必须进行某种形式的广播和发现服务。在静态网络时代，人作为管理员对设备之间通信做出了精确的安排。但是随着技术发展，零配置网络的概念得到了普及和流行，比如苹果的 Bonjour 技术、微软的统一即插即用技术、蓝牙的服务发现协议、新兴的 WiFi Direct P2P 发现规范，同样，AllJoyn 也提供了一种广播和发现服务的抽象机制用于简化定位和应用服务的流程。

7. 安全性

分布式应用程序中安全性的固有模型是应用程序到应用程序的，然而，在许多情况下，网络安全模型并不符合这种固有的模型。例如，蓝牙协议要求必须在设备之间进行配对，在使用该协议时，一旦设备配对成功，那么这两个设备上的所有应用程序都会得到授权。因此，在考虑到更多比蓝牙耳机更强大的设备时，这种协议的安全性弊端就会显现。比如说，如果通过蓝牙连接两台笔记本电脑，那么进行更精细的安全控制将是非常有必要的。因此，AllJoyn 在设计上对这种复杂的安全模型提供了更广泛的支持，着重强调了应用程序到应用程序间的通信安全性。

8. 对象模型与远程方法调用

AllJoyn 采用了一种易于理解的对象模型和远程方法调用(RMI)机制，AllJoyn 重新实现了 D-Bus 规范设定的总线协议并将其进行扩展，从而支持分布式设备。

9. 软件组件

AllJoyn 技术采用了标准对象模型和总线协议，所以可以规范组件的各种接口。类似于 Java 的接口声明，Java 的接口声明也提供了一个与本地实例进行交互的规范。AllJoyn 对象模型提供了一个独立于编程语言的规范，用来与远程实现交互。

由于规范的使用，可以考虑多种接口的实现，从而定义应用间的标准通信，这对于软件组件是可以实现的技术。软件组件已经成为了许多现代系统的核心部分，例如 Android 系统，它定义了四个主要的组件类型作为与 Android 应用框架进行交互的唯一渠道；微软系统则使用了组件对象模型(COM)系统的子节点。

2.2 AllJoyn 系统与 D-Bus 总线规范

AllJoyn 系统实现了 D-Bus 总线协议，并兼容大部分版本，符合其命名惯例和准则。而且，在原协议基础上，AllJoyn 系统将其拓展到分布式总线的场景，AllJoyn 系统在使用 D-Bus 实现以下功能：

(1) 采用了 D-Bus 数据类型系统和 D-Bus 的编组形式。

(2) 通过增加新的标志和头实现了 D-Bus 的线上协议的拓展。

(3) 采用的 D-Bus 命名规则命名 wellknown name(service name)，接口名称，接口成员名称(方法，信号和属性)和对象的路径名。

(4) 采用了定义的 D-Bus 简单身份验证和安全层(Simple Authentication and Security Layer，SASL)框架 AllJoyn 功能的应用程序之间的应用程序层的认证，它拓展了 D-Bus 的认证机制范畴。关于 D-Bus 的详细定义请参考以下链接：

http://dbus.freedesktop.org/doc/dbus-specification.html。

2.3 AllJoyn Core

AllJoyn Core 中包含了许多抽象概念来帮助理解和联系各个部分，为了理解基于 AllJoyn 技术的系统，读者尤其需要掌握以下重要抽象概念。

2.3.1 远程方法调用

通过某种形式的网络实现链路通信，分布式系统采用多台的独立终端来实现一个共同的目标。如果希望运行在某台机器地址空间中的程序去调用位于另一台物理机器地址空间中的进程，这通常需要通过远程过程调用(RPC)或是通过RMI或远程调用(RI)来实现，后两者与前者的区别主要在于其面向对象。

在RPC的基本模型中包含作为RPC的调用者，即客户端(client)，和实际执行所需远程过程的服务器，在AllJoyn中将服务器简称为服务。在远程过程调用中，调用者运行一个客户端存根，使得调用者所需要调用的远端进程看起来就像是自己系统上的进程，且客户端存根将会将远端进程所需要的参数包装成某种形式的消息(称为编组或参数序列)，并且调用RPC系统通过一些标准传输机制(比如传输控制协议TCP)进行消息传递。在远程机器上，也运行着一个相应的RPC系统，主要负责来解组(反序列化)参数并将消息传递到服务器存根用来执行所对应的进程。如果调用的进程需要返回信息，服务器将采用与客户端类似的过程把返回值传递到客户端存根，最后，再返回给原来的发送者。

值得注意的是，对于一个给定的进程，可以同时承担客户端和服务器两个角色，同样如果有两个或多个进程实现了相同的客户端或服务器功能，这两个进程将被视作对等的。在许多情况下，AllJoyn应用程序将实现相似的功能从而被认为是对等的。AllJoyn既支持传统的客户端和服务功能，也支持对等通信。

2.3.2 AllJoyn服务

AllJoyn中的服务是一个逻辑上的概念，服务消耗者在连接到服务提供者之后，便可以调用这些服务。比如，如果电视上有一个播放视频的功能，用户便可以借用电视的这项功能来播放手机上的电影以获得更好的观影体验，在AllJoyn中，这些服务是通过AllJoyn接口来定义的。

2.3.3 AllJoyn Bus

AllJoyn系统最基本的抽象概念就是AllJoyn总线，AllJoyn中的总线有如下两种：系统总线(System Bus)和会话总线(Session Bus)，如图2-4所示。应用(Application)的服务端和客户端通过Daemon实现与总线的通信，通信的方式可以采用方法(method)、信号(signal)和属性(property)来具体实现。在这里声明一下，在本书中后台程序Daemon和Router所指的是一个概念，在AllJoyn早期版本中使用后台程序Daemon，在后面的版本中使用路由Router。

每当一个或多个应用连接到AllJoyn后台/路由时，该后台程序便会提供总线服务，形成如图2-5所示的AllJoyn总线的逻辑结构，应用程序可以和后台程序/路由进行绑定，也可以是独立的后台程序/路由。

如图2-5所示，AllJoyn逻辑总线映射到AllJoyn的后台程序有以下三种情况：

(1) 设备上只有一个应用，该应用绑定一个AllJoyn后台程序，如UC2所示；

(2) 设备上的一个或多个应用与一个独立的AllJoyn后台程序相连，如UC3所示；

(3) AllJoyn逻辑总线映射到多个AllJoyn后台程序，被认为是设备上多个应用与一个

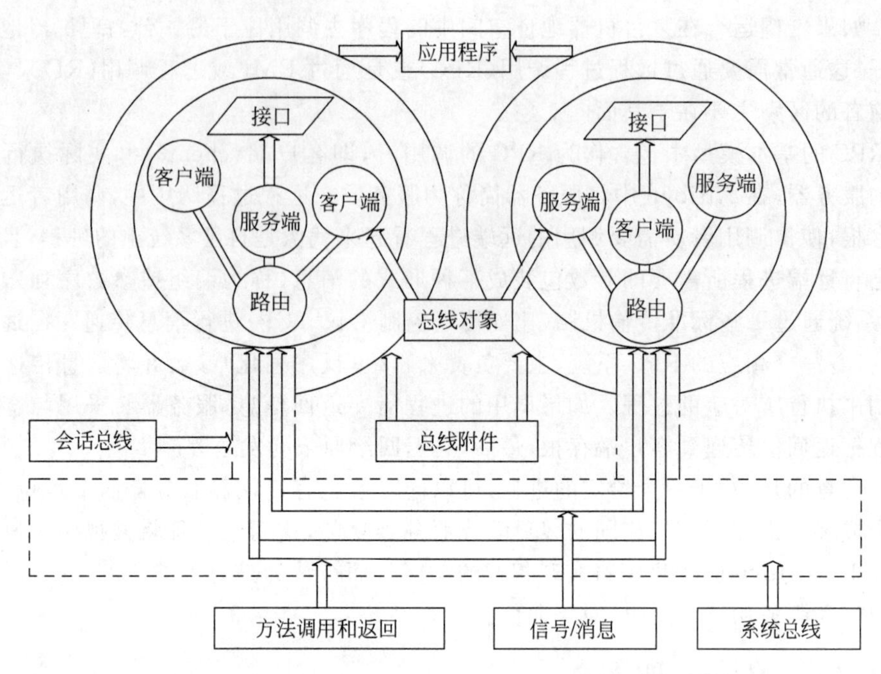

图 2-4 AllJoyn 总线及结构

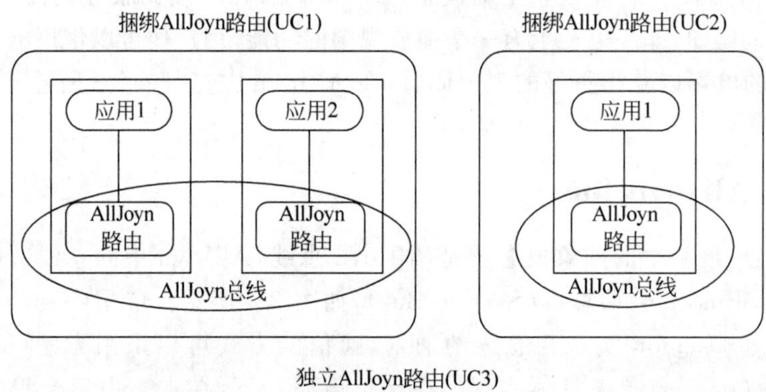

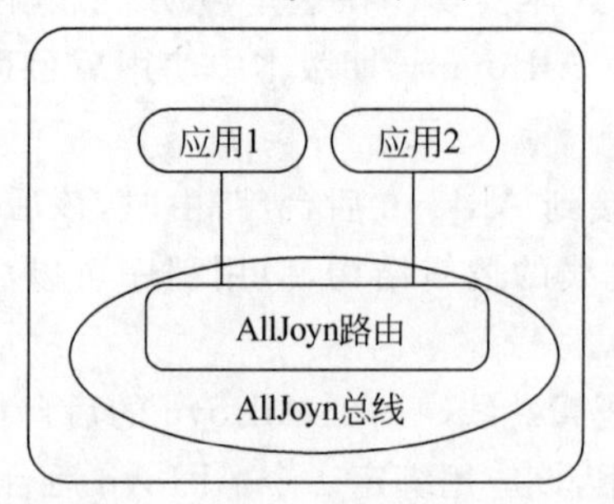

图 2-5 总线逻辑结构示意图

绑定模型连接，如 UC1 所示。

AllJoyn 系统最基本的抽象概念就是 AllJoyn Bus，即 AllJoyn 总线，它为分布式系统传递序列化消息提供了一个快速、轻量的方式，读者可以将 AllJoyn 总线理解成消息传递的"高速公路"。图 2-6 显示了单一设备上 AllJoyn 总线的实例在理论上的结构，总线用加粗的水平黑线表示，垂直线可以被认为是消息通过总线在源点和目的点之间传递的"出口"。

图 2-6 所示的总线连接被描述为六边形，当然可以是任意的形状。正如高速公路的出口通常都具有编号，图中每个连接都分配了唯一的连接名称，为了清晰起见，这里使用了连接名称的简化形式。

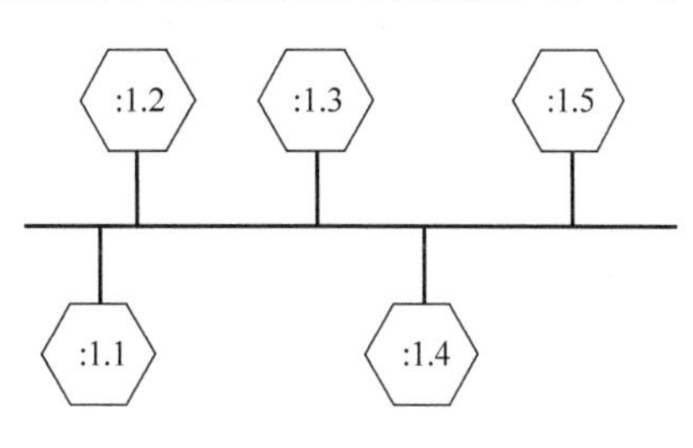

图 2-6 典型的 AllJoyn 总线

许多情况下，总线上的连接都可以被认为是进程的合作方，因此，在图 2-6 的例子中，独特的连接名称":1.1"可能被分配给应用程序实例进程的一个连接，而独特的连接名称":1.4"可能被分配给其他应用程序实例进程的连接。AllJoyn 总线的目标就是让两个应用程序进行通信，而无须处理底层机制的细节。其中，一个连接可以认为是客户端存根，另一方就可以认为是服务器存根，因此，图 2-6 显示了 AllJoyn 总线的一个实例，说明了软件总线如何给连接到总线上的组件提供进程间通信。

AllJoyn 总线在设备间按照如图 2-7 所示进行扩展，系统需要在智能手机和 Linux 主机之间进行通信，当组件有通信需求时，AllJoyn 会在智能手机和 Linux 主机逻辑总线的基础上创建新的通信链路。

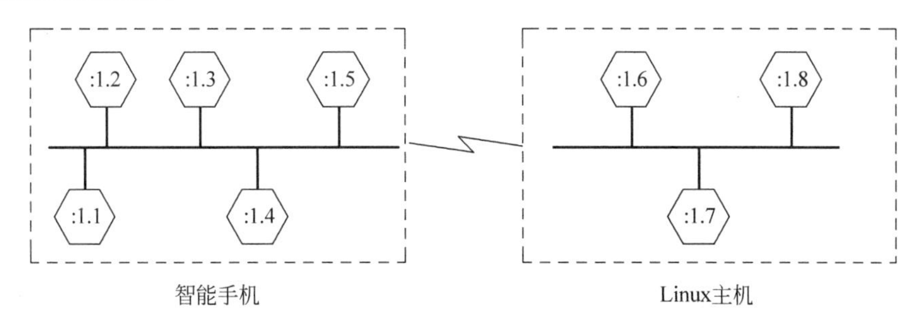

图 2-7 AllJoyn 设备到设备的通信总线

通信链路由 AllJoyn 系统负责管理，该通信链路可能由许多底层技术中的任何一种连接形成，例如 WiFi、以太网、PLC、蓝牙等。AllJoyn 总线可能由不同设备组成，但是，这对于分布式总线的用户而言是透明的。对于总线上的某个组成部分，分布式 AllJoyn 系统看起来就像是本地设备中的总线一样。

图 2-8 显示了分布式总线对于总线上的用户是如何呈现的。一个组件（例如，智能手机连接的名称为":1.1"）可以创建一个进程来调用 Linux 主机上的名称为":1.7"的组件，而无需担心该组件的物理位置。

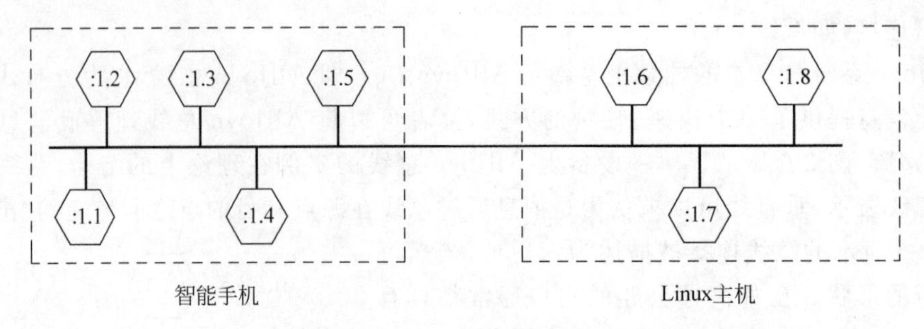

图 2-8　分布式 AllJoyn 总线类似一条本地总线

当然，AllJoyn 总线可以开展到任何多个设备的相互连接，如图 2-9 所示，可以看出 AllJoyn 技术提供了一条虚拟的通路，为不同设备之间提供通信的通道。

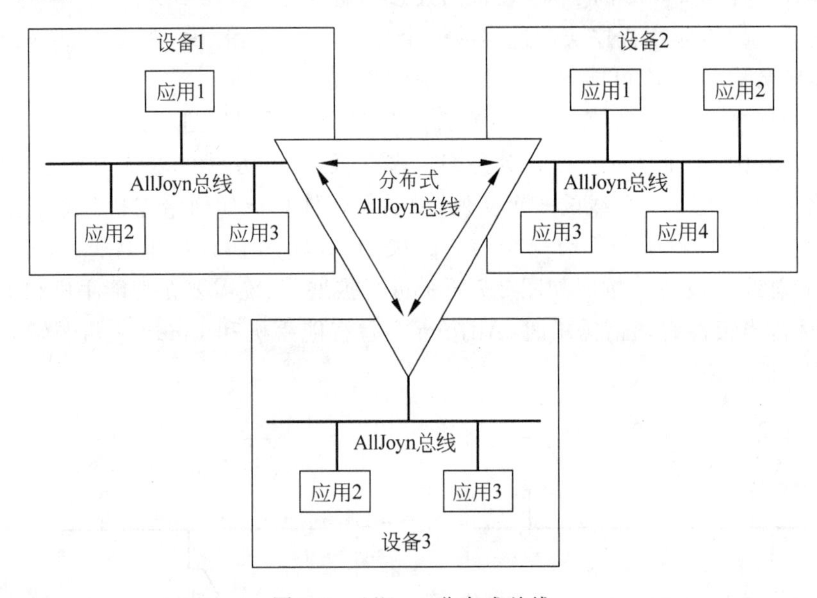

图 2-9　AllJoyn 分布式总线

总线是借助于 AllJoyn 的守护程序 Daemon 或者 Router 来区分不同的应用的。不同/相同设备应用间的通信都基于守护进程/路由进行区分。

2.3.4　后台程序/路由

总线后台程序负责管理通信，如图 2-10 所示，说明了逻辑分布式总线实际上是由若干段组成的，每一段都运行在不同的设备上。AllJoyn 中负责实现这些逻辑总线段的功能部分被称为 AllJoyn 后台程序。AllJoyn 的后台程序主要负责提供 AllJoyn 系统的核心功能，包括端对端的广播和发现、建立连接、广播信号和数据/控制消息的转发。AllJoyn 后台程序实现了软总线功能，使得连接到总线的应用程序能调用 AllJoyn 服务框架的核心功能。每一个 AllJoyn 后台程序都会被自动分配一个全球唯一的标示符 GUID(Globally Unique

Identifier)。就目前而言,GUID 不是一成不变的,每当 AllJoyn 后台程序被启动之后,都会被重新分配一个 GUID。每个 AllJoyn 后台程序都可能处于以下两种状态,或者被特定的应用所绑定(Bundled Model),或者自身独立却被多个应用所共用(Standalone Model),如图 2-10 所示。

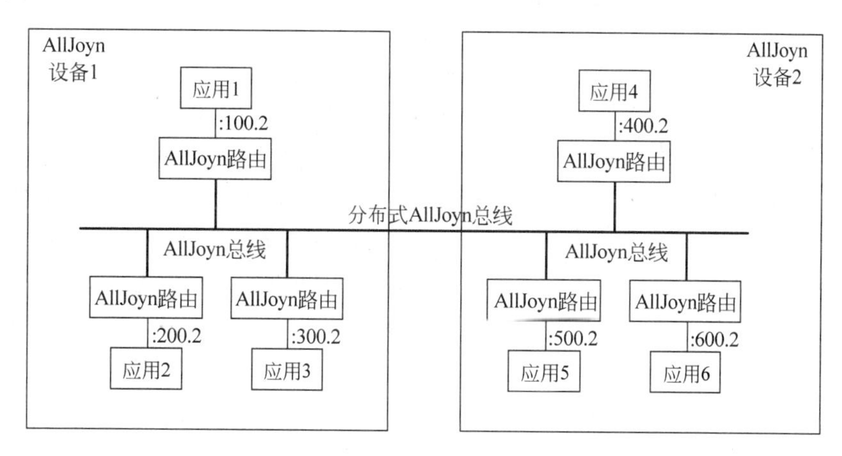

图 2-10 AllJoyn 的 Daemon/Router 示意图

每一个 AllJoyn 后台服务都有一个与之相关的 AllJoyn 协议版本,该版本定义了一组它所支持的功能,且此协议版本是可变的。所以,在 AllJoyn 网络中,任意两个 AllJoyn 后台程序都可以建立连接并开启 AllJoyn 会话。

为了让 AllJoyn 后台程序更加形象化,可以创建气泡图。在此,还是考虑两段 AllJoyn 总线,一段位于智能手机上而另一段位于 Linux 主机,如图 2-11 所示。与总线的连接分别被标记为客户端(C)和服务器(S),实现分布式总线核心的后台程序被标记为(D)。

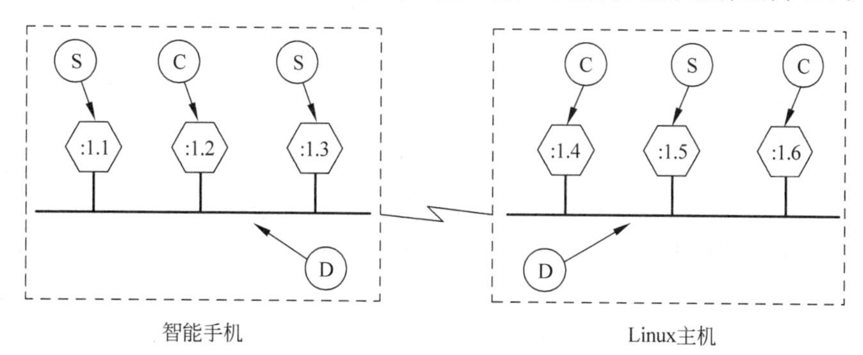

图 2-11 总线的气泡示意图

图 2-11 中的组件通常被解释为如图 2-12 所示的插图,D_S、D_L 分别表示两个后台程序,或者称之为路由。

每个气泡可以看作是分布式系统上运行的计算机进程,左侧的两个客户端(C)和服务(S)进程都运行在智能手机设备上。这三个进程与智能手机上的 AllJoyn 后台程序(D_S)进行通信，该后台程序负责实现分布在智能手机上的 AllJoyn 总线。同理，在右侧，也有一个后台程序(D_L)负责实现在 Linux 主机上的 AllJoyn 总线。同时，这两个后台程序负责协调整个逻辑总线上的消息流，逻辑总线是单一的实体连接。类似于智能手机上的配置，Linux 主机上有两个服务组件和一个客户端组件。

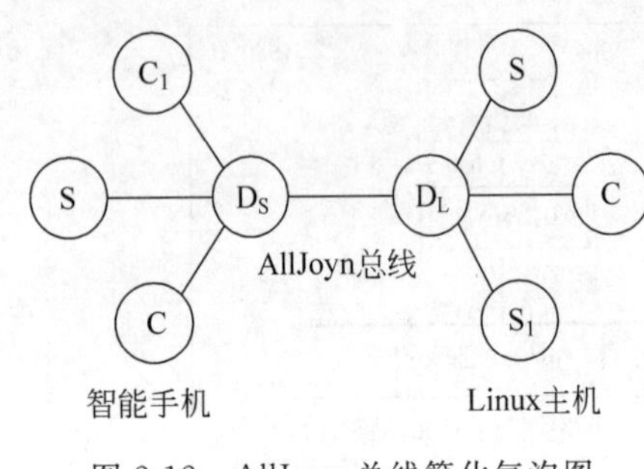

图 2-12 AllJoyn 总线简化气泡图

在如图 2-12 所示的配置中，客户端组件 C_1 可以像调用本地对象一样采用远程方法来调用服务组件 S_1。参数会在源头进行封装，并且通过智能手机的后台程序发送出来。封装过的参数会通过网络发送至 Linux 主机上的后台程序，当然从客户的角度来看，这都是透明的。运行在 Linux 主机上的后台程序会判断出封装的数据是发送给 S_1 的，并且会对该封装参数进行拆封，并调用该服务的远程方法。如果调用的远程方法有返回值，那么服务端会采用同样的方法将返回值传回给客户端。

需要指出的是，随着 AllJoyn 技术的演进，在现在的版本中，后台程序的概念已经被路由 Router 替代，这两者除了名称不同之外，其他方面都是一样的。在一个设备上，可以为每一应用绑定一个路由，也可以多个应用共享一个路由，如图 2-13 所示。

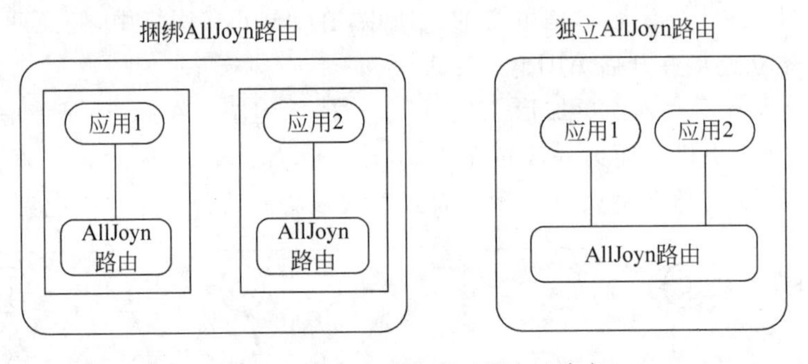

图 2-13 绑定和独立的 AllJoyn 路由

由于后台程序是在后台进程中运行的，而每个客户端和服务端都运行在单独的进程中，多个客户端和服务端就需要有一个实体，用来实现客户端和服务端与后台程序的通信，所以，在每个这些单独的服务端或者客户端进程中都必须有一个后台程序的“代理”，AllJoyn 把这些代理称之为总线附件，如图 2-14 所示，BUS ATT(Bus Attachment)。

对于 AllJoyn 支持的不同开发环境，通信的基本概念是相同的，一般的流程是创建总线附件，连接到总线，注册监听器，实现总线对象，绑定会话，执行总线调用方法或者信号方法，实现设备间的通信，具体的实现可以参见后面几章的程序。

后台程序这一术语起源于 UNIX 派生的系统，通常用来描述运行在计算机后台来给系统提供一些必要功能的程序。虽然在 Windows 系统中，术语服务用得更为普遍，但是，在 AllJoyn 中还是将该功能称之为后台程序。需要指出的是，随着 AllJoyn 的演进，在现在的版本中，后台程序的概念已经被路由替代，但这两者除了称呼之外，其余都是一样的。

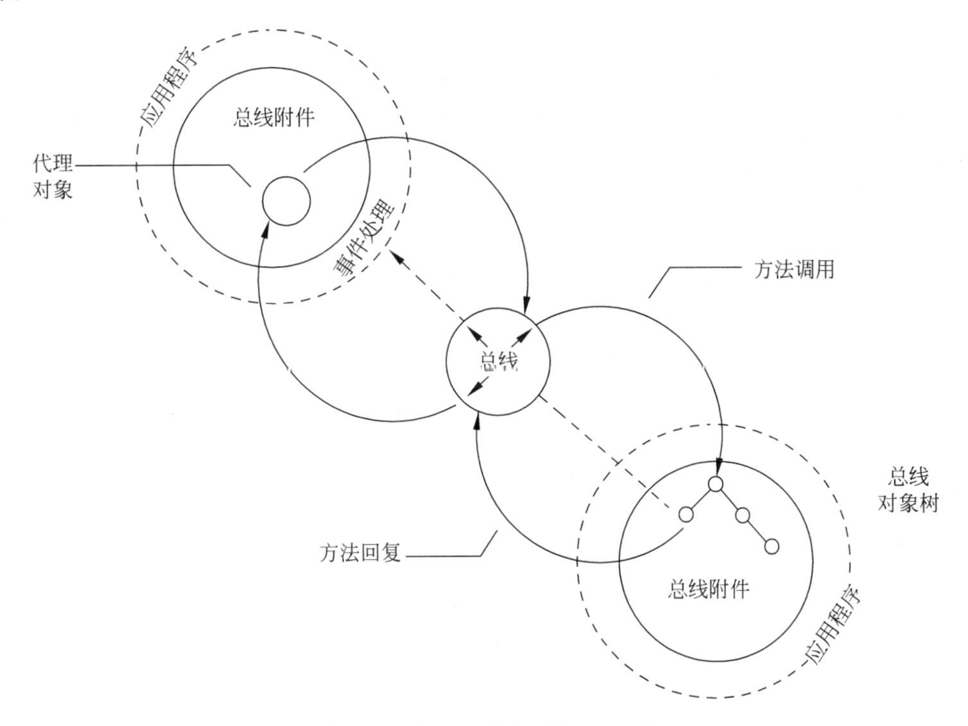

图 2-14 基于总线的 AllJoyn 通信

2.3.5 总线附件

每个到 AllJoyn 总线上的连接都由 AllJoyn 中的总线附件负责，因此，在每一个需要与 AllJoyn 总线连接的进程中都会有一个总线附件。当在讨论软件组件时，对于硬件和软件的理解往往是通过对比的方式。同样在理解总线附件时，也可以采用类似的思维，读者可以将某个设备本地的 AllJoyn 总线理解成台式计算机中的底板硬件总线，硬件总线负责传递电子信息并且拥有多个连接器供用户插入各种卡，而总线附件就充当了 AllJoyn 中的卡功能。

AllJoyn 总线附件是应用程序本地一个指定了特定语言的对象，在客户端、服务或是对等程序中，可以将总线附件看作是 AllJoyn 总线的代表。例如，对于使用 C++语言用户，在客户端、服务器或是对等程序中便会有 C++版本的总线附件，同理对于 Java 语言的用户，也会有 Java 版本的总线，而且由于 AllJoyn 添加了语言绑定，总线附件也将会有更多不同具体语言版本的实现。

2.3.6 总线方法、总线属性和总线信号

AllJoyn从本质上来说是一个面向对象的系统，在面向对象的系统中，方法的调用与对象紧紧相关。面向对象编程中对象往往拥有对象方法和对象属性这些成员，这些成员在AllJoyn中体现为总线方法(Bus Methods)和总线属性(Bus Properties)。此外，AllJoyn中还有总线信号(Bus Signal)，总线信号是对对象中状态的变化和某些事件的异步通知。

为了使客户端、服务和对等点之间的通信更加透明，对于总线方法，总线信号以及总线属性某种类型的形式必须做出一些统一的规范。在计算机科学中，对于方法(或信号)的输入和输出类型的申明或定义被称为类型签名。类型签名往往使用字符串来定义，定义好的类型签名可以用来表示字符串、大多数编程语言中的基本数字类型以及从这些基本类型创建出的复合类型，例如数组和结构体等，如表2-1所示。在AllJoyn中，这些总线方法、信号或属性的类型签名就负责告诉AllJoyn的底层系统怎么实现传递参数和返回值的封装和读取总线上的封装数据。

表2-1 AllJoyn的数据类型

签名类型	签名内涵
'a'	指向一个长度为size_t的数组的指针，该指针能返回数组中的数字元素
'b'	指向一个bool值的指针
'd'	指向一个double值的指针(64bits)
'g'	指向一个char *的指针
'h'	指向qcc::SocketFd的指针
'i'	指向一个int32_t值的指针
'n'	指向一个int16_t值的指针
'o'	指向一个char *的指针
'q'	指向一个uint16_t值的指针
's'	指向一个char *的指针
't'	指向一个uint64_t值的指针
'u'	指向一个uint32_t值的指针
'v'	指向一个MsgArg型变量的指针
'x'	指向一个int64_t值的指针
'y'	指向一个uint8_t值的指针
'('和')'	表示每个结构中成员的指针
'{'和'}'	表示键和对应值的指针
'*'	指向一个指向MsgArg的指针，与任意类型相匹配

在此，强调一下一种比较特别的信号，即无会话的信号，这种信号可以让应用在创建会话之前便可以接收到该信号。无会话的信号通过使用well-known名称来广播新的信号，远端的应用会创建一个短暂的会话，当信号数据接收到之后，会话也就被终结了。

2.3.7 总线接口

在大多数面向对象的编程系统中,通常将一些方法或是属性集合合并到一起形成一个具有内在联系的组合体,通常将这类组合体称为接口,接口充当了实现该接口规范的实例与外界的约定规范。正因为如此,接口通过规范合适的结构可以用来实现标准化,关于各式各样的服务规范,例如电话或是媒体播放器的控制等在互联网上随处可见。在AllJoyn系统中,接口规范按照D-Bus的规范,采用XML进行描述。

在AllJoyn中,接口规范会将其总线方法、总线信号、总线属性以及它们相对应的类型签名放在同一个命名组中。在实际应用中,定义好的接口规范会分别由客户端、服务或是对等进程来实现。如果客户端、服务或是对等进程选择实现某一接口,那么就暗含着在该客户端、服务或是对等进程中会支持接口规范中所定义的总线方法、总线信号和总线属性。

接口的命名通常采用域名反转的形式,例如,在AllJoyn中有许多事先实现的标准接口,其中一个便是org. alljoyn. Bus接口,这个接口通常由总线后台程序实现并为总线附件提供一些基本功能。值得注意的是,接口名称仅仅是形式相对自由的命名空间中的一个简单字符串,其他的命名空间也可能有类似的表达形式。因此,在为接口进行命名时,一定要注意不要和这些相似形式的命名空间相混淆,尤其是总线名称。例如,org. alljoyn. sample. chat就可能是作为总线名称常量存在的,客户端在搜索这条总线时使用的是这个固定的名字。但是,也有可能org. alljoyn. sample. chat是一个接口名称,它定义了与特定总线的总线附件相关联的总线对象中的方法、信号和属性。对于一个给定的总线名称而言,它就暗含着一个给定接口名称的接口存在,然而,这两者除了名字上有可能相同外,在本质上确实是完全不同的两个东西。

2.3.8 总线对象和对象路径

总线接口提供了一种声明分布式系统接口的标准方式。总线对象为接口的具体实现提供相应的框架,并作为通信的终点存在于总线附件中。在某一个总线附件中,对于某个给定的接口,可能会存在各种各样实现方式。换句话说,对于某一个总线接口,在总线附件中可能存在多个版本的总线对象,那么为了区分这些总线对象,必须增加额外的结构体来进行区分。在AllJoyn中这种结构被称为对象路径,和接口名称一样,对象路径也是命名空间中的一个字符串,只是接口名称在接口命名空间中,而对象路径在对象路径命名空间中。命名空间的结构就像一棵树,对象路径就像是文件系统的目录树,和UNIX文件系统类似,对象路径的路径分隔符使用的是斜杠字符。由于总线对象是总线接口的实现,对象路径一般也遵循相应的接口命名规范。比如说,如果在一个系统中定义了一个磁盘控制器的接口,并将其命名为org. freedesktop. DeviceKit. Disks,那么对于该系统中两个不同的物理磁盘上的总线对象便可以通过下边的对象路径加以区分:

/org/freedesktop/DeviceKit/Disks/sda1

/org/freedesktop/DeviceKit/Disks/sda2。

2.3.9 总线对象代理

AllJoyn 的总线对象代理是通过总线访问对应远程总线对象的本地代理，总线对象代理作为 AllJoyn 底层代码中的一部分，提供了代理对象的基本功能。通常，在 RMI 系统中，代理对象会实现与远程总线对象相同的接口，使得它看起来就像是需要调用的远程对象。然后，客户端在调用远程对象的某些方法或属性时，会直接调用代理对象，代理对象再负责封装参数并将数据传送给服务。在 AllJoyn 中，客户端和服务软件提供了用户在实际用到的与具体编程语言所绑定的代理对象，这个处于用户级别的代理对象使用 AllJoyn 总线对象代理的能力来实现本地/远程透明的目标，如图 2-15 所示。

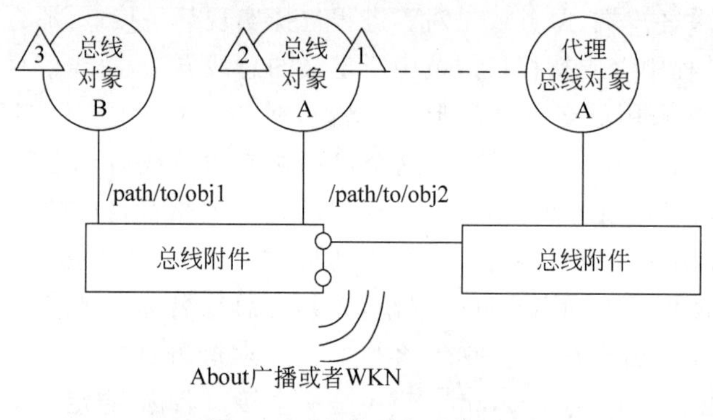

图 2-15 总线对象及代理

AllJoyn 应用通过总线对象进行通信，从以上的描述可以看出，通过实现接口，总线对象很好地映射到了面向对象编程的概念。一般来说，提供服务的应用都会创建一个总线对象，其他应用可以通过远程对象调用找到这个总线对象并调用它的方法。在 AllJoyn 中，一个总线对象可以实现多个接口，每个接口都会定义一些总线方法、总线属性和总线信号。总线方法允许远端应用对其进行调用，总线属性可供远程对象设置和读取，而总线信号则是提供服务的应用发送出来的信号。远端应用会创建总线对象代理来获取进入到总线对象的入口。总体来说，提供服务的应用通过实现总线对象来暴露连接到其提供服务的入口，远端应用通过创建一个总线对象代理来与服务端应用建立会话和访问特定对象路径下的总线对象，然后就可以调用总线对象的方法，访问总线对象的属性和接收总线对象的信号。

2.3.10 总线名称

服务按照接口名称描述的接口规范实现了某个(或某些)具体的接口，并连接在总线上，负责接口实现的总线对象以树的结构存储在服务端。如果客户端想要调用这些服务的某些功能，就会调用本地的总线对象代理，而总线对象代理作为 AllJoyn 的底层将负责在总线上传输总线方法、总线信号和总线属性的信息。

为了在总线上准确地传输消息，总线上的每一个连接都必须具有唯一的名称。AllJoyn

系统会自动为每个总线附件分配一个唯一的临时总线名称,但是,由于这个名称是临时的,每次服务连接到总线上时,这个名称就会在此自动生成,且往往不同于上次,因此,这个名称不适合作为长期服务的标识符。为了解决这个问题,AllJoyn 提供了一个 well-known 名字用来长期标识连接到总线上的服务。

正如互联网上通过使用一个不随时间变化的域名来指向具体的主机系统,AllJoyn 也采用一个固定的总线名称来指向一个具体的服务。类似于接口名称的命名规范,总线名称也采用域名反转的形式,为了方便,接口名称和 well-known 总线名称往往选择相同的字符串。虽然这两者在形式上看起来很相似或者一样,但是这两者的功能是不一样的。接口的名称充当了总线附件中实现该接口的总线对象与调用其的客户端的合同约定,而 well-known 名字则是为服务提供了一个永久标识的名字,主要用于实现客户端和总线附件的长期可连接性。

为了使用 well-known 名字,应用程序通过总线附件向总线后台程序发出使用该名字的请求。如果发送请求的时候,该 well-known 名字没有被其他的应用占用,发送该请求的应用便可以使用该名字。也正是因为如此,在任何时候,well-known 名称在总线上都代表着一个唯一的无歧义地址。

通常,一个 well-known 名称的申请就意味着与该名称相关的总线附件要实现一些总线对象,就会存在一些可用的服务。由于总线名称在分布式总线上提供了唯一的地址,因此它们必须保证在总线上是唯一的。例如,可以使用一个名为 org. alljoyn. sample. chat 的总线名称,这可能隐含着在该服务中有一个相同名称的总线附件提供了聊天服务。从这个名字也可以推断出,它在总线对象中实现了相应的 org. alljoyn. sample. chat 接口,且对象路径位于/org/alljoyn/sample/chat。问题在于,为了实现真正的"聊天"功能,用户希望在 AllJoyn 总线上发现其他也支持聊天服务的组件。由于总线名称必须唯一地标识总线附件,因此,就需要在原先的名字的基础上,再追加一些后缀来确保它的唯一性,可以通过追加用户名或是一个独特的数字。例如,在聊天的例子中,我们就可以为可能出现的多个总线附件进行如下的命名:

```
org.alljoyn.sample.chat.bob
org.alljoyn.sample.chat.carol
```

在这个例子中,well-known 名称中的前缀 org. alljoyn. sample. chat. 是服务名称,通过该名字可以推断出聊天接口和总线对象的存在。而后缀 bob 和 carol 则负责使 well-known 名称是唯一的。

定义了 well-known 名称还不能完成信息交互,下面将介绍如何根据该 well-known 名称定位每个服务,这也就是将要介绍的服务广播和发现。

2.3.11 广播和发现

在服务的广播和发现中主要有两个方面的问题:一个问题是,即使服务和客户端在同一设备的 AllJoyn 总线上，为了找到用户真正感兴趣的服务，就需要能看见和检查总线上所有总线附件的 well-known 名称；另外的问题在于，如果服务和客户端不在同一设备的总线上，那么如何发现用户感兴趣的服务？

为了回答这个问题，设想以下的场景：如果当一台运行 AllJoyn 的设备进入了另外一台也运行 AllJoyn 的设备的邻近区域时，可能会发生什么？由于这两台设备在物理上是隔离的，因此，这两台设备的总线后台程序都没有办法获取对方的任何信息。那么这两台后台程序要如何确定对方的存在，以及如何形成一条逻辑分布式 AllJoyn 总线实现连接？

AllJoyn 给出的答案就是通过 AllJoyn 的服务广播和发现功能。具体来说，当服务提供者在本地设备上启动服务后，它会申请（和保留）指定的 well-known 名称，然后向它的邻近设备广播它的存在，服务消费端去发现这些服务的存在。AllJoyn 系统支持多种发现底层的技术，例如 WiFi、蓝牙和 WiFi Direct，在此将使用 AllJoyn 通过 WiFi 的 IP 多播的发现协议。需要注意的是，这些底层网络的发现细节都是隐藏在应用之下的，因此，编程人员不需要了解这些底层技术到底是如何工作的。

比如说，在交换联系人的应用中，一个应用可能会保留如下的 well-known 名称：org. alljoyn. sample. contacts. bob，并且广播这个名称。但是，这广播可能会产生下面一种或多种形式：开始以某个 WiFi 接入点的 UDP 进行组播，或是通过 WiFi Direct 的预关联服务进行广播，或是通过蓝牙服务发现协议进行广播。不管最终采用了哪些广播，广播者都不需要关注其中的广播通信机制。联系人交换应用是一个点对点的应用，可以认为在网络中也会存在另外一个手机设备也在进行类似的服务广播，例如，well-known 名称为 org. alljoyn. sample. contacts. carol。客户端应用程序可能会通过初始化发现操作来表明其对接收广播的兴趣。例如，它可能会指定去发现以 org. alljoyn. sample. contacts 作为前缀的应用实例。在这种情况下，两个设备都会发出这样的请求，只要其中的一个手机进入了另一个手机的邻近范围，底层的 AllJoyn 系统就会通过可用的传输协议来发送和接收广播消息，它们都将自动接收到一个指示相应的服务是可用的信息。

AllJoyn 的后台程序支持在 WiFi 环境下用 IP 协议来发现服务。具体来说，AllJoyn 应用可以通过两种方式来广播服务的存在，一种是通过 About 广播即通过 AllJoyn 的接口，另一种是通过 well-known 名称或是 unique name 名称广播。具体到底用哪种方式，取决于各个应用可选的传输方式，可以确定的是 AllJoyn 框架会使用这两种不同的机制来确保应用可以被其他应用发现。虽然这两种方式都可以用于广播和发现，但是关于这两种方法的使用情景还是给出如下的建议：

一般来说，推荐使用 About 广播机制来进行广播，因为 About 广播机制为应用提供了一种通用的方式来向可能对该应用感兴趣的其他应用来广播一些关于自己的元数据，比如说制造商、支持接口、图标等等。

通过 well-known 名称进行广播的方式是一种更为基础的方式，事实上这也是 About 广播时所使用的底层机制。因此，当程序员想开发的应用有这方面底层的需求时，就应该使用 well-known 名称进行广播。总体来说，就是在应用程序支持 About 的时候使用 About，在应用程序支持 well-known 名称广播方式的时候使用 well-known 名称的广播方式。

值得注意的是，不管采用这两种方法中的任何一种，最终发现返回来的结果都是以唯一标示符(unique Name)进行区分应用的，这些值将在下一步创建会话的时候使用到。

AllJoyn 在 14.06 版本中，提供了一种更有效的方式去发现支持某些特定接口的设备和应用，即 NGNS(Next Generation Name System)，NGNS 支持一种基于 mDNS 的发现协议，使得 AllJoyn 的接口可以通过消息被发现，而且，这个协议使得发现的响应是单播的，这样可以提高发现协议的性能和减少 AllJoyn 发现过程所产生的多播数据量。此外，在 14.06 版本中添加了检测设备和应用存在的方法，即 ping 方法，用户可以通过发送 ping 方法来检测某个设备是否在线。有关这两种不同的广播和发现机制将会在后面章节中详细介绍。

在 2.3.10 节中提到了服务广播可以在多个传输协议中工作，这也导致了在一些情况下，需要一些额外的工作来确定底层通信机制，这是使用发现服务的另一部分，也就是 2.3.12 节将要介绍的会话。

2.3.12 会话

在本节之前，已经讨论过了总线名称、对象路径和接口名称的概念，总体来说，当一个实体连接到 AllJoyn 总线时，会给该实体分配一个唯一的名称，且这个名称不是固定的。因而，总线附件会请求一个固定的 well-known 名称，这个名称主要用来帮助客户定位和发现总线上的服务。例如，在某个服务连接到 AllJoyn 总线时，总线可能会给该服务分配一个唯一的名称":1.1"，但是这个服务希望总线上的其他实体总是能够发现它，这个服务就需要向总线请求分配一个 well-known 名称，例如 com.companyA.ProductA(记住，通常在给服务命名时会添加一个实例识别符)。通常，总线对象都是通过路径来识别的，而路径往往采用的就是总线名称(这并不是一个强制性的要求，仅仅是一个约定)。还是在这个例子中，总线对象的路径可能就会与总线名称 com.companyA.ProductA 匹配，为/com/companyA/ProductA。

为了让读者了解一个端对端的会话是如何在客户端总线附件和类似服务的总线附件中形成的，将使用读者更熟悉的邮政地址与 AllJoyn 的机制进行比较。在 AllJoyn 中，服务会申请一个用户更友好的 well-known 名称，这样它就可以使用这个名称来进行广播操作了。事实上，在传送消息时，这个名称必须被转换为底层网络结构的一个 unique Name 名称，例如：

```
well-known Name 名称: org.alljoyn.sample.chat
unique Name 名称: :1.1
```

上边的映射对的含义便是广播中的 well-known 名称实际指的便是":1.1"的总线附件，读者可以将这种方式理解成每个企业都有自己的名字和邮政地址。但是，仅仅有这两个还不够，一个企业可能和其他企业共享一栋写字楼，那么，为了准确定位某个企业，我们还需要该企业的门牌号。AllJoyn 的总线附件可以同时提供多个服务，那么也必须提供一个机制来区分同一个总线附件上的各个服务，在AllJoyn中采用的机制是设定联系端口号。就像一个人既可以通过国家邮件系统也可以通过私人公司来传送自己的信件，此外寄信人还能根据自己的需求选择挂号，平邮等不同方式进行传送，AllJoyn在连接某个服务时，也需要提供一个完整的信息传输规范来详细指定连接网络的参数（比如说，可靠消息传输，非结构化数据可靠传输和非结构化数据不可靠传输），且AllJoyn也可以从多种传输方式中选择自己的传输方式。

类似于一个格式填写正确的信件上会标明寄信地址和接收地址，AllJoyn会话中也有这两个类似的地址，其中发送地址与客户端组件相对应，而接收方地址则与服务端相对应。在计算机网络环境中，这些地址被称为半连接。具体来说，在AllJoyn中服务地址的表达形式如下：

```
{session options(会话选项), bus name(总线名称), session port(会话端口)}
```

表达形式中的第一个会话参数选项，决定了数据如何从会话的一侧传输到另一侧，在IP网络中，这个参数的选项可能是TCP或UDP；在AllJoyn中，这些细节都被抽象化了，所以在AllJoyn系统中，这些选项就是“基于消息的”、“非结构化数据”或“不可靠的非结构化数据”。而服务的地址则是通过总线附件所申请的well-known名称来定位的。和前边举的例子中的门牌号类似，AllJoyn中也有总线附件内部传输点的概念，在AllJoyn中，这被称为会话端口，正如组号仅仅在给定的大楼中具有实际意义，会话端口也只在给定的总线附件内起作用，与推断底层接口和对象的方法一致，连接端口的值可以从总线名称中推断出来。

为了与服务进行通信，客户端也必须实现半连接，客户端的地址也是采用相似的方法实现的。

```
{session options(会话选项), unique name(唯一名称), session ID(会话 ID)}
```

根据表达形式可以看出，会话并不要求客户端也向总线请求一个well-known名称，它们直接提供总线分配给总线附件的唯一名称即可（如：1.1）。由于客户端也不会充当会话的终点，所以，它们不提供会话端口，在建立连接时会给客户端分配一个会话ID。值得注意的是，在会话的建立过程中，这个会话ID会返回给服务端。对于那些熟悉TCP网络的开发者，可以用类比的思想来理解。AllJoyn会话的建立过程就相当于TCP的连接创建过程，服务端通过well-known端口进行连接，在连接建立后，客户端则会使用一个临时的端口进行通信。

在会话的建立过程中，这两个半连接会有效地组合：

```
{session options, bus name, session port}   服务端
{session options, unique name, session ID}客户端
```

值得注意的是，在服务端和客户端总共有两个会话选项，因而，在会话建立初始的时候，它们会被分别视做服务端可以支持的会话选项和客户端可以提供的会话选项，会话创建过程便包括协商会话中实际使用某一会话选项的这部分。一旦会话正式形成，客户端和服务

端的半连接就会被联合描述成唯一的 AllJoyn 通信路径：

```
{session options(会话选项), bus name(总线名称), unique name(唯一名称), session ID(会话 ID)}
```

在会话建立过程中，在客户端和服务端进行相互通信的后台程序也会形成一条逻辑总线。逻辑总线的形成可能需要蓝牙创建一个微微网或是通过其他复杂拓扑结构的管理操作。如果这样的连接已经存在，那该连接将被复用。对于底层新创建的后台程序与原来的后台程序之间的连接设备执行初始安全检测，一旦这个操作完成后，两个后台程序便有效地将两条独立的 AllJoyn 软件总线合并为一条更长的虚拟总线。

考虑到在一些特殊技术，端对端通信底层连接的流量控制必须通过网络的拓扑结构来均衡，两个通信终端不一定会形成一个新的通信通道。在某些情况下，可能通过已有的 ad-hoc 拓扑结构来传递消息(比如蓝牙的微微网)可能是最佳的选择，而在另外一些情况下，可能直接通过新的 TCP IP 连接来传递消息更好。这个问题也需要选择者对通信基础技术具有非常深刻的理解，为了简化 AllJoyn 使用者的负担，AllJoyn 系统也为用户完成了这部分功能，用户只需要知道消息会通过一个满足应用层抽象需求的传输机制正确传达即可。

具体来说，在 AllJoyn 的系统中，AllJoyn 会负责实现 AllJoyn 应用之间的互联互通。一般来说，一个 AllJoyn 应用会通过 About 广播来广播自己的存在，另外一个远端的应用通过其 Unique name 发现这个广播之后，可以创造一个会话，称之为加入会话的过程，之前广播的那个服务可以选择接受或是拒绝这个加入会话的请求。

一个会话可以是点对点的，也可以是多点的。点对点的会话支持一对一的连接，而多点则支持多个设备或是应用在同一会话中进行通信。一般来说，会话都是通过一个特定的端口来创建的，不同的端口允许点对点或是多点通信的拓扑结构。如图 2-16 所示，左边 A 和 B 都通过端口 1 和 S 直接进行端到端的通信，也就是说，形成了两个独立的会话。而右边则是 A、B、C 都通过端口 2 连接到 S 上，形成一个多点会话。

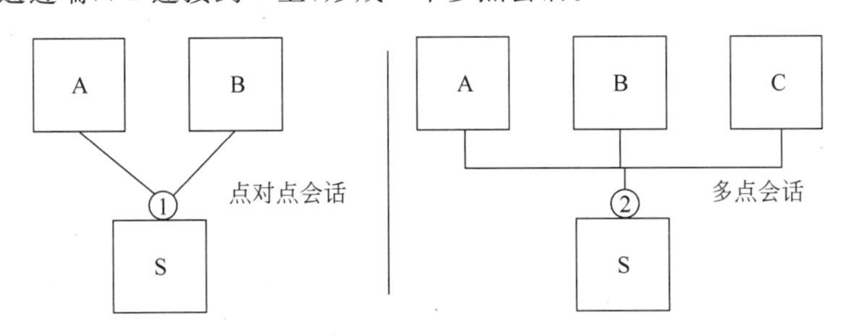

图 2-16 会话的示意图

2.3.13 总体描述

总体来说，AllJoyn 技术主要提供了一条管理广播、发现服务、提供安全环境和实现远程方法调用的软件总线，在 AllJoyn 技术中，不仅可以使用传统的客户端/服务模型，也可以结合客户端与服务端实现对等通信。

AllJoyn 中最核心的抽象概念便是将所有东西都连接在一起的虚拟分布式软件总线，总线由运行在每台设备上的 AllJoyn 后台程序负责实现。客户端、服务端或是通信对等端通过总线附件连接总线上，总线附件就位于客户端和服务的本地进程中并负责客户端和服务端与本地 AllJoyn 后台程序的进程间通信。

当总线附件连接到总线上时，系统会给总线附件分配一个唯一的名称，但这个名称不是永久的。总线附件可以向总线申请一个具有唯一性的"人类可读"的总线名称，并用来向 AllJoyn 的系统广播自己，该总线名称保存在一个类似于反转域名的空间中并进行自我管理。如果在某个应用中存在一个特定的总线附件，那么意味着在该总线附件中至少有一个实现了某个特定接口的总线对象。接口名称也由相似的命名空间来分配，而接口名称与总线名称具有不同的意义。每个总线对象都位于以总线附件为根的树形结构体中，并且由一个类似于 UNIX 文件系统路径的对象路径来描述。

图 2-17 描述了这些组件理论上的联系，用中间的黑粗线代表 AllJoyn 总线。总线附件就像是总线上分配了唯一名称(:1.1 和:1.4)的出口，系统以标识符(:1.1)进行唯一性区分的总线附件向总线申请了 org.alljoyn.samples.chat.1 的 well-known 名称，well-known 名称中添加"1"主要是为了确保总线名称的唯一性。使用这个总线名称还意味着其他很多信息，位于不同路径的总线对象会以一个树形结构存储在系统中，比如，有两个总线对象，一个

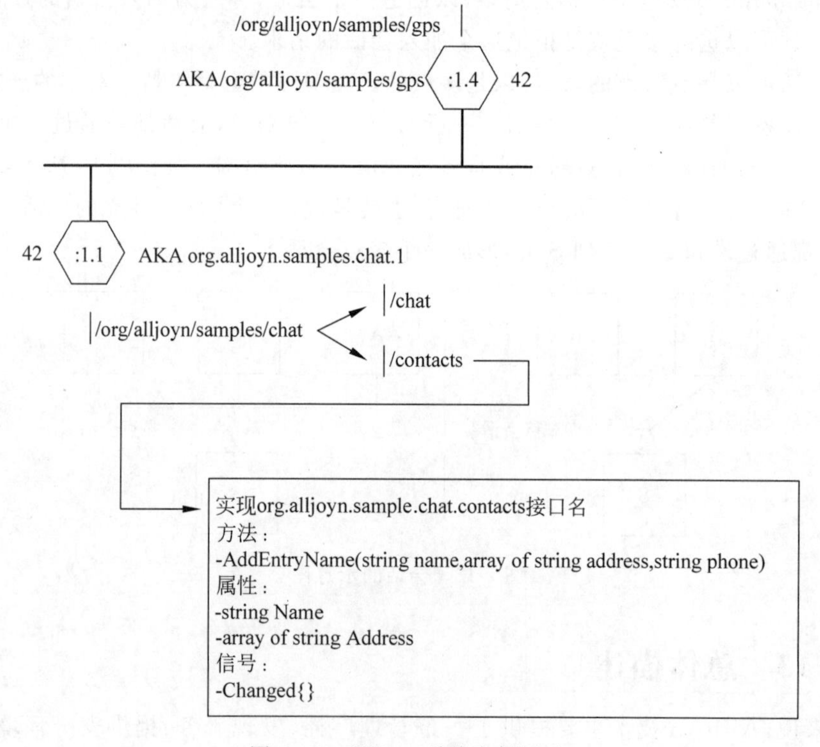

图 2-17 AllJoyn 总线实例图示

位于"/org/alljoyn/samples/chat/chat"路径下，实现了一个可用于聊天的接口；另一个总线对象位于"/org/alljoyn/samples/chat/contact"路径下，实现了一个名为 org. alljoyn. samples. chat. contacts 的接口，由于总线对象实现了该接口，那么，它必须提供接口定义的总线方法、总线信号和总线属性。

图 2-17 中数字 42 代表了一个连接会话端口，客户端通过该端口初始化与服务端的通信会话。值得注意的是，这个会话端口仅在其特定的总线附件是唯一的，因此，图中其他的总线附件也可以使用 42 作为自己的连接端口。在服务请求和分配到指定的 well-known 总线名称后，服务会通过广播这个名称来让客户端发现这个服务。图 2-18 和图 2-19 描述了服务端向本地后台程序发送广播请求，后台程序根据服务端的输入，决定应该采用网络中某种具体的机制来进行广播并付诸实施。

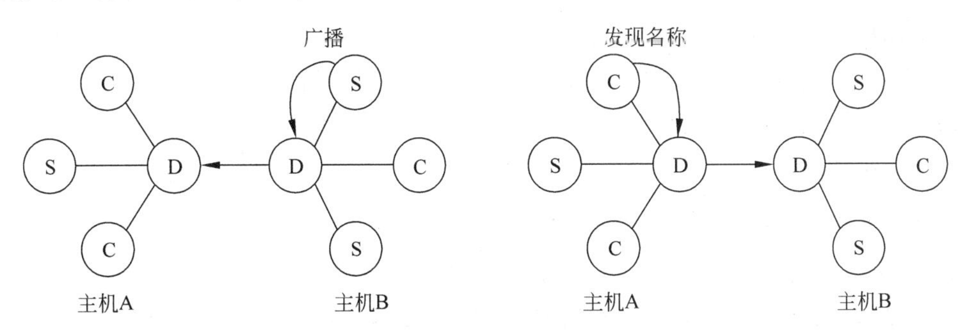

图 2-18 服务执行广播操作

图 2-19 客户端请求查询名称

当客户端希望定位并寻求一个服务时，它会向后台程序发出查询名称的请求。同理，该客户端所在的后台程序，会在客户端输入的基础上，确定查询和探测广播的最佳方式。

当设备移动到彼此的邻近区域时，它们会通过可能的方式来监听其他设备的广播消息和发现请求。图 2-20 显示了支持某一服务的后台程序是如何发现请求和给出响应的。

最后，图 2-21 描述了客户端接到提示，表明在该区域发现了一个可以提供所期望的服务的后台程序。

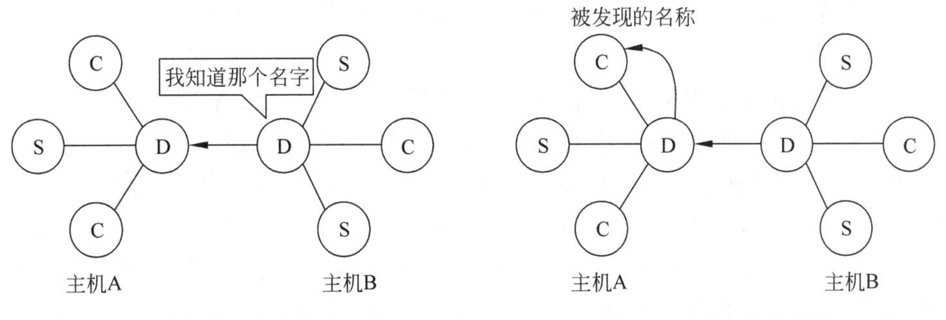

图 2-20 后台程序报告发现名称

图 2-21 客户端发现服务

图 2-21 所示的客户端和服务端双方都是通过总线附件的方法和回调，来实现广播和发现过程。服务端会通过创建总线对象来提供服务，而客户端则希望通过代理对象来提供一个易于和服务端进行通信的接口。代理对象将使用 AllJoyn 中的 ProxyBusObject 来协调与服务的通信，并提供方法参数和返回值的序列化和反序列化处理。

在调用远端方法前，必须建立一个通信会话来有效连接不同的总线线段。广播和发现机制不同于会话，终端设备可以接收广播而不采取任何响应，只有当设备接收到广播，并且决定加入通信会话时，广播设备和接收设备的总线才会从逻辑上连接为一体。为了实现这个功能，服务端必须建立通信会话的终端并广播它的存在，客户端必须能接收到这些广播，并请求加入该会话中。服务端在广播服务前必须定义一个半连接，如下所示：

```
{reliable IP messages(可靠的 IP 消息), org.alljoyn.samples.chat.1(well-known 名称), 42(端口号)}
```

这表明服务将通过可靠的消息传输信道与客户端指定名称的总线和会话端口号进行通信，假设有一个具有特定名称：2.1 的总线附件，该总线附件希望与另一位于其他设备的后台程序连接，那么它将向该后台程序所在的系统提供这份半连接信息，然后成功通信后，系统会分配一个新的会话 ID 来进行具体的通信，如下所示：

```
{reliable IP messages, org.alljoyn.samples.chat.1, :2.1, 1025}
```

名为 org.alljoyn.samples.chat.1(服务)的总线附件和名为：2.1(客户端)的总线附件之间会形成新的通信会话，该会话将使用基于 IP 协议栈的可靠消息传递协议来进行。值得注意的是，用来描述会话的会话 ID 是由要连接的后台程序 Daemon 系统分配的，在本例中，会话 ID 便是 1025。

为了实现最终端到端的通信会话，AllJoyn 系统采取了一切可行的操作方式来建立虚拟软件总线，实际通信过程中可能发生的是，一个 WiFi Direct 的点对点连接用来支持一个 TCP 连接，无线接入点用来承载 UDP 连接，一个蓝牙微微网用来支持 L2CAP 连接，决定于所提供的会话选项，满足不同的会话要求。然而，无论是客户端，还是服务端，都不会直接面临这些非常困难的工作，所有的这些底层通信都已经被 AllJoyn 系统解决。当然考虑到安全问题，如果需要对身份进行验证，客户端和服务端可以在这一阶段进行这些工作，完成这些步骤后，客户端和服务可以继续进入 RMI 通信。总体来说，框架图如图 2-22 所示。

在此需要指出的是，AllJoyn 的应用情景并不局限于在一台设备上运行一个客户端，在另一台设备上运行一个服务，在一个设备上可能是多个客户端和多个服务相互协调合作完成一些大的工作(但要注意不能超过设备或网络容量的限制)。总线附件可能同时实现客户端和服务的功能来完成对等服务。AllJoyn 的后台程序负责在不同的物理设备组件中建立可管理的虚拟总线并负责传送的消息。此外，接口描述和语言绑定的固有性质使得用不同编程语言编写的组件可以实现互操作。

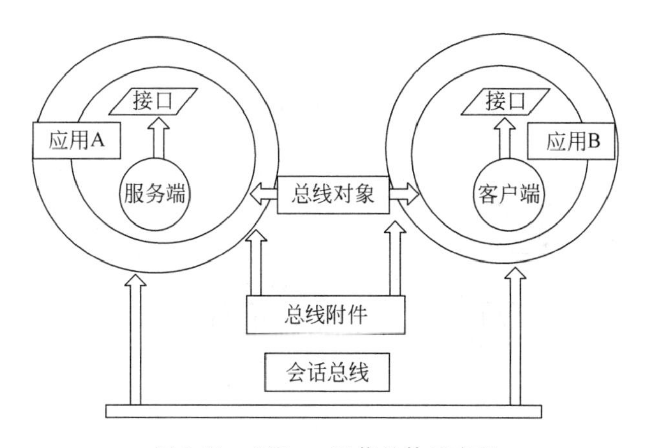

图 2-22　AllJoyn 通信总体示意图

2.4　高层系统架构

从使用的角度来看 AllJoyn 系统，用户最需要了解的结构是客户端、服务或对等端。然而，从系统的角度来看，这三个用例之间基本没有差异，仅仅是这三者通过使用系统提供的相同功能来实现了不同的使用模式。因此，本节从系统的高层对 AllJoyn 技术进行描述，满足不同读者的需求。

2.4.1　从拓扑看网络结构

AllJoyn 的网络结构取决于网络的配置场景，整体来说 AllJoyn 的网络结构可以分为以下两种：独立 AllJoyn 网络，只有对等设备的近邻网络，对等设备间可以通过相同或是不同的底层技术进行连接，消息通信只发生在网络内部；外界可达 AllJoyn 网络，近邻网络中的服务可以被该近邻网络外的设备访问和控制。

要形成一个独立的 AllJoyn 网络非常简单，只要有两个或两个以上的对等端进入到近邻区域便可以动态形成一个独立的 AllJoyn 网络。独立 AllJoyn 网络中的设备可以通过不同的接入技术进行相互连接，比如 WiFi，以太网和蓝牙等。不管这些设备使用的是这些底层技术的哪一种，AllJoyn 系统的广播和发现机制都会使得这些设备可以相互发现对方，独立 AllJoyn 网络的示例，如图 2-23 所示。

需要注意的是，在 WiFi 的配置环境下，为了实现端对端的通信，需要将无线隔离关掉。在独立 AllJoyn 网络中，不同的设备可以通过无线和有线的多种传输协议进行通信。例如，在一个网络中，不同的设备可以通过 WiFi、PLC 和以太网进行相互连接。只要在这个网络

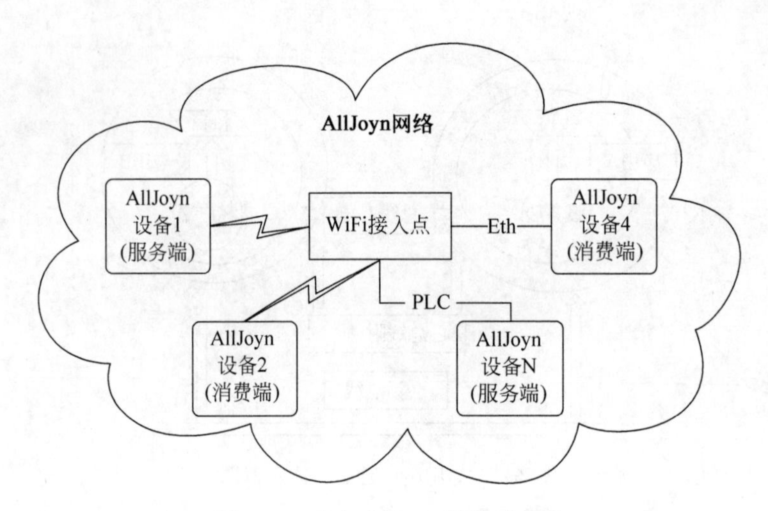

图 2-23 独立 AllJoyn 网络示意图

中的 WiFi 接入点没有设置无线隔离,那么网络中的设备就可以实现相互通信,如图 2-24 所示。

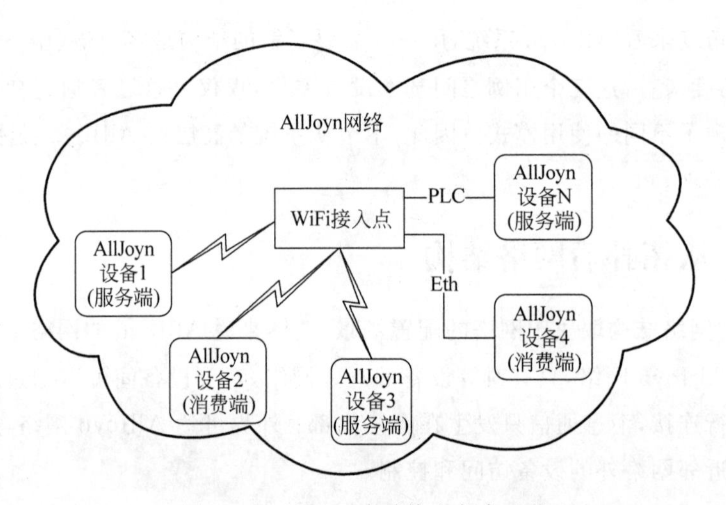

图 2-24 AllJoyn 多种接入方式互联

如上所述,外界可达 AllJoyn 网络是指近邻网络中的服务可以被该近邻网络外的设备访问和控制,服务可以被远端设备访问是通过系统中的网关来实现的,网关将设备的功能和控制方法通过标准的 API 暴露给以云为基础的服务端。这样,位于物联网以外的设备就可以通过这个以云为基础的服务端和网关实现通信了,有关外界可达的 AllJoyn 网络结构如图 2-25 所示。

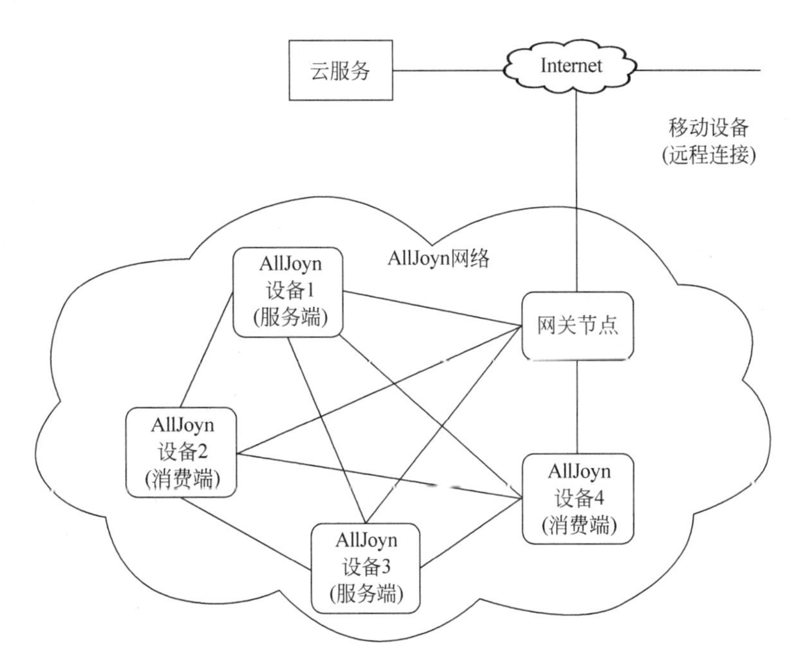

图 2-25 外界可达 AllJoyn 网络示意图

2.4.2 从设备看系统结构

一个支持 AllJoyn 框架的设备可以有一个或多个 AllJoyn 应用，这个设备上的这些应用可以用一个捆绑的路由/后台程序提供服务，比如，移动手机和平板。这个设备也可以为不同的应用建立独立的路由/后台程序，比如电视、机顶盒等设备，甚至于，在某个设备上可以用这两个方式的结合，为其中的某些应用提供一个公共的路由/后台程序，而为另外的应用建立单独的路由/后台程序。

整体来说，会有如下三种情况：单独的应用 app、捆绑路由/后台程序，多个应用 app、捆绑路由/后台程序，多个应用 app、独立路由/后台程序，下面分别介绍。

1. 单独 app、捆绑路由/后台程序

在这个配置中，AllJoyn 的应用包中包括一个应用和一个 AllJoyn 的路由/后台程序，应用可以支持某个服务或是一个或多个基础服务。应用通过 AllJoyn 的标准核心库连接到 AllJoyn 的路由/后台程序，由于在这种配置中使用的是捆绑式路由/后台程序，因而应用和 AllJoyn 路由之间的通信是本地的，即在同一个进程之内，通过调用函数或是 API 接口即可进行通信，具体调用及 AllJoyn 组件的关系，如图 2-26 所示。

2. 多个 app、捆绑后台程序

在这种配置下，一个 AllJoyn 设备上有多个 AllJoyn 应用，这些应用中都有一个 AllJoyn 路由/后台程序的实例与之绑定在应用包中。具体示意图如图 2-27 所示。

图 2-26 单独 app、捆绑路由/后台程序

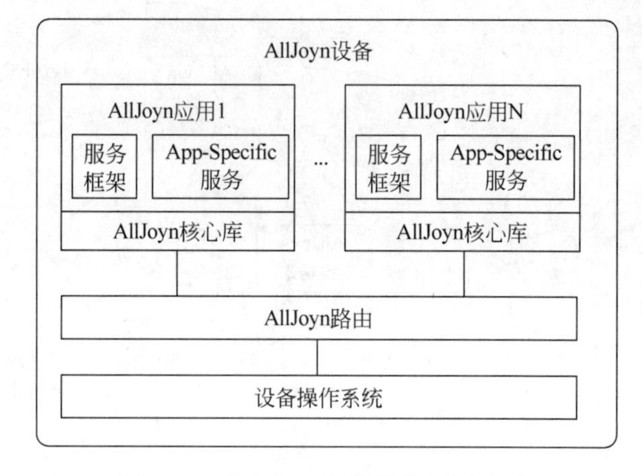

图 2-27 多个 app、捆绑路由/后台程序

3. 多个 app、独立后台程序

在这种配置下，一个 AllJoyn 设备上只有一个独立的 AllJoyn 后台程序，所有这个设备上的 AllJoyn 应用都使用这个 AllJoyn 后台程序。因而应用于后台程序的通信实际上是一个跨进程的，并且有可能通过 TCP 或是 Unix 的 Socket 等协议进行通信。具体示意图如图 2-28 所示。

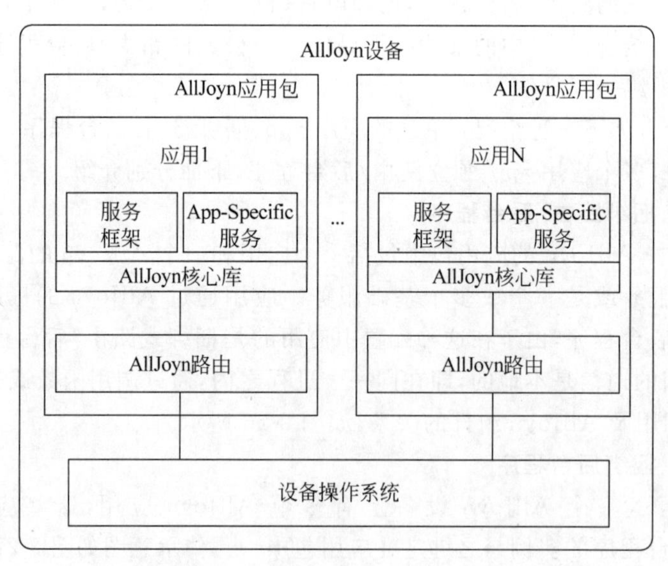

图 2-28 多个 app、独立路由/后台程序

2.4.3 从路由/后台程序看系统结构

AllJoyn 的后台程序提供了 AllJoyn 框架的核心特征，并紧紧地将 AllJoyn 系统的组成部分连接成一个整体。接下来，将从路由/后台程序的视角来观看一下整个 AllJoyn 系统的结构。正如前文所述，路由/后台程序运行在系统后台，时刻等待着相关事件的触发并给予响应。由于这些触发事件通常是来自外部的，路由/后台程序的框架采用了自下而上进行描述。

如图 2-29 所示，给出了基本的路由/后台程序框架。位于最底层的是本机系统，在图中没有体现，位于操作系统抽象层之下。操作系统抽象层主要是为运行在不同的操作系统，比如 Linux、Windows、Android 和 iOS 上的后台程序来提供相同的抽象。在操作系统的抽象层之上，路由/后台程序有各种各样的底层组件。在 2.3.1 节所述，客户端、服务和对等端都只使用本地进程间通信机制与路由/后台程序进行通信，所以路由/后台程序必须处理平台上各种可用的传输机制。值得注意的是，图 2-29 中的“本地(Local)”传输是特指的运行在特定主机上的与 AllJoyn 客户端、服务和对等端的基础连接。

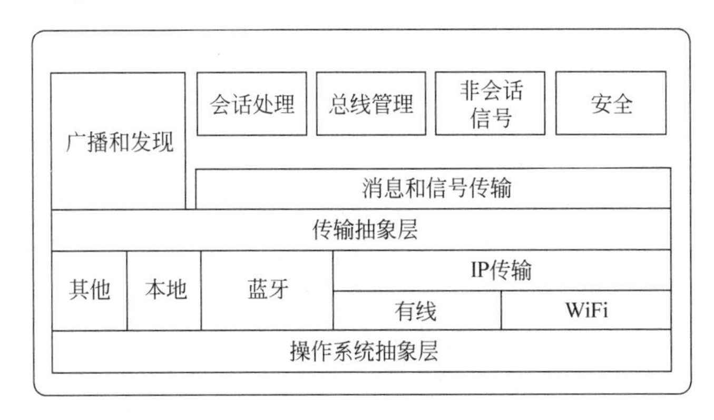

图 2-29 路由/后台程序框架

蓝牙传输主要负责处理在蓝牙系统中创建和管理微微网的复杂性，此外，蓝牙传输还提供了基于蓝牙的服务广播和发现功能以及提供可靠的通信。

有线、WiFi 和 WiFi Direct 传输都在 IP 传输之下，这是因为所有这些传输都使用 TCP-IP 网络协议栈，但是由于服务广播和发现功能不在 TCP-IP 的标准范围内，因此具体完成服务广播和发现在这三者之间还是具有明显的差异，也正是因为如此，才会有特定的模块来实现这些功能。

这些用各种各样的技术来实现的传输都被聚集到传输抽象层中，位于传输抽象层上一层的消息和信号传输主要负责将应用的消息和数据封装成 D-Bus 的格式。发现和广播模块主要负责广播和发现功能，会话处理模块、数据交换模块、无会话信号模块以及安全模块都是后台程序支持的一些基本功能模块，所有的这些模块都可以工作在不同传输协议上，比如 WiFi、蓝牙等等，AllJoyn 的总线管理功能由总线管理模块来提供。

AllJoyn 后台程序使用终端的概念来提供与本地客户端、服务和对等端的连接，并且将这些对象的使用拓展到“总线到总线”的连接，总线到总线的连接主要被路由/后台程序用来发送主机到主机的消息传输。

除了上述连接所隐含的路由功能，AllJoyn 路由/后台程序也提供自己的终端总线对象，用于管理和控制路由/后台程序实现的软件总线。例如，当一个服务请求广播 well-known 总线名称时，实际上发生的是，服务中的辅助对象将这个请求转换为一个远程方法调用传达给路由/后台程序中实现的总线对象。在服务端，路由/后台程序中有许多总线对象位于不同的对象路径中，并且实现不同特定名称的接口。控制 AllJoyn 总线的底层机制，就是向这些路由/后台程序的总线对象发送远程方法调用。

路由/后台程序某些操作的全部行为完全由一个配置子系统进行控制，这样就使得系统管理员可以指定系统中的某些特定的权限，并提供按需创建服务的能力；也可以通过配置路由/后台程序来限制资源的消耗，例如，允许系统管理员来限制任何时间段活跃的 TCP 连接数量。此外，系统管理员也可以限制当前经过安全认证的最大连接数来消除拒绝服务攻击的影响。下面重点介绍 AllJoyn 最上层的五个功能模块，分别如下。

1. 服务和发现模块

正如前边所说，AllJoyn 的系统可以用两种方式进行广播，一种是基于名字的广播，另一种是基于 About 的广播，下面将详细介绍这两种方式。

1）基于名字的服务广播发现

这种方式一般在 14.06 版本之前使用。总的来说，通过名字来发现某一服务的存在，其根本原因是 AllJoyn 的后台程序支持名字服务。名字服务支持 UDP/IP 的结构，也就是说名字服务在网络层采用的是 IP 协议（包括无线），在传输层采用的是 UDP 协议。AllJoyn 的框架通过 AllJoyn 的核心库来暴露这些基于名字的发现 API 接口。

名字服务支持 IS-AT 和 WHO-HAS 两种消息格式，有关这两个消息格式的细节会在下边进行详细的描述。在此需要知道的是这两种消息格式中都携带了用于广播和发现的 well-known 名称。这些协议消息通过 IP 的多播技术在 AllJoyn 的近邻网通过 AllJoyn 框架向 IANA 申请的多播地址即端口号进行多播，具体的 IP 地址和端口号如表 2-2 所示。

表 2-2 多播地址和端口

地　址	端　口　号
IPv4 组播地址	224.0.0.113
IPv6 组播地址	FF0X::13A
组播端口号	9956

为了帮助大家更好地理解基于名字的广播和发现机制，提供了如图 2-30 所示的高层结构，在这个结构中清楚地展示了 IS-AT 和 WHO-HAS 在广播和发现中所起到的作用。下面分别对这两种消息进行详细的介绍：

（1）IS-AT。IS-AT 消息使用 well-known 名称或是 unique 名称来广播服务的存在，在一条 IS-AT 的消息中可以包含一个或是多个广播的 well-known 名称或是 unique 名称。在 IS_AT 中的 Adc_Validity_Period 的配置参数会指定该 well-known 名称广播的有效期限。服务提供端的 AllJoyn 后台程序会通过 IP 的多播技术周期性地发送这些 IS-AT 消息来广播它所支持的服务。这个周期的时间长短是通过服务提供端的配置参数 Adv_Msg_Retransmit_Interval 来配置的。

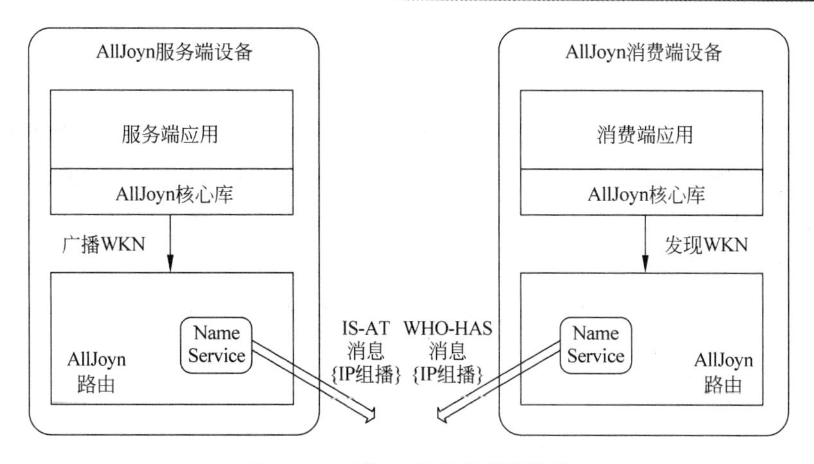

图 2-30 广播和发现的高层结构

IS-AT 消息也可以在接收到寻找其支持服务的WHO-HAS 消息后作为响应发出，这样服务消费端就可以立刻发现所要寻找的服务，减少发现时间。

(2) WHO-HAS。WHO-HAS 使用 well-known 名称或是 unique 名称来发现服务的存在，同样在一条WHO-HAS 的消息中可以包含一个或是多个广播的well-known 名称或是 unique 名称，在 WHO-HAS 的消息中可以利用一个 well-known 前缀来替代一个完整的well-known 名称，例如 WHO-HAS 消息中的一个 well-known 的前缀“org. alljoyn. chat”就可以和 IS-AT 中的“org. alljoyn. chat. _123456”进行匹配。

当服务消耗端想要寻找某个服务的时候，它会通过IP 的多播发送 WHO-HAS 的消息。为了避免冲突产生，导致多播的包被丢失，WHO-HAS 消息会被重复发送几次。

具体来说，WHO-HAS 的消息主要由以下参数决定：Disc_Msg_Number_Of_Retries 和 Disc_Msg_Retry_Interval，分别表示 WHO-HAS 消息被发送的数量及每次的间隔。在接收到 WHO-HAS 的消息后，服务提供端可以通过 IS-AT 作出响应。

(3) Consumer 行为。下边给出服务消耗端基于名字发现机制的后台程序流程，如图 2-31 所示。

(4) 消息队列。本部分给出具体应用场景的消息时序图，主要包括六个部分，即建立 IP 连接后的发现、不可

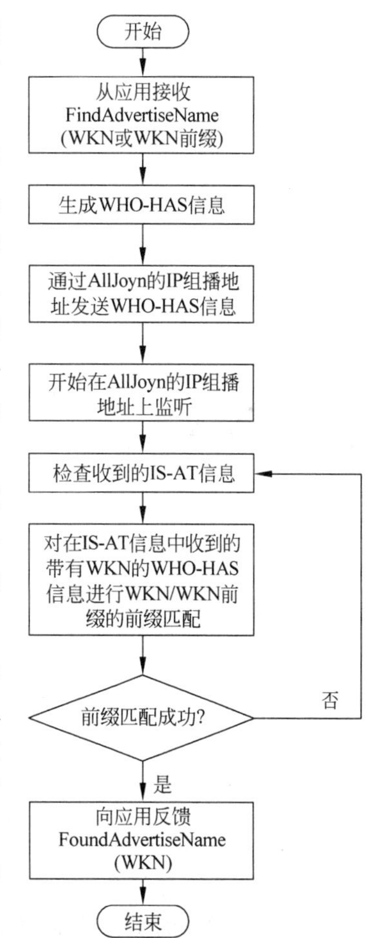

图 2-31 基于名字的后台服务发现流程

靠网络下的发现、IP 连接在发现之后建立、由于 IP 连接中断导致 WKN 丢失、服务提供方取消 well-known 名称的广播、服务消耗端停止发现某个 well-known 名称。

① 建立 IP 连接后的发现。图 2-32 给出了根据 well-known 名称寻找某个服务的消息时序图，在发现服务前，已经建立好了 IP 连接。因此当第一条 WHO-HAS 的消息通过 IP 多播到达服务提供端的时候便会立刻回应一条 IS-AT 消息，具体如图 2-32 所示。

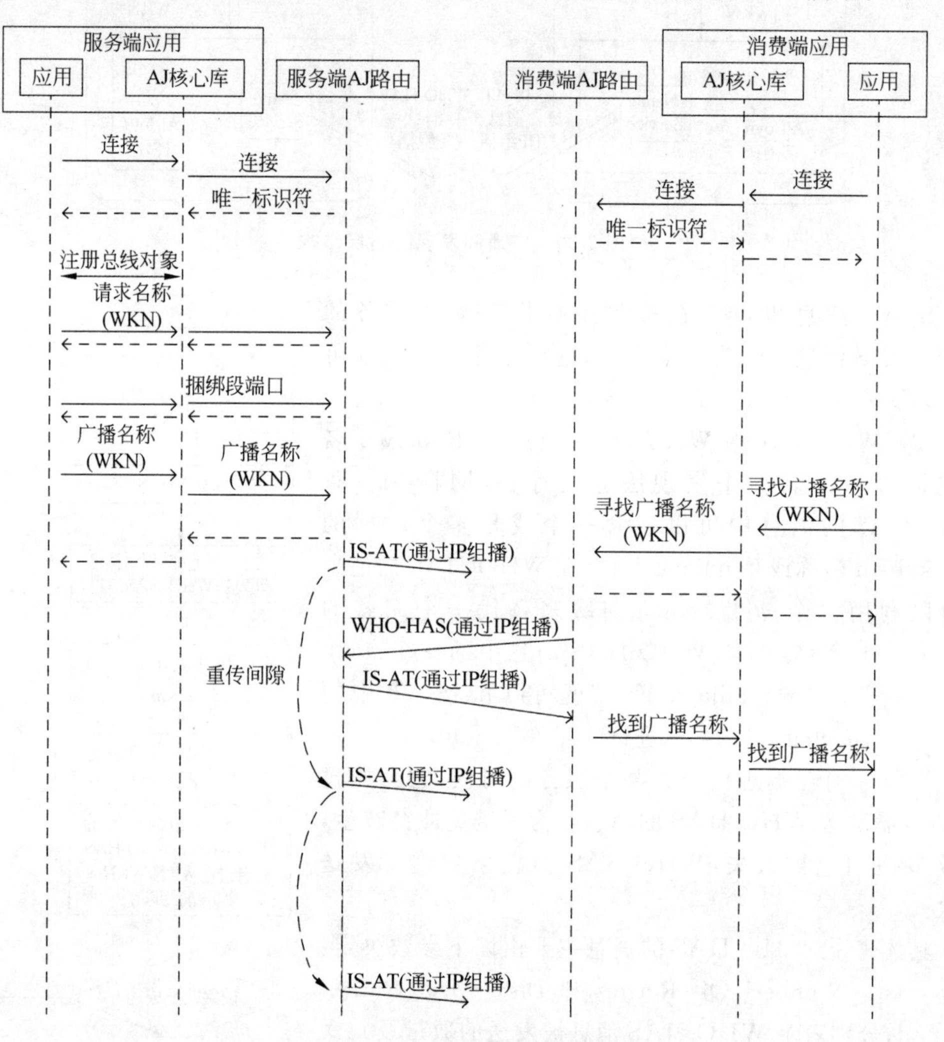

图 2-32 建立 IP 连接后的发现机制的消息时序

② 不可靠网络下的发现。在此场景下，给出了发现某一个 well-known 名称的场景，只是与图 2-32 不同，在这个场景中底层网络丢失了一些 WHO-HAS 的消息。因而，在这种情况下，WHO-HAS 的重传机制就生效了，WHO-HAS 消息丢失后，服务消耗端会根据 Disc_Msg_Number_Of_Retries 和 Disc_Msg_Retry_Interval 进行重传，具体消息序列如图 2-33 所示。

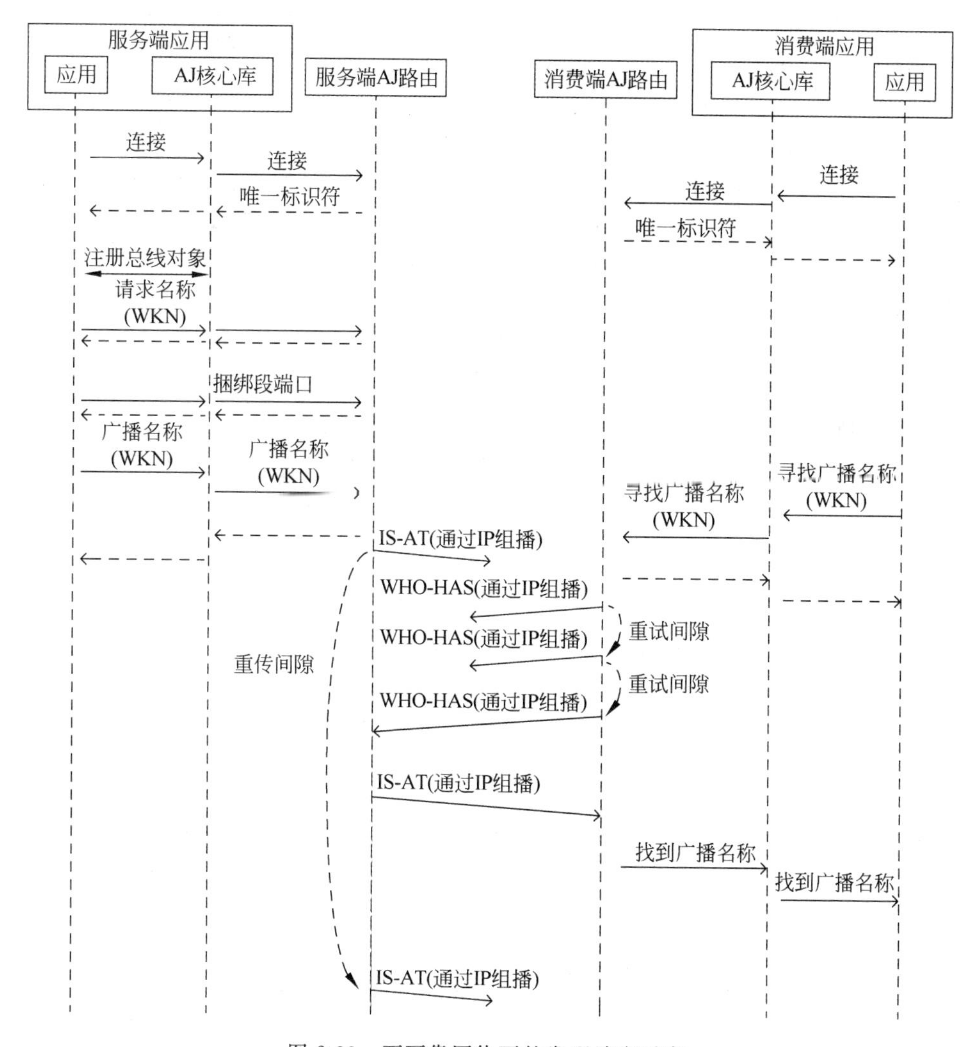

图 2-33 不可靠网络下的发现消息时序

③ 当 IP 连接在发现之后建立。此处给出的场景是服务消耗端在发现服务之后才连接 IP 的情形，这种情形发生在一个服务端刚加入近邻网络中。在这种情形下，接下来的 IS-AT 消息会被传送到消耗端的后台程序，然后，触发其 FoundAdvertisedName。具体示意图如图 2-34 所示。

④ 由于 IP 连接中断导致 WKN 丢失。当服务消费端中断了与近邻网络的 IP 连接，从而导致发现的广播名也丢失的情景，这种现象往往发生在服务消费端离开 AllJoyn 近邻网络的时候。如果消费端没有接收到 IS-AT 消息，它就会认为广播的 well-known 名称已经丢失，就会触发 LostAdvertisedName，如图 2-35 所示。

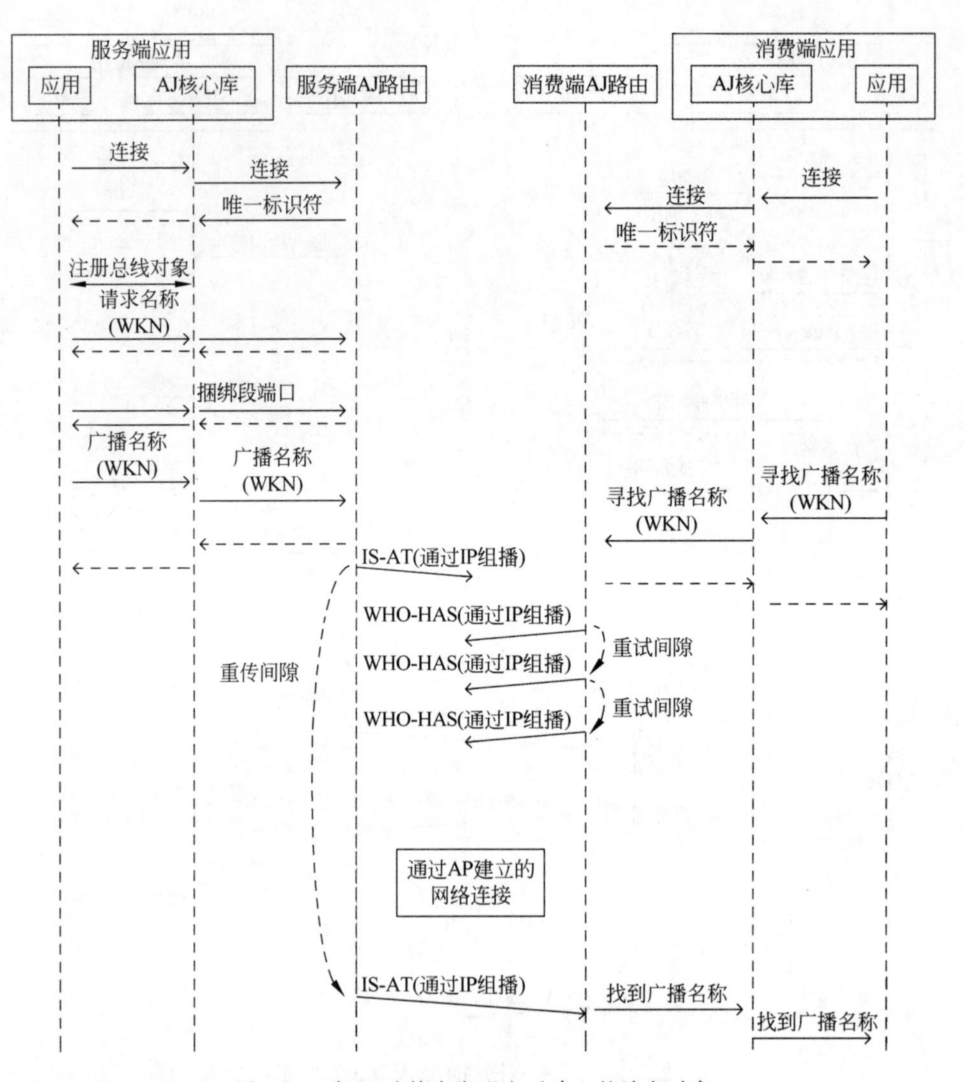

图 2-34 当 IP 连接在发现之后建立的消息时序

⑤ 服务提供方取消 well-known 名称的广播。当服务提供端取消了之前 well-known 名称的广播，如图 2-36 所示。

⑥ 服务消耗端停止发现某个 well-known 名称。当服务消费端取消发现某个 well-known 名称的时候。具体如图 2-37 所示。

(5) 消息结构。本部分将描述具体的消息结构，正如前边所说，名字服务提供 IS-AT 和 WHO-HAS 两种消息。这两种消息嵌入在名字服务的更高层消息中，使得在名字服务中的消息可以包含 IS-AT 和 WHO-HAS。这在同时充当 AllJoyn 服务提供者和服务消费者的应用中是十分有用的。具体的名字服务消息结构，如图 2-38 所示。

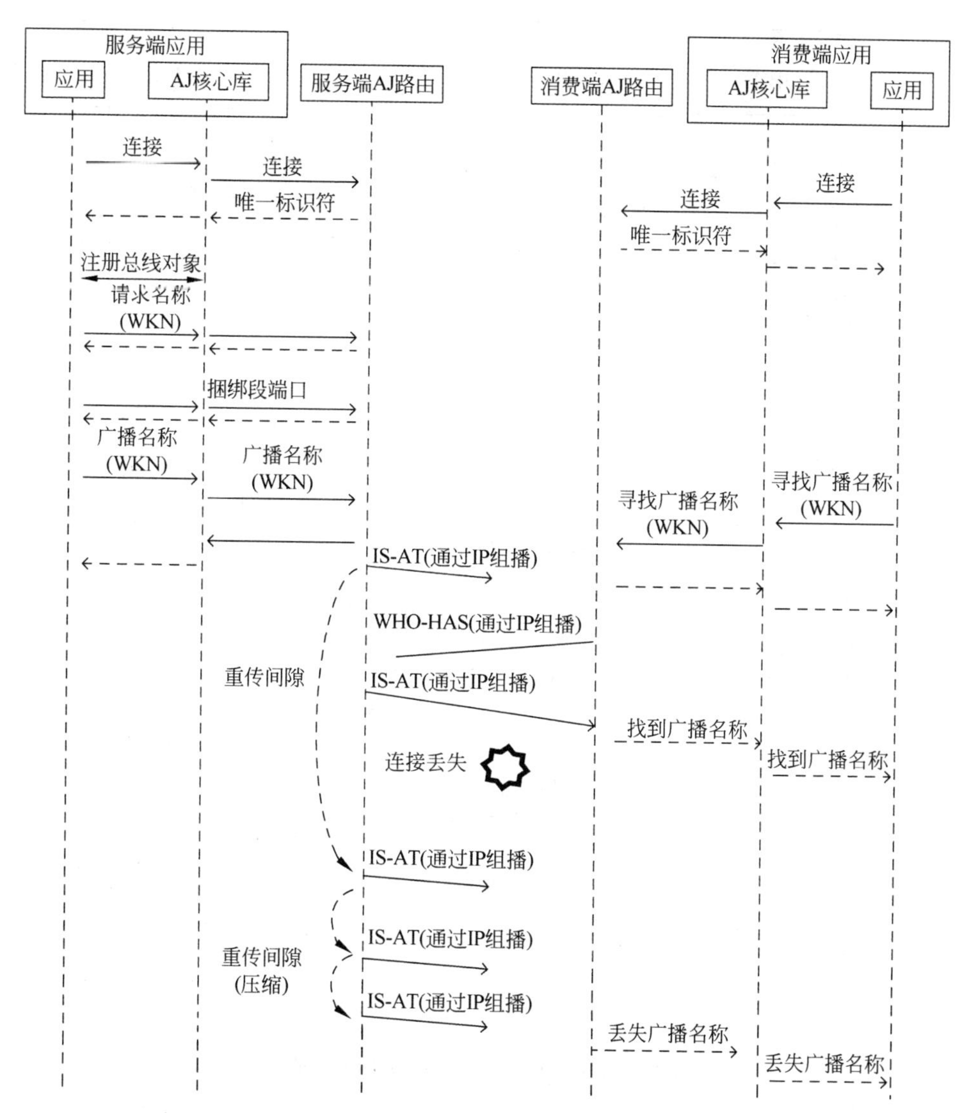

图 2-35　由于 IP 连接中断导致 WKN 丢失的消息时序

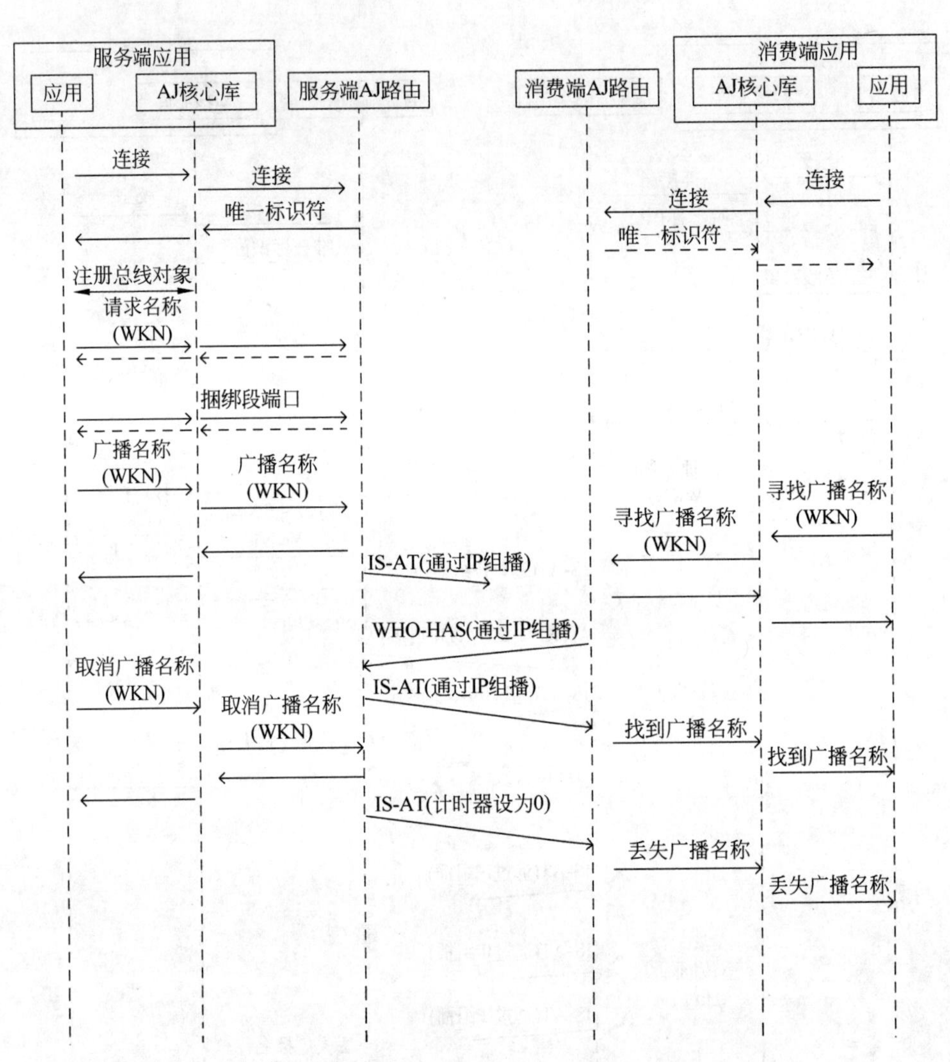

图 2-36 服务提供方取消 well-known 名称的广播的消息时序

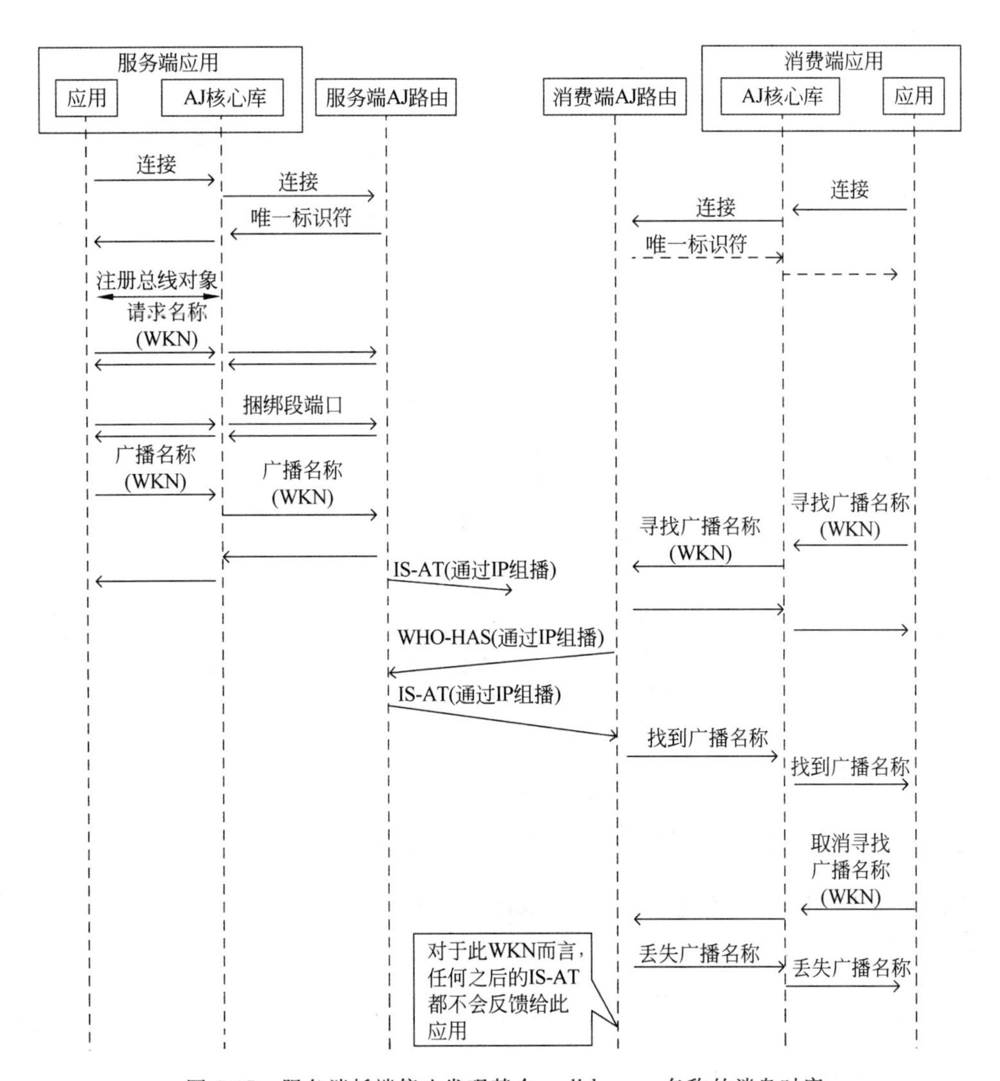

图 2-37　服务消耗端停止发现某个 well-known 名称的消息时序

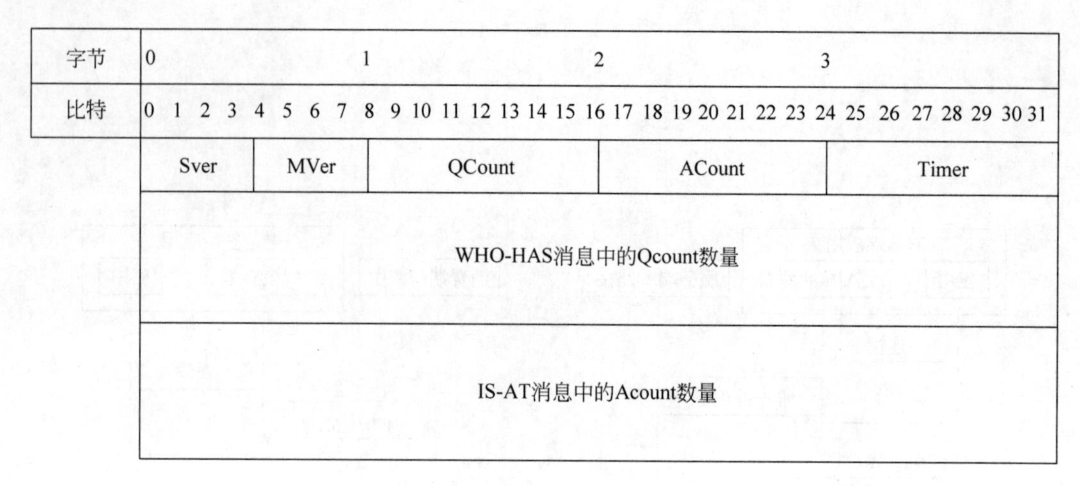

图 2-38　名字服务消息格式

名字服务消息各结构域代表的意义，如表 2-3 所示。

表 2-3　消息结构域的意义

字　段	描　述
Sver	发送方最新的 AllJoyn 发现协议版本号
MVer	名称服务消息版本
QCount	根据报头 WHO-HAS 问题信息的数量
ACount	根据报头 IS-AT 回答信息的数量
Timer	计时器(秒为单位)，包括 IS-AT 回答应被视为有效 这个字段应根据以下规则设定： (1) 周知名称广播的 Adv_Validity_Period 适用于默认时间。 (2) 周知名称广播的 Adv_Infinite_Validity_Value 永远有效，或至少到撤回时。 这一字段中的 0 代表 AllJoyn 路由器撤回广播

下面介绍 WHO-HAS 消息，消息结构如图 2-39 所示。

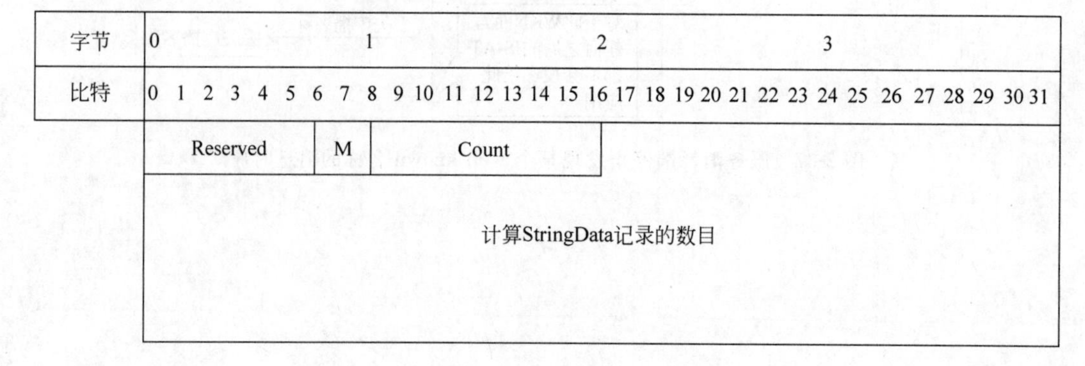

图 2-39　WHO-HAS 消息格式

消息中各个具体的域的意义，如表 2-4 所示。

表 2-4　WHO-HAS 消息字段意义

字　段	描　述
Reserved	保留位
M	WHO-HAS 消息的消息类型.默认 WHO-HAS 是'10'(2)
Count	WHO-HAS 消息中包含的 StringData 项的个数
StringData	描述客户 AllJoyn 路由器感兴趣的 AllJoyn 周知名称

下面给出具体的 IS-AT 消息，如图 2-40 所示，其中，M 为 01 或 1 标志是 IS-AT 消息。

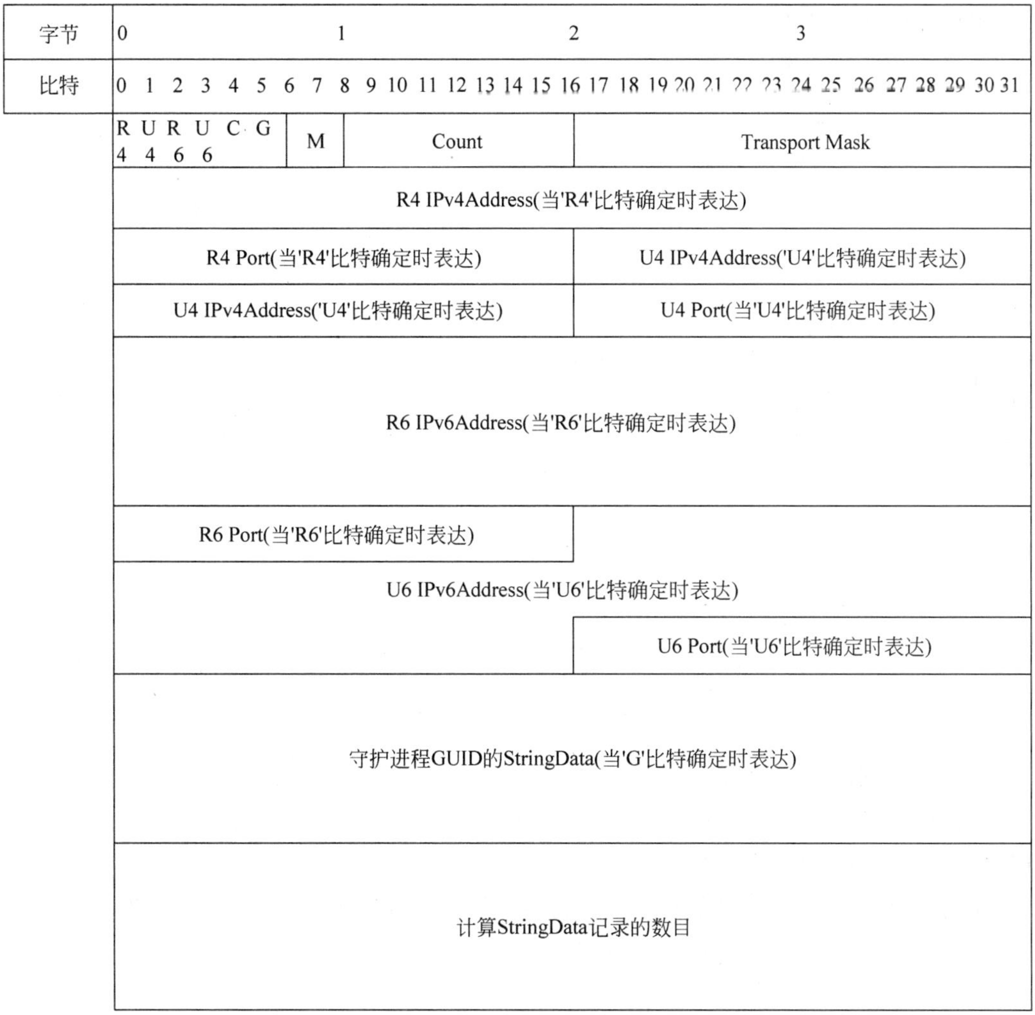

<table>
<tr><td>字节</td><td colspan="4">0　　　　　　　1　　　　　　　2　　　　　　　3</td></tr>
<tr><td>比特</td><td colspan="4">0 1 2 3 4 5 6 7 8 9 10 11 12 13 14 15 16 17 18 19 20 21 22 23 24 25 26 27 28 29 30 31</td></tr>
<tr><td></td><td>R4 U4 R6 U6 C G</td><td>M</td><td>Count</td><td>Transport Mask</td></tr>
<tr><td></td><td colspan="4">R4 IPv4Address(当'R4'比特确定时表达)</td></tr>
<tr><td></td><td colspan="2">R4 Port(当'R4'比特确定时表达)</td><td colspan="2">U4 IPv4Address('U4'比特确定时表达)</td></tr>
<tr><td></td><td colspan="2">U4 IPv4Address('U4'比特确定时表达)</td><td colspan="2">U4 Port(当'U4'比特确定时表达)</td></tr>
<tr><td></td><td colspan="4">R6 IPv6Address(当'R6'比特确定时表达)</td></tr>
<tr><td></td><td colspan="2">R6 Port(当'R6'比特确定时表达)</td><td colspan="2"></td></tr>
<tr><td></td><td colspan="4">U6 IPv6Address(当'U6'比特确定时表达)</td></tr>
<tr><td></td><td colspan="2"></td><td colspan="2">U6 Port(当'U6'比特确定时表达)</td></tr>
<tr><td></td><td colspan="4">守护进程GUID的StringData(当'G'比特确定时表达)</td></tr>
<tr><td></td><td colspan="4">计算StringData记录的数目</td></tr>
</table>

图 2-40　IS-AT 消息格式

2）基于宣告/About 的广播发现

本节介绍基于 About 的广播，首先介绍 14.06 版本以前的 About 机制，然后介绍 14.06 版本之后的广播发现机制 NGNS。基于 About 的广播发现机制中，服务提供端通过多播信号来暴露自己支持的接口，要使用这些服务的消费端，会选择接受这些广播信息，从而发现某些特定的服务。

这些多播信号是通过 About 产生的，并且 AllJoyn 后台程序以 AllJoyn 无会话的信号形式发送。AllJoyn 无会话信号模块利用 AllJoyn 名字服务信息（IS-AT 和 WHO-HAS）以一个规范好的消息格式来通知服务消费端，当服务消费端的后台程序发现无会话信号的 well-known 名称，就会通过 AllJoyn 会话的形式连接到服务提供端，并从中获取广播内容，具体情境如图 2-41 所示。

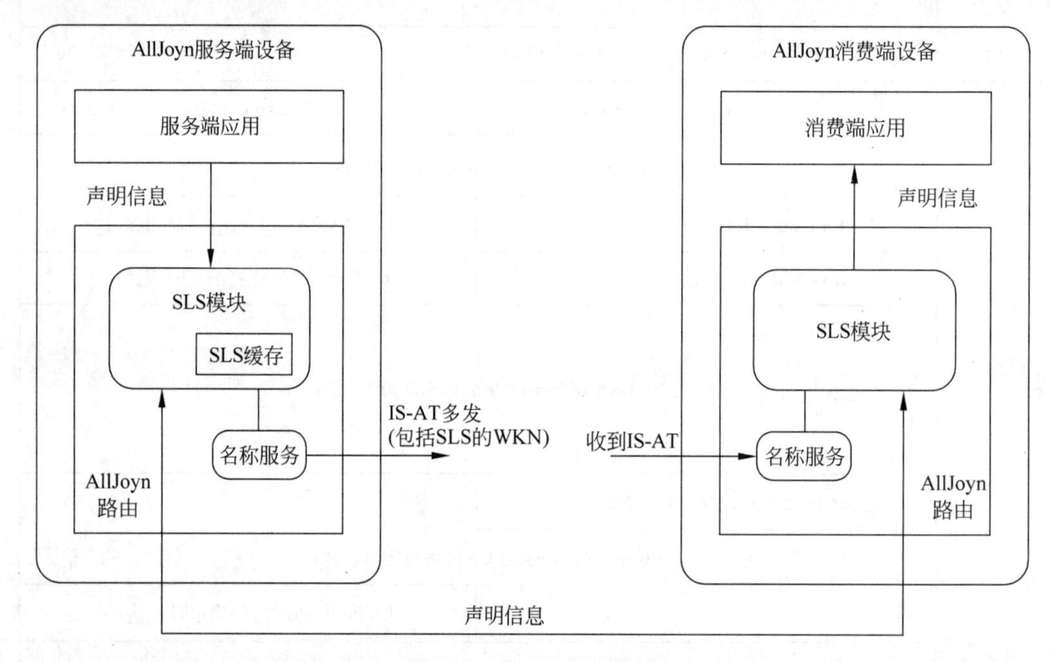

图 2-41　About 广播示意图

AllJoyn 的服务提供端通过无会话的信号将 IS-AT 的消息格式进行多播发送，正如之前所说，IS-AT 的消息中是携带 WKN 的，当服务消费端的后台程序收到该信号，就会与服务提供端建立连接，从而获取广播信息。

在此需要注意的是，广播消息是以无会话的信号进行传送的，并且会缓存在 SLS 模块。SLS 模块在生成无会话的信号时，会给信号生成一个规范格式的名称，如下所示：

```
SLS WKN 格式: org.alljoyn.sl.x<GUID>.x<change_id>.
```

从图 2-41 中也可以看出，SLS 信号模块在发送带有 well-known 名称的 IS-AT 消息时会和后台程序中的名字服务进行通信，而在服务消费端的后台程序正在寻找这个 well-known 名称，消费端在接收到这个 IS-AT 的消息后，消费端无会话的模块就会以会话的形式连接到服务提供端的无会话模块，获取服务提供端发送的广播消息。

(1) 消息队列。图 2-42 给出了基于 About 广播的发现机制的时序图。

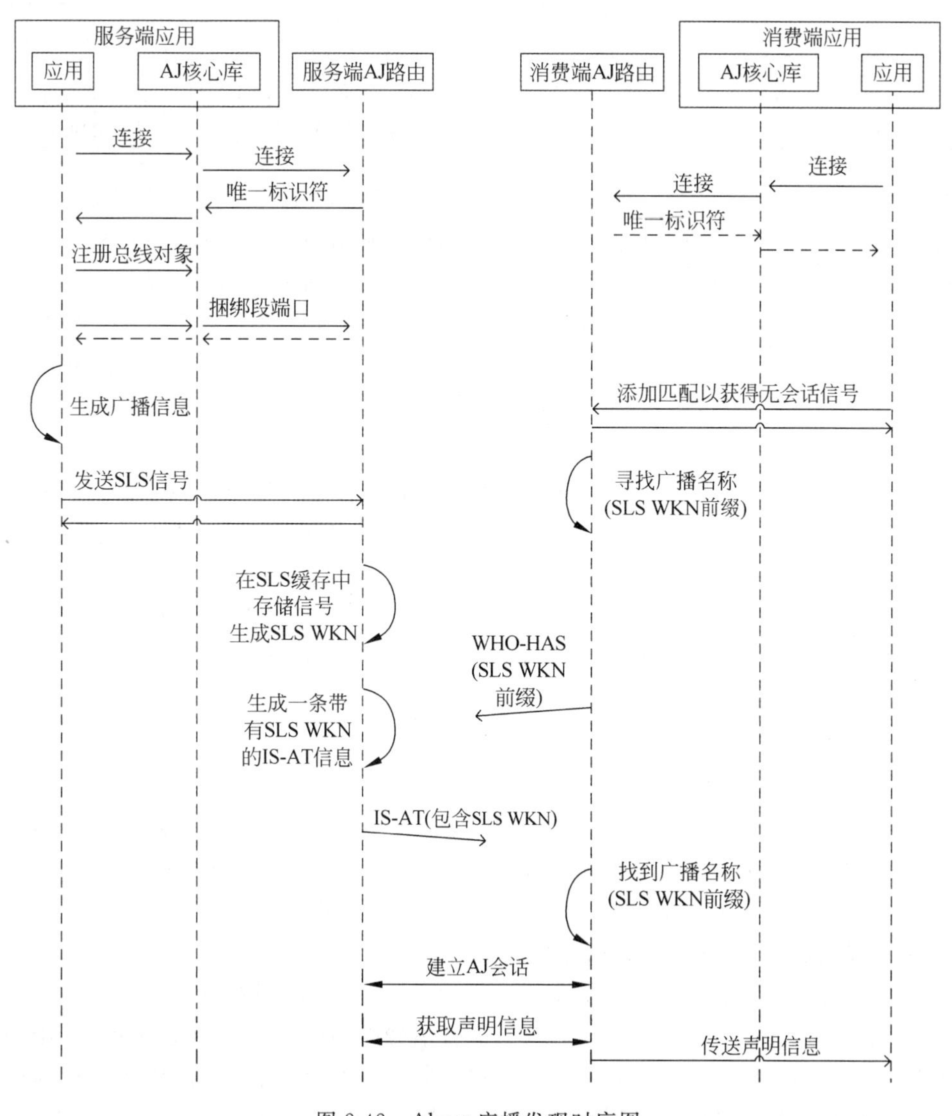

图 2-42 About 广播发现时序图

(2) 宣告消息。广播消息中提供了应用中一系列的对象路径，这些对象路径中的对象都实现了某些特定的 AllJoyn 接口。AllJoyn 应用主要控制在广播信号中广播哪些对象路径，除此之外，广播信号中也会包含其他的信息，比如设备或是应用相关的，表 2-5 中给出了 AllJoyn 的广播和发现中一些主要的参数。

表 2-5 基于宣告的广播参数

参数	默认值	范围	描述
Adv_Validity_Period	120s	TBD	IS-AT 广播的有效期。
Adv_Infinite_Validity_Value	255	TBD	表明广播永远有效的时间值。
Adv_Msg_Retransmit_Interval	40s	TBD	发送 IS-AT 消息的间隔秒数。
Disc_Msg_Number_Of_Retries	2	TBD	第一次传输后 WHO-HAS 消息的发送次数。
Disc_Msg_Retry_Interval	5s	TBD	重新发送 WHO-HAS 消息之间的间隔秒数。

(3) Next-generation Name service。AllJoyn 技术 14.06 版本中提出的 Next-generation Name service(NGNS),进一步改善了服务发现的性能和增强了 AllJoyn 系统检测设备在线的能力,具体的细节,会在后面章节详细介绍,NGNS 的高层结构如图 2-43 所示。图中所示的结构显示了与 NGNS 有关的主要逻辑模块,14.06 版本中增强的发现功能和设备在线检测功能都是通过上边 AllJoyn 核心代码库(AllJoyn Core Library)的 API 暴露出来的。此外,需要注意的是,在 14.06 中,About 的功能也被添加在 AllJoyn 的核心库代码中,也就是说,在 14.06 版本中,AllJoyn 的应用能直接通过核心库调用 SLS 模块发送无会话的广播信号,发送的这些广播信号会在 SLS 模块中进行缓存。新增的 NGNS 模块正是利用这些缓存信号中的信息来应答服务消费端基于接口的服务发现查询。

图 2-43 NGNS 高层架构

① 发现。根据以上的叙述可以知道,AllJoyn 的框架支持基于名字和广播的两种发现方式。同样,在 14.06 中 NGNS 也支持两种广播方式:

NGNS 支持基于名字的发现,虽然从 API 层面来看,与 14.02 版本没有任何变化,实际上底层的东西有所变化。NGNS 的服务发现是利用基于 mDNS 上的 DNS 服务发现框架进行的,目前只是为了版本兼容,NGNS 在后台程序的配置文件中会进行配置,从而使得 NGNS 也可以发送 14.06 版本以前的发现消息。

NGNS 支持基于广播的发现,由于 NGNS 允许服务消费端查询一系列的 AllJoyn 接口,这一方法更为高效。在 14.06 版本以前,服务消费端的应用必须创建相应的匹配规则才能接收所有的广播信号(以无会话的信号进行广播),然后再解析服务提供端广播的接口信息,才能决定服务端所提供的接口是否为消费端感兴趣的接口,虽然 14.06 之前的基于广播的发现方式比基于名字的广播方式,功能更加强大,而效率并不高。NGNS 功能允许服务消费端查询某一系列的接口,而只有提供这些接口的服务端才会响应此查询。

② 在线检测。在 14.06 版本以前,检测一个设备是在线还是离线,是通过服务消费端丢失了与服务提供端的连接后,在连续的三个广播时间内都没有接收到 IS-AT 消息来进行设备离线判定的,这个监测的时间是固定的,即 3×40s=120s。

在 14.06 版本中,NGNS 提出了一种更有效的方法。即由服务消费端通过单播信号进行检测。在14.06版本中，一旦近邻网络中某个服务名被服务消费端发现，服务消费端就可以通过调用新的Presence API来检测这个服务是否处于在线状态。由于每个应用程序的设计逻辑不同，开发人员可能需要在不同的应用时间点和逻辑点去检测其他设备是否在线。因此，在NGNS中有关检测的部分直接以接口的方式暴露出来，这样不同的应用程序便可以根据不同的逻辑结构来检测设备是否在线。

③ NGNS设计。本部分将描述NGNS在设计时考虑的具体问题，NGNS使用mDNS，14.02的发现协议是通过使用AllJoyn申请的多播IP地址来发送特定的AllJoyn UDP消息来实现的，由于IP路由可以阻塞多播IP地址和端口，因此该设计实际上限制了AllJoyn的发现能力。为了解决这个问题，14.06版本中的发现协议采用了通过使用AllJoyn申请的多播地址和端口来发送基于多播的DNS。表2-6给出了详细的NGNS使用的多播地址和端口号。而且，mDNS还实现了如下的功能，这部分功能在14.06版本中的发现协议起到了很大的作用，包括请求单播响应、通过单播发送消息请求和响应者发送未请求的响应。这些构成了发现协议的第2版本，有关版本号在mDNS的请求和响应报文中的sender-info的pv域表现出来。在这需要注意的是，之前14.02的名字服务使用的是发现协议的第0和第1版本。

表 2-6 NGNS的多播地址和端口号

地　址	值
IPv4组播地址	224.0.0.251
IPv6组播地址	FF02::FB
组播端口号	5353

使用DNS-SD，14.06的发现协议是基于RFC 6763实现的。客户端可以通过如下名字格式来查询某一DNSPTR记录，从而发现某一服务的全部实例(该服务名在IANA进行注册，比如AllJoyn就是注册过的服务名)。

```
"<Service>.<Domain>" [RFC 1035](https://www.ietf.org/rfc/rfc1035.txt).
```

该PTR对于“.”的搜寻结果返回的便是给定服务名字的0个或多个PTR记录：

```
Service Instance Name = <Instance>.<Service>.<Domain>
```

除了该服务实例，DNS-SD响应方还会发送DNS SRV (RFC 2782)和DNS TXT(RFC 1035)记录。SRV和TXT有如下的命名格式：

```
"<Instance>.<Service>.<Domain>"
```

SRV记录中给出了目的主机和可以访问服务实例的端口号，与SRV同名的DNS TXT记录则用键值对的形式给出了这个服务实例的其余信息。

除了RFC 6736中说明的服务发现框架外，NGNS发现协议为了能在不与提供方建立AllJoyn会话进行协商的基础上直接扩大发现的区域，NGNS发现协议还在DNS-SD查询消息的额外部分中发送TXT记录。这一特性在其他应用场景也被广泛使用，比如，在发送短消息或是在线消息时，有关DNS-SD消息格式在下面的章节中详细说明。

WiFi的设计考虑：基于WiFi的多播成功率并不是最优的，甚至在某些情况下，它还会明显退化。从WiFi的规范说明中可以知道，每一个节点都可以进入睡眠状态并且可以周期性地醒来。节点的唤醒间隔可以由设备事先规定任意值,在实际设置唤醒间隔时,一般都会选取路由接入点(AP)发送多播信号时间间隔的整数倍数值。(AP)接入点会缓存需要进行多播的数据并根据由 DTIM(Delivery Traffic Indication Message)间隔决定的时间间隔进行排序。在实际中,常常会把唤醒间隔设置成 DTIM 值的整数倍(一般来说,往往选择 1、3 或 10 倍)。这也意味着设备可能会错过一些多播数据,在实际情况中是非常可能遇到的,因此,在 AllJoyn 发现协议中专门设计了一个更健壮的方式来处理这个问题。具体来说,采用了如下的设计原则。

传播调度:多播调度的设计是为了支持设备醒来时可以处理多个 DTIM 时间间隔中发送的多播包。该时序是支持指数回退的,当设备每隔 3 个 DTIM 间隔唤醒一次的时候,每个多播消息会重复发送两次,以提高多播消息的可靠性。

调度器会在 0、1、3、9 和 27 秒的时候分别发送查询数据。在每个传输时间被触发时,会有三个消息(原始消息加上每隔 0.1 秒重复的两个消息)发送,称之为调用流中的消息爆发。对于消息接收者而言,在发送完对第一个接收到的请求消息响应后便会忽略后边的消息。

减少多播传输,增加单播传输:另一个设计的原则便是利用多播信号进行查询,而利用单播信号进行响应和检测设备是否在线。DNS 允许利用单播响应多播 DNS 查询,发现协议就是利用这一特征,这在 DNS 的报文头中的 qclass 域中的高位体现出来。

发现和检测 API:下表 2-7,基于发现场景的发现和检测 API,列举出了 AllJoyn 系统提供的发现和检测 API,并将其映射到了具体的发现场景。最常见的场景便是服务消费端驱动的发现和检测情形。

表 2-7 基于发现场景的发现和检测 API

发现情况	API
客户应用名称查询	FindAdvertisedName()
客户应用获得发现或丢失广播名称的通知	FoundAdvertisedName() LostAdvertisedName()
客户应用取消名称查询	CancelFindAdvertisedName()
服务应用广播名称	AdvertiseName()
服务应用取消广播名称	CancelAdvertiseName()
服务应用发送宣告信息	Announce()
客户应用查询 AllJoyn 接口	RegisterAnnounceHandler()
客户取消应用查询 AllJoyn 接口	UnregisterAnnounceHandler()
客户应用查询存在	Ping()

触发 DNS-SD 多播消息的发现 API:在一些发现的使用场景中,会触发多播消息。会触发多播消息发送的 API 有:FindAdvertisedName(),CancelAdvertisedName(),AdvertiseName(),Announce()和 RegisterAnnounceHandler()。对于多播传输的关键点主要如下,基于 mDNS 的多播地址发布的 DNS-SD 查询;传输调度;在路由的配置文件中设置 LegacyNS,发送与之前版本兼容的 Name Service 消息;遗留的名字服务 WHO-HAS 和 mDNS 消息服

从同样的传输调度。

（4）NGNS 消息序列：

① 基于名字的发现。NGNS 服务消费端和 NGNS 服务提供端之间的时序：在图 2-44 所示的情景中，服务消费端的 AllJoyn 路由不支持以前的版本，即无法发送基于名字服务的消息，图中给出的消息序列默认服务提供端已经存在于 AllJoyn 的网络。消息序列的主要步骤如下：服务消耗端发送 FindAdvertisedName()初始化消息序列；NGNS 通过多播 DNS 发送基于 DNS-SD 的查询消息；任何与搜索名字匹配的服务提供端通过单播方式发送 DNS-SD 消息响应服务消耗端。

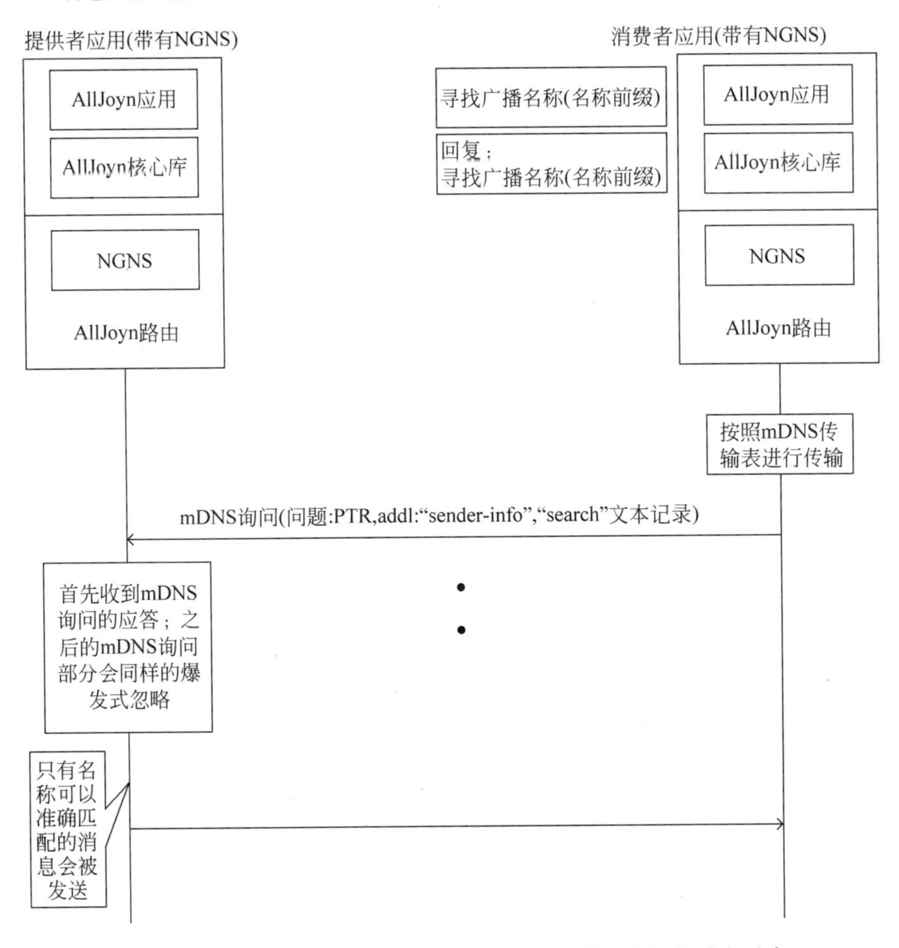

图 2-44　基于名字的 NGNS 服务消费端和提供端之间的消息时序

基于 NGNS 的服务消费端和基于名字系统的服务提供端之间的时序：在此系统假设，服务消耗端的 AllJoyn 路由支持原先的名字服务行为；服务提供端已经存在于 AllJoyn 的网络。消息序列如图 2-45 所示，主要完成如下功能：服务消耗端发送 FindAdvertisedName()初始化消息序列；NGNS 通过多播 DNS 发送基于 DNS-SD 的查询消息以及名字服务支持的

WHO-HAS 消息；任何与搜索名字匹配的服务提供端通过单播方式发送 DNS-SD 消息响应服务消耗端；14.02 版本以前的服务提供者如果和 WHO-HAS 消息匹配则通过 IS-AT 消息响应。

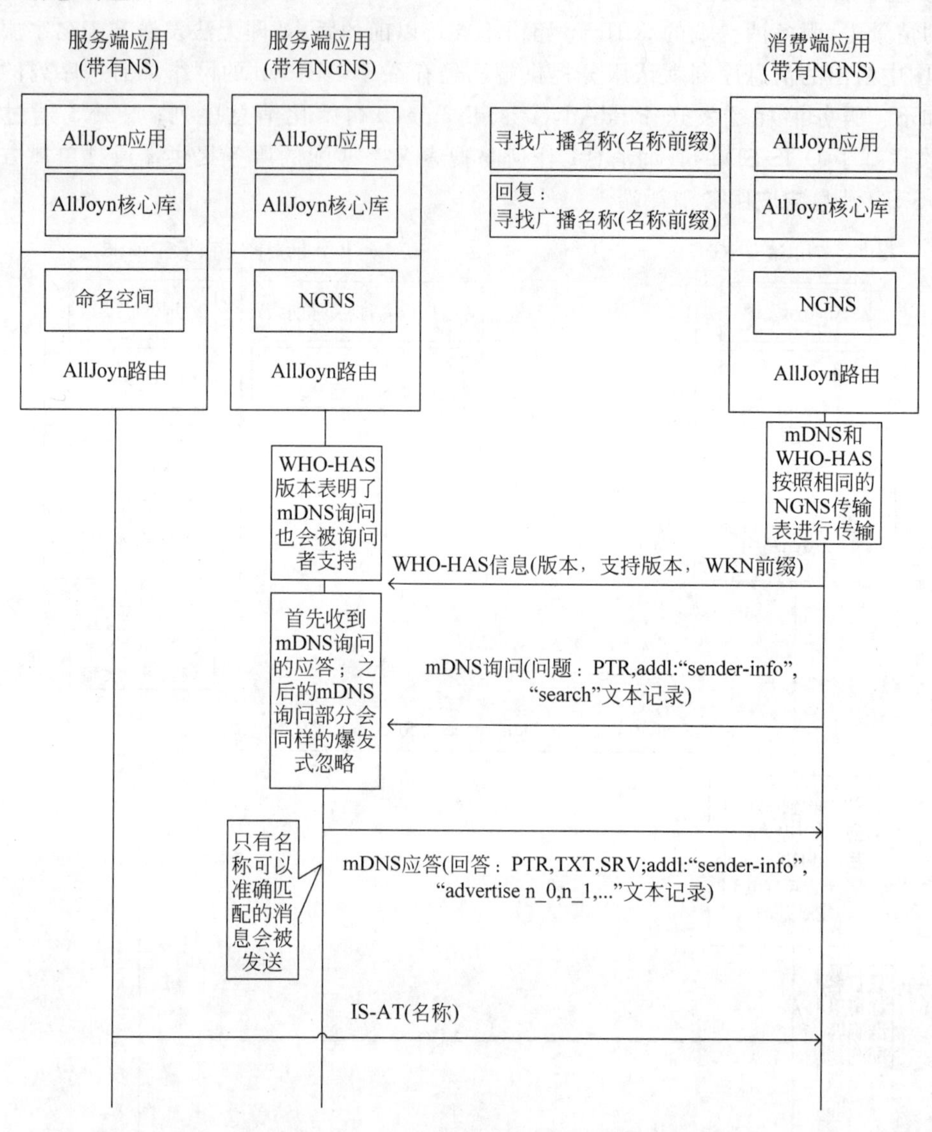

图 2-45 基于 NGNS 的服务消费端和基于名字系统的服务提供端之间的消息时序

基于 NGNS 的服务消耗端和基于名字服务的服务提供端的另外一种情况是，如果在广播 FindAdvertisedName()的时候，网络中没有服务提供端，而是在广播后才出现的，如图 2-46 所示。假设服务消费端支持原先的名字服务，且服务提供者在初次查询的时候不在网络中。那么，消息序列会有如下功能：服务消耗端发送 FindAdvertisedName()初始化消息序列；NGNS 通过多播 DNS 发送基于 DNS-SD 的查询消息以及名字服务支持的 WHO-HAS 消

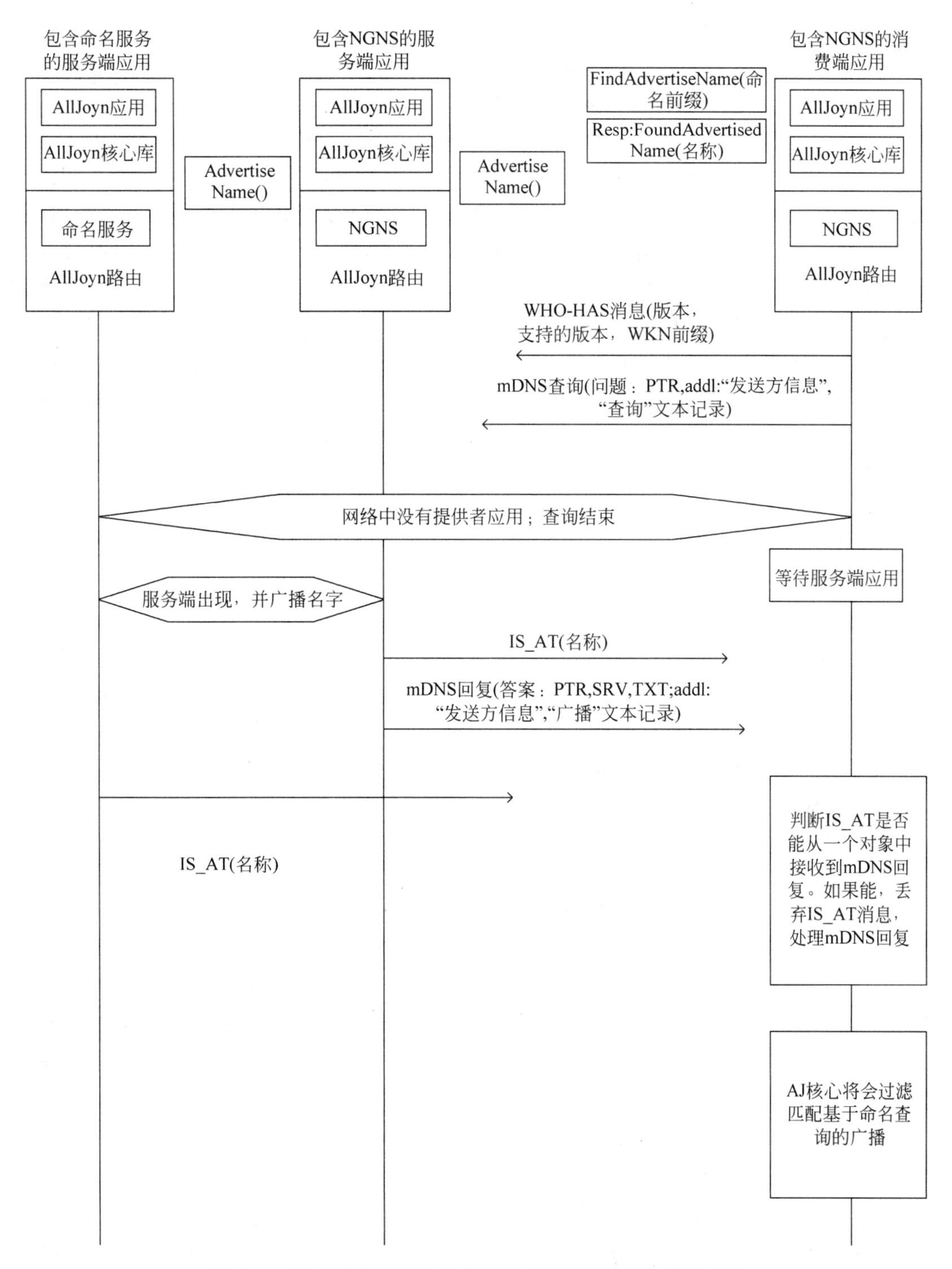

图 2-46　服务提供者在初次查询的时候不在网络的消息时序

息；mDNS 消息和 WHO-HAS 消息查询期限超时；当服务提供端加入 AllJoyn 的网络时，NGNS 发送未经请求的 DNS-SD 响应消息和通过 IS-AT 消息广播名字；当加入网络时，名字服务提供端发送 IS-AT 消息。服务消费端的路由主要完成如下的任务：接收名字服务和 NGNS 消息，过滤广播的名字，当发现匹配名字的时候，发送 FoundAdvertisedName()。

② 基于接口的发现。第一种情况是 NGNS 服务消耗端和 NGNS 服务提供端之间的消息序列，在图 2-47 的情景中，服务消费端的 AllJoyn 路由不支持以前的版本，即没法发送基于名字服务的消息。图中给出的消息序列默认服务提供端已经存在于 AllJoyn 的网络，消息序列的主要步骤如下：服务消费端通过调用 RegisterAnnounceHandler 注册一个广播处理器和提供一系列接口来初始化消息序列，这将触发应用程序去发现那些实现了这些接口的服务提供端；NGNS 通过多播 DNS 发送基于 DNS-SD 的查询消息，并根据想要发现的接口在 DNS-SD 的额外部分添加 TXT 记录；实现目标接口的服务端在被发现之后，通过单播方式发送 DNS-SD 响应消息以及与 About 信号中 well-known 名称一致的无会话的信号；服务消耗端会去服务提供端获取广播信号。

第二种情况是基于 NGNS 的服务消耗端与基于 NGNS 和名字系统的服务提供端的消息序列，如图 2-48 所示，这种消息序列是第一种情况所述基于 NGNS 的服务消耗端和服务提供端情形下的拓展，唯一的区别便是服务提供端支持以前的名字服务。

虽然基于接口的查询是 14.06 版本的新特性，但是，在设计时，考虑到兼容性，14.06 版本以前基于名字服务的应用也可以参与到发现过程中，这一点可以通过发送 WKN= org. alljoyn. sl 的 WHO-HAS 消息来实现。假设服务提供端已经存在于 AllJoyn 的网络，主要消息序列如下：服务消费端通过调用 RegisterAnnounceHandler 注册一个广播处理器和提供一系列寻求的服务接口来初始化消息序列；NGNS 通过多播 DNS 发送基于 DNS-SD 的查询消息，并根据想要发现的接口在 DNS-SD 的额外部分添加 TXT 记录；NGNS 发送 WKN=org. alljoyn. sl 的 WHO-HAS 发现消息；任何实现目标接口的基于 NGNS 的服务提供端通过单播方式发送 DNS-SD 响应消息和与 About 广播信号中 well-known 名称一致的无会话的信号；服务消费端去服务提供端获取广播信号；如果无会话消息缓存中有无会话的信号，以前版本的服务提供端将发送无会话的 IS-AT 消息来广播自己的 well-known 名称；服务消费端去获取无会话的信号和过滤出基于所需 AllJoyn 接口的广播信号。

第三种情况是等待接口查询，服务提供端应用之后到达，图 2-49 的消息序列描述的是在信道中有一个等待接口查询，并且已经超出了传输时间，但是仍然注册了一个广播信号处理器，主要消息流程如下：服务消费端通过调用 RegisterAnnounceHandler 注册一个广播处理器和提供一系列寻求的服务接口来初始化消息序列；NGNS 通过多播 DNS 发送基于 DNS-SD 的查询消息，并根据想要发现的接口在 DNS-SD 的额外部分添加 TXT 记录；NGNS 发送 WKN＝org. alljoyn. sl 的 WHO-HAS 发现消息；多播 DNS 消息和 WHO-HAS 消息都超时失效；当服务提供端的应用程序进入到 AllJoyn 网络时，NGNS 会通过未请求的 DNS-SD 响应消息发送无会话的信号来广播自己的 well-known 名称，此外，服务提供端也会通过名字服务系统通过无会话的 IS-AT 消息广播其 well-known 名称；服务消费

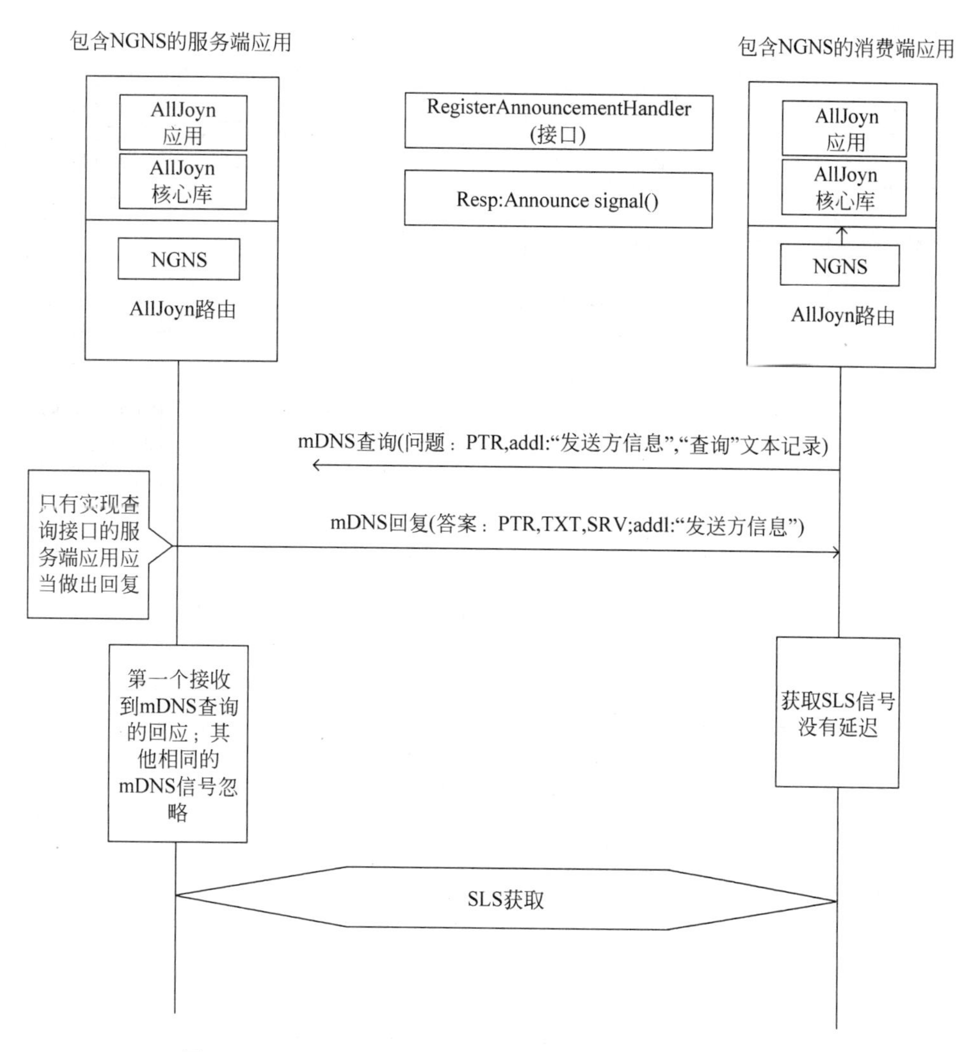

图 2-47　NGNS 服务消费端和提供端之间接口查询消息序列

端去服务提供端获取广播信号；当服务提供端加入到 AllJoyn 网络时，基于名字服务的服务提供端会通过 IS-AT 消息格式以无会话的信号广播 well-known 名称；服务消费端的路由会去服务提供端获取无会话的信号和过滤出基于所需的 AllJoyn 接口的广播信号，如果存在匹配，那么服务提供端就会向服务消费端发送一个广播信号。

③ 取消广播。第一种情况是基于 NGNS 的服务提供端，基于 NGNS 和名字服务的服务消费端，消息时序如图 2-50 所示，完成如下功能：服务提供端调用 CancelAdvertisedName()；NGNS 发送 IS-AT 和 DNS-SD 的响应消息，注意多播 DNS 中的 TXT 记录的 TTL 设置的存活时间为 0；当服务消费端接收到取消广播的消息时也就接收到了 LostAdvertisedName()。

④ 检测。NGNS 的服务消费端与 NGNS 的服务提供端的检测，检测 API 支持同步和异步两种模式，但从总线协议的角度来看，这两者的消息序列是一样的。在 14.02 版本中，

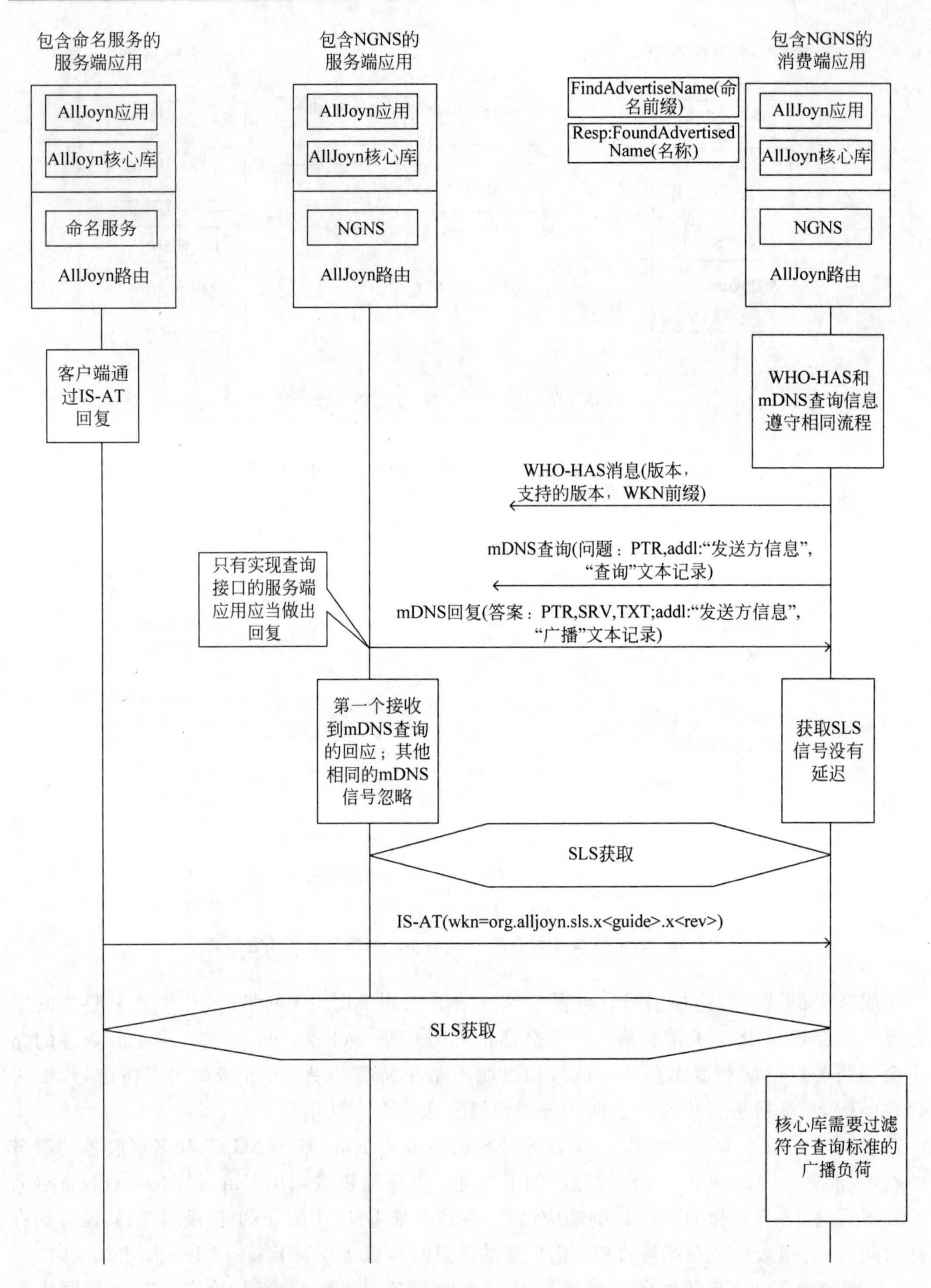

图 2-48 基于接口的查询(基于 NGNS 的服务消费端，基于 NGNS 和名字服务的服务提供端)

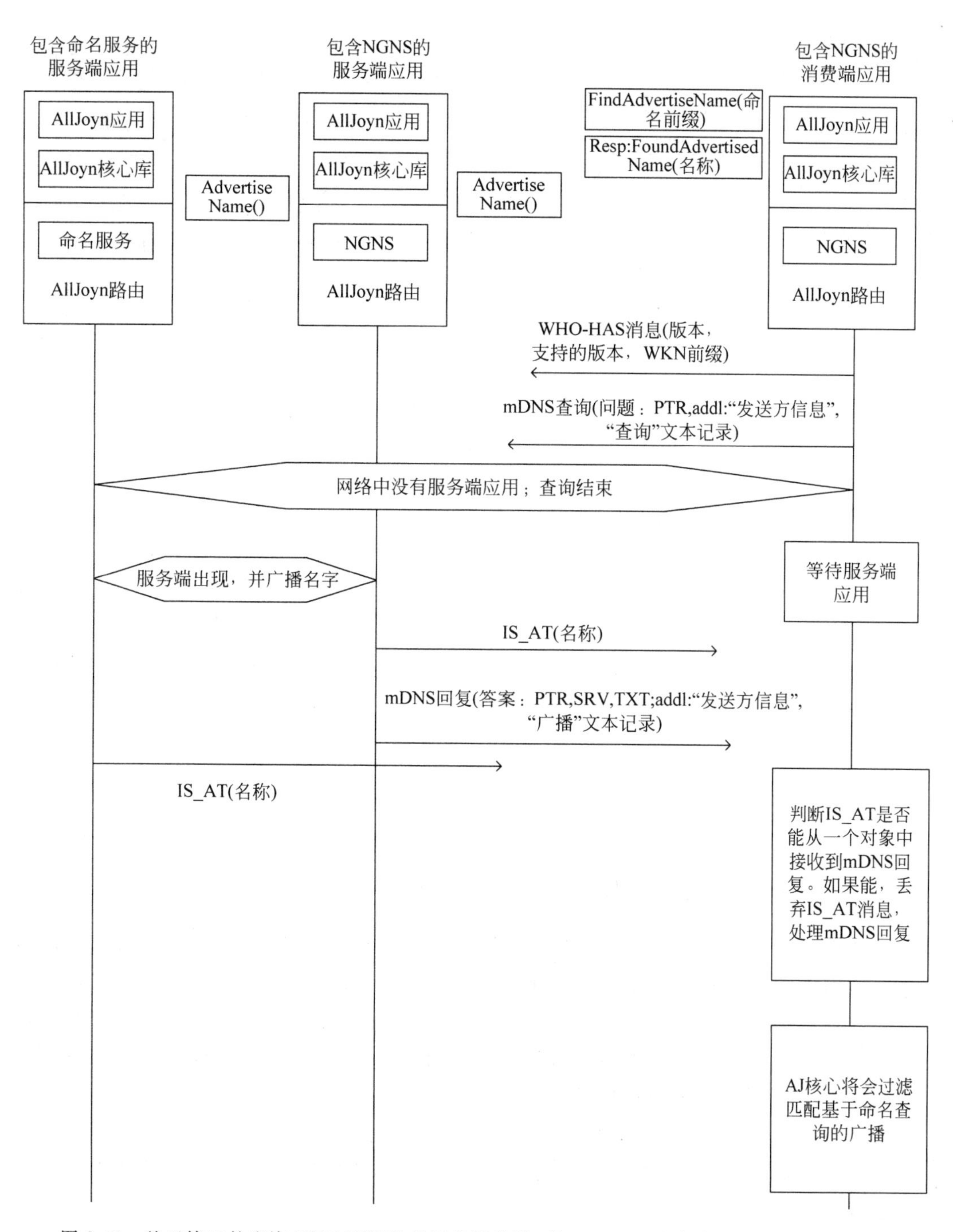

图 2-49 基于接口的查询(基于 NGNS 的服务消费端，基于 NGNS 和名字服务的服务提供端)

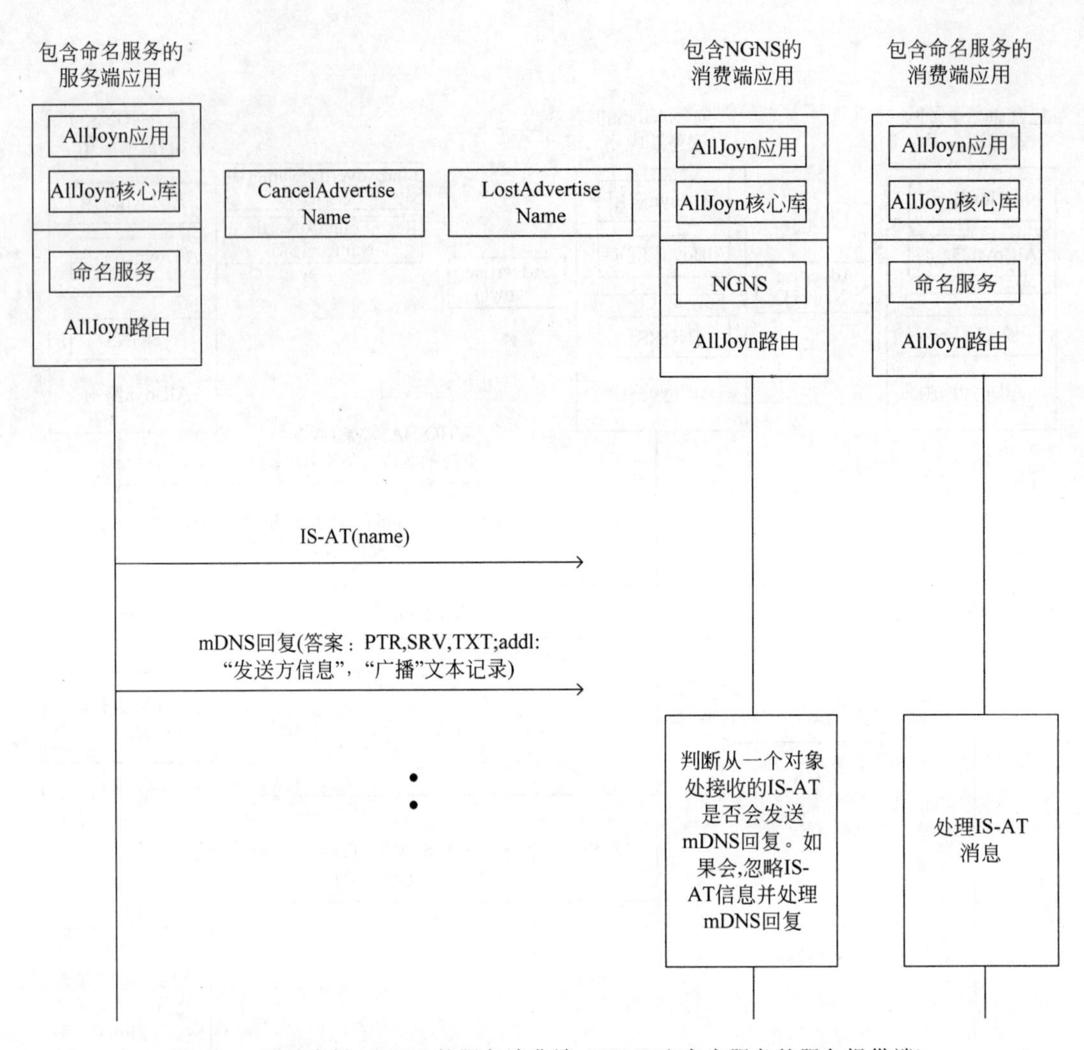

图 2-50　取消广播(NGNS 的服务消费端,NGNS 和名字服务的服务提供端)

检测一个设备是否在线是通过接收某个名字的 IS-AT 消息来实现的。接收到了 IS-AT 消息则会认为该设备在线,如果连续三个 IS-AT 消息丢失,则会认为设备处于离线状态,从而触发 LostAdvertisedName()方法。由于这种方法的时延对于绝大多数应用是无法容忍的,因此在 14.06 版本中,对于检测这部分进行了重新设计。一个服务消费端可以通过新添加的 Ping API 来检测之前发现的服务是否存在。

如果要检测之前发现的名字是连接在 14.06 版本的路由上的,那么检测消息序列就被初始化;如果要检测之前发现的名字是连接到 14.02 版本的路由上的,那么调用 Ping 接口时会直接报错。

如图 2-51 所示,消息检测序列的主要步骤如下:服务消费端通过调用 ping 接口来检测某一个名字是否存在;如果需要检测的服务连接在 14.02 版本的路由上,在发现的时候就

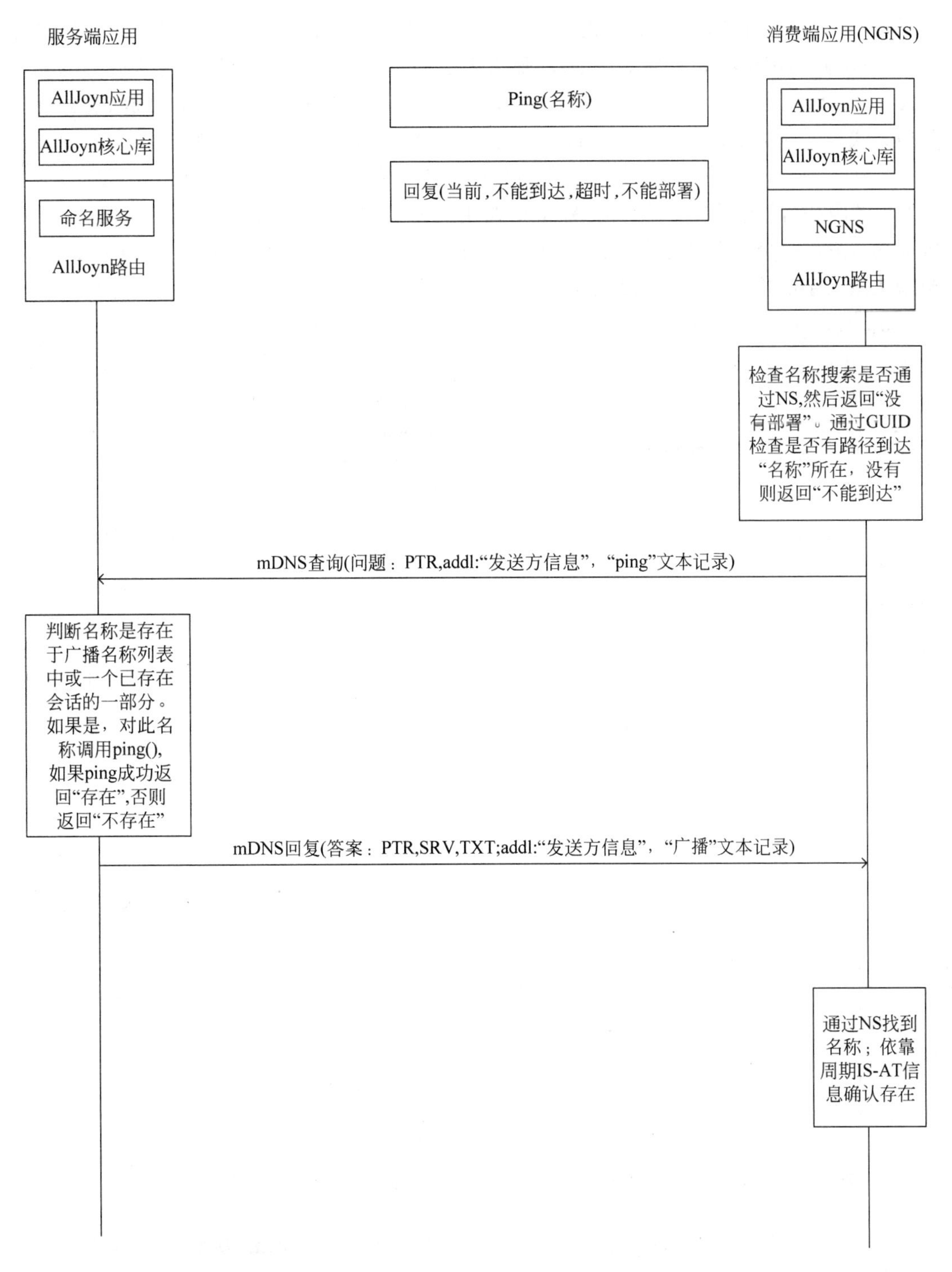

图 2-51　基于 NGNS 的应用调用 Ping 方法(基于 NGNS 的服务提供端和基于 NGNS 的服务消费端)

会返回没有实现的错误，如果是连接在14.06版本上，则继续下边的消息序列；如果在AllJoyn的路由表中有相应名字的记录，那么多播DNS会通过单播消息检测该服务的在线状态；在接收到多播DNS消息的时候，AllJoyn路由会检测该服务名字的在线状态并通过单播方式发送响应消息。在线状态的检测是通过D-Bus的Ping方法来实现的。

另外一种情况是NGNS的服务消费端和基于名字系统的服务提供端的在线检测，如果某个发现的服务名是连接在14.02的AllJoyn路由上的，那么该路由就不支持Ping接口；如果Ping接口返回一个没有实现的错误，那么，服务消费端应用就会通过FindAdvertisedName()来初始化该名字的检测，如图2-52所示。

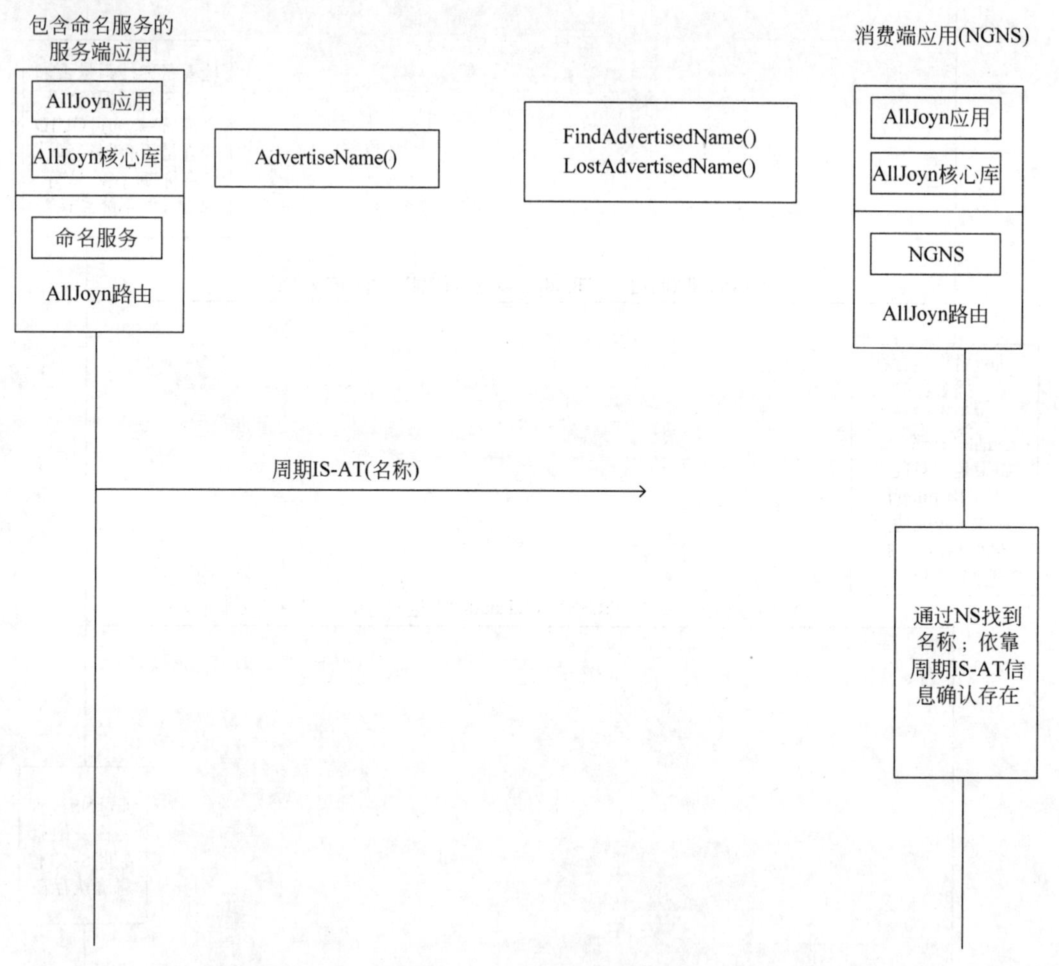

图2-52 转到以前的检测方式（基于NGNS的服务消费端和基于名字的服务提供端）

(5) DNS-SD的消息。AllJoyn的发现过程是基于DNS-SD消息实现的，DNS-SD的消息格式包括：

DNS-SD查询：问题格式

DNS-SD 查询：额外部分

DNS-SD 响应(包括 DNS-SD 响应消息)：回答部分

DNS-SD 响应消息：额外部分

虽然在 AllJoyn 系统中既支持基于名字的发现，也支持基于宣告广播的发现。但是，在 AllJoyn 的物联网中建议使用基于宣告广播的发现。基于名字的发现推荐在应用级别的发现中使用，即服务消费端和服务提供端都有自己的 well-known 名称。基于名字的发现过程在瘦客户端发现路由和无会话的信号处理中也起到了十分重要的作用。因此，具体这两种方式在何时使用给出了如下的建议，如表 2-8 所示。

表 2-8　DNS-SD 的消息

名　　称	类型	记录的具体数据
• alljoyn. _udp. local. • alljoyn. _tcp. local.	PTR	服务名称由 AllJoyn 通过 IANA 分配。14.06 版本中，服务描述使用的协议是 TCP。将来支持 UDP 传输后，服务名称将使用 UDP 协议。发现范围是本地网络
DNS-SD 查询：额外部分		
名　　称	类型	记录的具体数据
search..local.	TXT	捕获搜索的周知名称或接口。关键字符号如下： • txtvrs=0；代表 txt 记录的版本。 • n1，n_2 等，如果存在多个周知名称则它们是逻辑与的；n# 是周知名称的关键字。 • i1，i_2 等，如果查询多个接口.如果出现多个接口名称，则它们是逻辑与的。i# 是接口名称关键字。 由于基于名称和基于接口查询的 APIs 是不同的，搜索记录是名称关键字或接口关键字之一。 如果客户应用尝试在接口名称上执行或操作，它必须使用接口名称多次调用发现 API。 例如：i_1 = org. alljoyn. About
sender-info..local.	TXT	捕捉信息发送者的附加数据。发送下列关键字： • txtvrs=0：代表 txt 记录版本 • pv(协议版本)：代表发现协议版本 • IPv4 和 UDPv4 地址：代表 IPv4 地址和 UDP 端口 • bid(突发标识符)：代表突发标识符
ping..local.	TXT	捕捉客户程序正在 ping 的名称。关键符号如下： • txtvrs=0：代表 txt 记录版本 • n=周知名称或唯一名称 ping 记录中只可以出现一个关键字

续表

DNS-SD 响应消息：应答部分		
名　称	类型	记录的具体数据
_alljoyn._tcp.local.	PTR	._alljoyn._tcp.local.
_alljoyn._tcp.local.	TXT	txtvrs=0 除了文字记录版本没有额外的记录
._alljoyn._tcp.local.	SRV	port,.local 路由器连接使用的 TCP 端口号

DNS-SD 响应消息：额外部分		
名　称	类型	记录的具体数据
advertise..local.	TXT	捕捉提供方应用广播的周知名称。关键符号如下： n1，n_2，如果有多个周知名称被广播；n#是周知名称的关键字。 对于接口的查询响应，无会话信号广播的周知名称格式如下： n_1=org.alljoyn.About.sl.y.x
sender-info..local.	TXT	捕捉信息发送者的附加数据。发送下列关键字： • txtvrs=0：代表 txt 记录版本 • pv(协议版本)：代表发现协议版本 • IPv4 和 UDPv4 地址：代表 IPv4 地址和 UDP 端口。 • bid(突发标识符)：代表突发标识符
Ping-reply..local.	TXT	捕捉客户程序正在 ping 的名称。关键符号如下： • txtvrs=0：代表 txt 记录版本 • n=周知名称或唯一名称 • replycode=路由器返回的应答代码
.local	A	改资源记录发送 IPv4 地址，目前它在发现的响应消息里

NGNS 配置参数			
参　数	默认值	范围	描　述
EnableLegacyNS	true	布尔值	指定了关于名称服务的向后兼容行为。

2. AllJoyn 传输

1）概述

AllJoyn 传输用于 AllJoyn 应用程序之间传递 AllJoyn 消息机制的抽象概念，AllJoyn 传输提供以下基本功能：在 AllJoyn 应用程序之间（通过 AllJoyn 路由）或者 AllJoyn 应用程序与路由之间建立和拆除连接的能力，在 AllJoyn 应用程序和路由之间可靠地接收和发送 AllJoyn 消息的能力，为底层网络技术提供广告和发现服务。（可选）

AllJoyn 传输支持连接建立和传递消息到多个底层物理传输层，包括 TCP、UDP 和本地 UNIX 传输。AllJoyn 传输支持的底层传输的完整列表参考 AllJoyn TransportMask definition 一节。应用程序可以指定用于连接建立和信息传递的底层传输机制。基于连接端点的类型，AllJoyn 传输功能可分为以下两种：

(1) 本地 AllJoyn 传输：用于为核心库与相关的 AllJoyn 路由之间提供基本的通信，它支持应用程序与路由之间连接建立和消息路由。

(2) 总线到总线的 AllJoyn 传输：在 AllJoyn 路由之间建立连接。

2) AllJoyn 传输的端点用法

AllJoyn 传输通过使用端点在应用程序和路由之间建立连接和路由消息，AllJoyn 端点类似于 socket 编程中使用的 socket 端点，一个 AllJoyn 端点是单向的 AllJoyn 通信链路，AllJoyn 通信链路可以是应用程序和 AllJoyn 路由之间，或者是两个 AllJoyn 路由之间。

AllJoyn 系统中的端点一般分为两种，如图 2-53 所示。①本地端点，一个本地端点代表与自己的连接。在客户端的库中，这里指标准核心库，它用来为应用程序自己提供连接，在 AllJoyn 路由中它被用来为路由自身提供连接。本地端点在同一个进程中代表一个连接。②远程端点，一个远程端点代表应用程序和 AllJoyn 路由之间的连接。应用程序的消息被路由到它的远程端点，总线到总线端点代表 AllJoyn 路由之间的连接，远程端点代表的是两个进程之间的连接。

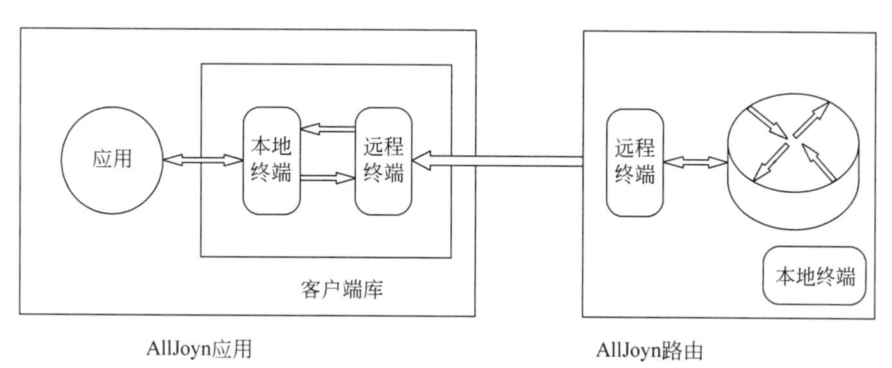

图 2-53 本地和远程端点示意图

图 2-53 为 AllJoyn 应用程序与预装路由之间的假设连接，是 AllJoyn 应用程序与提供更大的 AllJoyn 分布式总线网关核心库的对话连接。标准核心库有下列两种连接方式，与应用程序的连接，通过本地端点提供；与路由的连接，通过远程路由提供。

AllJoyn 路由也有相应的远程端点来代表与核心库传输路由消息的通信链路的端点，AllJoyn 路由内的本地端点代表与以路由为目的地发送路由控制消息的路由器连接。

在分布式总线结构中，多个应用程序可以连接到一个简单的 AllJoyn 路由上，图 2-54 显示一个 AllJoyn 路由包含连接应用程序的远程端点（AllJoyn 路由拥有多个远程端点）。

客户端的库，这里指标准核心库，和路由之间都包含远程端点，但有着不同的路由功能，AllJoyn 路由可以在远程路由之间传递消息，标准核心库只能在一个固定的本地端点和一个固定的远程端点之间传递消息。

AllJoyn 系统支持完整的分布式总线配置，图 2-55 表示路由与其他路由通信时加入一个分布式 AllJoyn 总线段。

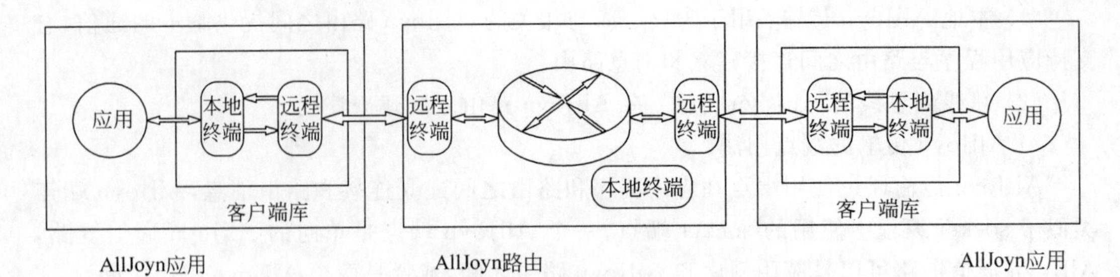

图 2-54 AllJoyn 路由与多个远程端点

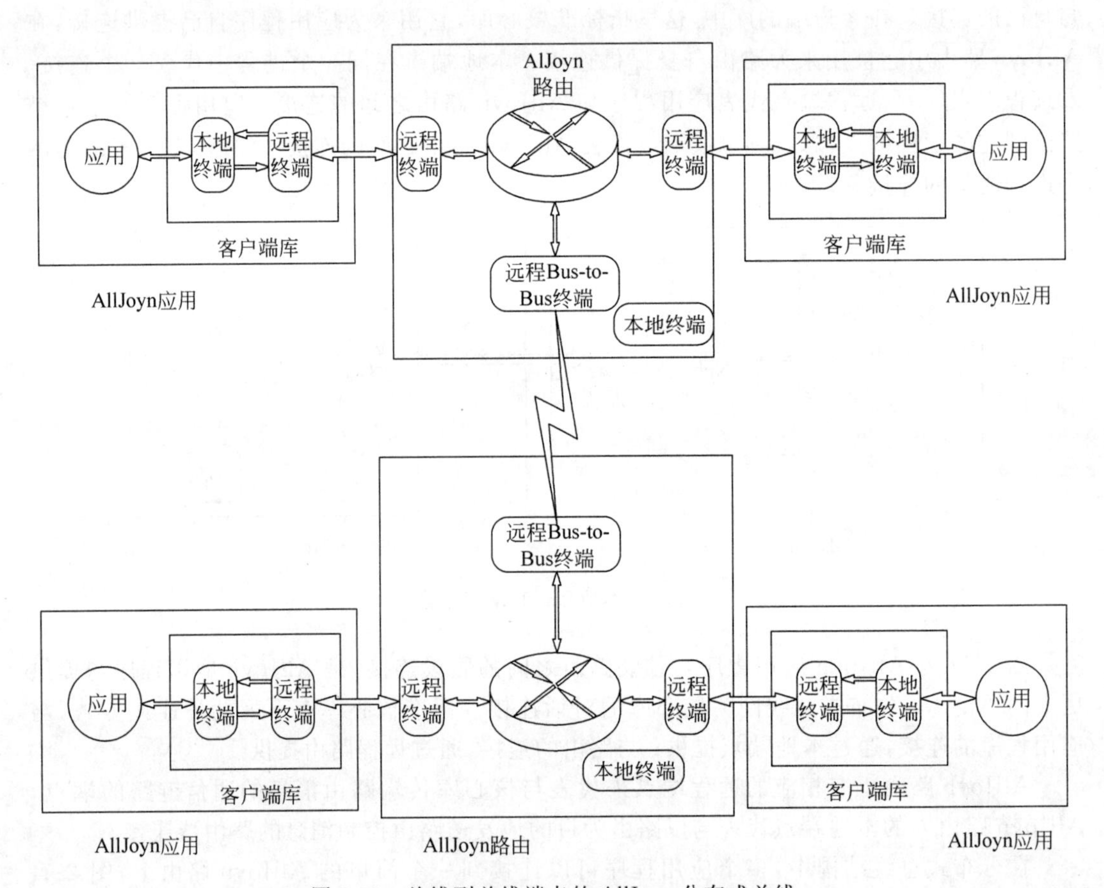

图 2-55 总线到总线端点的 AllJoyn 分布式总线

如图 2-55 所示，上半部分，一个总线段由一个 AllJoyn 路由和两个应用程序组成；下半部分也表示由一个 AllJoyn 路由和两个应用程序组成的总线段。这两个总线段通过总线到总线远程端点相互连接，每个路由包含它所连接的所有路由的总线到总线端点。在图中，一个总线到总线端点代表与顶层路由节点的连接，另一个总线到总线端点代表与底层路由节点的连接。

作为与 AllJoyn 传输相关的部分，远程端点与底层传输机制相匹配。例如，路由节点的总线到总线端点可能是由 TCP 传输或者是 UDP 传输管理。在远程端点将核心库连接到 AllJoyn 路由的情况下，根据主机环境不同，底层通信机制可能会不同。例如，在 Linux 系统上使用 UNIX 域 sockets，而在 Windows 系统上使用 TCP。

除了标准核心库之外，AllJoyn 还定义了一种能力比较弱的核心库，即瘦核心库，瘦核心库(TCL)使用 TCP 传输，但它的实现方法与核心库和 AllJoyn 路由之间的常规 TCP 传输连接有很大不同。

在 TCL 中，没有明确的大量使用远程端点和本地端点，在与其他 AllJoyn 设备的 AllJoyn 路由通过 TCP 远程端点进行连接和通信时，TCL 提供最小功能实现方法，图 2-56 表示瘦核心库端点的使用方法。

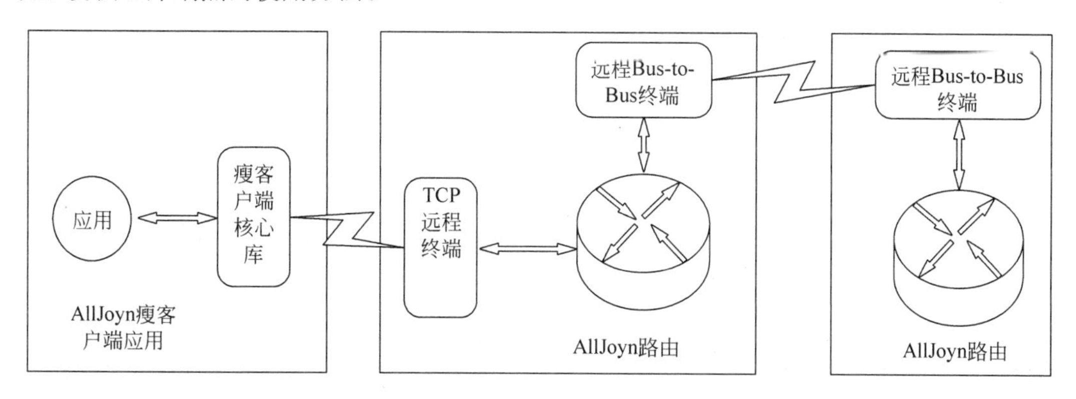

图 2-56 瘦核心库端点

3) 网络模式下的 AllJoyn 传输

尽管 AllJoyn 传输的首要目标是从一个端点到另一个端点传输 AllJoyn 信息，区分 AllJoyn 传输与 7 层协议中传输层(第四层)的概念至关重要，图 2-57 表示 AllJoyn 传输与 7 层协议的对应关系。

在应用程序逻辑之下，存在一个负责打包和解压 AllJoyn 消息的 AllJoyn 消息层，该层可以被看作七层模型中的表示层(第 6 层)。

这些 AllJoyn 消息通过 AllJoyn 传输层路由到目的地。因为 AllJoyn 传输在网络中管理应用程序与 AllJoyn 路由之间的连接，它可以被看作是七层模型中的会话层(第 5 层)。AllJoyn 传输使用第 4 层的 TCP 或者 UDP 来管理各种网络实体间 AllJoyn 消息的实际传递。

AllJoyn 传输封装运动数据序列、建立连接、广播和发现等功能，不同的底层传输机制有着不同的 AllJoyn 传输，AllJoyn TCP 传输使用 TCP/IP 机制传递数据；AllJoyn UDP 传输使用 UDP/IP 机制传递数据；AllJoyn Bluetooth 传输与蓝牙连接相同；AllJoyn Local 传输使用 Unix Domain Sockets。

AllJoyn 传输的名称确定在底层 OSI 第 4 层机制中调用的方法如下，在相应的 AllJoyn

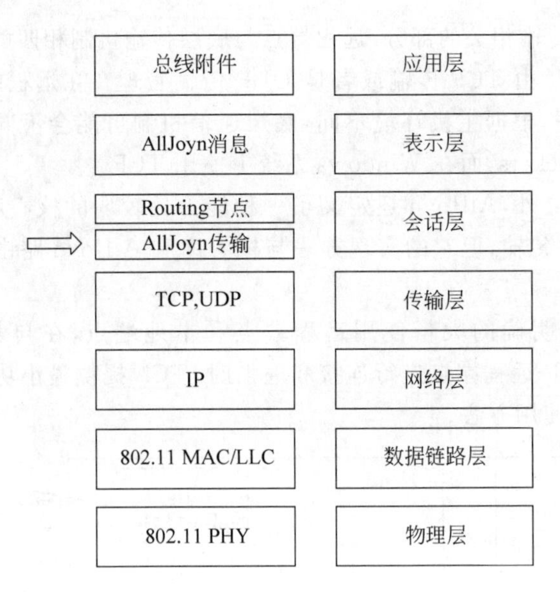

图 2-57 AllJoyn 传输与七层协议模型对比

API 中，一个 AllJoyn 应用程序通过选择一个或多个 TransportMask 位来确定要使用的 AllJoyn 传输，表 2-9 定义当前的 TransportMask 位。

表 2-9 AllJoyn TransportMask 定义

Transport name	值	描　述
TRANSPORT_NONE	0x0000	无传输
TRANSPORT_LOCAL	0x0001	本地传输
TRANSPORT_BLUETOOTH	0x0002	蓝牙传输
TRANSPORT_WLAN	0x0004	无线局域网传输
TRANSPORT_WWAN	0x0008	无线广域网传输(目前不支持)
TRANSPORT_LAN	0x0010	有线局域网传输
TRANSPORT_ICE	0x0020	ICE (交互式连接建立)传输(不支持)
TRANSPORT_WFD	0x0080	WiFi Direct 传输(目前不支持)
TRANSPORT_ANY	0xFFFF &~TRANSPORT_WFD	除了 WiFi Direct 的任何传输

如果 AllJoyn 应用程序希望只使用 TCP 作为底层第 4 层机制，它可以通过在广播、发现、会话连接和绑定选项里指定 TRANSPORT_TCP。如果应用程序希望只基于 IP 传输，可以指定 TRANSPORT_IP 并允许 AllJoyn 系统在 TCP 和 UDP 之间选择。

每个传输的建立和维护连通性都是基于它所支持的底层物理传输，基于不同类型的底层物理传输，AllJoyn 网络中 2 个节点间的实际连通性可以是单跳或者多跳的。AllJoyn 分布式总线基本上是一个覆盖网络，它的拓扑不需要与底层网络的拓扑直接匹配。如果应用程序没有偏好，它可以提供 TRANSPORT_ANY 并允许 AllJoyn 系统使用任何传输方式。

4）本地 AllJoyn 传输

AllJoyn 本地传输是 AllJoyn 传输的一个宽泛的分组，用来提供核心库和 AllJoyn 路由之间的通信。AllJoyn 系统中用到的本地传输包括 Null 传输，Unix Domain Socket 传输，TCP 传输。

（1）Null 传输。最简单的本地传输是 Null 传输，用来提供核心库和捆绑路由之间的连接，核心库和捆绑路由都存在一个共同的进程中。一个 Null 传输的端点通过函数调用直接连接到对方。在核心库和路由之间的通信路径上没有传输。在这种情况下，链路通过使用直接函数调用接口连接到一起。

（2）Unix Domain Sockets 传输。Unix Domain Sockets 在 Posix 系统中使用，为核心库和预设 AllJoyn 路由之间提供进程间的连接。因为本地传输，所以不需要支持多个端点、广播和发现。本地传输的实现方法从核心库和 AllJoyn 路由中分离。

（3）TCP 传输。TCP 传输在 Windows 系统中使用，为核心库和预设 AllJoyn 路由提供进程间的连接。因为不需要支持多种端点以及广播和发现，核心库中 TCP 传输的实现方法与总线到总线的版本相比大大地简化了。

5）总线到总线 AllJoyn 传输

总线到总线 AllJoyn 传输实现 AllJoyn 路由之间的连接建立和消息路由，AllJoyn 系统中最常用的总线到总线传输是基于底层 IP 的传输机制，包括 TCP 传输和 UDP 传输。

一个应用程序可以指定用来建立连接和传递消息的 AllJoyn 传输类型，如果 APP 没有指定，AllJoyn 路由将会进行选择，TCP 传输和 UDP 传输都是有效的 AllJoyn Transports。很多情况下需要对选择哪种方式作出选择，表 2-10 总结了通过比较不同系统准则后选择使用 TCP 传输还是使用 UDP 传输的性能指标。

表 2-10 AllJoyn TCP 传输和 UDP 传输性能比较

系统标准	TCP 传输	UDP 传输	描述
支持的连接数	低到中	高	由于高的文件描述使用，TCP 传输不支持大量同时连接。UDP 在多连接情况下只用单一的文件描述，所以可以支持文件描述系统限制内的大量连接
内存开销	中	高	由于 UDP 提供可靠的传输，所以需要很大的内存开销
基于 TTL 的消息过期	不可能	支持	UDP 传输使用 AllJoyn 可靠数据包协议（ARDP），支持 TTL 文件过期机制
数据传输类型	批量数据传输表现最好	间歇短数据传输表现最好	4 层的 TCP 连接的默认套接字缓冲区通常要比 UDP 连接大得多。因此，TCP 在传输批量数据时表现更好

根据 AllJoyn 的测试，表 2-11 列出优先选择 TCP 还是 UDP 传输的用例场景。

表 2-11 选择 TCP 与 UDP 的用例场景

使用情况	TCP 传输	UDP 传输
主要业务是方法调用	X	
主要业务是传输批量数据	X	
有 TTL 的 AllJoyn 信息		X
大量的有间歇性 RPC 调用的同时会话		X
非常恶劣的 RF 环境下	X	

(1) TCP 传输机制。TCP 提供可靠的数据流保障，所以 TCP 传输需要提供足够的机制来从字节流中翻译 AllJoyn 消息。

① TCP 传输数据平面架构。如图 2-58 所示，每个使用 TCP 传输的连接都有与之相关的 TCP 端点、TCP 流和 TCP Sockets。

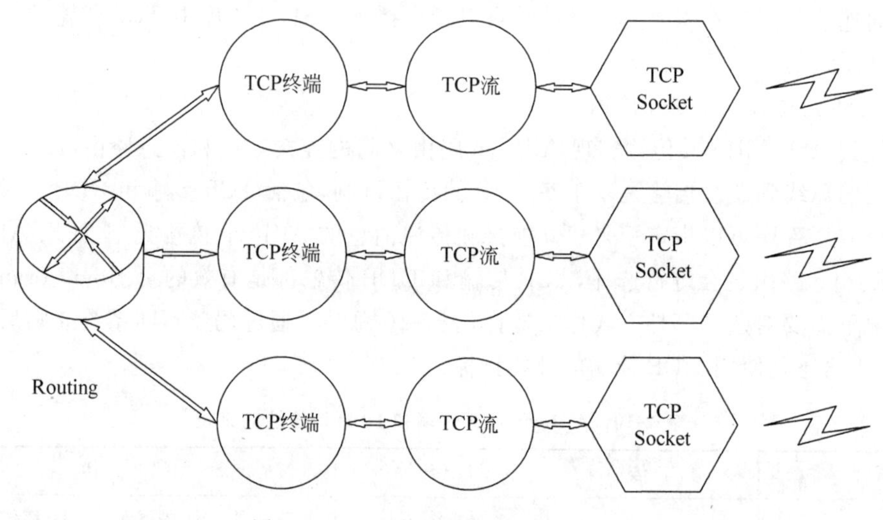

图 2-58 TCP 传输数据平面内部架构

路由节点的路由功能与 TCP 端点连接，它代表着 TCP 传输连接的远程端点。TCP 端点通过使用 TCP 流组件从字节流中翻译 AllJoyn 消息，TCP 流越过 TCP socket 传输和接收数据。

② TCP 端点生命周期。在端点的整个生命周期中 TCP 端点经过多个状态，图 2-59 表示 TCP 端点生命周期中的状态和转换过程。

TCP 端点由一个主动的连接请求或者一个被动连接的来访调用产生，TCP 端点显示突发事件是主动还是被动连接。

一个 TCP 端点遵循 AllJoyn 进程的基本生命周期，它在初始状态生成。在用于 AllJoyn 系统之前，TCP 端点必须经过身份验证。

如果身份验证成功，TCP 端点被要求开始运行，此时进入状态启动。如果身份验证失败，TCP 端点进入失败状态，然后准备清除。

一旦线程需要支持一个新创建的、经过验证的并且实际运行的 TCP 端点，端点进入已经开始状态。在这个状态下，TCP 端点注册到路由器上，因此可以通过端点来传输数据。一旦不需要连接，端点的 Stop()方法被调用，端点进入停止状态。一旦所有线程可能在端点运行退出，端点进入加入状态，所有与端点有关的线程加入，然后从 AllJoyn 路由注销端点，端点中与进程相关的资源被清除，端点进入完成状态，此时可以从系统中销毁移除。

③ TCP 端点验证阶段。如上文所述，在消息允许通过端点传输之前，TCP 端点必须进入验证阶段。如图 2-60 所示，验证阶段由一个单独的进程处理，当 TCP 端点进入初始化状态时，验证过程开始。

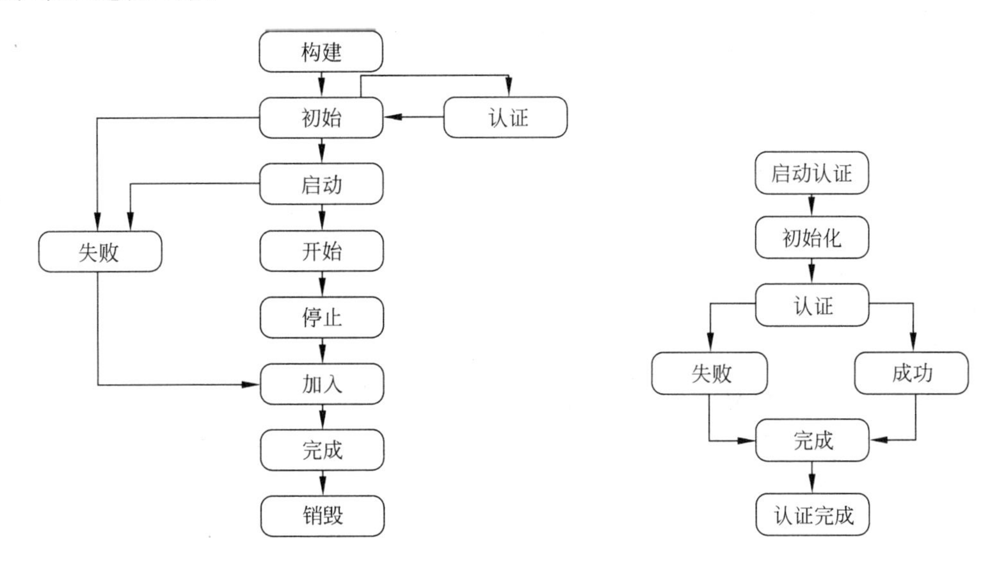

图 2-59 TCP 端点生命周期状态

图 2-60 TCP 端点验证状态

TCP 端点验证使用简单的身份验证和安全层(SASL)架构“ANONYMOUS”机制，当端点处在实际的认证状态时，TCP 流运行在字符串-转换模式下，用来转换 SASL 的激励和响应。如果 SASL 交换失败，验证转换进入失败状态，同时 TCP 端点进入失败状态。

如果 SASL 转换成功，验证转换进入成功状态同时 TCP 端点进入开始状态。当 TCP 端点转换进入已开始状态，相关的 TCP 流会进行模式转化并且开始发送和接收 AllJoyn 消息而不是文本字符串。

一旦失败或者成功的状态确定，将做出相应的端点生命周期动作，端点验证线程退出。

(2) UDP 传输机制。AllJoyn UDP 传输，使用 UDP/IP 协议从一个主机到另一个主机传输 AllJoyn 消息。由于 UDP 传输不提供可靠保证，UDP 传输需要提供一些保障可靠消息传输安全性的机制，UDP 传输使用 AllJoyn 可信赖的数据报文协议(ARDP)来提供消息传输的可靠性。

① UDP 传输数据平面架构。从架构上来看，UDP 传输可以分为两大组件，路由节点连接 UDP 端点的路由功能以及通过 ARDP 的 UDP 传输网络功能。

UDP 端点是路由节点和 UDP 传输之间基本的数据平面接口，从路由节点来看，每个 UDP 传输连接使用 UDP 端点表示，每个 UDP 端点都有一个相关的将 AllJoyn 消息转换成 ARDP 数据报文的 ARDP 流。图 2-61 表示 UDP 传输数据平面架构。

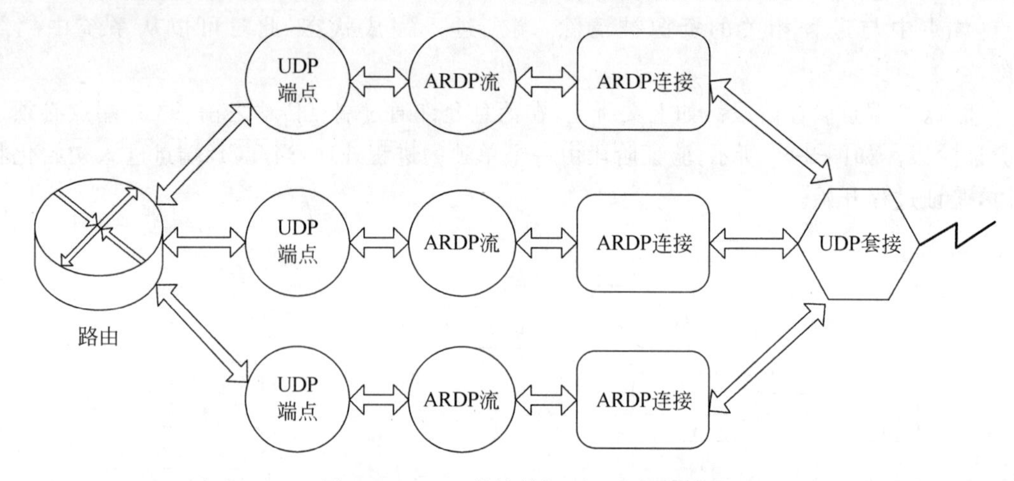

图 2-61　UDP 传输数据平面内部架构

ARDP 流组件从消息流转换为数据报文流，同时与 ARDP 连接进行对话。ARDP 连接提供建立可靠保证所需要的终端到终端的状态信息，并与在由 UDP 传输管理的多种 ARDP 连接中共享单个 UDP Socket 对话。

② UDP 端点生命周期。如图 2-62 所示，UDP 端点经历一个定义好的生命周期，不论是主动还是被动请求都需要构造端点。与 TCP 概念类似，一个主动的连接是从本地启动的向外的连接；一个被动的连接是从远程启动的向内的连接。ARDP 协议有三种与 RDP 和 TCP 提供类似的握手方式，发布 SYN 请求的实体进入主动状态，并且回应 SYN＋ACK 的实体进入被动状态。

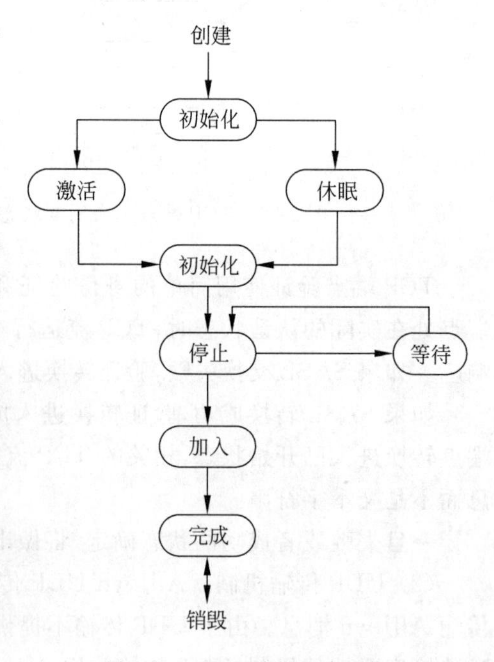

图 2-62　UDP 端点生命周期

与 TCP 和 RDP 不同，ARDP 提供额外的信息，例如，SYN 与 SYN＋ACK 数据包中的数据。在 SYN、SYN＋ACK 和 ACK 的交换过程中，参与的端点正在验证和识别到它们的远程对象。一旦该阶段完成，端点进入已开始状态，该时刻路由节点已经准备好注册该端点。已开始状态作为 AllJoyn 消息可以发送和接受。

最后，如果本地或者远程连接断开，连接将会停止。连接断开通过路由函数向 UDP 端点调用 Stop()，这时状态从已开始转换到停止。本地连接断开时，状态转换至等待。所有队列和动态消息在 ARDP 断开执行之前被发送到远程端。

一旦所有数据被传输和确认，状态转化至停止。在停止状态下，所有线程将会被告知端点正在关闭。一旦验证线程离开，端点转换到加入状态。资源在这里被释放，并且所有线程都可能与加入的端点相关。资源管理的最后一部分是从路由节点注销端点，该步骤完成后，端点进入完成状态并且准备好删除端点管理函数。

③ ARDP 状态机。ARDP 状态机，如图 2-63 所示，在 TCP 中，连接可以主动或者被动启动。对于 UDP，活动的连接始于创建 UDP 端点，并且转换到主动状态时，主动连接开始。端点提供“引导”消息并发送给 ARDP，然后通过连接，将“引导”添加到 SYN 包并发送来做出回应。发送完 SYN 包之后，本地 ARDP 连接进入 SYN-SENT 状态。处在监听状态的远程 ARDP 接受 SYN，然后回调至 UDP TRANSPORT；同时，提供“引导”并且公布连接请求已被接受。如果 UDP Transport 决定连接没有被执行，通知给 ARDP 并且发送一个 RST 来中止连接。

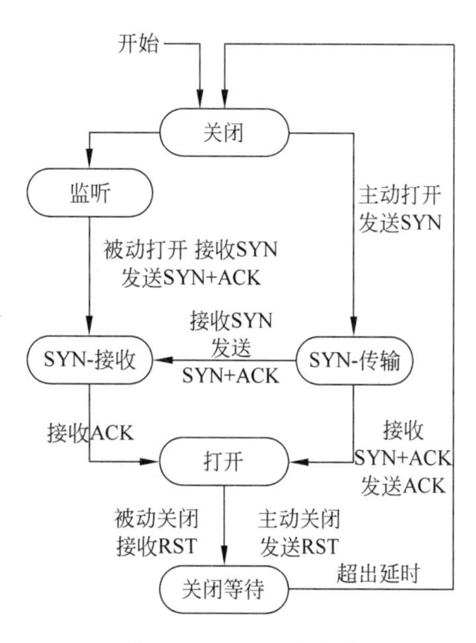

图 2-63 ARDP 状态机

如果 UDP Transport 确定产生连接，它生成一个处在被动状态的新 UDP 端点，然后通过回调它自己的“引导响应”向 ARDP 做出回应。在被动端 UDP 端点进入休眠状态，然后 ARDP 将“引导响应”放到 SYN＋ACK 包中发送给主动端。当主动端接收到 SYN-ACK 包，ARDP 状态机发送最终的 ACK 包，并且转换到开放状态，然后通知 UDP 端点转换至已开始状态，接着主动端准备好接收和发送数据。当被动端接收到最终的 ACK 包，它的三种握手方式完成。

当状态机进入开放状态，UDP 端点被通知进入已开始状态。这时主动端和被动端都准备好了接收和发送数据。在 UDP 端点、本地 ARDP、远程 ARDP 和远程 UDP 端点之间的转换可能发生错误，因此，两端都有看门狗计时器来清除进程。

④ ARDP 包格式。表 2-12 表示 ARDP SYN 包格式，表 2-13 表示 ARDP 数据包格式。

⑤ UDP 传输配置。ARDP 是一个复杂的协议，拥有大量的可使用的配置参数。这些参数可以通过 AllJoyn 路由配置文件设置，如表 2-14 所示。

表 2-12　ARDP SYN 包格式

字　段
FLAGS (8 位) / Header Length (8 位)
Source Port (16 位)
Destination Port (16 位)
Data Length (16 位)
Initial Sequence (32 位)
Acknowledgement (32 位)
Local Receive Window Size (16 位)
Maximum Size of Receivable Datagram (16 位)
Delayed ACK Timeout (32 位)
Data (可变长度)

表 2-13　ARDP 数据包格式

字　段
FLAGS (8 位) / Header Length (8 位)
Source Port (16 位)
Destination Port (16 位)
Data Length (16 位)
Sequence Number of Current Segment (32 位)
Acknowledge Number of Last In-Sequence Segment (32 位)
Time to Live (32 位)
Last Consumed Sequence Number (32 位)
Acknowledge-Next (32 位)
Start-of-Message Sequence (32 位)
Fragment Count (16 位)
Extended ACK Bitmask (可变长度)
Data (可变长度)

表 2-14　ARDP 配置参数

参 数 名	描　述	默认值
udp_connect_timeout	当尝试进行最初的 ARDP 连接时,SYN 数据包可能会丢失。如果一段时间后外来主机没有反应,必须尝试重新连接。这个值是 APRD 尝试重新发送 SYN 包之前的等待时间	1000 msec
udp_connect_retries	当尝试进行最初的 ARDP 连接时,突然的 SYN 数据包可能会丢失。如果一段时间后外来主机没有反应,必须尝试重新连接。这个值是 APRD 在放弃之前尝试重新发送 SYN 包的次数	10

续表

参 数 名	描　　述	默认值
udp_initial_data_timeout	当发送一个 ARDP 数据段后，启动 RTO 计时器决定多久没有收到确认后重新发送此段	1000 msec
udp_total_data_retry_timeout	数据段在放弃前尝试重传并断开相关 ARDP 连接的总时间	10000 msec
udp_min_data_retries	ARDP 数据段尝试重传的最小次数。在 udp_total_data_retry_period 时间段内数据段重传次数可能多于这个值	5
udp_persist_interval	当外来主机的广播窗口大小变为 0 时，本地主机停止发送数据直到窗口非 0。因为 ARDP 不可靠地发送 ACK 数据包，它可能丢失掉答复窗口的 ACK 数据包。在这种情况下，本地和外来主机会陷入僵局。外来主机等待接收数据而发送方等待一个新窗口大小的 ACK。ARDP 在接收到 0 窗口 ACK 后没有接收到窗口大小更新，就发送一个 0 窗口探针(空包)。0 窗口探针按指数退避发送。这个参数定义了 0 窗口首次超时的初始间隔	1000 msec
udp_total_app_timeout	在 ARDP 连接宣布断开前发送 0 窗口探针的总时间	30000 msec
udp_link_timeout	ARDP 希望很快测定连接丢失或是否闲置。这是为了确保在一个确定的间隔一些数据至少在链接上出现一次。这可能是数据、数据的 ACK 或空的 keep-alive 包。这个参数提供了一个连接断开链接所必须要检测的超时总时间。链接超时是为了计算发送 keep-alive 探针的周期。只有当应用程序没有设定链接超时的时候使用这个值，否则使用应用设定的连接超时	30000 msec
udp_keepalive_retries	提供宣告链接中断并断开 ARDP 连接前发送 keep-alive 探针的次数	5
udp_fast_retransmit_ack_counter	类似于 TCP，ARDP 支持基于接收 out-of-order EACKs(增强 ACK)的段快速重传。这个值定义了在 ARDP 重传前应该接收多少 out-of-order EACKs。一段只快速重传一次	1
udp_timewait_timer	连接应保持在 RDP Close_Wait 状态的时间，以确保所有在网络中徘徊的好包已经丢失。这个行为确保了定义 ARDP 连接的端口对不会在数据包预计寿命内重复使用，因此前一个连接的数据包不会影响当前数据包	1000 msec
udp_segbmax	在连接建立时协商的 ARDP 字段的最大长度。由于 ARDP 在 UDP 上运行，这个值取决于 UDP 数据包的最大长度。由于 UDP 的最大数据包长度是 65535 个字节，有效/最大的 ARDP 消息长度是 UDP 数据包的最大长度。被分割为很多段的大尺寸的 AllJoyn 信息需要携带这些信息	65507
udp_segmax	在连接建立时需要协商接收端可以接收 ARDP 好段的最大数量的。这个值决定有多少段可以被传输并影响整体吞吐量。SEGMAX 单元是 ARDP 段。ARDP 支持基于报头动态窗口的流量控制。当 ARDP 接收到数据并在 ARDP 接收队列中确认后，立即确认收到，同时接收窗口减 1。只有当数据报传递给应用程序后数据从接收缓冲区中移除，接收窗口加 1	50

(3) AllJoyn 传输的名字服务用法。TCP 传输和 UDP 传输都提供相同的广播和发现，两种传输方式都是用基于多播 IP 的名字服务作为广播和发现机制。名字服务使用底层 IP (UDP)多播来完成广播和发现功能，TCP 和 UDP 传输通过和各自的控制面在路由节点中实现名字服务。

(4) AllJoyn 路由的传输选择。应用程序通过回调 FoundAdvertiseName()来选择传输方式，一个 app 可以指定使用何种传输方式来建立会话，同时 AllJoyn 路由会试图用特定的传输方式建立会话。

如果应用程序没有指定传输方式，AllJoyn 路由会优先使用 UDP 传输，因为随着连接数量的增加 UDP 需要更小的文件描述资源。

如果没有指定 AllJoyn 传输方式，将会向 UDP 和 TCP 传输发送 FoundAdvertisedName()回调，向 UDP 的回调会优先被发送。与会话建立类似，如果应用程序指定 TRANSPORT_ANY，在连接两端的端点都可使用的情况下，将会使用 UDP 传输来建立会话。如果 UDP 传输不可用，那么将由 TCP 传输来建立会话。

3. 数据交互

1) 概况

AllJoyn 提供的应用接口用于一个或多个提供服务功能的服务对象，这些服务对象接口实现一个或多个方法、信号以及作为接口成员属性，AllJoyn 应用可以通过使用接口的成员来交换数据。除了发送无会话信号，一个 AllJoyn 会话必须在服务提供者和服务消费者之间进行数据交换。

注意：AllJoyn 服务对象并不捆绑在具体的 AllJoyn 会话，任何的服务对象可以在 AllJoyn 会话中被读取，图 2-64 显示了服务端应用的功能性结构。

服务端结构包含以下方面的功能：每一个服务对象都有一个相关的对象路径，应用可以决定通告这个路径来作为 About 特征下的通告信号的一部分；一个服务端设备可以具有一个或多个 AllJoyn 会话；通过会话中的不同参量，服务端应用可以区分会话端口和会话 ID；服务端应用程序端点连接到 AllJoyn 路由器，它有一个相关联的 unique 名称，和一个或多个广播的 well-known 名称；AllJoyn 路由器存储了会话的相关状态消息，此消息是用于执行基于 SessionID 的路由，以传递 AllJoyn 消息。

一旦会话建立，服务消费端发起调用，服务端可以与消费端通过接口的方法和属性进行通信。服务端应用可以发送具体的信号到总线接口，从而将数据发送到消费端应用上。

在 AllJoyn 会话建立后，消费端应用通过建立好的连接与服务端应用交换数据。消费端应用在会话中可以调用远程服务对象的方法和属性，或者选择去接收服务端应用发射的信号。为了通过方法和属性交换数据，需要一个代理总线对象，为了从服务端接收信号数据，还需要一个信号处理器。

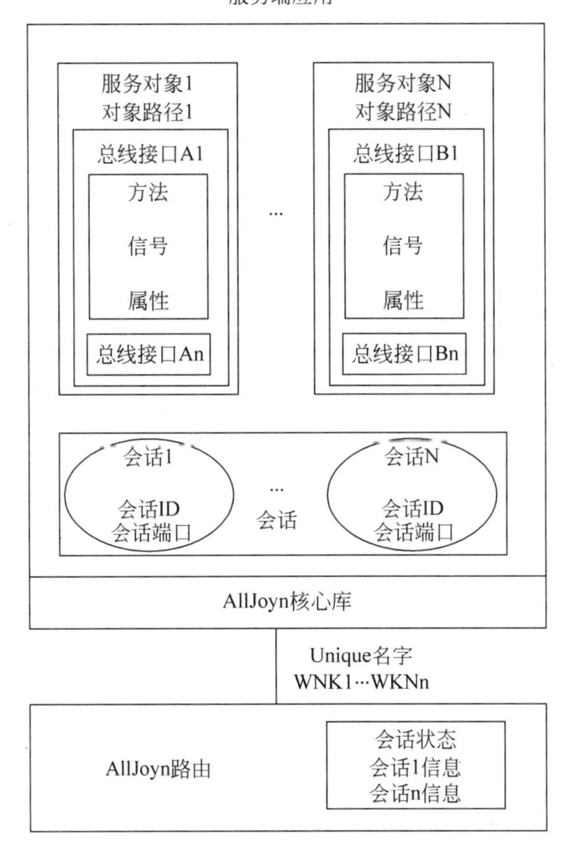

图 2-64 服务端的功能性结构

与服务端类似，图 2-65 显示了消费端应用的功能性结构。

消费端结构包含以下方面的功能：消费端应用可以加入一个或者多个 AllJoyn 会话，这些可以是相同或者是不同的服务端应用；消费端应用创建了一个或者多个代理对象，每一个都对应了远程它想交互的服务对象；代理对象是服务端应用上的一个远程服务对象的本地代表。

创建一个代理对象需要服务对象路径、服务端的 unique 名字和一个会话消息 ID。

为了从服务端应用收到信号，消费端应用在 AllJoyn 路由器上，为服务对象的信号名称注册了具体的信号处理器；当接收到一个特定的信号，具体的信号处理器就会参与其中。

消费端应用端点连接到 AllJoyn 路由器有一个相关的 unique 名字，AllJoyn 路由器记录了加入会话的相关状态信息，这个信息用来执行基于会话 ID 的 AllJoyn 消息路由。

2）通过方法的数据交换

下面使用服务端应用发送回复和服务端应用没有发送回复的用例说明通过方法调用的数据交换：

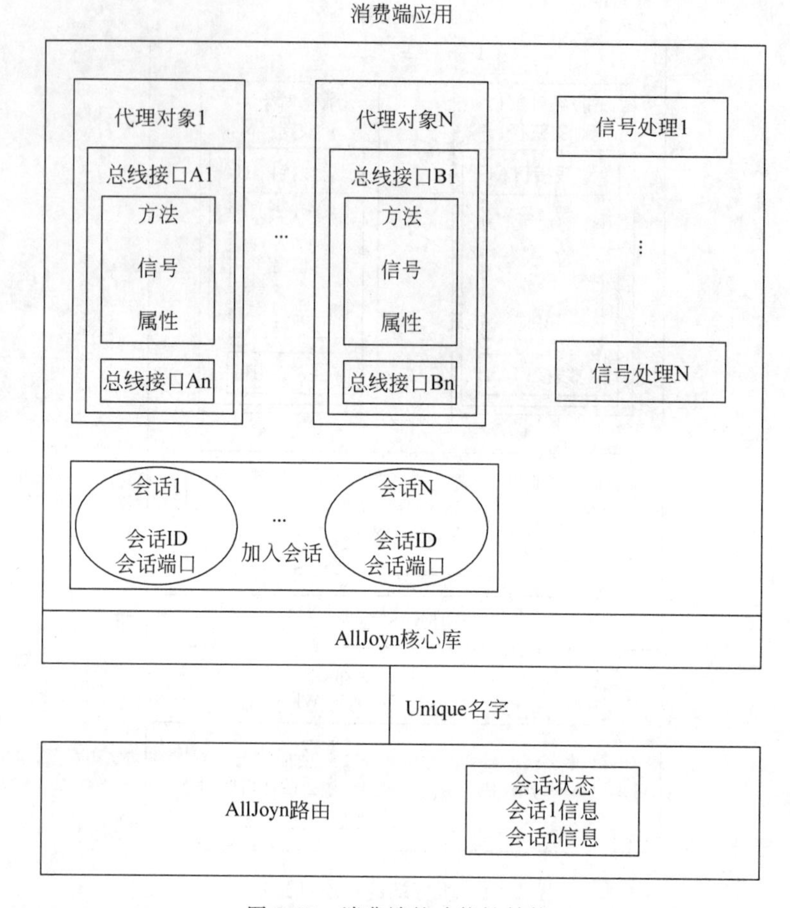

图 2-65　消费端的功能性结构

(1) 服务端应用发送回复。图 2-66 显示的是,当一个消费端应用远程调用在服务端应用上的一个方法,从而交换数据的消息流,一个 METHOD_RETURN 回复消息被发送回消费端应用。消息流的步骤如下描述:

① 服务端和消费端的应用全都要连接到 AllJoyn 的路由器并且发送广播从而发现相应的设备。

② 服务端应用通过 AllJoyn 核心库注册了它的服务对象,这一步需要将服务对象暴露给远程网络上的节点。AllJoyn 核心库为所有相关的方法增加了一个 MethodHandler。

③ 服务端应用通过 AllJoyn 核心库的 BindSessionPort API 将会话端口与 AllJoyn 路由器绑定在一起,这里调用了一个具体的会话端口、会话选项和会话端口监听器。

④ 服务端和消费端应用执行 AllJoyn 服务的广播和发现机制,从而发现服务端应用提供的服务。

⑤ 消费端应用与服务端应用通过绑定会话端口建立了一个 AllJoyn 会话,在服务端应

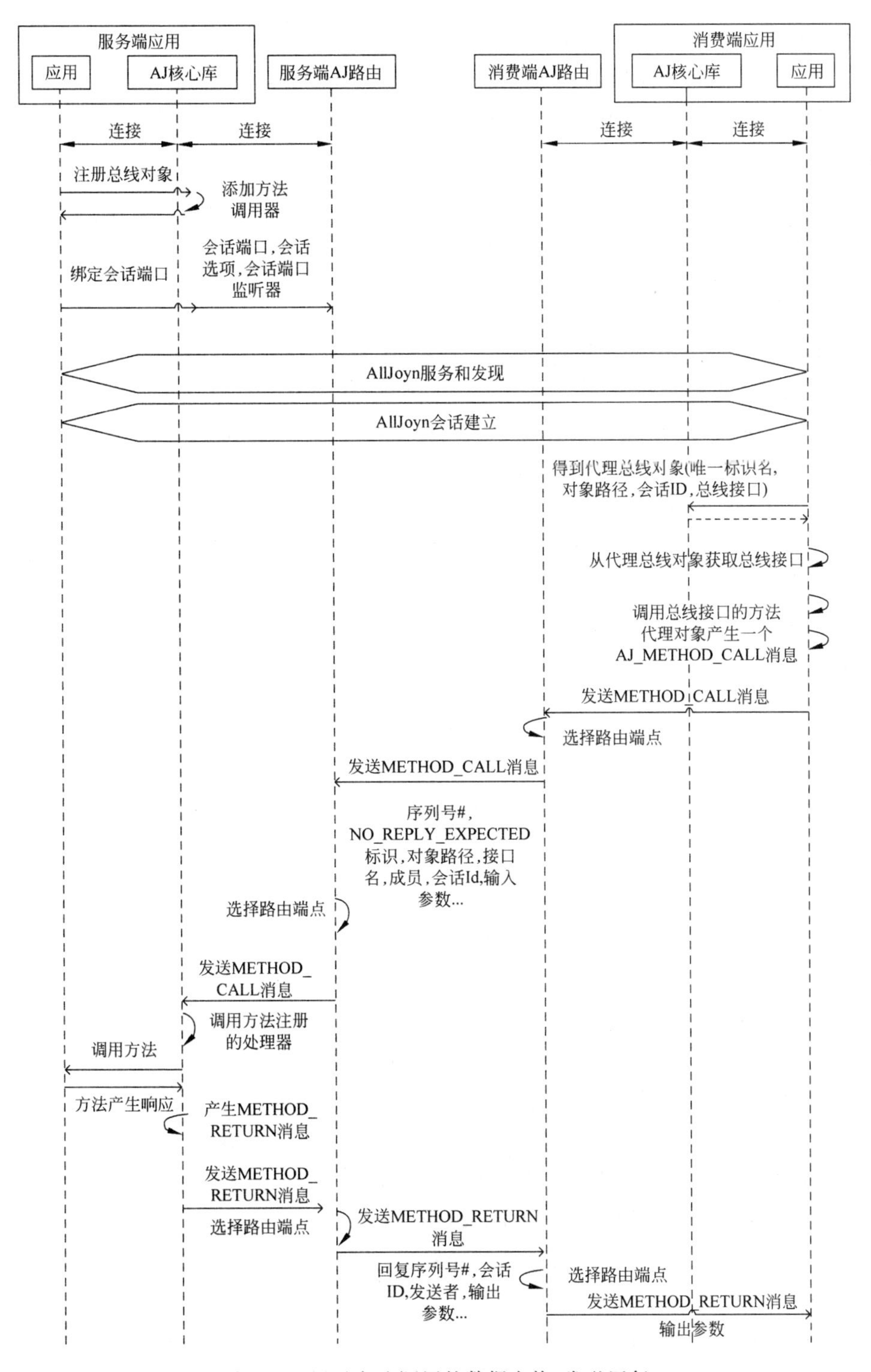

图 2-66 通过方法调用的数据交换(发送回复)

用和消费端应用之间建立了一个会话连接从而交换数据。

⑥ 消费端应用通过 AllJoyn 核心库的 GetProxyBusObject API 建立了一个代理总线对象,代理对象应该对服务端应用的具体名称、服务对象的路径、会话 ID 和总线接口列表进行响应。

⑦ 消费端应用从创建的代理对象获取总线接口并且调用其中的方法,应用为对应的方法提供了参数。

⑧ 调用 ProxyBusObject:MethodCall 方法时,将会生成一个 AllJoyn METHOD_CALL 消息。

⑨ 代理对象将生成的 METHOD_CALL 消息发送给 AllJoyn 路由器。

⑩ AllJoyn 路由器接收消息,并根据它包含的会话 ID、目的地消息,从而进行对应路径的转发。在这个示例中,消息需要被发送到远程的服务端 AllJoyn 路由端点。

⑪ AllJoyn 路由器通过建立的会话通信发送 METHOD_CALL 消息到远程的 AllJoyn 路由器,METHOD_CALL 消息包含了一系列的数字、服务对象路径、接口名称、接口 ID 等,并且发送独有的名称作为消息头文件的一部分,方法中输入的参数也会作为消息主体的一部分。

⑫ 服务端 AllJoyn 路由器接收到 METHOD_CALL 消息,根据包含的会话 ID、目的地消息从而进行对应路径的转发。在这个示例中,消息需要发送到 AllJoyn 核心库应用的端点。

⑬ AllJoyn 路由器发送 METHOD_CALL 消息到 AllJoyn 核心库端点。

⑭ AllJoyn 核心库调用注册过的 MethodHandler,MethodHandler 通过服务对象的总线接口调用了实际的方法并收到了相应的响应、它生成了一个 METHOD_RETURN 消息并发送回 AllJoyn 路由器。

⑮ AllJoyn 路由器接收 METHOD_RETURN 消息并根据它包含的会话 ID、目的地消息从而进行对应路径的转发。在这个示例中,消息需要被发送到远程的消费端 AllJoyn 路由端点。

服务端 AllJoyn 路由器通过建立好的会话连接发送了一个 METHOD_RETURN 的消息到远程的 AllJoyn 路由器,METHOD_RETURN 消息 header 域包含了回复串联序列、会话 ID、发送方的名称,方法中输入的参数也会作为消息主体的一部分。

消费端 AllJoyn 路由器接收 METHOD_RETURN 消息,并根据它包含的会话 ID、目的地消息从而进行对应路径的转发,在这个示例中,消息需要被发送到应用的端点。

AllJoyn 路由器发送了 METHOD_RETURN 消息到应用的端点,输出的参数作为对应的响应。如果 METHOD_CALL 消息是异步发送,当 METHOD_RETURN 消息收到的时候,注册的 ReplyHandler 将会被调用。

(2) 服务端应用没有发送回复。当定义了一个接口时,服务端能够注解一些没有返回任意输出参量的方法,比如 NO_REPLY_EXPECTED。对于这些方法,服务端应用不会发送任意的 METHOD_RETURN 消息返回给消费端。当调用这个方法时,消费端应该创建

NO_REPLY_EXPECTED标志来表明 AllJoyn 核心库并不需要开始计时而等待服务端的响应。

图 2-67 显示了以下场景消息流：当一个方法用创建 NO_REPLY_EXPECTED 标志的方法被调用时，服务端应用不会发送任何回复。

大多数的消息流动步骤类似于发送回复，下面显示了两者的一些区别：

① 当定义服务接口时，服务端应用在接口中注释一个或者多个方法作为 NO_PEPLY_EXPECTED。服务对象实现服务接口获得 AllJoyn 核心库的注册。

② 在消费端，通过 ProxyObject 接口调用方法时，消费端创建了 NO_REPLY_EXPECTED 标志，它表明了 AllJoyn 核心库并不需要开始计时器，且不用等待服务端的回复。

③ METHOD_CALL 消息到达服务端应用，同时相关方法也被调用。因为 NO_REPLY_EXPECTED 注释了方法，所以服务端应用并没有生成任何回复。

3）通过信号的数据交换

图 2-68 的流程描述了以下场景中的消息流：消费端应用注册接收从服务端应用发过来的信号，从而进行数据的交换。

如果只有会话 ID 在 header 域中明确，而没有目的地址，那么信号将会转发到会话中的所有参与者。如果一个具体的目的地址明确在头域中，那么信号只会发送到对应的参与者。消息流的步骤如下所示：

(1) 服务端和消费端的应用都连接到 AllJoyn 的路由器并且发送广播，从而发现相应的设备。

(2) 服务端应用通过 AllJoyn 核心库注册了它的服务对象，这一步需要将服务对象暴露给远程网络上的节点，AllJoyn 核心库为所有相关的方法增加了一个 MethodHandler。

(3) 服务端应用通过 AllJoyn 核心库的 BindSessionPort API 将会话端口与 AllJoyn 路由器绑定在一起，这里调用了一个具体的会话端口、会话选项和会话端口监听器。

(4) 服务端和消费端应用展现了 AllJoyn 服务的广播和发现机制，从而发现服务端应用提供的服务。

(5) 消费端应用与服务端应用通过绑定会话端口建立了一个 AllJoyn 会话，在服务端应用和消费端应用之间建立了一个会话连接从而交换数据。

(6) 消费端应用通过 AllJoyn 核心库的 RegisterSignalHandler API 注册了一个信号处理器来处理接收到的服务端服务对象发送的具体信号，应用明确了信号、信号名称、对象路径、信号处理方法和信号发射器的源对象路径。

(7) AllJoyn 核心库通过 AllJoyn 路由器调用了 AddMatch 注册接收信号的规则，规则明确了类型包括信号、借口名称、信号成员名称、生成信号的源对象路径。

(8) 当服务端应用准备发送信号时，它调用 BusObject Signal(...)明确具体的参量，这个调用生成了 AllJoyn SIGNAL 消息。

(9) SIGNAL 消息发送到 AllJoyn 路由器。

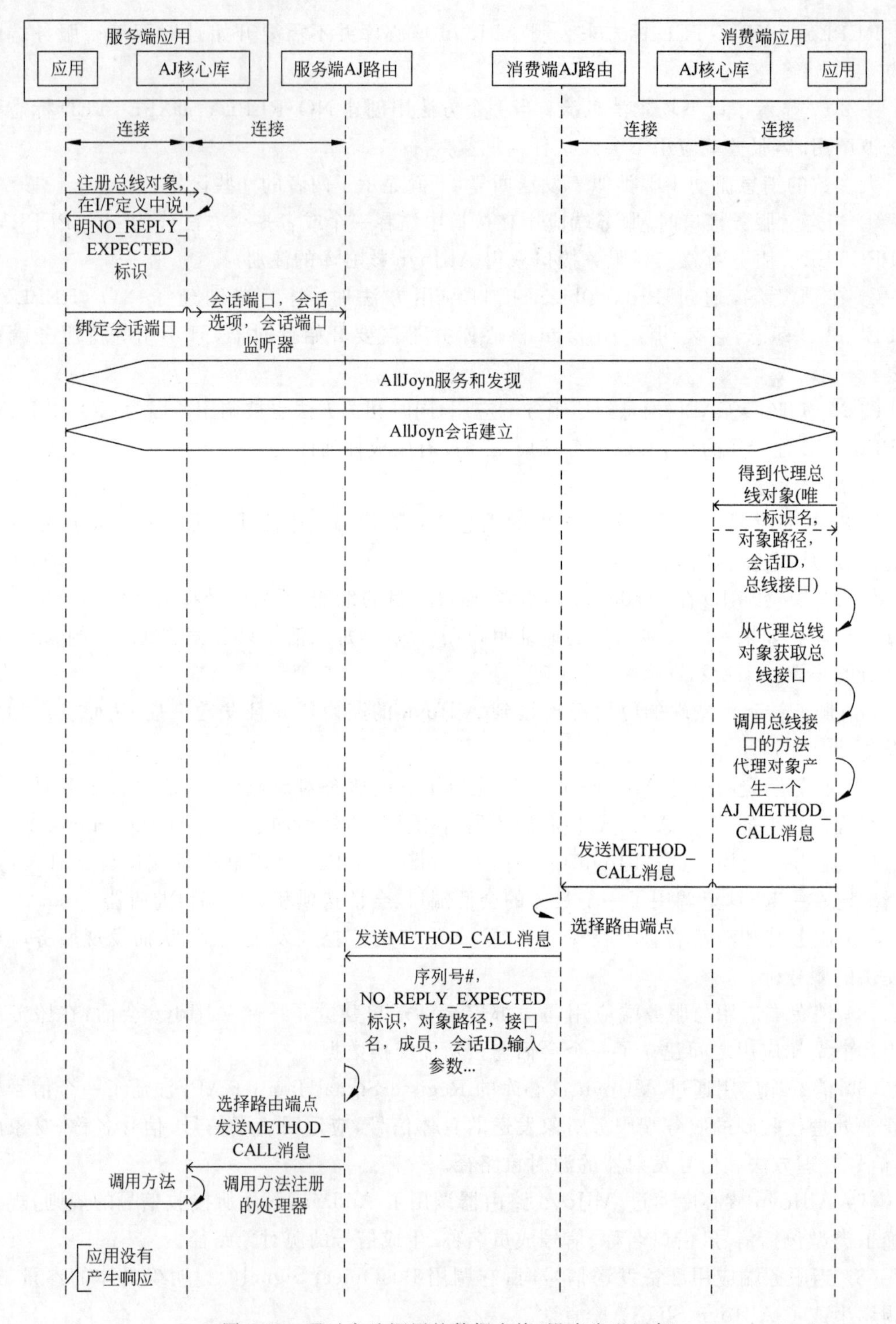

图 2-67　通过方法调用的数据交换(没有发送回复)

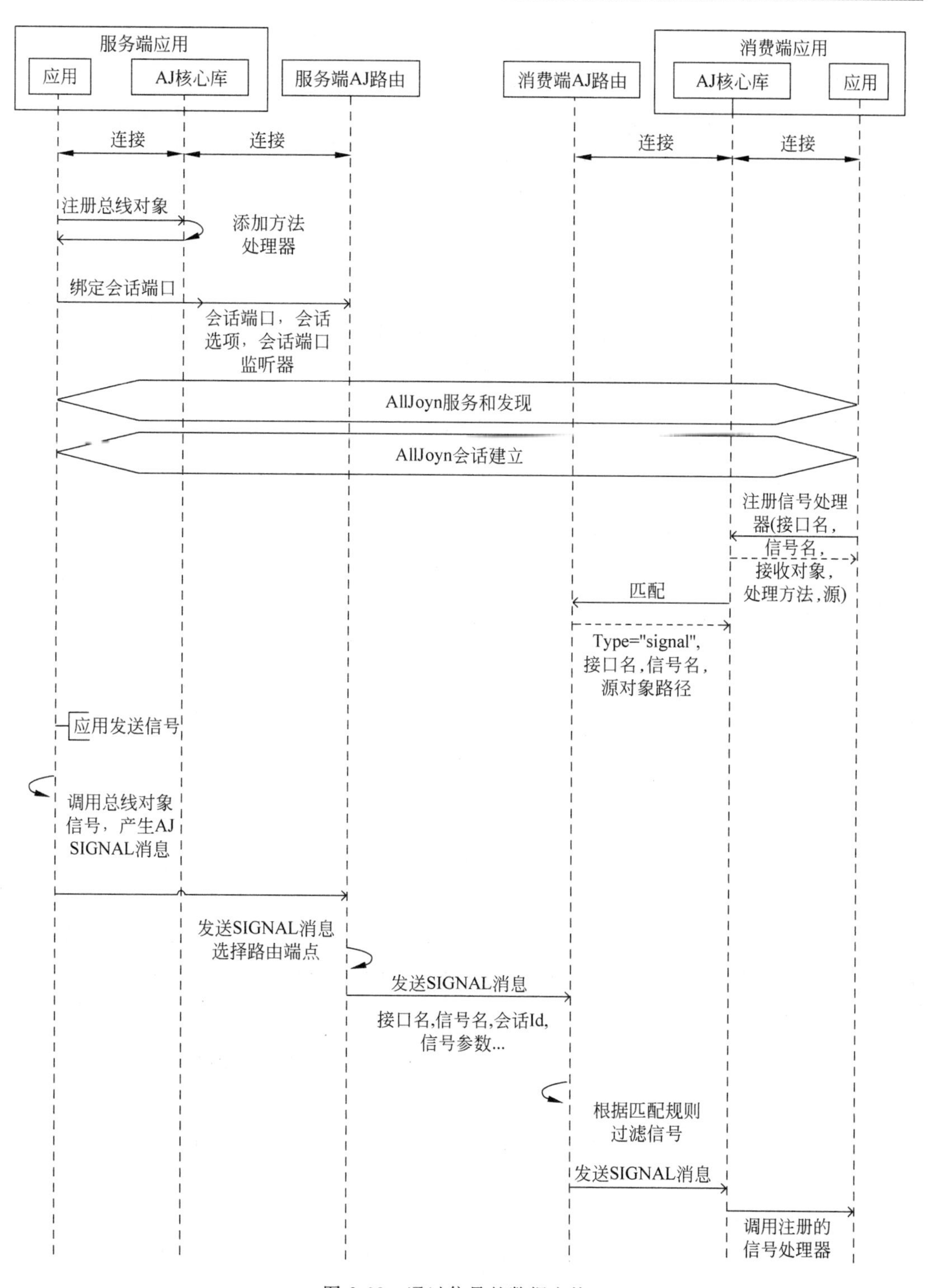

图 2-68 通过信号的数据交换

(10) AllJoyn 路由器接收到 SIGNAL 消息并根据它的会话 ID/目的消息来转发，在这个示例中，消息需要被发送到远程的消费端的 AllJoyn 路由端点。

(11) 消费端的 AllJoyn 路由器接收到信号，并根据注册过的匹配规则来过滤，在这个示例中，信号匹配到注册规则。AllJoyn 路由器发送已接收的 SIGNAL 消息到 AllJoyn 核心库应用的端点。

(12) 当信号传递消息参量时，AllJoyn 核心库调用注册信号处理器。

4) 通过属性交换数据

服务端和消费端应用可以通过定义在服务对象中的 BusInterfaces 属性成员交换数据属性，成员使用已经定义好的 SET 和 GET 方法来获得和设定对应的值，消费端应用可以调用这些 GET 和 SET 方法来交换数据。

5) 信号对(无回复的方法调用)

理解信号和无回复的方法之间的区别非常重要，在这两个示例中，一个单一的消息从源地址发出，但是，它们是完全不同的，其中，主要在于它们的发送方向不同。SIGNAL 消息被服务端应用发出，而 METHOD_CALL 消息是被消费端应用发出，并且，SIGNAL 消息可以被发送或被接收到任意一个或是多个目的地，而 METHOD_CALL 消息总是被发送到单一的目的地。

6) 匹配规则

对于消费端应用的请求和接收具体的消息，AllJoyn 框架支持 D-Bus 匹配规则。匹配规则描述了消息应该基于其内容发送到消费端应用上。匹配规则通常用来接收具体信号的一系列集合。消费端应用可以通过具体的过滤或匹配规则，要求从 AllJoyn 路由接收具体的信号集。发送到具体目的地的信号并不需要匹配消费端的匹配规则，相反，匹配规则适用于没有发送到具体目的地的信号。它们意味着要被多重端点接收，这些包括广播信号、无会话信号、发送到多参与者中的具体信号，这些信号转发到那些有合适规则的消费端应用。这是为了避免不必要的唤醒和在消费端的信号处理。

消费端应用可以通过暴露在 AllJoyn 路由器下的 AddMatch 方法增加一个匹配规则，匹配规则被指定为一个字符串逗号分隔的键/值对。例如：

```
Match Rule =
"type = 'signal', sender = 'org.freedesktop.DBus', interface = 'org.freedesktop.DBus',
member = 'Foo', path = '/bar/foo', destination = ':452345.34'"
```

AllJoyn 框架支持一个 D-bus 匹配规则的子集。注意：AllJoyn 并不支持 D-bus 规范的 arg[0,1...N]、arg[0,1,...N]路径及在匹配规则中的 arg0namespace 和 eavesdrop='true'。表 2-15 给出 AllJoyn 框架支持的匹配规则。

一个应用可以在 AllJoyn 路由器中为信号增加多个匹配规则，在这个示例中，应用基于多重过滤标准来接收到信号消息，并且所有的匹配规则都适用。如果它们匹配到任意具体的匹配规则，信号消息将会发送到应用。

表 2-15 AllJoyn 框架支持的匹配规则

匹配关键字	可 取 值	描 述
type	信号、方法调用、方法返回、错误	消息类型的匹配。类型匹配的一个例子是 type='signal'
sender	周知名称或唯一名称	特定发送者发送的匹配信息。发送者匹配的一个例子是 sender='org.alljoyn.Refrigerator'
interface	接口名称	由特定接口发来或发往特定接口的匹配信息。接口匹配的一个例子是 interface='org.alljoyn.Refrigerator'。如果信息省略接口头标头，就不能匹配于任何指明此关键字的规则
member	任何有效的方法或信号名称	有给定方法或信号名称的匹配信息。成员匹配的一个例子是 member='NameOwnerChanged'
path	对象路径	发送给指定对象或指定对象发来的匹配信息。路径匹配的一个例子是 path='/org/alljoyn/Refrigerator'
path_namespace	对象路径	发送给指定对象或指定对象发来的匹配信息，对象路径是一个给定值或一个后跟一个或更多路径组件的值。 例如，path_namespace='/com/example/foo'匹配于/com/example/foo 发送的信号或/com/example/foo/bar，发送的信号，而不匹配于/com/example/foobar 发送的信号。 在同一匹配规则里使用 path 和 path_namespace 是不允许的
destination	唯一名称	发送给指定唯一名称的匹配信息。描述匹配的一个例子是 destination=':100.2'

AllJoyn 路由器发送一个统一的消息到应用从而匹配具体的规则，例如，如果有一个更多限制的规则匹配一个小的信号集，并且有一个其他的没有严格限制的规则匹配到一个大的信号集，AllJoyn 路由器总会发送大的信号集到应用。

7）系统类型

AllJoyn 框架使用了 D-Bus 协议系统类型，它允许不同类型的值进行序列化。将值从其他一些表示转化到线格式，称为编组，并将其从线格式转换回来的过程称为解封。AllJoyn 框架使用 D-Bus 编组格式：

AllJoyn 框架使用 D-Bus 协议同样的签名类型，签名类型是由代码类型组成，代码类型是 ASCII 字符，代表了标准的数据类型，AllJoyn 框架支持的数据类型如表 2-16。其中，四种类型是容器类型：STRUCT、ARRAY、VARIANT 和 DICT_ENTRY，其他所有的类型都是一般基本的数据类型。当明确 STRUCT 或者 DICT_ENTRY，'r'和'e'不应该被使用。相反，ASCII 字符'(', ')', '{', and '}'用来标记一个容器的开始和结尾。

8）消息格式

AllJoyn 框架使用 D-Bus 消息格式，并且进行了相关的扩展，通过额外的 Header 标志和 Header 域发送消息，AllJoyn 消息格式被用来在 AllJoyn 路由器或是应用间发送消息。

表 2-16 AllJoyn 框架支持的数据类型

协议名称	代码	ASCII	描述
INVALID	0	NUL	不是一个有效的类型代码，用于终止签名
BYTE	121	'y'	8位无符号整数
BOOLEAN	98	'b'	布尔值，0是假，1是真，其他值都无效
INT16	110	'n'	16位有符号整数
UINT16	113	'q'	16位无符号整数
INT32	105	'i'	32位有符号整数
UINT32	117	'u'	32位无符号整数
UINT64	120	'x'	64位有符号整数
DOUBLE	100	'd'	IEEE 754 双精度数
STRING	115	's'	UTF-8字符串(必须是有效的 UTF-8)。必须是空终止字符串，不包含其他空字节
OBJECT_PATH	111	'o'	对象实例的名称
SIGNATURE	103	'g'	类型签名
ARRAY	97	'a'	数组
STRUCT	114, 40, 41	'r', '(', ')'	结构体
VARIANT	118	'v'	Variant 类型(值的类型是值自身的一部分)
DICT_ENTRY	101, 123, 125	'e','{','}'	字典或地图的入口(键值对数组)

方法调用、方法回复和信号消息封装在 AllJoyn 消息格式中，D-Bus 定义了 METHOD_CALL、METHOD_RETURN 和 SIGNAL 消息，从而用来分别传输这些消息。在发生错误的情况下，错误消息返回一个方法调用(而不是 METHOD_RETURN)。

一个 AllJoyn 消息由一个 Header 文件和主体构成，AllJoyn 消息的每一个消息格式域的定义如图 2-69 所示，消息各域的字段说明如表 2-17 所示。消息类型的定义如表 2-18 所示，Header 标记的定义如表 2-19 所示，Header 域的定义如表 2-20 所示。

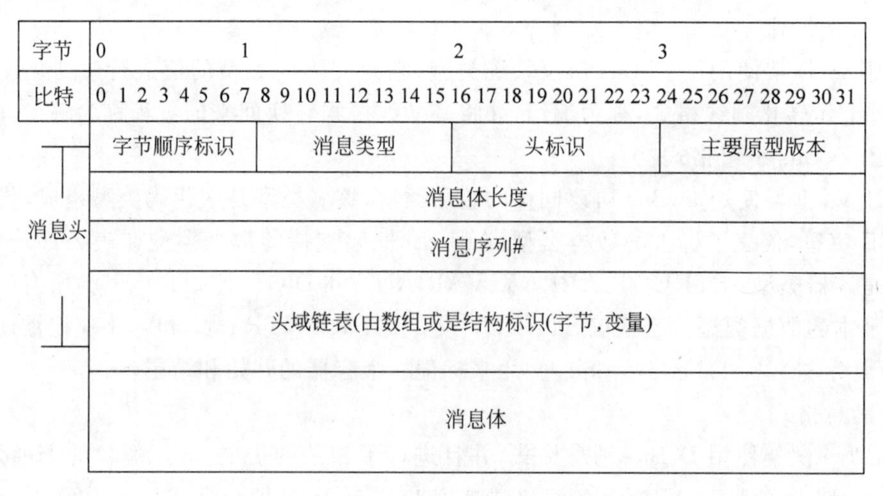

图 2-69 AllJoyn 消息格式

表 2-17　AllJoyn 框架支持的消息格式域

字段名称	描　　述
Endianness Flag	消息的字节顺序。ASCII 字符'l'代表小字节序，'B'代表大字节序。报头和正文都是用这种字节顺序
Message Type	消息类型。这个字段根据消息类型中的定义设定
Header Flags	为信息提供适当的标识。这个字段是标识的按位或。未知的标识必须被忽略。这个字段由头标志描述中的定义设定
Major Protocol Version	信息的发送应用使用的 AllJoyn 主要协议版本
Message Body Length	信息正文的长度(按字节)，从头字段的结尾开始算起
Serial Number	信息的序列号。由发送方分配，作为一个 cookie 用于确定对应于该请求的应答。不能为 0
List of Header Fields	指定了一个 0 数组或多个报头字段，每个字段都是 1 字节字段代码后跟 1 个字段值。表示为数组或结构体(字节、变异)。报头必须包含所需要的头字段的信息类型，以及 0 个或多个可选的头字段。实现必须忽略他们不了解的字段 AllJoyn 框架扩展了 D-Bus 定义的头字段列表。头字段描述列出了 AllJoyn 支持的所有头字段，并给出了对于不同信息类型这些头字段是强制还是可选的
Message Body	信息正文。信息正文的内容是基于签名表头字段解释的

表 2-18　消息类型的定义

名　　称	值	描　　述
INVALID	0	无效类型
METHOD_CALL	1	方法调用
METHOD_RETURN	2	带有返回数据的调用返回
ERROR	3	错误回复
SIGNAL	4	发送信号

表 2-19　Header 标记的定义

名　　称	值	描　　述
NO_REPLY_EXPECTED	0x01	方法调用不需要回复(方法返回或错误)。回复可以作为优化忽略 注意:供应方应用程序仍然可以返回一个回复
AUTO_START	0x02	一个服务没有启动时启动此服务。这取决于 AllJoyn 核心有无定义 注意:当前不支持这个标识
ALLOW_REMOTE_MSG	0x04	远程主机上的信息应被允许(只有应用发送 Hello 信息给 AllJoyn 核心时有效)。如果由应用程序设置，AllJoyn 核心允许远程应用/主机发送信息给应用程序
(Reserved)	0x08	保留/未使用
SESSIONLESS	0x10	无会话信号信息
GLOBAL_BROADCAST	0x20	全局(总线到总线)广播信号。只有当 SESSION_ID=0 时适用于信号。如果设置，相应信号将被交付到近端网络所有会话的节点上
COMPRESSED	0x40	表明 AllJoyn 信息报头被压缩
ENCRYPTED	0x80	表明 AllJoyn 信息正文被加密

Header 域的定义：

表 2-20 Header 域的定义

名　称	字段代码	类型	需要场合	描　述
INVALID	0	N/A	不允许	无效的字段名(如果出现在信息中表明出现错误)
PATH	1	OBJECT_PATH	• 方法调用 • 信号	对象发送方法调用的目的路径或信号发送方的对象路径
INTERFACE	2	STRING	• 方法调用 • 信号	调用方法调用或发出信号的端口
MEMBER	3	STRING	• 方法调用 • 信号	成员,是方法名称或信号名称
ERROR_NAME	4	STRING	错误	错误信息的错误名
REPLY_SERIAL	5	UINT32	• 错误 • 方法返回	消息回复的信息序列号
DESTINATION	6	STRING	• 信号可选 • 其他任何信号都需要	消息使用连接的唯一名称
SENDER	7	STRING	所有信息都需要	发送连接的唯一名称。该字段由信息总线填写
SIGNATURE	8	SIGNATURE	可选	信息正文的数据类型签名。使用 D-Bus 的数据类型系统 如果省略,空的签名意味着正文长度为 0
N/A	9	N/A	N/A	未使用
TIMESTAMP	10	UINT32	可选	消息封装时的时间戳
TIME_TO_LIVE	11	UINT16	可选 如果没有指定,TTL 假定是无限的	消息的 TTL。当 TTL 到期时 AllJoyn 路由将丢弃此消息 无会话信号的 TTL 指定以秒为单位 其他信号的 TTL 指定以毫秒为单位
COMPRESSION_TOKEN	12	UINT32	可选	报头压缩信息生成的标记
SESSION_ID	13	UINT32	可选	消息发送所使用会话的 Session ID 如果丢失就认为是 0

9）消息路由

AllJoyn 系统支持路由逻辑,从而路由如下规则的消息：

具体应用的消息：这些是应用生成的消息,在应用端点之间进行路由。它们根据的是路由逻辑中的会话 ID、目的地。

控制消息：这些消息通过 AllJoyn 路由器生成(例如 AttachSession)是路由到 AllJoyn 路由器的本地端点。

基于会话ID/目的地的路由：

AllJoyn系统支持基于会话ID和目的域的消息路由，一个基于会话ID的路由表是由AllJoyn路由器的路由消息生成和维护的，一个单一的路由表被所有主动的会话维持。

理论上，对于每一个会话ID，路由表对于每一个参与到会话中的应用都维持了一系列的目的应用端点，一个远程的端点被附加给不同的AllJoyn路由器，但是，它可以在同一个装置或不同的装置上。对于远程相对于AllJoyn路由器是本地的端点，没有总线到总线的端点维持在路由表中。

```
AllJoyn routing table = List (session Id, List (destination app endpoint,
next hop B2B endpoint))
```

注意：一个给定的目的地端点可以作为AllJoyn路由表中不同的会话ID入口多次显示，在这个示例中，如果有多个可能的路径到一个远程的目的地，不同的总线到总线的端点可以用来当作不同会话ID入口的相同目的地。

当选择一个路由，会话ID用来找到一个在路由表中的匹配入口，目的域用来选择一个总线到总线的端点(对于远程的目的地)。

图2-70显示了一个建立在两个装置之间AllJoyn会话的调度，所有的四个应用都是会话的一部分。

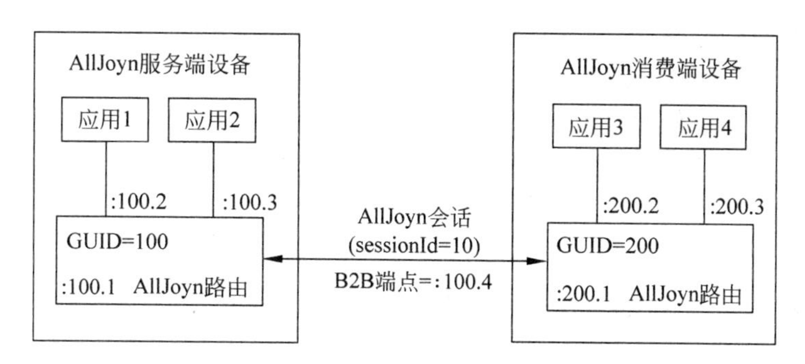

图2-70 AllJoyn路由示例

AllJoyn路由器在每一个装置上都保有一个路由表，在服务端装置上的样例路由表(表2-21)和在消费端装置上的样例路由表(表2-22)分别展现了其中的内容。

表2-21 服务端装置上的样例路由表

Session ID	目的地(app端点)	下一跳(B2B端点)
10	App 1端点(:100.2)	N/A
	App 2端点(:100.3)	N/A
	App 3端点(:200.2)	B2B Endpoint (:100.4)
	App 4端点(:200.3)	B2B Endpoint (:100.4)

表 2-22 消费端设备的样例路由表

Session ID	目的地(app 端点)	下一跳(B2B 端点)
10	App 1 端点(:100.2)	B2B Endpoint (:100.4)
	App 2 端点(:100.3)	B2B Endpoint (:100.4)
	App 3 端点(:200.2)	N/A
	App 4 端点(:200.3)	N/A

路由表消息:

路由表的形成是基于总线与总线之间的端点消息,当 AllJoyn 路由器接收一个 AttachSession 调用时,它可以是来自一个尝试形成一个新会话的应用,也可以是一个新的加入存在会话的成员。

一个新会话的 AttachSession: 在这个示例中,AllJoyn 路由器发送了一个 Accept 会话到应用,如果这个会话被接受,它将会创建一个新的 sessionID,然后为会话 ID 在路由表中增加一个入口。

一个新增加成员的 Attachment: 在这个示例中,这是一个多点的会话,并且 AllJoyn 路由器已经为相关的会话 ID 在路由表中准备了入口。

路由表逻辑:

像之前描述过的那样,消息中的会话 ID 用来匹配路由表中的会话 ID 入口,目的域用来找到匹配的目的入口来展示路由。

下面展示了不同示例的路由逻辑:

(1) 基于会话 ID 和目的域的路由。如果一个指向应用的消息跟目的域一样有一个非零的会话 ID,AllJoyn 路由器首先会找到路由表中会话 ID 的入口然后再通过会话 ID 找到消息目的地的入口。

如果目的地是一个远程的终端点,那么消息将被发送到路由表中目的地明确的总线到总线的端点。

如果目的地是个局部附加在 AllJoyn 路由器上,那么消息将会直接发送到连接到目的地上的局部总线。

(2) 只基于会话 ID 域的路由。如果一个应用指向型的消息只有一个会话 ID 没有目的域,那么,消息直接转发到在这个会话中的所有目的端点。AllJoyn 路由器在路由表中找到匹配的会话 ID 入口并且发送消息到所有会话列出来的目的地,但是,除了发送消息的那一个端点。

对于远程的应用端点,消息转发到路由表中相关的总线到总线的端点

对于本地附属的应用,AllJoyn 路由器直接转发消息到那些本地总线连接上的应用端点。

(3) 会话 ID=0 时的路由。一个直接应用型的消息可以明确会话 ID=0 或者没有包含会话 ID。AllJoyn 路由器假定会话 ID=0,会话 ID 值对任意的消息类型都可以是 0,对于

METHOD_CALL，METHOD_RETURN 和 ERROR 消息，唯一的需求就是目的域必须明确。

对于 seesionID=0 的 SIGNAL 消息，如果一个目的域是具体的，AllJoyn 路由器会根据路由表选择任意可使用的路由并转发消息到总线的终端点。

对于 seesionID=0 的 SIGNAL 消息，目的地址并不需要展现，在这个示例中，AllJoyn 路由器寻找 GLOBAL_BROADCAST 标志从而决定消息应该根据下面的逻辑进行转发：

① 设置了 GLOBAL_BROADCAST 的标志：SIGNAL 消息应该被全局广播到任意会话中连接的端点，当路由这种信号消息时，并不查看目的域。AllJoyn 路由器根据路由表发送消息到所有目的地的端点。

② 对于远程的地址，SIGNAL 消息转发到相关的总线到总线的端点。

③ 对于本地连接的目的地，消息直接转发到本地总线连接的应用端点。

④ 没有设置 GLOBAL_BROADCAST 的标志：消息应该被发送到所有附属的应用终端点，AllJoyn 路由器通过本地总线连接转发消息到所有本地连接的应用端点。

4. AllJoyn 会话

1）概述

当一个 AllJoyn 消费端已经发现一些服务端提供的服务时，开始与服务端建立 AllJoyn 会话来使用这些服务。一个 AllJoyn 会话是消费端和服务端应用之间的逻辑关联，它使得这些应用间能够相互通信和交换数据。一个服务端应用创建一个 AllJoyn 会话，然后等待消费端应用加入会话。创建会话的应用是会话的拥有者(会话主持人)，其他的应用被看作是会话的参与者。

在服务端，应用与 AllJoyn 核心库绑定一个会话端口，制定一系列会话选项(例如传输协议、会话类型等)，然后监听消费端加入会话。消费端和服务端应用通常提前知道会话端口号，或者会话端口能够从服务端发送的通知消息里面发现。

在消费端，应用请求通过指定会话端口、well-known 名称或 unique 名称以及会话选项(传输协议、会话类型等等)请求 AllJoyn 总线加入到服务端应用创建的会话中。在此之后，AllJoyn 路由在消费端和服务端应用之间开始一个会话建立流程。在第一个客户端加入到会话之后，服务端应用会为 AllJoyn 会话分配一个独一无二的会话 ID，这个会话 ID 会被发送给消费端应用，用来与服务端应用的通信。

图 2-71 展示了 AllJoyn 会话建立的高层架构。

对于一个给定的服务，服务端应用与 AllJoyn 路由绑定一个会话端口号，well-known /unique 名称和会话端口唯一指定了端点。消费端应用在服务端提供 wel-known /unique 名称和会话端口号时加入会话，消费端的 AllJoyn 路由与服务端 AllJoyn 路由基于已经发现的信息建立物理连接。当然，这些都与基于 WiFi 的 TCP 连接的建立有关。消费端与服务端 AllJoyn 路由之间的物理连接可以是单跳的或是多跳的，这基于底层传输协议。

在物理连接建立之后，消费端 AllJoyn 路由与服务端开始会话建立。服务端 AllJoyn 路由为会话分配一个唯一的会话 ID，并且创建一个会话映射来存储相关的会话信息。一旦

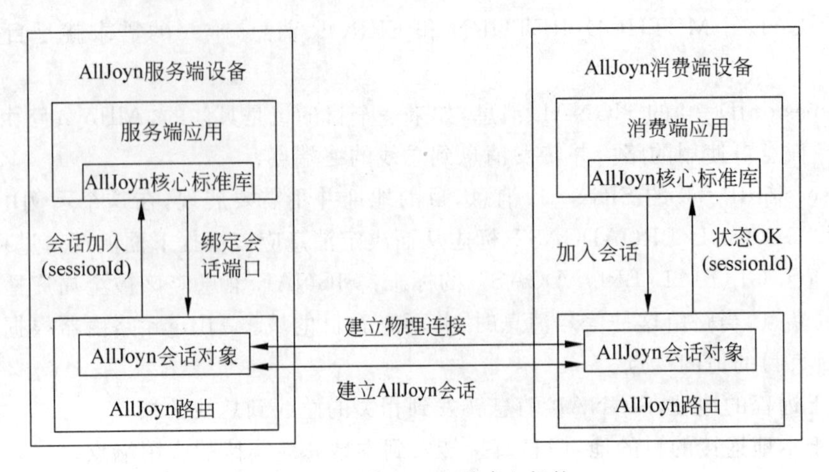

图 2-71　AllJoyn 会话建立架构

会话建立,参与回调的会话被发送到产生会话 ID 的服务端应用,消费端应用接收到一个包含会话 ID 的 Status OK 回复来加入会话调用。同样,在消费端创建一个会话映射,并且存储会话信息。

2) 会话类型

一个 AllJoyn 会话可以基于在会话中允许的参与者数量或是在会话中使用的数据封装选择,分成不同的类型,AllJoyn 系统按会话中允许的参与者数量可分为以下几类:

(1) 点对点会话:一个 AllJoyn 会话只有一个消费端(参与者)和一个服务端(会话主持者)端点参与者,当其中一个参与者离开会话时,这个点对点会话终止,一个 SessionLost 消息会被发送到剩下一个参与者。

(2) 多点会话:一个 AllJoyn 会话允许超过两个参与者,这样一个会话包含一个服务端应用(会话支持者应用)及一个或多个消费端应用(参与者应用)参与到同一个会话中。一个多点会话可以被多次加入,形成一个包含多(大于 2)端点的会话。消费端应用可以在会话建立之后加入到一个多点会话里,并且这里面的消费端可以离开多点会话。在一个多点会话中,所有的参与者可以相互通信。

在一个多点会话中,AllJoyn 框架并不要求所有通信都要通过会话主机;如果底层通信协议允许的话,参与者可以直接相互交流。基于拓扑结构的特定的传输协议,例如蓝牙,可能会要求所有通信都要通过会话主机。与点对点会话类似,当两个参与者离开或它们中的一个离开会话时,会话终止。一个 SessionLost 消息会被发送到剩下的参与者。

图 2-72 描述了点对点会话以及一个 4 个参与者的多点 AllJoyn 会话。

在 AllJoyn 系统中,不同节点之间典型的数据交换以加强的 D-Bus 信息的形式出现,然而,在某些情况下,与 D-Bus 信息相关的负载可能不容乐观,在这种情况下,原始数据可以通过被称为 AllJoyn 原会话相互传递信息。

AllJoyn 原会话是终端之间使用底层物理传输连接(例如:基于 Socket 通信的 TCP/

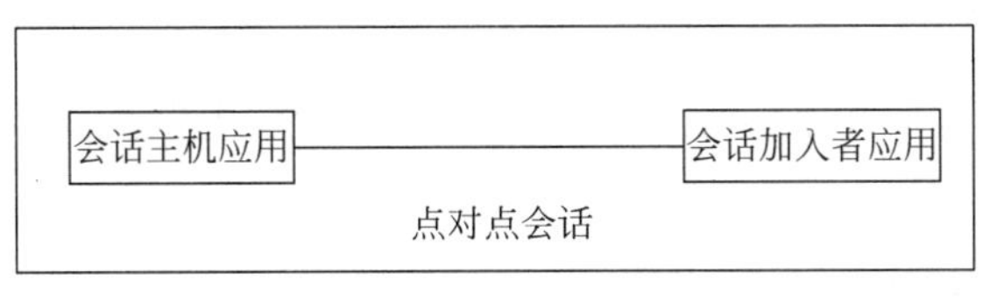

(a) 点对点会话

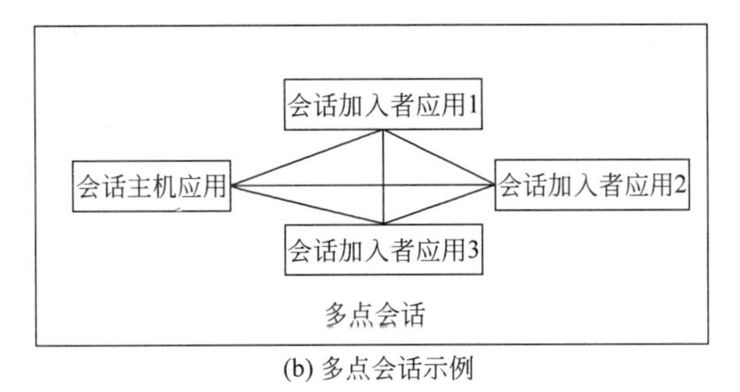

(b) 多点会话示例

图 2-72 点对点会话与多点会话

UDP)来传输原始数据的会话，一个原会话不像普通 AllJoyn 会话一样携带 D-Bus 封装信息。相反，原会话携带未封装的原始数据通过 TCP/UDP sockets 直接发送。原会话只能是点对点会话。

注意：原会话的特性只支持 AllJoyn 标准客户端而不支持瘦客户端应用。这一特性正在被弃用，不支持开发人员使用原会话的特性。

3）会话建立

（1）一个点到点之间的会话建立。图 2-73 表示一个点对点 AllJoyn 会话建立消息流，消息流步骤描述如下：

① 服务端和消费端应用通过 AllJoyn 核心库与各自的 AllJoyn 路由相连，并得到一个分配的 unique 名称。

② 服务端应用通过 AllJoyn 核心库注册服务总线对象。

③ 服务端应用通过 AllJoyn 核心库从 AllJoyn 路由中请求一个 well-known 名称。

④ 服务端通过 AllJoyn 核心库的 BindSessionPort API 与 AllJoyn 路由绑定一个会话端口，这个调用为这次会话指定了会话端口、会话选项以及一个 SessionPortListener。

⑤ 服务端应用通过调用 AllJoyn 核心库的 AdvertiseName API 由 AllJoyn 路由广播其 well-known 名称。

⑥ 服务端为 well-known 名称开启一个特定传输广播。

⑦ 消费端应用通过 AllJoyn 核心库的 FindAdvertiseName API 查询相同的 well-known 名称。

⑧ 消费端 AllJoyn 路由为了发现所需 well-known 名称执行特定传输查询，它发送一个 FoundAdvertiseName 信号到消费端应用。

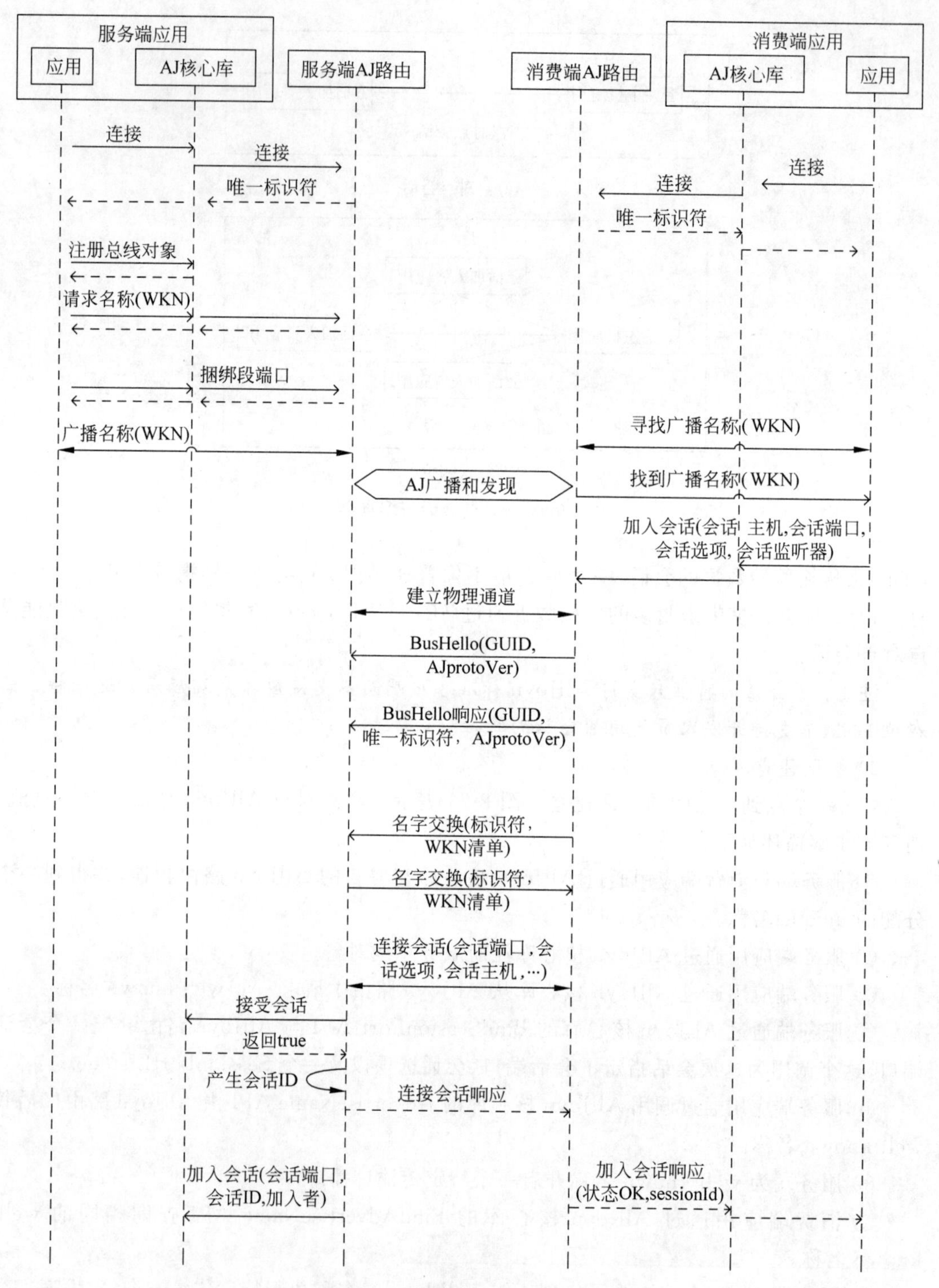

图 2-73 AllJoyn 会话-建立一个点对点会话

⑨ 消费端应用通过 JoinSession API 加入到服务端的会话中，这次调用指定了会话主机的 unique 名称、会话端口、期望的会话选项以及一个 SessionListener。

⑩ 消费端 AllJoyn 路由与服务端 AllJoyn 路由建立了一个物理信道(可用的)，对于 TCP 传输，这包含在两个 AllJoyn 路由之间建立一个 TCP 连接。如果会话建立要求两个路由间有 UDP 传输，那么，就不需要建立物理信道。

⑪ 一旦两个 AllJoyn 总线间的连接建立，消费端 AllJoyn 路由会启动一个 BusHello 信息来发送其总线 GUID 和 AllJoyn 协议版本。服务端 AllJoyn 路由回复其 GUID、AllJoyn 协议版本和 unique 名称。

⑫ 消费端和服务端 AllJoyn 路由发送 ExchangeNames 信号交换 unique 名称 well-known 名称。

⑬ 消费端 AllJoyn 路由请求服务端 AllJoyn 路由里的 AttachSession 方法调用来加入会话，这个调用指定了会话主机的会话端口、会话选项和 unique /well-known 名称等参数。

⑭ 服务端 AllJoyn 路由通过服务端应用请求一个 AcceptSession 方法调用，如果会话被接受将会返回'true'。

⑮ 服务端 AllJoyn 路由会为这次会话生成一个特定的会话 ID，通过向消费端 AllJoyn 路由发送一个 AttachSession 响应消息来提供会话 ID。

⑯ 服务端 AllJoyn 路由发送一个 SessionJoined 信号到 Provider 应用指定会话 ID。

⑰ 在接收到 AttachSession 回复之后，消费端 AllJoyn 路由发送一个包含 OK 状态的 JoinSession 回复消息到应用并提供会话 ID。

其他的使用案例包括了不同的 AllJoyn 会话场景：建立一个多点会话；消费端加入一个存在的多点会话；消费端离开点对点会话；消费端离开一个超过 2 个参与者的多点会话；服务端解绑定一个会话端口；不兼容的会话选项。

(2) 建立一个多点会话。图 2-74 表示两个参与者间多点会话的会话建立信息流。多点会话和点对点会话的消息流基本一样，AllJoyn 路由向应用程序指定的新成员发送一个 MPSessionChanged 信号，这个信号指定了参与者的会话 ID、unique 和 well-known 名称以及一个 flag 去指定该成员是否被添加进来。

(3) 消费端加入一个现有多点会话。图 2-75 表示一个新的消费端加入一个现有的多点会话的信息流。

在一个多点会话中，新的加入者负责通知现有参与者(除了会话主机)加入会话的新成员，这样以便现有成员可以更新它们的会话节点信息来包含新加入者，未来的会话消息就可以适用于传输。为了达到这个目的，新加入成员会向所有现有成员调用一个 AttachSession，结果就是现有成员会将新加入者添加到它们会话相关的表格中。

消息流的步骤如下：

① 服务端应用通过 AllJoyn 核心库的 BindSessionPort API 与 AllJoyn 路由绑定会话端口来暴露它的服务。

② 如图 2-75 中"建立一个多点会话"，在加入者 1(消费端 1)和会话主机(服务端)建立

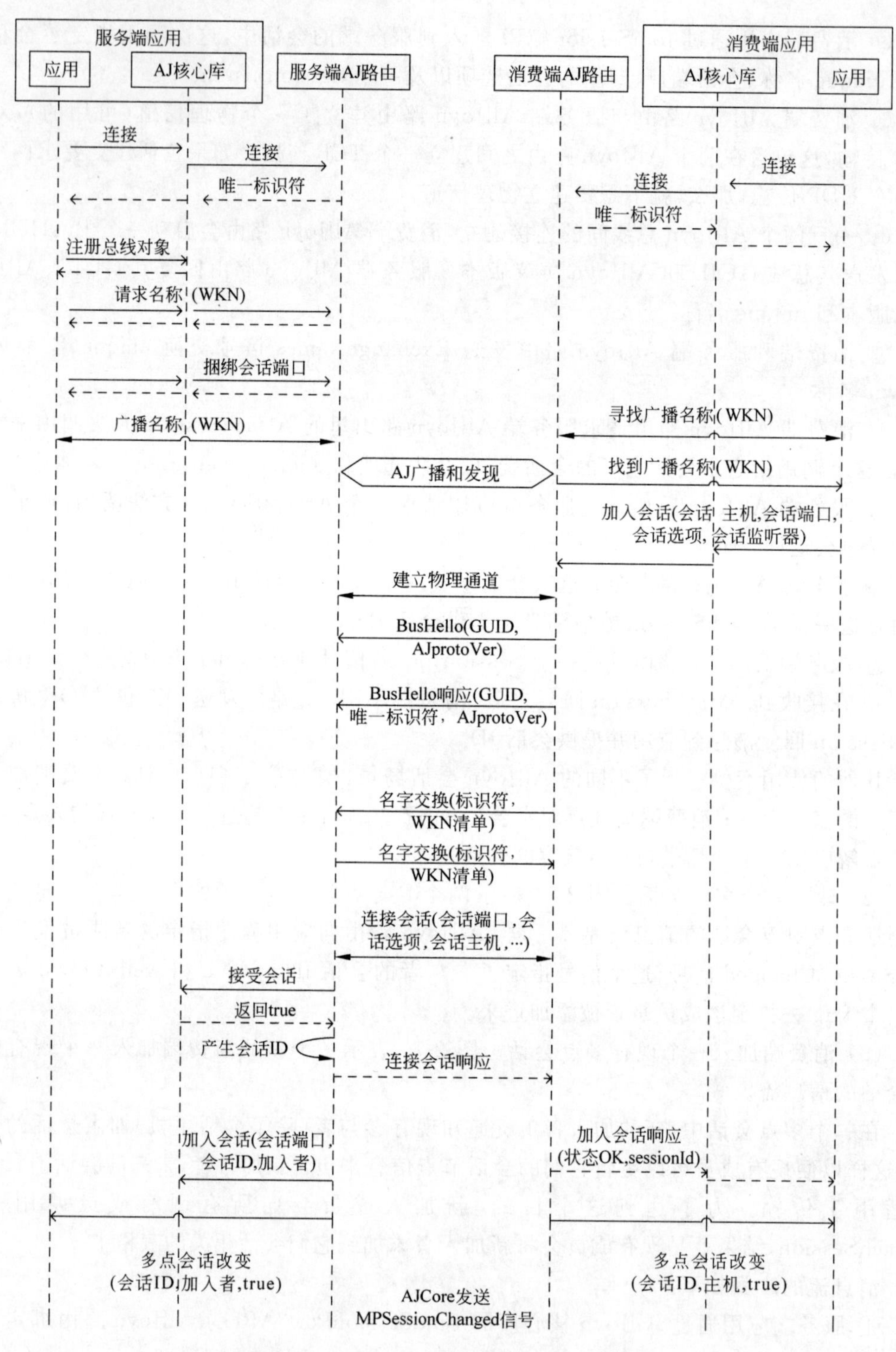

图 2-74 AllJoyn 会话-建立一个多点会话

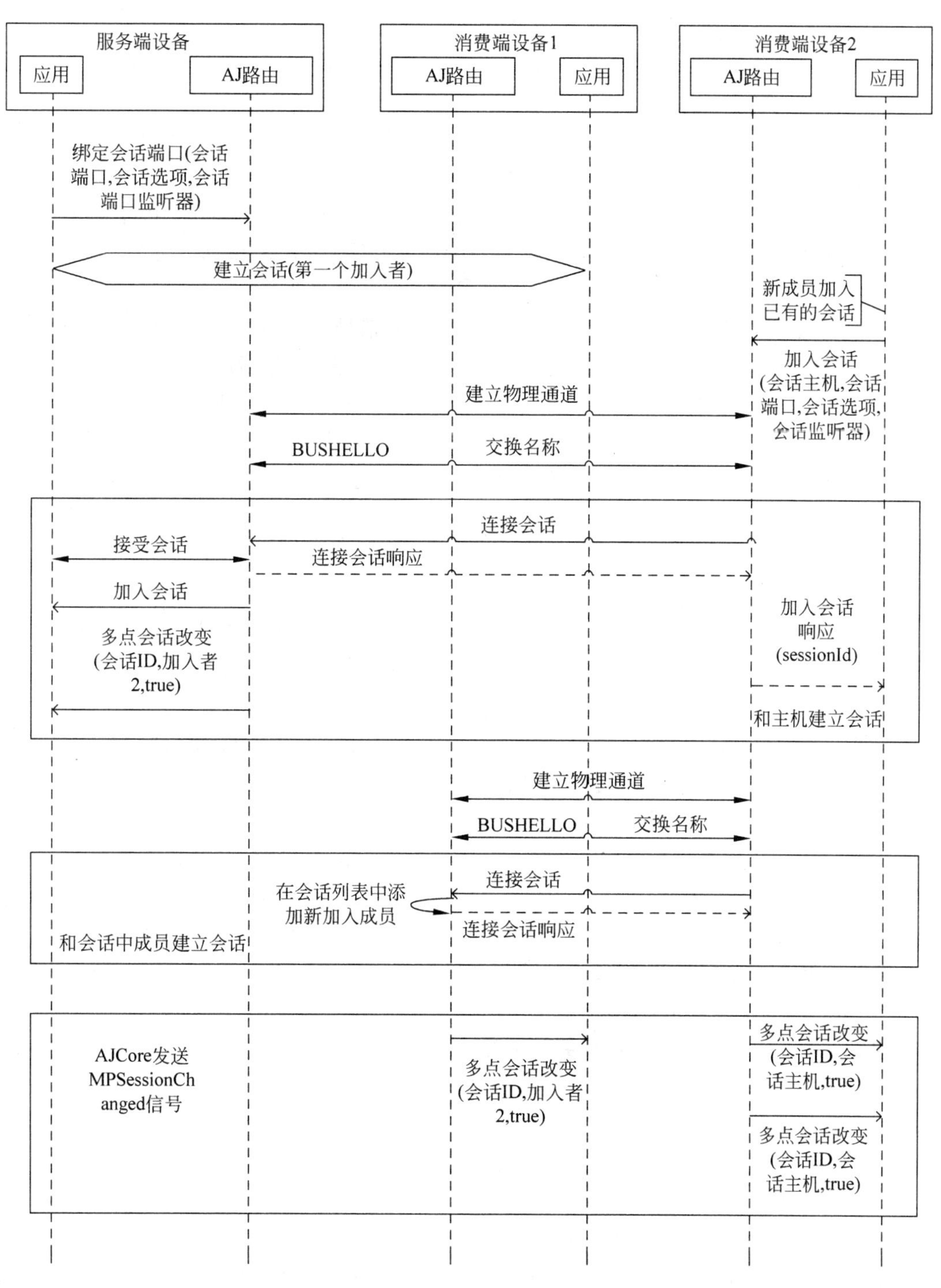

图 2-75 消费端加入一个多点 AllJoyn 会话

一个多点会话。

③ 消费端2(加入者2)希望加入一个现有多点会话,向其AllJoyn路由发起一个JoinSession调用。

④ 加入者2的AllJoyn路由和会话主机建立物理的连接信道,对于TCP传输,建立两个路由之间的TCP连接;对于UDP连接,不需要建立物理的连接信道。

⑤ 一旦建立两个节点间的AllJoyn总线,消费端的路由初始化BusHello信息来发送其总线GUID和AllJoyn协议版本,服务端的路由回应GUID、AllJoyn协议版本和unique名称信息。

⑥ 加入者2和服务端的路由发送ExchangeNames信号,交换well-known和unique名称;服务端的路由将此信息ExchangeNames转发给所有节点的路由,包括加入者2的路由。

⑦ 加入者2和会话主机之间发生会话建立步骤,将加入者添加到现有多点会话。

⑧ 一个MPSessionChanged signal被发送到会话主机应用来通知它在会话中的新加入者。

⑨ 作为AttachSession的部分回复,加入者2从会话主机接收到该多点会话的现存成员。

⑩ 加入者2启动与会话的每个接收成员的AttachSession(除了会话主机,它已经完成AttachSession)。

⑪ 会话主机向所有节点转发AttachSession信息。

⑫ 加入者1从加入者2处接收到AttachSession并更新其会话相关表格来添加加入者2。

⑬ 加入者1的AllJoyn路由发送一个MPSessionChanged signal到应用,显示一个新加入的成员到多点会话。

⑭ 加入者2同样会分别发送MPSessionChanged signal到每个会话现存成员的应用。

(4) 消费端离开一个点对点会话。图2-76表示一个消费端离开一个点对点会话消息流,这个场景同样适用于一个消费端离开一个只有两个参与者的多点会话。

当一个参与者离开点对点会话或者只有两个参与者的多点会话时,会话被终止并从两个参与者的会话表格中移除。一个参与者可以通过在AllJoyn路由启动一个LeaveSession调用离开会话,这导致DetachSession信号被发送到会话里的其他成员,其他成员收到这个信号的触发器会清除会话ID以及从会话表格里清除相关的信息。无论什么时候会话终止,一个SessionLost信号会发送给应用。

注意:*无论是加入者或是会话主机都能离开一个会话,当一个会话主机离开会话的时候,也是类似的信息流。*

消息流的步骤如下:

① 消费端应用与会话主机建立一个会话。

② 消费端应用决定离开会话,通过AllJoyn核心库从AllJoyn路由调用LeaveSession API,这个调用将会话ID作为输入参数。

③ AllJoyn路由产生一个DetachSession信号指定会话ID以及离开会话的成员,此信号被发送给会话中的其他成员。

④ 在接收到DetachSession信号之后,会话主机处的AllJoyn路由确定其是唯一一个

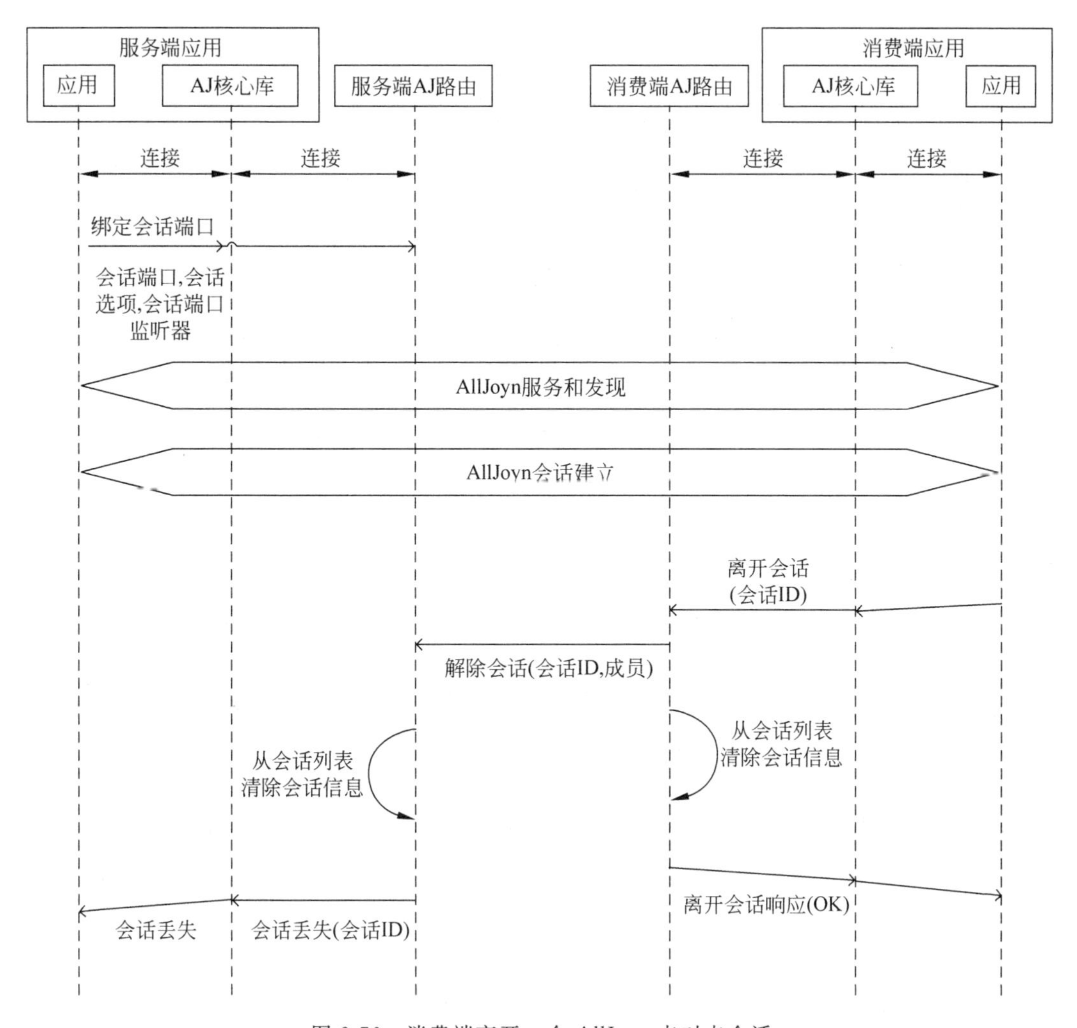

图 2-76 消费端离开一个 AllJoyn 点对点会话

离开会话的成员,由此给出结论是会话已经终止并将会话 ID 信息从会话表格中清除。

⑤ 消费端的 AllJoyn 路由清除其会话 ID 信息并发送一个成功的 LeaveSession 回复给应用。

⑥ 会话主机端的 AllJoyn 路由发送一个 SessionLost 信号给应用来指明会话已经终止。

(5) 消费端离开一个多点会话。图 2-77 显示一个消费端离开一个超过两个参与者的多点会话的信息流,在这个场景下,即使一个成员离开会话,剩下的参与者也会继续,剩下的参与者更新其会话表格来移除已经离开会话的成员。

消息流的步骤如下:

① 两个消费端应用(加入者 1 和加入者 2)与服务端加入了同一个多点会话。

② 加入者 2 决定离开这个会话,它从 AllJoyn 路由调用 LeaveSession API,且指定了会

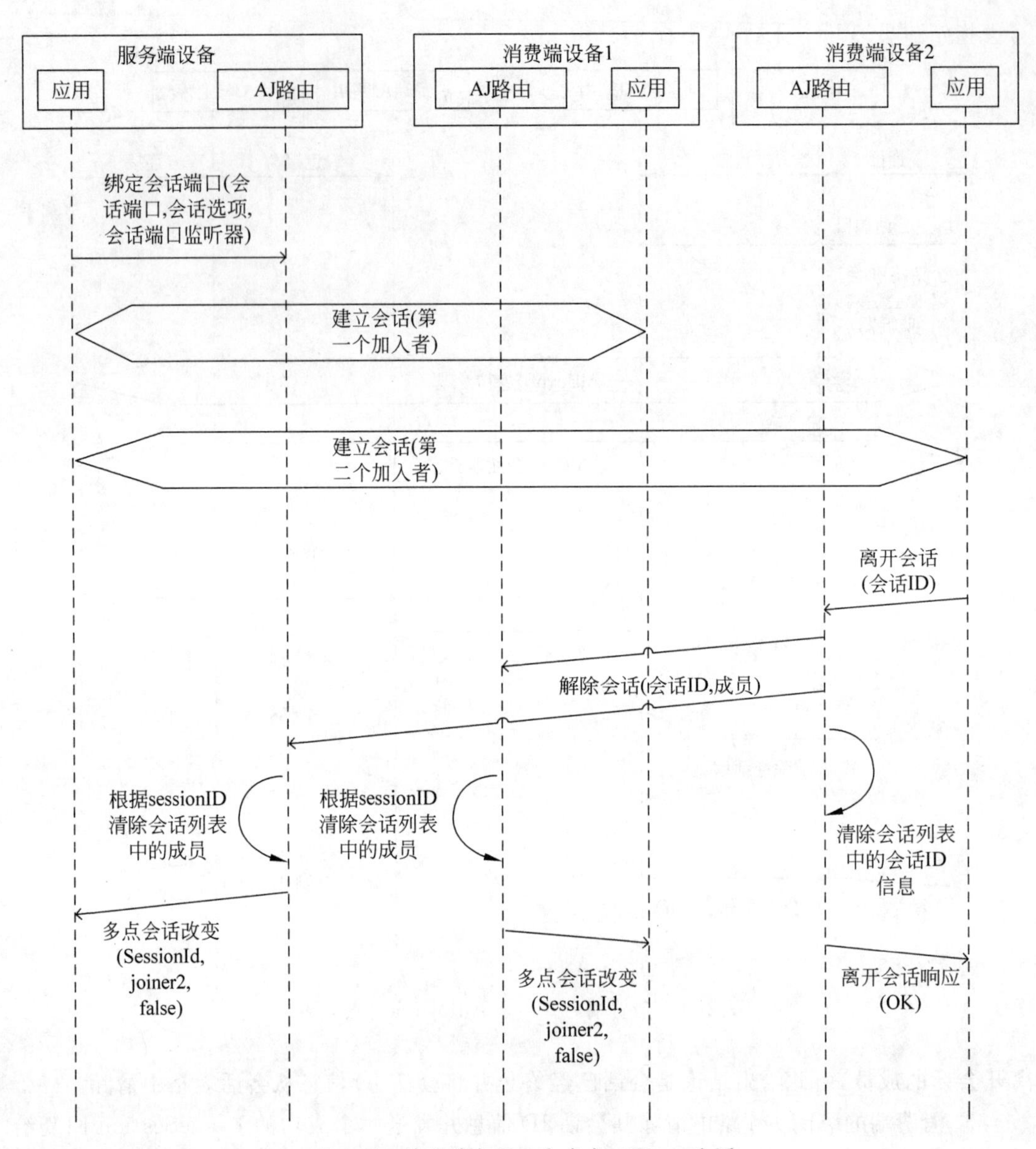

图 2-77 消费端离开一个多点 AllJoyn 会话

话 ID。

③ 加入者 2 的 AllJoyn 路由产生一个 DetachSession 信号，指定会话 ID 和要离开会话的成员，这个信号作为一个会话广播信号发送给会话里的所有成员。

④ 在接收到 DetachSession 信号之后，多点会话的 AllJoyn 路由判断到有两个或更多参与者仍在会话中，意味着会话继续存在。然后，它们会更新会话表格去移除在 DetachSession 信号的会话 ID 的成员，AllJoyn 路由此后会发送一个 MPSessionChanged 信

号去指定成员离开了会话，这些逻辑由仍在会话中的参与者的 AllJoyn 路由执行。

⑤ 离开会话的成员，其 AllJoyn 路由从会话表格处清除其会话 ID 信息并发送一个成功 LeaveSession 的回复到应用。

(6) 服务端离开一个多点会话。图 2-78 显示当一个服务端(会话主机)离开一个超过两个参与者的多点会话的信息流，在这种情况下，会话会继续存在并且剩下的参与者可以相互通信；然而，新的参与者不能加入到这个多点会话。

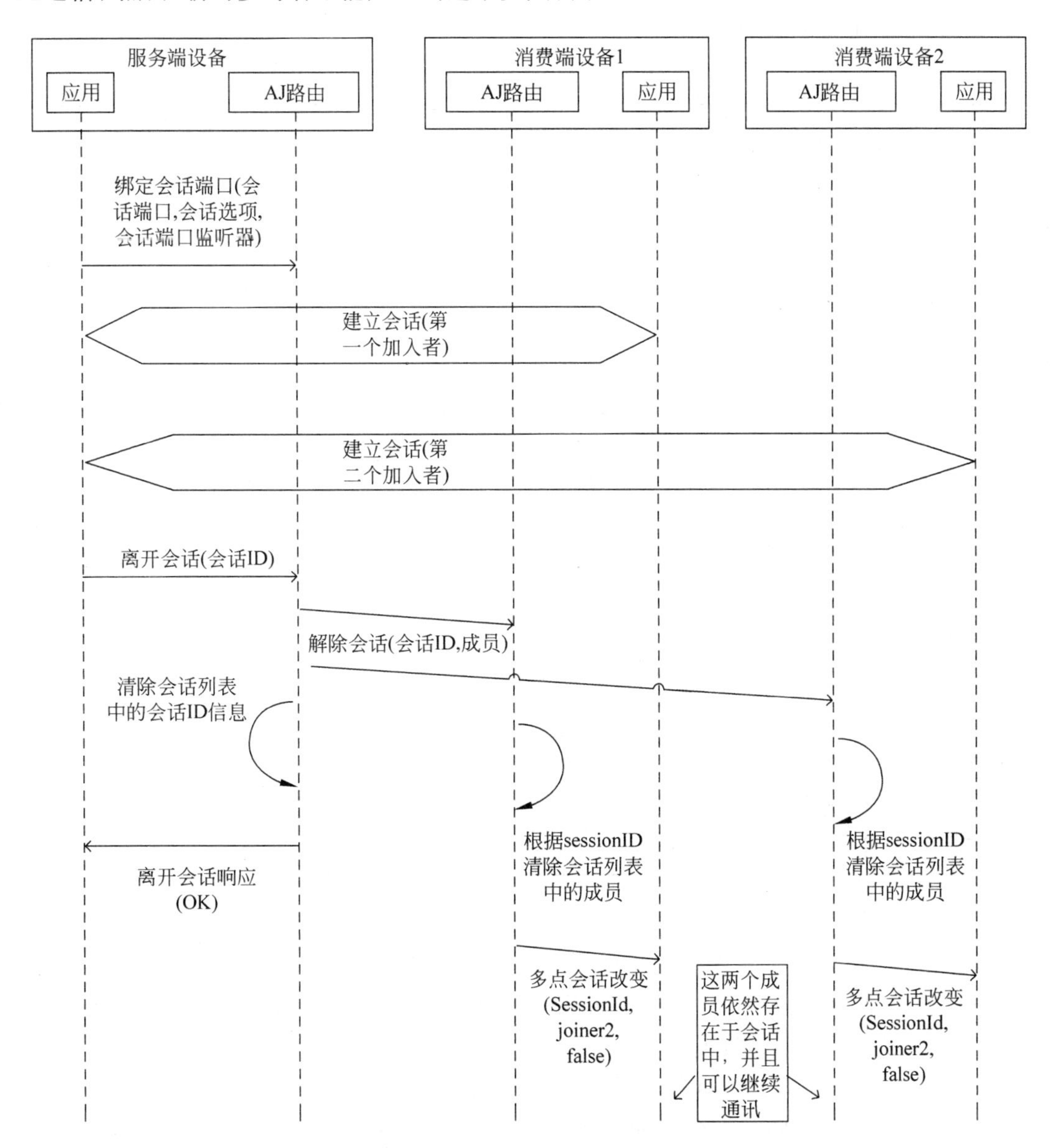

图 2-78 服务端离开一个多点 AllJoyn 会话

(7) 服务端解绑一个会话端口。服务端应用能够在任何时间解绑一个先前绑定的会话端口，其结果是不能在那个会话端口建立任何新的会话，这个会话端口上任何现有会话将会继续并且不受影响。如果在这个会话端口上有任何的多点会话，那么新的成员将不能加入到这个多点会话。

4) 会话选项

表 2-23 所示 AllJoyn 会话支持的会话选项和数值，会话选项里的 traffic、proximity 和 transports 域指定为数值表示的位掩码。

表 2-23 AllJoyn 会话选项

会话选项	描　述	数据类型
traffic	指定了会话发送的业务类型	字节
isMultipoint	指定会话是多点会话还是点对点会话	布尔值
proximity	指定会话的临近范围	字节
transports	指定会话允许的传输方式	短整型数

Traffic 会话允许值，如表 2-24 所示。

表 2-24 Traffic 会话允许值

名　称	值	描　述
TRAFFIC_MESSAGES	0x01	使用基于信息的可靠通信在会话端点间传输数据
TRAFFIC_RAW_UNRELIABLE	0x02	使用基于套接字的不可靠通信(如 UDP)在会话端点间传输数据
TRAFFIC_RAW_RELIABLE	0x04	使用基于套接字的不可靠通信(如 TCP)在会话端点间传输数据。RAW 创建一个没有使用消息封装的 raw 会话

IsMultipoint 会话允许值，如表 2-25 所示。

表 2-25 IsMultipoint 会话允许值

名称	值	描　述
N/A	true	具有多点能力的会话，多点会话能被多次加入，形成具有多个端点(>2)的单一会话
N/A	false	不具有多点能力的会话，每次加入都会创建一个新的点对点会话

Proximity 会话允许值，如表 2-26 所示。需要注意的是，PROXIMITY_PHYSICAL 和 PROXIMITY_NETWORK 选项现在不被语义支持，意味着没有空间范围可以执行。当寻找一组兼容会话选项时，通过位匹配实现这些选项。如果这些选项在将来需要的话，AllJoyn 系统会灵活地提供特定语义。

Transports 会话允许值，如表 2-27 所示。

为了建立一个会话，一组会话选项必须被两个终端支持。如果一组会话选项不能在两个终端之间建立，那么会话建立失败。会话选项协商发生在服务端应用启动 BindSessionPort(…)提供会话选项以及消费端应用启动 JoinSession(…)时请求会话选项之间。

表 2-26 Proximity 会话允许值

名 称	值	描 述
PROXIMITY_ANY	0xFF	不限制会话的空间范围，任何地点的加入者都可以加入会话
PROXIMITY_PHYSICAL	0x01	会话的空间范围限于本地主机解释为“同一个物理机，”会话可以由与会话发起者位于同一台物理主机的加入者加入
PROXIMITY_NETWORK	0x02	会话控件范围是本地逻辑网段网络上的任何加入者都可加入会话

表 2-27 Transports 会话允许值

名 称	值	描 述
TRANSPORT_NONE	0x0000	不使用任何传输方式与给定会话通信
TRANSPORT_LOCAL	0x0001	只使用本地传输与给定会话通信
TRANSPORT_TCP	0x0004	只使用 TCP 传输与给定会话通信
TRANSPORT_UDP	0x0100	只使用 UDP/ARDP 传输与给定会话通信
TRANSPORT_EXPERIMENTAL	0x8000	只使用还没有达到商业传输的性能、稳定性和测试要求的实验传输与给定会话进行通信
TRANSPORT_IP	TRANSPORT_TCP | TRANSPORT_UDP	使用基于 IP 的传输与给定会话进行通信
TRANSPORT_ANY	TRANSPORT_LOCAL| TRANSPORT_IP	使用任何商业传输

(1) 对于一个确定的会话选项如 isMultipoint 和 traffic，为了协商成功，在服务端和消费端会话选项之间会发生准确的匹配。

(2) 对于其他会话选项，协商发生在最底层的普通会话选项层。

5) 检测缺失或慢端点

AllJoyn 路由支持探测机制来检测其他缺失的路由以及缺失的应用，以便可以清除缺失端点的资源。在查找缺失路由和应用之间，有不同的逻辑来支持，分别在“检测缺失路由的探测机制”和“检测缺失应用的探测机制”中介绍。

AllJoyn 路由同样支持检测和断开任意 AllJoyn 应用，或是 AllJoyn 路由读入数据的能力比最低期望性能还慢的逻辑，这种逻辑在“探测一个慢读者”中说明。

一旦一个远程端点(一个应用或是其他路由)基于探测机制或是慢读者检测逻辑断开，AllJoyn 路由将会清除与这个远程端点相关的任意连接节点、活动广播和会话。AllJoyn 路由同样会发送 SessionLost、MPSessionChanged 和 DetachSession 信号给断开的远程应用所在会话的参与者，或是在会话中与断开的远程路由相连的应用。

(1) 检测缺失 Router 的探测机制。AllJoyn 路由提供一个 SetLinkTimeout()API，它能够被应用启动来检测缺失路由。应用提供一个超时空闲值作为 API 的一部分，这个值应大于或等于路由定义的最小数值(40s)。在检测到超时空闲值没有活动之后，一个探测器将会发送给其他路由。如果探测器超时(10s)，没有收到回复，那么这个路由被断开并且所有关联的连接节点、活动广播和会话都被清除。探测缺失路由的功能默认不能使用，应用需要调用 SetLinkTimeout()API 去使用它。

(2) 检测缺失应用的探测机制。AllJoyn 路由提供一个使用 D-Bus ping 去检测缺失 AllJoyn 应用的探测机制，下列参数定义了 D-Bus ping 的传播方案：

① Number of probes(N)：D-Bus ping 发送的总次数。

② Idle timeout(I)：第一次 D-Bus ping 发送等待的时间。

③ Probe timeout(P)：如果之前的 ping 没有收到回复，下一个 D-Bus ping 的等待时间。

上述参数特定于 AllJoyn TCP 和 UDP 传输，AllJoyn 应用连接到 AllJoyn 路由。图 2-79 表示了 D-Bus ping 的传输时间表。

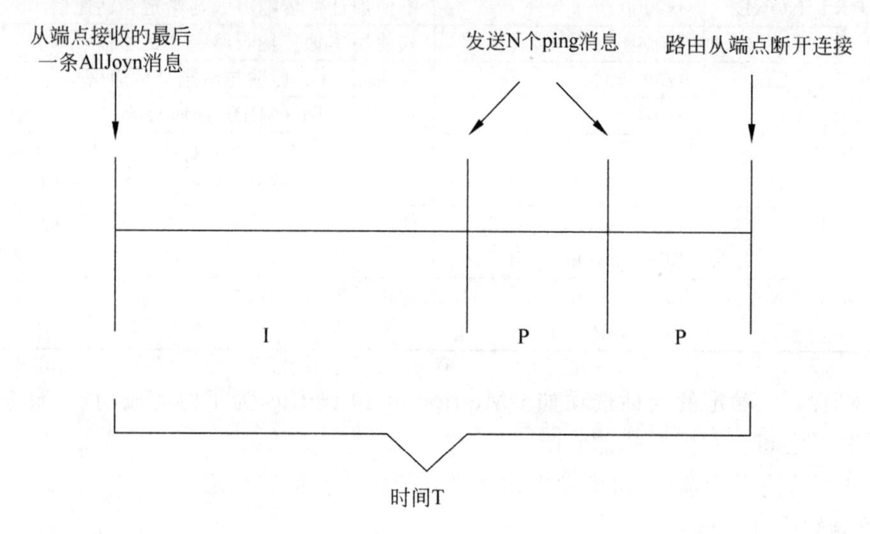

图 2-79 检测缺失应用的探测传输时间表

在特定传输范围内通过调用 SetIdleTimeouts()API，连接的 AllJoyn 应用可以选择 idle 和 probe 的超时时间，这个调用规定了请求的 idle 和 probe 超时时间以及返回实际的 idle 和 probe 超时时间。

(3) 检测一个慢读者。为了保持服务质量，AllJoyn 路由将会断开任意低于最低期望性能的 AllJoyn 应用和 AllJoyn 路由。

在以下情况下，AllJoyn 路由将会断开一个远程 AllJoyn 应用/路由：

① 一旦网络发送缓存到路由或是网络从远程应用/路由接收缓存都满了的时候，在发送超时时间内，如果远程应用/路由读取数据不能够快速处理等待的 AllJoyn 信息。

② 超过(10 以上发送超时)从路由产生的控制信息当前正排队发往远程应用/路由。

发送超时的值是特指远程应用/路由连接到这个 AllJoyn 路由的 TCP 或 UDP 传输。

6) AllJoyn 会话中使用的方法/信号

AllJoyn 框架支持下列 AllJoyn 接口的会话相关功能：org. alljoyn. Daemon、org. alljoyn.

Bus、org. alljony. Bus. Peer. Session，下面分别介绍。

(1) org. alljoyn. Daemon。org. alljoyn. Daemon 接口是两个 AllJoyn 路由成员通信的主要 over-the-wire 接口，下列从表 2-28 到 2-33 各表总结了 org. alljoyn. Daemon 接口会话相关功能的方法和信号。

表 2-28 org. alljoyn. Daemon 接口方法

方法名称	描述
AttachSession	远程路由和本路由连接会话的方法
GetSessionInfo	远程路由从本路由获取会话信息的方法

表 2-29 org. alljoyn. Daemon. AttachSession 方法参数

参数名称	方向	描述
session port	in	AllJoyn 会话端口
Joiner	in	加入者的唯一名称
creator	in	会话发起者的周知名称或唯一名称
dest	in	AttachSession 目标的唯一名称 对于点对点会话，这就是会话发起者 对于多点会话，这个字段可以和会话发起者不同
b2b	in	加入者端的 bus-to-bus 端点的唯一名称，可以为会话设置信息路由路径
busAddr	in	指示如何连接总线端点的字符串，例如，“tcp:192.23.5.6, port=2345”
optsIn	in	加入者要求的会话选项
status	out	会话加入状态
sessionId	out	分配的会话 ID
optsOut	out	最终选定的会话选项
members	out	会话成员名单

表 2-30 org. alljoyn. Daemon. GetSessionInfo 方法参数

参数名称	方向	描述
creator	in	绑定会话端口的应用的唯一名称
session port	in	会话端口
optsIn	in	加入者要求的会话选项
busAddr	out	当尝试创建连接加入会话时返回的会话使用的总线地址，例如，“tcp:192.23.5.6, port=2345”

表 2-31 org. alljoyn. Daemon 接口信号

信号名称	描述
ExchangeNames	此信号通知远程 AllJoyn 路由本地 AllJoyn 路由的名称可以使用
DetachSession	此信号使加入者从已有会话中退出

表 2-32 org. alljoyn. Daemon. ExchangeNames 信号参数

属性名称	描　述
uniqueName	本地 AllJoyn 路由可以使用的一个或多个唯一名称列表
WKNs	本地 AllJoyn 路由上由每个已知的唯一名称注册的周知名称列表

表 2-33 org. alljoyn. Daemon. DetachSession 信号参数

属性名称	描　述
sessionId	AllJoyn 会话 ID
Joiner	加入者的唯一名称

（2）org. alljoyn. Bus。org. alljoyn. Bus 接口是应用和 AllJoyn 路由之间的主要接口，下列表 2-34 到 2-42 总结了 org. alljoyn. Bus 接口会话相关功能的方法和信号。

表 2-34 org. alljoyn. Bus 接口方法

方法名称	描　述
BusHello	交换标识符的方法，可以用于应用和 AllJoyn 路由器之间，也可以用于两个 AllJoyn 路由器组件之间
BindSessionPort	应用开始将会话端口和 AllJoyn 总线捆绑的方法
UnbindSessionPort	应用将会话端口从 AllJoyn 总线上解绑的方法
JoinSession	应用启动加入会话的方法
LeaveSession	应用启动离开现有会话的方法

表 2-35 org. alljoyn. Bus. BusHello 方法参数

属性名称	方向	描　述
GUIDC	in	客户端 AllJoyn 路由器的 GDID
protoVerC	in	客户端 AllJoyn 路由器的 AllJoyn 协议版本
GUIDS	out	服务器 AllJoyn 路由器的 GDID
uniqueName	out	分配到 AllJoyn 路由器组件间 bus-to-bus 端点的唯一名称
protoVerS	out	服务器 AllJoyn 路由器的 AllJoyn 协议版本

表 2-36 org. alljoyn. Bus. BindSessionPort 方法参数

属性名称	方向	描　述
sessionPort	in	指定的会话端口如果应用请求 AllJoyn 路由器分配会话端口则设置成 SESSION_PORT_ANY
opts	in	指定的会话选项
resultCode	out	结果状态
sessionPort	out	除非指定 SESSION_PORT_ANY 否则和输入 sessionPort 相同，前者情况下设置成 AllJoyn 路由器分配的会话端口

表 2-37 org. alljoyn. Bus. UnbindSessionPort 方法参数

属性名称	方向	描述
sessionPort	in	指定的会话端口
resultCode	out	结果状态

表 2-38 org. alljoyn. Bus. JoinSession 方法参数

属性名称	方向	描述
sessionHost	in	会话发起者的周名称或唯一名称
sessionPort	in	指定的会话端口
optsIn	in	加入者要求的会话选项
resultCode	out	结果状态
sessionId	out	指定的会话 ID
opts	out	最终选定的会话选项

表 2-39 org. alljoyn. Bus. LeaveSession 方法参数

属性名称	方向	描述
sessionId	out	指定的会话 ID
resultCode	out	结果状态

表 2-40 org. alljoyn. Bus 接口信号

信号名称	描述
SessionLost	通知应用会话结束的信号
MPSessionChanged	通知应用改变到一个已有会话的信号

表 2-41 org. alljoyn. Bus. SessionLost 信号参数

参数名称	描述
sessionId	丢失会话的会话 ID

表 2-42 org. alljoyn. Bus. MPSessionChanged 信号参数

参灵敏名称	描述
sessionId	改变的会话 ID
name	改变的会话成员的唯一名称
isAdd	指示成员增加的标识。成员已增加时设置为 true

（3）org. alljoyn. Bus. Peer. Session。org. alljoyn. Bus. Peer. Session 接口是应用与 AllJoyn 路由之间的 AllJoyn 接口，下列表 2-43 到 2-46 总结了 org. alljoyn. Bus. Peer. Session 接口会话相关功能的方法和信号。

表 2-43 org. alljoyn. Bus. Peer. Session 接口方法

方法名称	描述
AcceptSession	本地会话主机接受会话所调用的方法

表 2-44 org. alljoyn. Bus. Peer. Session. AcceptSession 参数

属性名称	方向	描述
sessionHost	in	接受加入请求的会话端口
sessionPort	in	新会话的 ID(如果接受)
creatorName	in	会话创建者的唯一名称
joinerName	in	会话加入者的唯一名称
opts	in	加入者要求的会话选项
isAccepted	out	会话创建者接受会话时设置为 true

表 2-45 org. alljoyn. Bus. Peer. Session 接口信号

信号名称	描述
SessionJoined	会话主机通知会话成功加入发送的本地信号

表 2-46 org. alljoyn. Bus. Peer. SessionJoined 信号参数

属性名称	描述
sessionHost	刚丢失会话的会话端口
sessionId	新会话的 ID
creatorName	会话创建者的唯一名称
joinerName	会话加入者的唯一名称

2.4.4 瘦客户端结构

AllJoyn 的瘦客户端应用是专门为功率、内存和 CPU 受限的设备开发的，因此，瘦客户端的应用一般都有占用内存少、单线程的特征。瘦客户端的应用一般包含应用代码和 AllJoyn 的瘦核心库，它没有 AllJoyn 的后台程序/路由。

一个 AllJoyn 的瘦客户端上一般运行一个轻量级的瘦应用，该应用通过利用标准客户端的后台程序/路由进行广播和发现以及与其他设备建立连接。瘦客户端与标准客户端的后台程序通过 TCP 协议进行通信，具体示意图结构如图 2-80 所示。

2.4.5 用户角度的系统结构

图 2-81 显示了从用户角度出发的系统架构(不是从后台程序/路由的角度出发)，位于系统框架最高层的是系统和语言绑定层。AllJoyn 系统本身是使用 C++编写的，所以对于

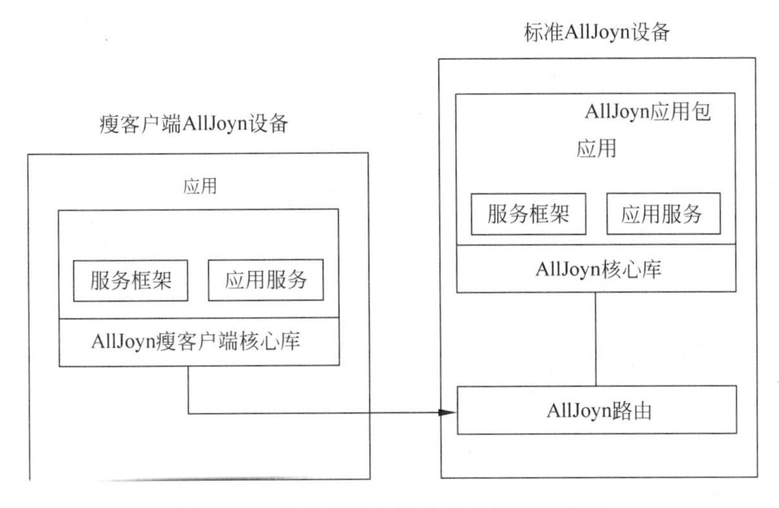

图 2-80 瘦客户端与标准客户端通信框架

使用 C++语言的编程者就不需要进行语言绑定，对于其他非 C++语言的使用者，比如 Java 或是 JavaScript，AllJoyn 系统会提供一个相对轻量级的转换层，在此统一称为语言绑定层。在某些情况下，语言绑定甚至可以提供一些拓展的功能来支持某些指定的系统。例如，普通的 Java 语言绑定可以允许 AllJoyn 系统在运行 Windows 或 Linux 下的一般 Java 环境中使用，但是，在 AllJoyn 系统和 Android 服务紧密结合在一起的时候，AllJoyn 也会提供一个 Android 系统的绑定层。

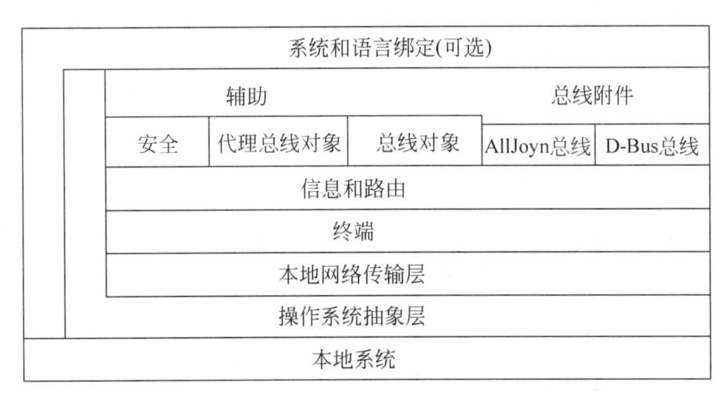

图 2-81 基本的客户端、服务或对等点架构

系统和语言绑定层建立在一个辅助对象层之上，AllJoyn 辅助对象的设计是为了让 AllJoyn 系统中常见的操作更容易。因此，即使不使用这些辅助对象，用户也可以操作 AllJoyn 系统的绝大部分功能，但是，一般鼓励使用辅助对象，因为它提供了一个新层次的抽象接口。例如，在前面所提到的总线附件，就是我们在 AllJoyn 系统中会经常使用到的一个重要的辅助对象，没有使用这个辅助对象，系统将会变得不可用。总线附件除了提供必要

的功能之外，也提供了一些可以使得底层软件总线的管理和互动更为便捷的功能。（从图中可以看出，这些重要的辅助对象除了总线附件外，还有总线、总线对象和总线对象代理等。）

位于辅助对象层之下的是消息和路由层，这一层的主要功能是负责对在总线中传送的消息进行参数和返回值的封装和解封装。消息和路由层负责将消息传送到合适的总线对象和代理中以及负责向总线后台程序传送将要发送到其他总线附件的消息。

位于消息和路由层的下边的是端点层，从 AllJoyn 系统的底层来看，数据是从一个终端传送到另一个终端，从网络编码的角度来说，这是一个抽象的通信终端。在端点层上，有关网络的抽象已经全部实现，所以从这层来看，不管 AllJoyn 网络是通过蓝牙连接的还是通过有线以太网连接的，对于它们而言，基本上是没有任何差异的。

端点是专门负责传输的实体，将其称为传输，负责提供最基本的网络功能。在客户端、服务或对等端中，唯一使用的网络传输就是本地传输，本地传输是与本地 AllJoyn 总线后台程序进行本地进程通信的链接。在基于 Linux 的系统中，本地传输实质上是一个基于 Unix 的 Socket 连接，而在基于 Windows 的系统中，是一个和本地后台程序的 TCP 连接。

AllJoyn 还提供了一个操作系统抽象层，来为系统的其余部分提供一个支持的平台，在 AllJoyn 系统的最底端，就是本机系统。

以更抽象的角度来看 AllJoyn 的框架，可以发现它就是应用 App 和 AllJoyn 的路由/后台程序，如图 2-82 所示，分别给出了 AllJoyn 的标准应用和瘦应用。其中，AllJoyn 路由就是之前介绍的后台程序，标准应用的底层是非嵌入式系统，例如 Android、iOS、Windows、Mac OSX 和 Linux，而瘦应用的底层是嵌入式操作系统，如 Arduino、ThreadX 等，这些都很好理解。对于应用的内部框架，标准应用和瘦应用置于最顶层的是应用代码，这部分主要负

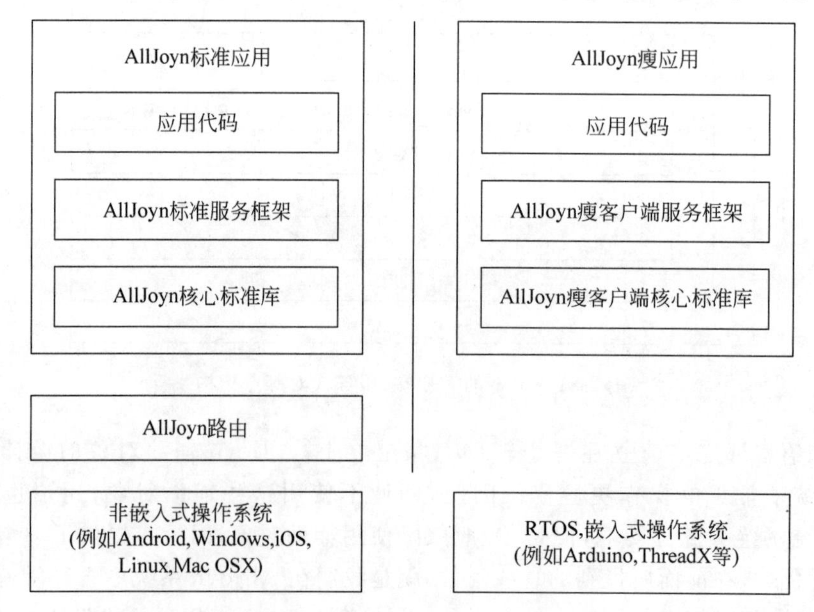

图 2-82　AllJoyn 的标准应用和瘦应用

责应用的逻辑功能，中间是标准服务框架或是瘦服务框架，底层是 AllJoyn 的标准核心库和瘦客户端的核心库，用于处理底层的连接。

2.4.6 AllJoyn 的协议栈

图 2-83 给出了 AllJoyn 框架的总体协议栈，在分析 AllJoyn 的协议栈时，可以类比 TCP/IP 的五层结构。采用自顶向下的角度来观看，从整体上，可以将 AllJoyn 的协议栈看成五层，这五层分别是应用层、传输层、网络层、链路层以及物理层。作为 AllJoyn 框架的开发者，编程人员接触最多的便是应用层，对应用层进行进一步的细分和解释，最上层便是应用具体的服务，紧随其后的是 AllJoyn 的基础服务，这两者都是通过 AllJoyn 的接口来进行定义的；然后是 AllJoyn 的核心库，用来连接应用代码和 AllJoyn 后台程序实现函数调用等；最下层是后台程序，主要负责服务的广播和发现以及会话建立和无会话信号的发送和接收以及安全等，路由支持多种通信和发现协议并且提供了传输抽象层。在标准的 OSI 模型中，AllJoyn 的后台程序属于应用层；在应用层的下方即为 OSI 的标准层，分别是传输层、网络层、链路层与物理层。

图 2-83　AllJoyn 框架的上层协议栈

2.5 总结

AllJoyn 是一个综合系统，主要为带有移动元素的分布式应用在异质性系统中提供一个配置框架。基于目前已经成熟的技术和安全系统的标准，AllJoyn 提供了一种连贯、系统的方式来解决各种网络技术之间的相互交互。这样可以使得应用开发人员更加专注于他们的应用程序本身，而不需要具备丰富的底层网络开发经验。

AllJoyn 系统作为一个整体来工作，并不会出现传统的不匹配的问题。（不匹配可能出现在多个部分共同组建 ad-hoc 系统的情况下）。总体来说，比起其他平台，AllJoyn 系统可以使得分布式应用程序的配置和开发简单很多。

第3章 AllJoyn 基础服务

AllJoyn 除了提供核心库/Core之外，还提供了基于核心库的基础服务，以便用户快速开发相关的应用。目前的版本中主要包括如下四个基础服务，分别是 Onboarding 服务、Notification 服务、Configuration 服务、Control Panel 服务。

3.1 Onboarding 服务框架

3.1.1 概况

Onboarding 的功能是提供一致性的连接方法，将一个设备连接入一个 WiFi 网络。一般情况下 Onboarder 是配置端，功能比较强大，比如手机、PC 等；而 Onboardee 是被配置端，一般功能较弱，比如瘦客户端。

Onboarding 接口功能是在作为 Onboardee 的目标设备的一个应用来实现的，一种典型的 Onboardee 就是 AllJoyn 的瘦客户端设备。一般情况下，瘦客户本身没有接入无线 WiFi 的能力，为了接入 WiFi 无线连接，就需要 Onboarding 服务框架。Onboarding 这个接口允许配置端 Onboarder 发送 WiFi 凭证或者密码接入给被配置端 Onboardee 设备，接收到这些凭证后 Onboardee 就可以加入 WiFi 接入点，一般的流程如下：

(1) 被配置端 Onboardee 广播 SSID。当被配置端第一次接入，会通过 WiFi 广播自己的 SSID，一般情况下，该 SSID 以 AJ 为前缀或者后缀，以便帮助识别该设备支持 AllJoyn 的 Onboarding 服务。

(2) 配置端 Onboarder 连接到被配置端 Onboardee。配置端通过扫描寻找没有配置的 AllJoyn 设备的 SSID，该 SSID 一般带有 AJ 前缀或者后缀。用户可以选择被配置的设备，第一步是连接到被配置设备的 SSID，取决于配置设备的平台，这一般由应用程序自动完成。

(3) 配置端 Onboarder 发送 WiFi 凭证。配置端连接到被配置端的 SSID 之后，配置端将监听 AllJoyn 的 About 宣告信息。然后，配置端将使用 Onboarding 服务接口给被配置设备发送目标 WiFi 网络的凭证。

(4) 转移到目标 WiFi 网络。两个设备都转到目标 WiFi 网络。

(5) 配置端 Onboarder 监听被配置端 Onboardee 设备。作为最后一步，配置端将监听并接收被配置端的 About 宣告信息。当接收到该信息，配置端认为被配置端已经介入网络。

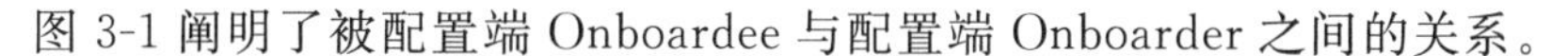

图 3-1 阐明了被配置端 Onboardee 与配置端 Onboarder 之间的关系。

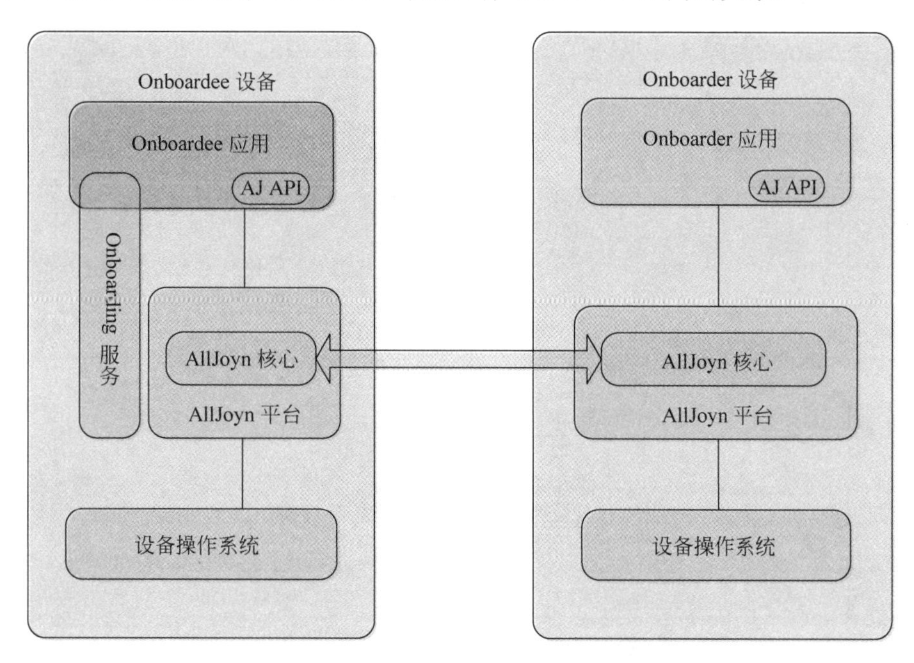

图 3-1 AllJoyn 架构中的 Onboarding 服务架构体系

3.1.2 Onboarding 调用流程

1. 使用 Android onboarder 时的 Onboarding 调用流程

图 3-2 阐明了使用 Android Onboarder 情况下，登录一个 Onboardee 的 Onboarding 调用流程。

2. 使用 iOS Onboarder 时的登录流程

图 3-3 阐明了使用 iOS Onboarder 时一个 Onboardee 的 Onboarding 调用流程。

3.1.3 Onboarding 接口

1. 接口名称(见表 3-1)

表 3-1 Onboarding 接口名称

接 口 名 称	版本号	是否安全	目标路径
org. alljoyn. Onboarding	1	是	/Onboarding

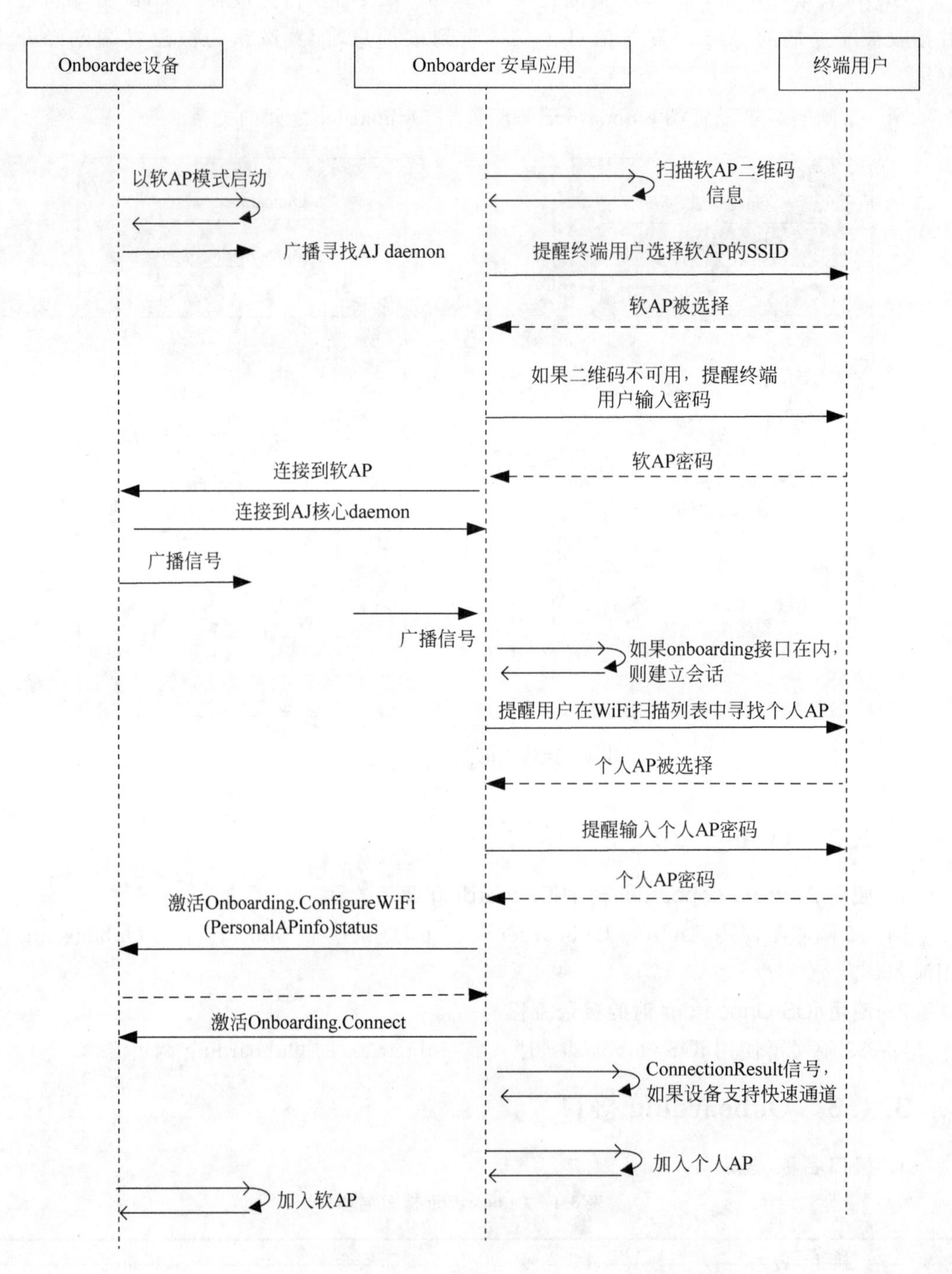

图 3-2 Android Onboarder 登录一个 Onboardee 的调用流程

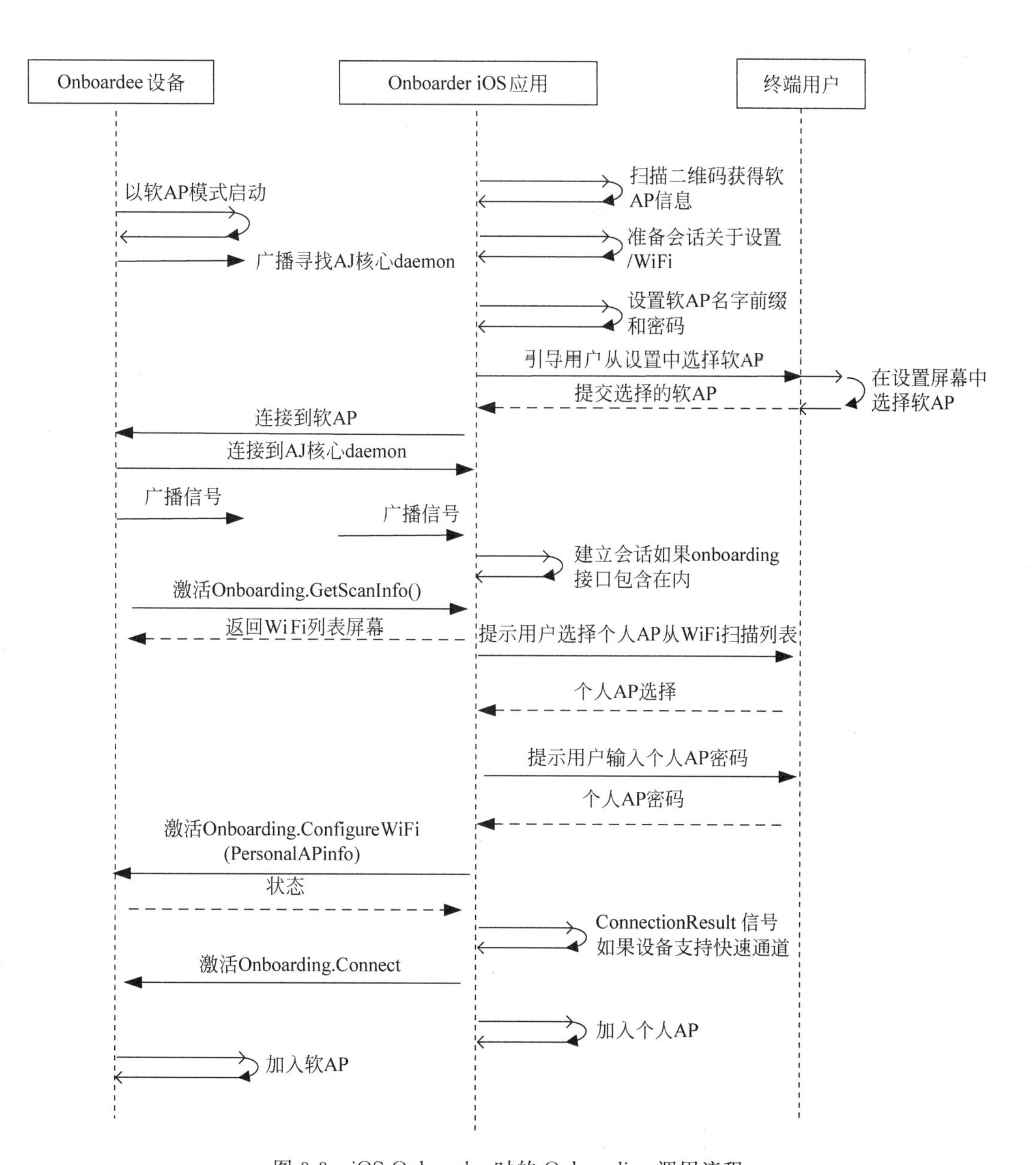

图 3-3 iOS Onboarder 时的 Onboarding 调用流程

2. 属性(见表 3-2)

表 3-2 Onboarding 属性

属性名称	标志	值 列 表	是否可写	描 述
版本	q	正整数	否	版本接口号
状态	n	0：个人接入点未配置 1：个人接入点已配置但无效 2：个人接入点已配置/确认中 3：个人接入点已配置/已确认有效 4：个人接入点已配置/错误 5：个人接入点已配置/重试	否	配置状态
最终错误	ns	0：确认有效 1：不可达 2：协议不被支持 3：未授权的 4：错误信息	否	最后错误代码与错误报文 错误报文是来自以底层 WiFi 层的错误报文

3. 方法

下列这些函数都是由 BusObject 所暴露,用以实现 Onboarding 接口。

(1) ConfigWiFi：输入参数如表 3-3 所示,返回参数如表 3-4 所示。

表 3-3 ConfigWiFi 的输入

参数名称	标志	值 列 表	描 述
SSID	s		接入点 SSID
口令短语	s		接入点口令短语
authType	n	-3：WPA2_AUTO -2：WPA_AUTO -1：Any 0：Open 1：WEP 2：WPA_TKIP 3：WPA_CCMP 4：WPA2_TKIP 5：WPA2_CCMP 6：WPS	验证类型： 当验证类型值等于任意数值时,onboardee 设备一定会尝试所有可能的支持验证类型去连接到接入点 当验证类型的值等于－3 或－2 时(WPA2_AUTO or WPA_AUTO),onboardee 设备会尝试先用 TKIP 再用 AES-CCMP 密码去尝试连接到接入点 WPA_TKIP 指定使用 TKIP 密码的 WPA WPA2_CCMP 指定使用 AES-CCMP 密码的 WPA2 如果验证类型值是无效的,AllJoyn 错误代码：org. alljoyn. Error. OutOfRange 将会被返回

表 3-4 ConfigWiFi 的返回参数

返回标识	描 述
n	表示连接结果状态的可能的值是： 1——在接收到连接后设备不再处于 SoftAP 模式。在这种情况下,Onboarder 应用将会等到设备连接到个人接入点并请求当前状态与 LastError 的性质 2——使用并行的步骤去确认 Onboardee 设备连接到个人接入点。在这种情况下,Onboarder 应用必须等待 ConnectionResult 信号的到来。该信号是通过 SoftAP 链接建立的 AllJoyn 会话传送的

(2) Connect:

输入:无。

输出:这个函数不会有任何返回的信息。这是一个执行然后便忘记的函数调用。

描述:通知 Onboardee 设备去连接到个人接入点,如果可行的话,建议 Onboardee 设备使用并行的特性参数。

(3) Offboard:

输入:无。

输出:这个函数不会有任何返回的信息。这是一个执行然后便忘记的函数调用。

描述:通知 Onboardee 设备断开与个人接入点的连接,清除个人接入点的配置区域中的字段值并开始进入 SoftAP 模式。

(4) GetScanInfo:

输入:无。

输出:如表 3-5 所示。

表 3-5 GetScanInfo 的输出

标识	描 述
q	以分钟为单位记录扫描到的信息的存在时间。这反映了在多长时间以前设备执行过扫描
a(sn)	扫描列表。这是一个记录了 SSID 与 authType 的数组

描述:扫描所有在 Onboardee 设备附近的 WiFi 接入点,某些设备可能不支持这一特性,在这种情况下,AllJoyn 错误代码: org. alljoyn. Error. FeatureNotAvailable,将会在 AllJoyn 响应中被返回。

4. 信号

连接结果的信号不是无会话信号,返回结果参数如表 3-6 所示。

表 3-6 连接结果的参数

参数名称	值 列 表	描 述
结果代码	以下为可能的结果代值: 0——有效的 1——不可达 2——无协议支持 3——未授权 4——错误报文	连接的结果代码与报文

描述:这个信号会在连接到个人接入点的尝试结束后被发送,这个信号会被通过 SoftAP 链接建立起来的 AllJoyn 会话发送。只有 Onboardee 设备支持并行特性时,这个信号才能被收到。

3.1.4 默认 XML

下列 XML 代码定义了登录接口，如下所示：

```
<node
    xmlns:xsi = "http://www.w3.org/2001/XMLSchema - instance"
xsi:noNamespaceSchemaLocation = "http://www.allseenalliance.org/schemas/introspect.xsd">
<interface name = "org.alljoyn.Onboarding">
    <property name = "Version" type = "q" access = "read"/>
    <property name = "State" type = "n" access = "read"/>
    <property name = "LastError" type = "(ns)" access = "read"/>
    <method name = "ConfigureWifi">
        <arg name = "SSID" type = "s" direction = "in"/>
    <arg name = "passphrase" type = "s" direction = "in"/>
        <arg name = "authType" type = "n" direction = "in"/>
        <arg name = "status" type = "n" direction = "out"/>
    </method>
    <method name = "Connect">
<annotation name = "org.freedesktop.DBus.Method.NoReply" value = "true" />
    </method>
   <method name = "Offboard">
        <annotation name = "org.freedesktop.DBus.Method.NoReply" value = "true"/>
    </method>
    <method name = "GetScanInfo">
        <arg name = "age" type = "q" direction = "out"/>
        <arg name = "scanList" type = "a(sn)" direction = "out"/>
    </method>
    <signal name = "ConnectionResult">
        <arg type = "(ns)" />
    </signal>
</interface>
</node>
```

3.1.5 错误处理

在登录接口的调用方法中都使用 AllJoyn 错误信息的处理特征(ER_BUS_REPLY_IS_ERROR_MESSAGE)去设定相关错误的名称与错误信息内容。表 3-7 列出了在登录接口中可能出现的错误。

表 3-7 登录服务框架的接口错误

错误名称	错误信息
org.alljoyn.Error.OutOfRange	数值超出范围
org.alljoyn.Error.InvalidValue	无效的值
org.alljoyn.Error.FeatureNotAvailable	不可得的特性

3.1.6 最佳实践

本节详细介绍基于 Onboarding 服务架构功能的处理方案，即具体的实现流程。

1. Onboardee 应用

(1) 在进入 SoftAP 模式前进行 WiFi 扫描。在作为一个 SoftAP 启动前，该设备需要扫描并将附近的接入点存储在一个列表中，Onboarder 应用便可以使用 Onboarding 服务架构接口调用 GetScanInfo 函数。由于 Onboarding 服务架构的双方(Onboardee 与 Onboarder)都可以验证某个个人接入点是否能被设备探测到，这便能够帮助终端用户消除可能出现的错误。

(2) 给 SoftAP 的 SSID 加"AJ_"作为前缀。将设备转换为 SoftAP 模式时(之前未登录过)，该设备的 SSID 需有"AJ_"作为前缀，这些前缀能使得在 Onboarder 应用中显示一个只包含附近可登录的设备的较短的列表。

尽管这并不是一个硬性的要求，但是仍建议加上"AJ_"前缀使得 SoftAP 的 SSID 更加标准化，因为这种标准化能使开发者开发拥有更加清晰用户界面与更少选项的 Onboarder 的应用给用户。

(3) 利用 Configuration 服务框架。对于一个拥有多台同类型设备的终端用户(例如某用户拥有多台冰箱)，给每一台设备取不同通俗易懂的名字便显得很重要了(如"厨房冰箱"，"车库冰箱")。在给 Onboardee 应用添加 Configuration 服务框架后才能实现以下两点：

① 作为设备的创建者，它能显示该设备的一组自定义的初始值，第三方应用能根据这些初始值发现需要输入值的选项并在用户界面中显示给终端用户。

② 系统默认用户可以为设备设置一个能传播给第三方的应用的"友好名字"，所以，其他终端用户便可以根据设置的名称来识别该设备。

(4) 连接到个人 AP 后再通告一遍。当设备连接到终端用户提供的个人 AP 后，About 服务需要执行一个宣告的应用程序接口类函数，这能够保证在这个新网络中的应用能迅速地被告知存在这样一个已经加入网络的设备。如果宣告应用程序接口类函数没有被执行，那些 AboutData 最终仍将会被传送到在该网络中的其他应用中，调用宣告应用程序接口类函数就是为了保证 AboutData 能够迅速地到达目的地。

(5) 单一 Onboardee 应用。因为 Onboardee 应用会改变 Onboardee 设备的 WiFi 设置，所以在同一时间内不能有多个 Onboardee 应用同时运行，此时有多个应用试图改变该设备的 WiFi 设置，所以应用的同时运行会导致不确定性的行为。

2. Onboarder 应用

(1) 滤除不可登录的接入点。在开发 Android 的 Onboarder 应用时可以使用 Onboarding 管理应用程序接口进行 WiFi 扫描并自动过滤，只留下 Onboardee 有可能的接入点 AP。当用户在进行登录选择时，用户界面只需要展示出那些 Onboardee。

在其他平台中开发 Onboarder 应用时，建议使用本平台自带的一些 API 去列出附近的 WiFi 接入点。若是在一个拥塞的 WiFi 环境中，列出一张很长的 WiFi 接入点清单并识别出要登录哪个设备，会给用户带来困难。

建议在设备的 SSID 前加上前缀“AJ_”。这样一来，根据 SSID 的前缀，登录应用就可以分辨出哪些设备支持 Onboarding 服务架构，Onboarder 应用的用户界面中可以将把以“AJ_”开头的附近可配置设备的 SSID 放置在列表的最上方。

(2) 使用运行 Onboarder 应用的设备中的 WiFi 扫描列表。在开发 Android 的 Onboarder 应用时，可以使用一些登录管理应用程序接口进行 WiFi 扫描并自动过滤只留下 Onboardee 与一些可能的接入点 AP。当用户在进行登录选择时，用户界面只需要展示出要登录的 Onboardees。

在其他平台中开发 Onboarder 应用时，为了成功加入并验证一个支持登录服务架构的设备，需要向平台发出相应请求获取一个附近接入点 AP 的列表。由于 Onboardee 设备用户的个人接入点的 SSID 以“AJ_”为前缀，所以这个应用需要能够滤出任何以“AJ_”开头的 SSID 并在用户界面中显示剩下的选项供用户进行选择。选择好 AP 后需要对它的 SSID 进行预配置，如果连接到该 AP 后的安全性得到验证便输入相应的接入密码。

(3) 使用 Onboardee 设备的 WiFi 扫描列表。一旦通过使用运行 Onboarder 应用设备的 WiFi 扫描功能创建列表后，使用 Onboarding 服务架构应用程序接口去请求 Onboardee 设备能探测到的接入点的列表，这将会保证用户选择的或是加入的接入点，既能被 Onboardee 设备探测到又能被 Onboarder 设备探测到，这样做的好处就是能够使连接更有保障。

如果 Onboarder 应用所提供的接入点列表与 Onboardee 设备所探测到的完全不同，便建议向用户发出警告，告诉用户要登录的设备可能在选择要加入的 AP 的有效范围外。若 Onboardee 应用接收到了一条错误信息，它便会弹出移动 Onboardee 或 AP 位置使双方间距离更近以便接入的建议。Onboarder 应用将会继续发送认证信息给 Onboardee 设备并等待合适的响应或错误信息。

(4) 允许用隐藏的接入点的信息对 Onboardee 设备进行配置。因为平台的 WiFi 扫描不会列出被隐藏的 AP，Onboarder 应用需要允许终端用户手动输入 SSID 与安全认证信息。Onboardee 设备就可以尝试连接到该隐藏的网络，若连接失败 Onboardee 设备将退回 SoftAP 的模式并发送错误报告给 Onboarder 应用。

(5) 允许用户对 Onboardee 设备进行自定义。AllJoyn 服务框架旨在建立一系列能被组合使用的服务框架，例如许多设备在能够支持 Onboarding 服务架构的同时也能支持配置服务架构。

Onboarder 应用需要利用 About 服务(AboutData)中的信息去判断一个用户接口是否支持配置服务架构，在请求 About 服务通知发出后收到的回叫信号中，支持配置服务框架的接口会列出相应信息，如果回叫信号中包含了“org. alljoyn. Config”标志着配置服务框架是可以支持的。配置服务架构的应用程序接口会收到一个列表，包含所有需要填写的与设备相关字段，并动态地生成用户界面的输入组件让用户去输入这些值，至少会出现允许填写“友好名字”的文本框以便用户给将要登陆的设备进行命名。

（6）为 iOS 设备实现 WiFi 网络配置。在 Onboarding 的过程中，iOS 设备用户必须选择设置优先于 WiFi 列表的选项去手动地连接到已经被 Onboardee 设备广播了的 SoftAP。因为无法通过编程的手段去改变 iOS 设备所连接的 WiFi 网络，所以这个手动输入的步骤是有必要的。

另外，一旦 Onboardee 设备已经登录到一个网络中了，这个设备便不会再处于 SoftAP 模式中，但是，iOS 设备将会自动连接到另一个不是登录时已经接入的网络接入点。这种情况下，用户便需要第二次选择设置优先于 WiFi 列表的选项，并将这个 iOS 设备连接到该 Onoardee 设备登录到的网络中去。

这导致了在进行 iOS 设备的连接时，建议使用 Onboarding 服务架构的应用为用户提供提示或是参考，以便用户能正确地操作这些步骤，最终连接到目的 WiFi 网络中去。

3.2 Notification 服务框架

本节主要讨论 AllJoyn 通知服务框架，即通知接口的实现。AllJoyn 应用程序使用这种接口来发送事件或状态更新，通知给其他设备来连接到终端用户家庭网络，例如接入一个 WiFi 网络事件。

3.2.1 概况

本节讲述通知服务框架的设计，这种设计是一种软件层级，它可以使得 AllJoyn 设备发送通知给其他 AllJoyn 设备，这些设备分类为通知的产生者/Producers 和消费者/Consumers。Producers 产生和发送通知，而 Consumers 接收和显示这些通知。一个终端用户的家庭 WiFi 网络可以有多个连接的 Producers 和生成的通知消息，也可以有多个连接的 Consumers 并接收这些消息。

通知服务框架支持文本通知和丰富的媒体通知（图标和音频），对于媒体通知来说，通知消息有效负载包括 URL 链接或参考媒体通知的 AllJoyn 对象路径。接收通知消息的 Consumer 应用，将会从对象路径和 Producer 设备获得丰富的媒体通知消息。

通知服务框架使用了 AllJoyn 框架无会话信号来传递通知信息，通知服务框架告知应用开发者通知服务的 API 来传递和接收通知消息，设备 OEM 使用通知服务框架 Producer API 来发送通知消息，消息通知框架通过 AllJoyn 无会话信号传输机制来发送这些通知消息，并且使监听无会话信号的 Consumer 设备可获得通知消息。运行通知服务框架的 Consumer 注册 AllJoyn 框架来接收通知消息，Consumer 设备的应用程序使用通知服务框架 Consumer API 来注册并且接收来自任何通过 WiFi 网络发送 Producer 的通知。

通知服务框架实现了一种通知接口，这种通知接口是通过线上接口来传送从 Producer 到 Consumer 的消息。使用通知服务框架的应用程序开发者实现与通知服务框架 APIs（Producer 和 Consumer 方面）相反，它们没有实现通知接口。

图 3-4 说明了通知服务框架 API 以及在 Producers 和 Consumers 上的接口。

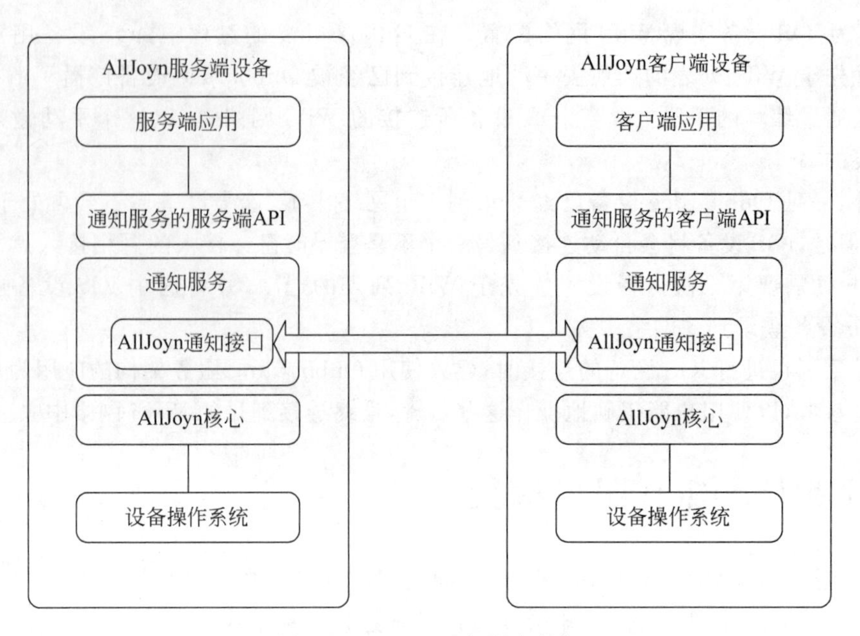

图 3-4 AllJoyn 通知服务框架

3.2.2 典型的调用流程

图 3-5 通过一个单一 Producer 应用产生通知消息来说明一种典型的通知服务框架调用流程，然后，在 AllJoyn 网络上的两个 Consumer 应用会获得消息。

Producer 设备上的 AllJoyn 框架发出一个无会话信号广播的通知消息，这会被 Consumer 设备上的 AllJoyn 框架所接收。然后，AllJoyn 框架通过单播会话从 Producer 的 AllJoyn 框架获得通知消息并将其传递给 Consumer 应用程序。

3.2.3 Notification 接口

1. 通知消息

通知消息由一组包含消息类型和消息 TTL 的域组成，当发送的通知消息作为通知服务框架 Producer API 的一部分时，这些通知域由 Producer 应用指定。

1) 消息类型和 TTL 域

消息类型定义了通知消息的类型(紧急，警告和信息)，多个类型的通知消息可以在同一时间由 Producer 发出。消息 TTL 即生存时间，定义了通知消息的有效周期。在定义的消息 TTL 值内时，Consumer 可以接收通知消息。

同一消息类型的消息将在 Producer 上覆盖另一个，因此，一个连接网络的 Consumer 在通知发送后只会接收每个消息类型的最新消息。

2) 通知消息行为

使用通知服务框架会支持以下行为：

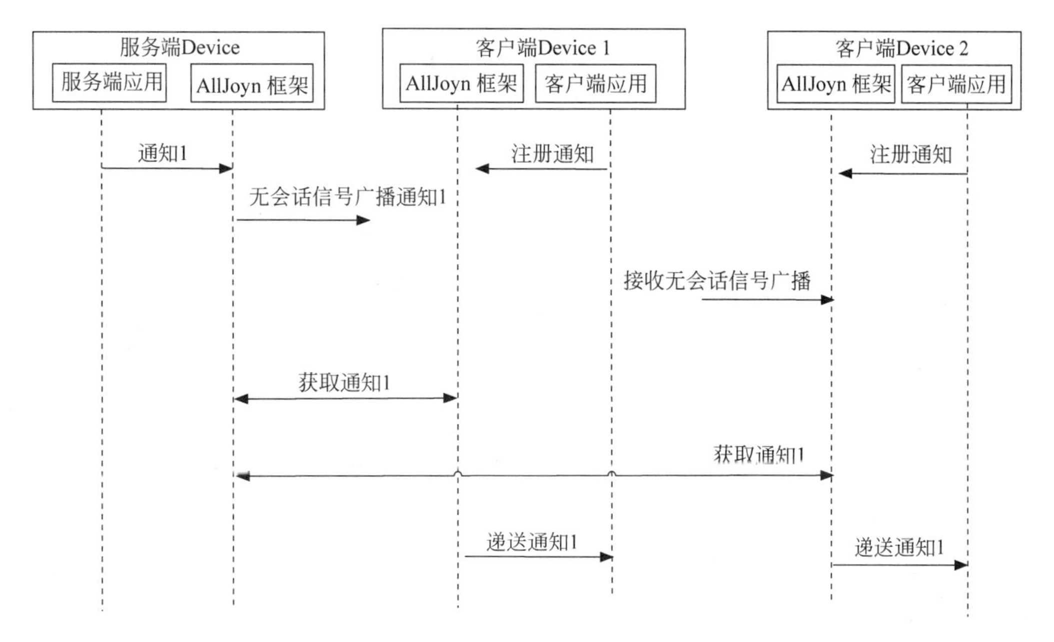

图 3-5 典型通知服务框架调用流程

(1) 如果在 TTL 周期内，一个 Producer 应用发送了同一消息类型的另一条通知消息，新的消息将会覆盖已存在的消息。

(2) 如果 Consumer 在 TTL 周期到期后连接网络，Consumer 将不会接收消息，比如移动电话，连接着家庭网络且终端用户离开家时，Consumer 不再连接家庭网络。当移动电话重新获取家庭网络，且消息的 TTL 已经过期时，移动电话将不会接收通知消息。

注意：这些值仅用于在 Producer 设备上的消息有效性，TTL 域不能通过终端用户的家庭网络来作为通知消息有效负载数据的一部分来传送。

3) 撤销通知

撤销通知是一个给接收到通知的 Consumer 的选项，以便 Producer 知道通知已经被看到且没有必要继续发送，它也可以使其他 Consumer 知道通知从用户显示上撤除。

当 Consumer 想要撤销一条通知，服务框架会与使用通知中的原始发送域的 Producer 创建会话。

使用原始发送域可确保实际的 Producer 接收到通知，而不是大的范围，来防止 Consumer 从大的范围中接收通知。

Producer 将会发送撤销无会话信号来通知网络中剩下的 Consumer 这条通知已经被撤销，如果 Producer 无法到达，Consumer 将会自己发送撤销的无会话信号。

2. 通知接口

通知接口被声明为当一个设备扫描网络时，它可以找到所有 Producer 设备。

（1）接口名称（表 3-8）：

表 3-8　通知接口名称

接　口　名	版本号	安　全　性
org. alljoyn. Notification	1	无

（2）通知特性（表 3-9）：

表 3-9　通知特性

性质名	签名	数据列表	可写性	描述
版本	q	正整数	不可写	接口的版本号

（3）通知信号（表 3-10）：

表 3-10　通知的信号

信号名称	变　　量		无会话	描　　述
通知	名称	签名	是	携带通知的 AllJoyn 信号
	notifMsg	参考“数据类型”		

（4）通知数据类型（表 3-11）：

表 3-11　通知的数据类型

类　　型	定　　义	签　　名	描　　述
NotificationMsg	Version	Short	通知协议的版本
	Msglb	Integer	通过通知服务框架分配给通知消息的唯一标识
	msgTybe	short	通知消息类型 0：紧急 1：警告 2：信息
	devicelID	string	对于给定的 AllJoyn 功能设备的全局唯一标识
	deceiveName	string	一个给定的 AllJoyn enabled 设备的名字
	AppID	Array of bytes	对于给定的 AllJoyn 功能设备的全局唯一标识(GUD)
	appName	string	一个给定的 AllJoyn enabled 设备的名字
	List<langText>	LangText	语言-特定通知文本
	List<atributes>	attributes	属性和值数对的集合。在通知消息负载中使用它来保持可选字段。参阅“属性”
	List<customAttributes>	customAttributes	属性和值数对的集合 OEM 使用它来把 OEM 指定字段添加到通知消息上

续表

类　型	定　义	签　名	描　述
langText	langTag	string	与通知文本相关的语言。这被设置为每个 RFC5646
	Text	String	以 UTF-8 特性编码的 notification 消息
Attributes	attrName	int	属性名称
	attrValue	variant	属性的值
customAttributes	attrName	string	属性名称
	attrValue	string	属性的值

(5) 通知属性(表 3-12)：

表 3-12　通知的属性

属　性	值
Rich Notification Icon Url	■ attrName=0 ■ attrValue= ❑ variant signature=s ❑ value=<Icon URL>
Rich Notification Audio Url	■ attrName=1 ■ attrValue= ❑ variant signature=a{ss} ❑ value=List<langTag, Audio URL>
Rich Notification Icon Object Path	■ attrName=2 ■ attrValue= ❑ variant signature=o ❑ value= <Rich notification icon object path>
Rich Notification Audio Object Path	■ attrName=3 ■ attrValue= ❑ variant signature=o ❑ value= <Rich notification audio object path>
Response Object Path	■ attrName=4 ■ attrValue= ❑ variant signature=o ❑ value= <Response object path>
Original Sender	■ attrName=5 ■ attrValue= ❑ variant signature=s ❑ value= <Producer bus name>

(6) 默认 XML 接口实现：

```
<?xml version="1.0" encoding="UTF-8" ?>
<node
xsi:noNamespaceSchemaLocation="https://www.allseenalliance.org/schemas/introspect.xsd"

xmlns:xsi="http://www.w3.org/2001/XMLSchema-instance">
 <interface name="org.alljoyn.Notification">
        <property name="Version" type="q" access="read"/>
      <signal name="Notify">
            <arg name="version" type="q"/>
            <arg name="msgId" type="i"/>
            <arg name="msgType" type="q"/>
            <arg name="deviceId" type="s"/>
            <arg name="deviceName" type="s"/>
            <arg name="appId" type="ay"/>
            <arg name="appName" type="s"/>
            <arg name="langText" type="a{ss}"/>
            <arg name="attributes" type="a{iv}"/>
            <arg name="customAttributes" type="a{ss}"/>
      </signal>
 </interface>
    </node>
```

3. 通知 Producer 接口

通知 Producer 接口被声明为当一个设备扫描网络时，它可以找到所有 Producer 设备。

(1) 通知接口名称(表 3-13)：

表 3-13 通知 Producer 接口名称

接口名称	版本	安全
org. alljoyn. Notification. Producer	1	没有

(2) 通知特性(表 3-14)：

表 3-14 通知 Producer 接口特性

性质名称	签名	价值列表	可写	描述
版本	q	正整数	不可写	接口版本名称

(3) 通知方法(表 3-15)：

表 3-15 通知 Producer 接口方法

方法名称	参　数		描　述
	名称	数据类型	
撤销	msglb	Integer	通告 Producer 通知取消的一种方式

(4) 默认 XML 实现：

```
<?xml version = "1.0" encoding = "UTF - 8" ?>
< node
xsi:noNamespaceSchemaLocation = "https://www.alljoyn.org/schemas/introspect.xsd"
  xmlns:xsi = "http://www.w3.org/2001/XMLSchema - instance">
< interface name = "org.alljoyn.Notification.Producer">
   < method name = "Dismiss">
       < arg name = "msgId" type = "i" direction = "in"/>
   </method >
   < property name = "Version" type = "q" access = "read"/>
</interface >
 </node >
```

4. 撤销接口

撤销无会话信号会被发送，来通知临近网络的其他 Consumer，告知它们通知已被撤销。

(1) 撤销接口名称(表 3-16)：

表 3-16 撤销接口名称

接 口 名	版本	安全
Org. alljoyn. Notification. Dismisser	1	没有

(2) 撤销特性(表 3-17)：

表 3-17 撤销接口特性

性质名称	签名	价值列表	可写	描述
版本	Q	正整数	没有	接口版本数

(3) 撤销信号(表 3-18)：

表 3-18 撤销接口信号

信号名	参 数		无会话	描 述
撤销	名称	签名	是	通知 Consumer 通知已经取消的一种方式
	Msglb	整数		
	Appld	字节的数组		

(4) 默认 XML 实现：

```
<?xml version = "1.0" encoding = "UTF - 8" ?>
< node
xsi:noNamespaceSchemaLocation = https://www.alljoyn.org/schemas/introspect.xsd
  xmlns:xsi = "http://www.w3.org/2001/XMLSchema - instance">
< interface name = "org.alljoyn.Notification.Dismisser">
  < signal name = "Dismiss">
```

```
      <arg name = "msgId" type = "i" direction = "in"/>
      <arg name = "appId" type = "ay" direction = "in"/>
    </signal>
    <property name = "Version" type = "q" access = "read"/>
  </interface>
  </node>
```

3.2.4 Notification 服务框架使用实例

本节为如何处理通知消息提供了使用实例场景的时序流程。

1. 是否在 TTL 周期内连接设备

图 3-6 表示两个在通知消息 TTL 周期内连接的 Consumer(电视和写字板)及第三个在 TTL 周期之后连接的 Consumer(智能电话)。前两个 Consumer 接收到通知消息,而第三个没有收到。注意:AllJoyn 核心代表各种 Producer 和 Consumer 上共同的 AllJoyn 功能。

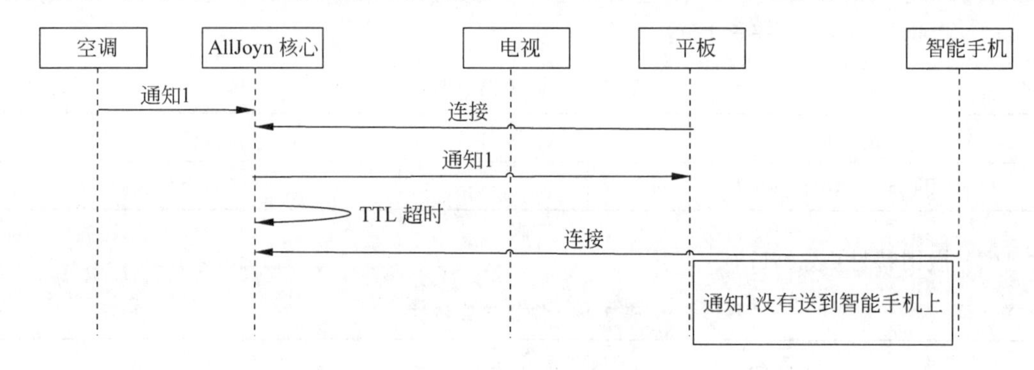

图 3-6 是否在 TTL 时间内通知消息的行为

2. 基于消息类型的通知处理

图 3-7 说明了一条通知消息如何覆盖相同类型的通知消息以及不同类型的通知消息如何使用 AllJoyn 框架共同存在。注意:AllJoyn 核心区代表各种 Producer 和 Consumer 上共同的 AllJoyn 功能。

3. 当 Producer 连接网络时的通知撤销

图 3-8 说明了网络上的其他 Consumer 接收到通知,该 Consumer 撤销通知的流程。

3.2.5 UI 注意事项

1. 通知显示时间

显示通知的时间长度应与以下标准一致:消息平台(应用程序)的行为正在被显示;消息类型(信息,警告,紧急事件);用户已经设置的任何喜好来查看通知。

例如,在一个安卓平台应用程序上,一个信息通知以临时显示画面消息,然而,一个警告通知以一个长时间显示。此外,通知的显示能被集成到现有的 Android 通知系统,来提供一致的用户体验。

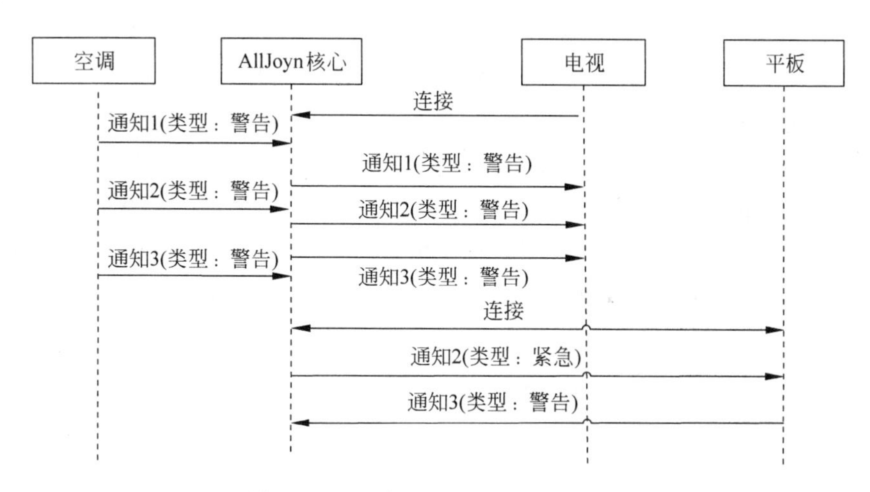

图 3-7　基于消息类型处理的通知消息

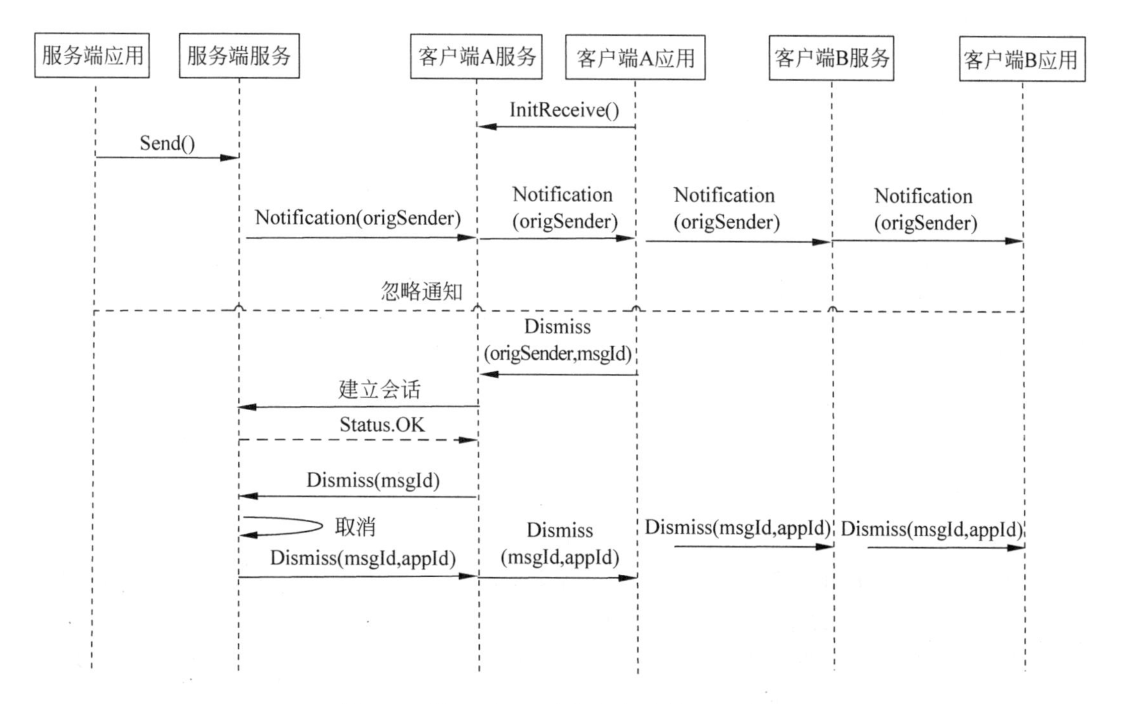

图 3-8　当 Producer 连接网络时的通知撤销

2. 如何处理响应的通知

通知包含了指定 AllJoyn 总线对象路径的可选字段。这个特征用于一个响应(如是或否的确认)与通知相关联并且用于与发送通知的 Producer 进行交互。从 UI 的角度来看,该通知应该包括一个按钮,这个按钮动作将调用提供的总线对象路径上的方法。

例如,用户可以接收来自一个已经开了一个小时且没被使用的智能咖啡机的通知。通知可以包含让用户选择关闭咖啡机的文本，同时是或否的选项将随通知文本呈现给用户。选择“是”将调用 AllJoyn 总线方法来关闭咖啡机；选择“否”则撤销通知。

3. 第一时间处理来自新家电的通知

根据定义，一个通知会被发送给所有连接网络的 Consumer 应用程序，因为 Consumer 应用程序可以在电视或其他用户经常观看的设备上运行。家电或设备（Consumer）过滤通知是十分重要的，当 Consumer 接收到来自家电或其他设备的第一条通知时，建议把一个 UI 界面呈现给用户，提示用户配置 Consumer 应用：比如，如何接收通知，应该显示哪些优先的通知。

3.2.6 Notification 最佳实践

1. 通知的值

使用通知服务架构发送的通知对象允许输入多个值，尤其是通知文本能以多种语言和字符串长度的方式提供。

1）良好的文本字符串

将要显示在任何 Consumer 应用程序上的字符串应该是完整且正确的信息，这是非常重要的。该通知将支持多种语言，使得可以使用该平台的正确的语言；这避免了翻译将要显示的字符串。因此，对于运行 Producer 端的软件制造商来说，发送所支持语言的正确翻译是非常重要的。

2）机器对机器的使用案例

通知文本项不可用于除提供人类可读信息以外的其他任何目的，通过设计，通知消息将会被接收并且显示在任何应用程序上。

使用通知服务架构的应用程序不能被设计成通知 Producer 的特定程序是近端网络的唯一实例，而且，每条消息将会传输到 Consumer 应用程序来显示。

2. 紧急通知

通知支持以下的消息类型，包括信息、警告和紧急事件。仅当一些重要信息必须传达给 Consumer 时，才会使用紧急通知。例如，一个关于社交媒体相关更新通知应具有信息的消息类型，而有关的设备故障或安全系统被触发的通知应使用紧急类型。

因为一个通知触发器使用 UDP 组播而造成的不可靠传送，一个紧急通知应发送多次，直到验证到用户已接收通知并采取行动。

注意：在设置消息类型的时候使用常识，Consumer 不应当收到许多杂乱的被定义为紧急性通知的消息。

3. 多媒体通知

除了文本上的消息，通知还能包含图标和音频数据。一台电视或是有产出音频功能的设备可以利用通知服务框架作为一个 Consumer。音频内容可以包含文本的通知消息的语言版本，从而让终端用户能够看到并听到通知内容。另一个使用案例涉及 Consumer 没有显示功能,例如无线扬声器。在这种情况下,一个通知可以语音通知用户。一个图标可以用来展示通知的某些方面,例如,它发送自哪个 Producer,或者它包含的内容。例如,一台咖啡机,发送一个通知何时酿造。一个图标可以用来表示咖啡被选定的类型,如定期的、强大的或无咖啡因咖啡等。

注意:实际的通知不包含图标和音频数据,相反,一个 AllJoyn 对象路径是用于获取要发送的图标和音频内容,这些图标或音频内容是通知的一部分。请参阅 AllJoyn 通知服务架构为您的目标平台获取详细信息。

4. 多动作支持

当前通知服务框架版本只支持一个响应行动;然而,在未来的更新中可能会有所改变。对用户来说,通知应是内容丰富且非侵入的。如果需要更多的行动,响应动作要推出一个单独的应用程序,为用户提供更多的选择和更大的能力来与 Producer 程序(设备)互动。

5. TTL 的使用

通知消息的生存时间(TTL)定义消息的有效期,Producer 在定义的 TTL 周期内发送消息,与其连接到同一网络的 Consumer 可以接收通知消息。

通常情况下,用于通知的 TTL 应被设置成与通知中的信息类型相对应的,例如,如果通知包含的信息在五分钟之后不再有效,那么 TTL 应设置成五分钟。

注意:TTL 将不会作为实际通知的有效负载的一部分被发送,而是被用作内部通知服务。

3.3 Configuration 服务框架

本节内容主要是讲述 AllJoyn 配置接口规范,配置接口是提供执行特定设备的配置和操作功能的一个安全接口,主要包括规范的概述、典型的调用流程、XML 的实现以及配置服务的最佳实践方法。

3.3.1 规范概述

配置服务框架的功能,比如,重启和恢复出厂设置等具体设备方法、设备密码、友好名称和默认语言等特定设备可设置的属性。设备的 OEM 会采用配置服务框架,并把它与单一的应用程序(系统软件)捆绑。执行配置服务框架实例,必须为设备商和应用开发人员提供关于配置服务框架使用的明确指导方法。

图 3-9 说明了设备上 AllJoyn 配置服务框架与 AllJoyn 客户端应用程序的软件模块之间的关系。

图 3-9 描述了设备上有多个应用的情况下配置服务框架和 About 特性的范围,Config Server 是被配置端,Config Client 是配置端,运行应用配置远端设备,开发者应注意下列的

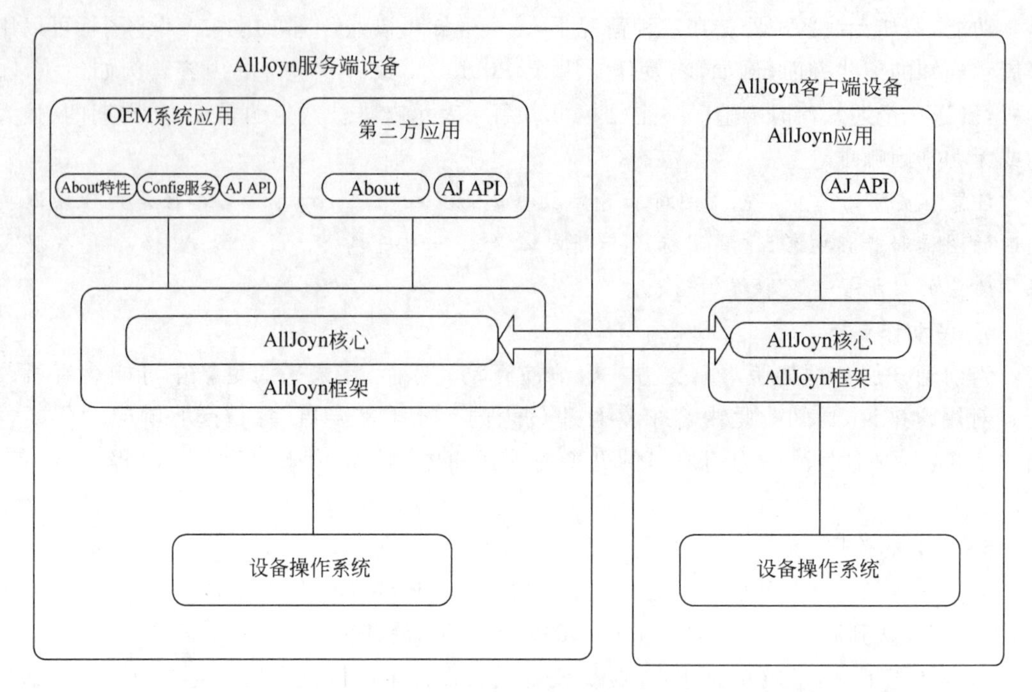

图 3-9 AllJoyn 框架内的配置服务框架

系统行为：

(1) 系统应用捆绑了配置服务框架，并提供了一个远程呼叫特定设备配置的机制。

(2) 它可能是设备商通过本地用户界面提供的等效功能。

3.3.2 典型调用流程

本部分介绍配置服务框架的调用流程，基于 AllJoyn 服务框架设备的系统应用程序会参与这些调用流程。

1. 改变设备配置

图 3-10 显示了一个呼叫流程的示例，AllJoyn 客户端设备执行的 AllJoyn 应用程序通过声明发现配置服务框架，随后按照配置接口说明的方法检索和更新配置数据。

2. 恢复设备出厂配置

图 3-11 显示了一个调用流程的示例，AllJoyn 客户端设备执行的 AllJoyn 应用程序通过声明发现配置服务框架，随后按照配置接口说明的方法检索配置数据，如果需要的话执行恢复出厂设置。

3. 错误处理

配置接口的方法调用使用 AllJoyn 错误信息处理功能(ER_BUS_REPLY_IS_ERROR_MESSAGE)来设置错误名称和错误消息，表 3-19 列出了配置接口可能产生的错误。

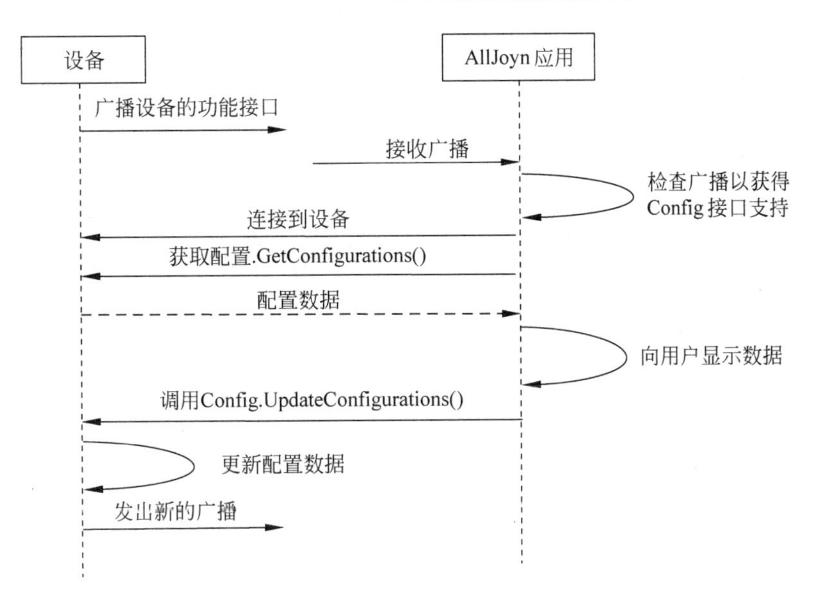

图 3-10 改变设备配置的调用流程

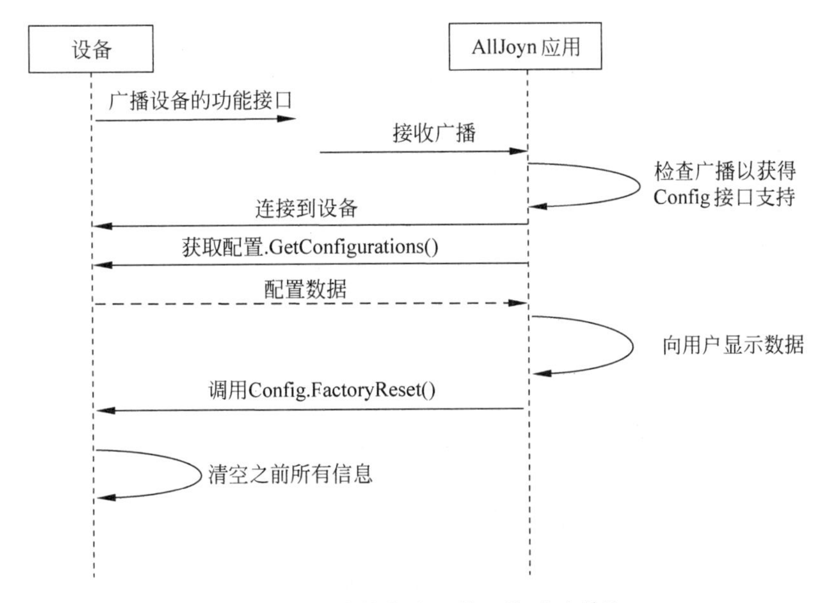

图 3-11 设备恢复出厂设置的呼叫流程

表 3-19 配置服务框架接口错误

错误名称	错误信息
org. alljoyn. Error. InvalidValue	无效值
org. alljoyn. Error. FeatureNotAvailable	功能不可用
org. alljoyn. Error. LanguageNotSupported	语言不支持

3.3.3 Config 接口

1. 接口名称(表 3-20)

表 3-20 Config 接口名称

接口名称	版本	是否保护	对象路径
org. alljoyn. Config	1	是	/Config

2. 属性(表 3-21)

表 3-21 Config 接口属性

属性名称	标识	数值列表	是否可写	描述
版本	q	正整数	否	接口版本号

3. 方法

下面的方法通过 org. alljoyn. Config 接口对象实现的。

(1) FactoryReset:

输入:无。

输出:无。

描述:引导设备断开个人 AP,清除所有之前配置的数据,并启动软 AP 模式。某些设备可能不支持此功能。在这种情况下,AllJoyn 响应将返回错误信息。

```
org.alljoyn.Error.FeatureNotAvailable。
```

(2) Restart:

输入:无。

输出:无。

描述:重启设备。

(3) SetPasscode

输入:如表 3-22 所示。

表 3-22 SetPasscode 输入

参数名称	标识	数值列表	描　述
daemonRealm	S		安全访问时 daemon 的身份识别。配置服务框架目前忽略此参数
newPasscode	S		用于安全 Config 接口的密码

输出:无。

描述:为 org. alljoyn. 配置接口更新安全的密码。默认密码是 000000,直到它被用 SetPasscode 方法重写。

(4) GetConfigurations

输入：如表 3-23 所示。

表 3-23 GetConfigurations 输入

属性名称	标识	数值列表	描述
语言标签	s	RFC 5646 规定的 IETF 标记语言	语言标签，用于检索 Config 域

输出：以词典形式返回 Configuration 域，即数据类型是{sv}。

描述：返回所有配置接口范围内指定的配置域。输入参数的错误处理：如果没有指定语言标签(即，“ ”)，根据设备的默认语言返回配置域；如果系统不支持此语言标签，将返回 AllJoyn 错误 org. alljoyn. Error. LanguageNot-Supported。

(5) UpdateConfigurations：

输入：如表 3-24 所示。

表 3-24 UpdateConfigurations 输入

属性名称	标识	数值列表	描述
languageTag	s	RFC 5646 规定的 IETF 标记语言	识别语言标签
configMap	a{sv}	见 Configuration map fields	设置被更新的配置域

输出：无。

描述：提供一种更新配置域的机制。当在 configMap 的指定字段更新值出现错误的时候，将返回错误信息 org. alljoyn. -Error. InvalidValue，错误信息将包含无效字段的字段名称；如果系统不支持此语言标签，将返回 Alljoyn 错误 org. alljoyn. Error. LanguageNot-Sup-ported。

(6) ResetConfigurations：

输入：如表 3-25 所示。

表 3-25 ResetConfigurations 输入

属性名称	标识	数值列表	描述
languageTag	s	RFC 5646 规定的 IETF 标记语言	识别语言标签
fieldList	as		被重置的域或配置项的列表

输出：无。

描述：提供一种重置配置域值的机制(即恢复到出厂默认值但保留域)。当 FieldList 有错误，将返回错误信息 org. alljoyn. Error. InvalidValue，错误信息将包含无效字段的字段名称；如果系统不支持此语言标签，将返回错误信息 org. alljoyn. Error. LanguageNotSupported。

(7) Configuration map fields：

表 3-26 列出了已知的 Configuration 域，它是 configMap 参数域的一部分，设备商或应用程序开发人员可以添加额外的域。

表 3-26 configMap 参数域

域　名	是否必须	是否局部	标识	描　述
DefaultLanguage	是	否	s	设备支持默认语言。RFC 5646 规定的 IETF 标记语言 ■ 如果任何参数没有设置为 RFC,返回错误信息 org. alljoyn. Error. InvalidValue ■ 如果设备不支持此语言标签,将返回错误信息 org. alljoyn. Error. LanguageNotSupported 在这种情况下设备的默认语言是不变的
DeviceName	是	是	s	设备名称由用户指定。显示在用户界面的设备名称是设备的友好名称

3.3.4 默认 XML

下面的 XML 可定义 org. alljoyn. Config 接口。

```
<node name = "/Config"
    xmlns:xsi = "http://www.w3.org/2001/XMLSchema - instance"
xsi:noNamespaceSchemaLocation = "http://www.allseenalliance.org/schemas/introspect.xsd">
   <interface name = "org.alljoyn.Config">
  <property name = "Version" type = "q" access = "read"/>
  <method name = "FactoryReset">
    <annotation name = "org.freedesktop.DBus.Method.NoReply" value = "true"/>
  </method>
  <method name = "Restart">
    <annotation name = "org.freedesktop.DBus.Method.NoReply" value = "true"/>
   </method>
  <method name = "SetPasscode">
  <arg name = "daemonRealm" type = "s" direction = "in"/>
  <arg name = "newPasscode" type = "ay" direction = "in"/>
   </method>
    <method name = "GetConfigurations">
    <arg name = "languageTag" type = "s" direction = "in"/>
    <arg name = "configData" type = "a{sv}" direction = "out"/>
   </method>
  <method name = "UpdateConfigurations">
  <arg name = "languageTag" type = "s" direction = "in"/>
  <arg name = "configMap" type = "a{sv}" direction = "in"/>
  </method>
  <method name = "ResetConfigurations">
  <arg name = "languageTag" type = "s" direction = "in"/>
  <arg name = "fieldList" type = "as" direction = "in"/>
    </method>
  </interface>
  </node>
```

3.3.5 Configuration 最佳实践

AllJoyn 配置服务框架提供了一种暴露和配置设备特定值的手段，比如设备密码和设备名称、设备重启或恢复出厂设置等特定设备方法。本节内容提供了关于实现 AllJoyn Configuration 服务框架的最佳解决方案。

1. 更新个人配置域

开发人员试图使用 Config Client 更新具体配置域时建议执行以下步骤：

(1) 使用 GetConfigurations API 调用以获取给定语言的当前配置值。

(2) 在检索对象中更新所需的值。

(3) 使用 Update Configurations API 调用将更新的对象和给定的语言返回给配置服务框架。

这种方法可以保证 Config Client 接收到确定语言设置域的当前值是可更新的。

2. 配置域的最大尺寸

根据不同的设备和实施方案，嵌入式设备应用上的字符串/字符有可能受限于配置域的最大长度，比如设备名称。这个最大长度是由设备商选择提供的，有可能不存在。开发人员可以通过以下方法检查此约束是否存在：

(1) 使用 getAbout API 调用以获取对象包含的 About 值。

(2) 检查 About 数据对象的"MaxLength"字段，如果该字段存在，最大长度是以字节而不是字符为单位指定。因此，当通过一个界面提供用户修改 Config 字段的选项时，输入的值必须被编码为字符串，然后核对最大字节长度的要求。

3. 如何远程调用 Restart API

远程 Restart 调用通过回调传播到应用程序，由应用程序开发者添加适当的逻辑来执行重启。

4. 如何远程调用 FactoryReset API

远程 FactoryReset 调用通过一个回调传播到应用程序，ConfigService 通过调用 API 功能 reset All()完成 PropertyStore 的复位。应用程序开发人员执行其他的恢复出厂设置的任务，比如清除设备密码和网络配置(如果有的话)，而这不是配置服务框架的范围。

5. 扩展 PropertyStore 的实现

应用的作者可能选择扩展 PropertyStore 实现管理设备密码和网络配置。通过添加适当的 getters 和 setters，并标识每个属性，可以使 PropertyStore 接口调用 readAll()时，只返回 interface/public 域。

3.4 Control Panel 服务框架

本节内容描述了控制面板服务框架的接口集合的使用说明，这些接口的实现提供了控制面板服务架构的一种机制，允许控制端/Controller 应用程序，如 AllJoyn On application，呈现基于受控端/Controllee应用程序的窗口小部件元数据的界面。控制端应用程序不知道远程小窗口界面的语义，它依赖于终端用户来理解和执行所呈现的用户界面上的动作，比如选择字段或按一个按钮。

3.4.1 规范概述

控制面板是一些小控件的集合，其接口必须通过Controllee的应用程序来实现。图3-12展示了Controllee应用程序和Controller应用程序之间的关系，Controllee是定义控制面板并向外广播，Controller是发现服务并展示控制面板。

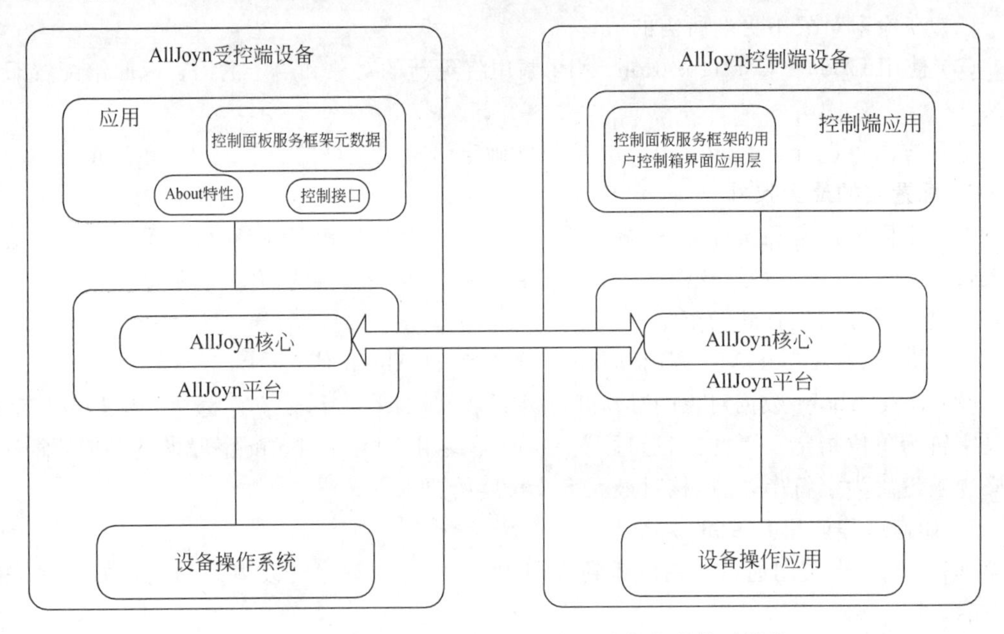

图3-12 AllJoyn框架下的控制面板服务框架的体系结构

OEM负责编写控制界面和控制面板服务框架的元数据；UI Toolkit适配层，是将元数据映射到特定平台UI元素的库，作为控制面板服务框架释放的一部分。

3.4.2 调用流程

1. 静态控制面板流程

图3-13表示一旦建立就不再改变的控制面板的典型静态呼叫流程。

2. 动态控制面板流程

图3-14表示随着终端用户与小部件交互而变化的控制面板的动态呼叫流程。

3.4.3 接口

1. 控制面板接口

此接口表明某对象是否是一个控制面板，这个对象至少支持一种语言。该服务只需要

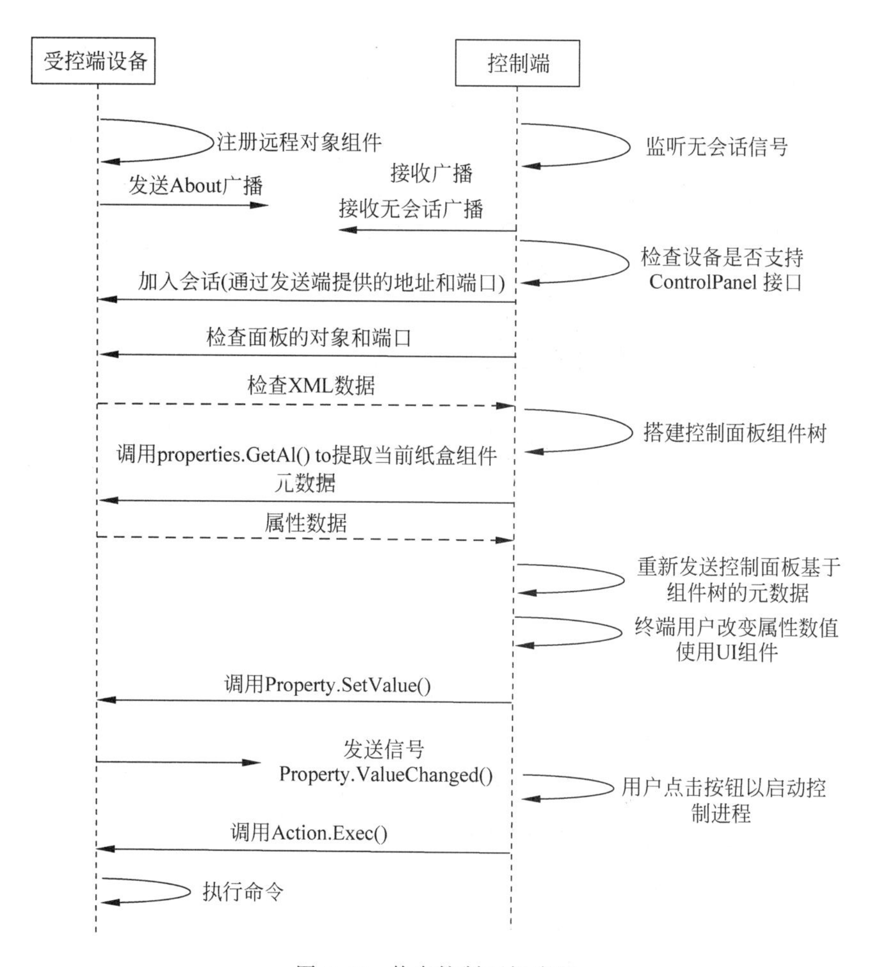

图 3-13　静态控制面板流程

在 About 宣告中广播这种类型的对象，在控制面板服务框架树中没有其他需要公布的对象。注意：Controller 有责任去自查子对象以定位特定语言代码的已发给面板的相应根容器。

(1) 接口名称(表 3-27)：

表 3-27　控制面板接口的名称

接口名称	版本	安全	对象路径
org. alljoyn. ControlPanel. ControlPanel	1	否	/ControlPanel/{unit}/{panelName} 例如： /ControlPanel/washing/consolePanel

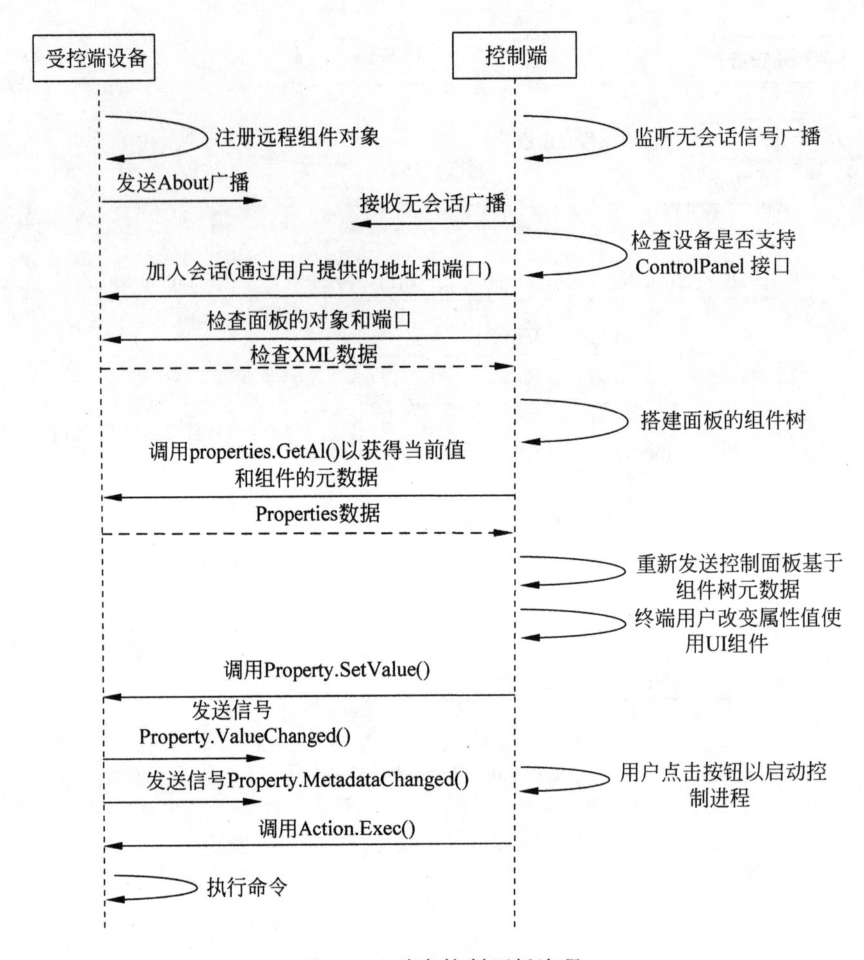

图 3-14　动态控制面板流程

(2) 属性(表 3-28)：

表 3-28　控制面板接口的属性

属性名称	签名	列表值	可写入	描述
版本	Q	正数	不能	接口版本数值

(3) 默认 XML：

下列 XML 代码定义了控制面板接口：

```
< node
xmlns:xsi = "http://www.w3.org/2001/XMLSchema - instance"
xsi:noNamespaceSchemaLocation = "https://www.alljoyn.org/schemas/introspect.xsd">
< interface name = "org.alljoyn.ControlPanel.ControlPanel">
< property name = "Version" type = "q" access = "read"/>
```

```
</interface>
</node>
```

2. 容器接口

这个接口提供指导 Controller 呈现容器控件的 UI 的所有的元数据。

(1) 接口名称(表 3-29):

表 3-29 容器接口的名称

接　口　名	版本	安全	对 象 路 径
org. alljoyn. ControlPanel. Container	1	否	/ControlPanel/{unit}/{panelName}/{language}/ …/{containerName} 例如: /ControlPanel/washing/consolePanel/en /ControlPanel/sprinkler/mainPanel/en/ Schedules/InputForm/RunOnDays
org. alljoyn. ControlPanel. SecuredContainer	1	是	/ControlPanel/{unit}/{panelName}/{language}/ …/{containerName}

(2) 属性(表 3-30):

表 3-30 容器接口的属性

<table>
<tr><th>属性</th><th>签名</th><th>值列表</th><th>可写入</th><th colspan="3">描　　述</th></tr>
<tr><td>版本</td><td>q</td><td>正数</td><td>不可</td><td colspan="3">接口版本数</td></tr>
<tr><td rowspan="3">状态</td><td rowspan="3">u</td><td rowspan="3">位掩码</td><td rowspan="3">不可</td><td colspan="3">各种控件状态的位掩码</td></tr>
<tr><td>掩码</td><td>名称</td><td>描述</td></tr>
<tr><td>0x01</td><td>Enabled</td><td>表示控件是否已启用。禁用的控件是灰色的或不可见。</td></tr>
<tr><td>选择参数</td><td>a{qv}</td><td></td><td>不可</td><td colspan="3">元数据库,具体见表 3-32</td></tr>
</table>

① 容器控件元数据:表 3-31 定义了一个容器控件的元数据。

表 3-31 容器控件元数据

库关键字	字段名	值类型	描　　述
0	Label	s	标签
1	bgColor	u	背景颜色表示为 RGB 值。如果没有指定,那么使用封闭容器的背景颜色
2	layoutHints	aq	布局提示。具体见表 3-33

② 容器控件布局提示：表 3-32 列出了一个容器控件的布局提示。

表 3-32　容器控件的布局提示

提示 ID	提　示　名	描　　述
1	Vertical Linear	在垂直方向对齐所有组件的布局
2	Horizontal Linear	在水平方向对齐所有组件的布局

(3) 方法：这个接口没有展示方法。

(4) 信号(见表 3-33)：

表 3-33　容器接口的信号

信号名	参数	描　　述
MetadataChange	无	元数据已改变。任何性质对象的改变都导致该信号产生

(5) 默认 XML：

下列 XML 代码定义了容器接口。

```
<node
xmlns:xsi = http://www.w3.org/2001/XMLSchema - instance

xsi:noNamespaceSchemaLocation = "https://www.alljoyn.org/schemas/introspect.xsd">
< interface name = "org.alljoyn.ControlPanel.Container">
< property name = "Version" type = "q" access = "read"/>
< property name = "States" type = "u" access = "read"/>
< property name = "OptParams" type = "a{qv}" access = "read"/>
< signal name = "MetadataChanged" />
</interface >
</node >
```

3. 属性接口

这个接口提供了属性控件的控制机制，每个控件都由一个 AllJoyn 对象表示并实现这个接口。

(1) 接口名称(见表 3-34)：

表 3-34　属性接口的名称

接　口　名	版本	安全	对 象 路 径
org. alljoyn. ControlPanel. Property	1	否	/ControlPanel/{ unit }/{ panel }/{ language }　/…/{object name} 例如： /ControlPanel/washing/consolePanel/en/Mode /ControlPanel/sprinkler/mainPanel/en/Schedules/InputForm/ScheduleName
org. alljoyn. ControlPanel. SecuredProperty	1	是	/ControlPanel/{unit}/{panel}/…/{object name}

（2）属性（见表 3-35）：

表 3-35　属性接口的属性

<table>
<tr><th>属性名</th><th>签名</th><th>值列表</th><th>可写入</th><th colspan="3">描　　述</th></tr>
<tr><td>版本</td><td>q</td><td>正数</td><td>不可</td><td colspan="3">接口版本数</td></tr>
<tr><td>状态</td><td>u</td><td>位掩码</td><td>不可</td><td colspan="3">各种控件状态的位掩码</td></tr>
<tr><td rowspan="4">选择参数</td><td rowspan="4">a{qv}</td><td rowspan="4"></td><td rowspan="4">不可</td><td colspan="3">元数据库，具体看表 3-37 属性控件元数据</td></tr>
<tr><td>掩码</td><td>名称</td><td>描述</td></tr>
<tr><td>0x01</td><td>Enabled</td><td>表示控件是否已启用，禁用的控件是灰色的或不可见</td></tr>
<tr><td>0x02</td><td>Writable</td><td>该性质是否可写入</td></tr>
<tr><td>值</td><td>v</td><td></td><td>可以</td><td colspan="3">属性的真实值。在修改性质时，如果该性质为只读，设备可能给出 AllJoyn 错误 org.alljoyn.Error.MethodNotAllowed</td></tr>
<tr><td></td><td></td><td></td><td></td><td colspan="3">支持的数据类型具体参见表 3-39</td></tr>
</table>

① 属性控件元数据：表 3-36 列出了属性控件的元数据。

表 3-36　属性控件的元数据

库关键词	字　段　名	值类型	描　　述
0	Label	s	标签
1	bgColor	u	背景颜色表示为 RGB 值。如果没有指定，那么使用封闭容器的背景颜色
2	hints	aq	布局提示。具体见表 3-38
3	UnitOfMeasure	s	测量单位
4	constrainToValue	a(vs)	值的约束是一个值列表。任何属性的值必须匹配这个列表中的值之一。具体见表 3-40
5	range	vvv	限制在一个范围的值，这个属性的值必须保持在范围内。具体见表 3-41

② 属性控件提示（见表 3-37）：

表 3-37　属性控件的布局提示

ID	提 示 名 称	描　　述
1	Switch	双状态按钮，允许用户切换状态的一个设置选项
2	CheckBox	多选项控件，允许用户从列表里选择多个选项
3	Spinner	单选项控件，允许用户从列表里选择一个选项
4	RadioButton	单选项控件，允许用户从列表里选择一个选项
5	Slider	允许最终用户从一个连续或离散区间选择一个值。外观是水平或垂直的直线
6	TimePicker	允许最终用户指定一个时间值
7	DatePicker	允许最终用户指定一个日期值
8	NumberPicker	允许最终用户指定一个数值

续表

ID	提示名称	描述
9	NumberKeypad	为最终用户提供了一个数值为0～9数字输入区和按钮来输入一个数值。开发人员必须知道输入字段允许的最小/最大位数
10	RotaryKnob	Slider的另一种实现方法
11	TextLabel	只读的文本标签
12	NumericView	用可选的标签和数字提供了一个只读的数字区。例如，一台洗衣机显示洗衣的剩余时间为35:00分钟
13	EditText	为最终用户提供了一个文本输入区和键盘。开发人员必须知道允许输入字段的字母的最小/最大数量

③ 支持的数据类型：表3-38列出了控制面板服务框架支持的数据类型。

表3-38 控制面板服务框架支持的数据类型

<table>
<tr><th>类别</th><th colspan="4">支持的数据类型</th></tr>
<tr><td>标量类型</td><td colspan="4">BOOLEAN-b
BYTE-y
BYTE ARRAY-ay
Numeric types:
INT16-n
UINT16-q
INT32-i
UINT32-u
INT64-x
UINT64-t
DOUBLE-d
STRING-s</td></tr>
<tr><td rowspan="4">复合类型</td><td colspan="4">所有复合数据类型必须有以下签名—q(类型)—第一个值是一个表明复合类型的枚举值。</td></tr>
<tr><td>复合类型枚举</td><td>复合类型名称</td><td>签名</td><td>描述</td></tr>
<tr><td>0</td><td>Date</td><td>q(qqq)</td><td>RFC3339数据类型。三种字段：
■ date-mday (1-31)
■ date-month (1-12)
■ date-fullyear (4-digityear)</td></tr>
<tr><td>1</td><td>Time</td><td>q(qqq)</td><td>RFC3339时间类型。三种字段：
■ time-hour (0-23)
■ time-minute (0-59)
■ time-second (0-59)</td></tr>
<tr><td>记录集</td><td colspan="4">一个只记录数量的数组并支持复合类型。数组中的所有记录必须是相同的记录类型</td></tr>
</table>

④ 值列表：值列表是结构体的数组(见表 3-39)。

表 3-39　值列表

字段名	数据类型	描　　述
Value	V	具有相同数据类型属性的值
Label	S	显示标签

⑤ 属性控件范围：表 3-40 列出了属性控件范围。

表 3-40　属性控件范围

字段名	数据类型	描　　述
Min	V	具有相同数据类型属性的最小值
Max	V	具有相同数据类型属性的最大值
increment	v	值递增/递减。它具有与属性数据类型相同的数据类型

(3) 方法：该接口没有展示方法。

(4) 信号：属性接口的信号如表 3-41 所示。

表 3-41　属性接口的信号

信　号　名	参　　数		描　　述
ValueChanged	名称	数据类型	属性的值发生改变
	newValue	V	
metadataChanged	无		元数据改变。任何属性对象变化都导致它改变

(5) 默认 XML：下列 XML 代码定义了属性界面。

```
<node
xmlns:xsi=http://www.w3.org/2001/XMLSchema-instance

xsi:noNamespaceSchemaLocation="https://www.alljoyn.org/schemas/introspect.xsd">
<interface name="org.alljoyn.ControlPanel.Property">
<property name="Version" type="q" access="read"/>
<property name="States" type="u" access="read"/>
<property name="OptParams" type="a{qv}" access="read"/>
<property name="Value" type="v" access="readwrite"/>
<signal name="MetadataChanged" />
<signal name="ValueChanged">
<arg type="v"/>
</signal>
</interface>
</node>
```

4. LabelProperty 接口

这个接口为标签属性控件(文本标签)提供控制机制，每个控件都由一个 AllJoyn 对象表示并实现这个接口。

(1) 接口名称(见表 3-42):

表 3-42 LabelProperty 接口的名称

接 口 名 称	版本	安全	对 象 路 径
org. alljoyn. ControlPanel. LabelProperty	1	否	/ControlPanel/{ unit }/{ panel }/{ language }/…/{object name} 例如： /ControlPanel/airconditioner/console/Warning

(2) 属性(见表 3-43):

表 3-43 LabelProperty 接口的属性

<table>
<tr><th>属性名称</th><th>签名</th><th>值列表</th><th>可写入</th><th colspan="3">描 述</th></tr>
<tr><td>版本</td><td>Q</td><td>正整数</td><td>不可</td><td colspan="3">接口版本号</td></tr>
<tr><td rowspan="3">状态</td><td rowspan="3">U</td><td rowspan="3">位掩码</td><td rowspan="3">不可</td><td colspan="3">各种控件状态的位掩码</td></tr>
<tr><td>掩码</td><td>名称</td><td>描述</td></tr>
<tr><td>0x01</td><td>enabled</td><td>表示控件是否已启用。禁用的控件是灰色的或不可见</td></tr>
<tr><td>标签</td><td>S</td><td></td><td>不可</td><td colspan="3">文本标签</td></tr>
<tr><td>选择参数</td><td>a{qv}</td><td></td><td>不可</td><td colspan="3">元数据字典。具体参看表 3-45</td></tr>
</table>

① LabelProperty 控件元数据：表 3-44 列出了 LabelProperty 控件的元数据。

表 3-44 LabelProperty 控件元数据

库关键词	字段名	值类型	描 述
1	bgColor	u	背景颜色表示为 RGB 值。如果没有指定，那么使用封闭容器的背景颜色
2	hints	aq	布局提示。具体看表 3-46

② LabelProperty 控件提示：表 3-45 列出了 LabelProperty 控件提示。

表 3-45 LabelProperty 控件提示

ID	提示名称	描述
1	TextLabel	只读的文本标签

(3) 方法：该接口没有展示方法。

(4) 信号：LabelProperty 接口的信号如表 3-46 所示。

表 3-46 LabelProperty 接口的信号

信 号 名 称	参数	描 述
MetadataChanged	无	元数据已经改变。任何属性对象变化都导致它改变

(5) 默认 XML：下列 XML 代码定义了 LabelProperty 接口。

```
< node
xmlns:xsi = http://www.w3.org/2001/XMLSchema - instance

xsi:noNamespaceSchemaLocation = "https://www.alljoyn.org/schemas/introspect.xsd">
< interface name = "org.alljoyn.ControlPanel.LabelProperty">
< property name = "Version" type = "q" access = "read"/>
< property name = "States" type = "u" access = "read"/>
< property name = "Label" type = "s" access = "read"/>
< property name = "OptParams" type = "a{qv}" access = "read"/>
< signal name = "MetadataChanged" />
</interface >
</node >
```

5. Action 接口

这个接口为 Action 控件提供控制机制，每个控件都由一个 AllJoyn 对象表示并实现这个接口。只要活动的 UI 报告被激活，Action 控件就可以在其对象子树上选择性的提供一个确认框控件来弹出。确认对话框的行为将会替换这个 Action 控件的 Exec()方法。

(1) 接口名称：Action 接口的名称如表 3-47 所示。

表 3-47　Action 接口的名称

接 口 名 称	版本	安全	对 象 路 径
org.alljoyn.ControlPanel.Action	1	否	/ControlPanel/{unit}//{panel}/{language}/…/{object name} 例如： /ControlPanel/washing/mainPanel/en/start
org.alljoyn.ControlPanel.SecuredAction	1	是	/ControlPanel/{unit}/{panel}/{language}/…/{object name}

(2) 属性：Action 接口的属性如表 3-48 所示。

表 3-48　Action 接口的属性

<table>
<tr><th>属性名称</th><th>签名</th><th>值列表</th><th>可写入</th><th colspan="3">描　　述</th></tr>
<tr><td>版本</td><td>q</td><td>正整数</td><td>不可</td><td colspan="3">接口版本号</td></tr>
<tr><td rowspan="3">状态</td><td rowspan="3">u</td><td rowspan="3">位掩码</td><td rowspan="3">不可</td><td colspan="3">各种控件的位掩码。</td></tr>
<tr><td>掩码</td><td>名称</td><td>描述</td></tr>
<tr><td>0x01</td><td>enabled</td><td>表示控件是否已启用，禁用的控件是灰色的或不可见</td></tr>
<tr><td>选择参数</td><td>a{qv}</td><td></td><td>不可</td><td colspan="3">元数据字典，具体参看表 3-50</td></tr>
</table>

① Action 控件元数据：表 3-49 列出了 Action 控件的元数据。

表 3-49 Action 控件元数据

库关键词	字段名	值类型	描 述
0	Label	s	标签
1	bgColor	u	背景颜色表示为 RGB 值，如果没有指定，那么使用封闭容器的背景颜色
2	hints	aq	控件提示，具体见表 3-51

② Action 控件提示：表 3-50 列出了 Action 的控件提示。

表 3-50 Action 控件提示

ID	提示名称	描 述
1	ActionButton	按钮与一个动作或方法调用相关联，例如"提交"

(3) 方法 Exec：

输入：无；输出：无。

描述：执行命令。

(4) 信号：Action 接口的信号如表 3-51 所示。

表 3-51 Action 接口的信号

信号名称	参数	描 述
MetadataChanged	无	元数据已经改变，任何属性对象变化都导致它改变

(5) 默认 XML：下列 XML 代码文件定义了 Action 接口。

```
<node
xmlns:xsi = http://www.w3.org/2001/XMLSchema - instance

xsi:noNamespaceSchemaLocation = "https://www.alljoyn.org/schemas/introspect.xsd">
<interface name = "org.alljoyn.ControlPanel.Action">
<property name = "Version" type = "q" access = "read"/>
<property name = "States" type = "u" access = "read"/>
<property name = "OptParams" type = "a{qv}" access = "read"/>
<signal name = "MetadataChanged" />
<method name = "Exec"/>
</interface>
</node>
```

6. Notification Action 接口

这个接口指示对象是否是一个通知行为对象，一个典型的通知对象与通知消息相关联。除了收到通知之外，Controller 能够基于这种类型的对象提供的元数据产生通知行为面板。

这个对象与标准的 Control Panel 不一样，它允许 Controllee 发送信号通知 Controller 解散控制面板，这个对象至少支持一种语言。

(1) 接口名称(见表 3-52)：

表 3-52 Notification 接口的名称

接口名称	版本	安全	对象路径
org. alljoyn. ControlPanel. NotificationAction	1	否	/NotificationPanel/{unit}/{actionPanelName} 例如： /NotificationPanel/washing/CycleCompleted

(2) 属性(见表 3-53)：

表 3-53 Notification 接口的属性

属性名称	签名	值列表	可写入	描述
版本	Q	正整数	不可	接口版本号

(3) 方法：这个接口没有展示方法。

(4) 信号(见表 3-54)：

表 3-54 Notification 接口的属性

Signal 名称	参数	描述
Dismiss	无	Controller 必须解散通知面板

(5) 默认 XML：下列 XML 代码定义了 Notification Action 接口。

```
< node
xmlns:xsi = http://www.w3.org/2001/XMLSchema - instance

xsi:noNamespaceSchemaLocation = "https://www.alljoyn.org/schemas/introspect.xsd">
< interface name = "org.alljoyn.ControlPanel.NotificationAction">
< property name = "Version" type = "q" access = "read"/>
< signal name = "Dismiss" />
</interface >
</node >
```

7. Dialog 接口

这个接口提供所有的元数据以指导 Controller 为对话控件渲染 UI 界面，一个对话控件通常包含一条信息和最多 3 个 Action 按钮。

(1) 接口名称(见表 3-55)：

表 3-55 Dialog 接口的名称

接口名称	版本	安全	对象路径
org.alljoyn.ControlPanel.Dialog	1	否	/ControlPanel/{unit}/{panelName}/{language}/…/{dialogName} 例如： /ControlPanel/washing/mainPanel/en/Confirmation
org.alljoyn.ControlPanel.SecuredDialog	1	是	/ControlPanel/{unit}/{panelName}/{language}/…/{dialogName}

(2) 属性(见表 3-56)：

表 3-56 Dialog 接口的属性

<table>
<tr><th>属性名称</th><th>签名</th><th>值列表</th><th>可写入</th><th colspan="3">描述</th></tr>
<tr><td>版本</td><td>q</td><td>正整数</td><td>不可</td><td colspan="3">接口版本号</td></tr>
<tr><td rowspan="3">状态</td><td rowspan="3">u</td><td rowspan="3">位掩码</td><td rowspan="3">不可</td><td colspan="3">各种控件的位掩码</td></tr>
<tr><td>掩码</td><td>名称</td><td>描述</td></tr>
<tr><td>0x01</td><td>enabled</td><td>表示控件是否已启用。禁用的控件是灰色的或不可见</td></tr>
<tr><td>选择参数</td><td>a{qv}</td><td></td><td>不可</td><td colspan="3">元数据字典，具体参看表 3-58</td></tr>
<tr><td>消息</td><td>q</td><td></td><td>不可</td><td colspan="3">展示消息</td></tr>
<tr><td>NumActions</td><td>Q</td><td>1-3</td><td>不可</td><td colspan="3">可用 action 的数目</td></tr>
</table>

① Dialog 控件元数据：表 3-57 列出了 Dialog 控件的元数据。

表 3-57 Dialog 控件元数据

库关键词	字段名	值类型	描述
0	Label	s	标签
1	bgColor	u	背景颜色表示为 RGB 值。如果没有指定，那么使用封闭容器的背景颜色
2	hints	aq	布局提示，具体见表 3-59
6	LabelAction1	S	action1 控件的标签
7	LabelAction2	S	action2 控件的标签
8	LabelAction3	S	action3 控件的标签

② Dialog 布局提示：表 3-58 列出 Dialog 的布局提示。

表 3-58 Dialog 控件布局提示

ID	提示名称	描述
1	AlertDialog	将标签、文本数据以及按钮整合到一个会话盒子里的控件。最少需要一个按钮。最多三个按钮

(3) 方法：

① Action1：

输入：无；输出：无。

描述：执行编号为1的Action。

② Action 2：

输入：无；输出：无。

描述：执行编号为2的Action。如果NumActions属性小于2，那么将会出现org.alljoyn.Error.MethodNotAllowed的错误。

③ Action3：

输入：无；输出：无。

描述：执行编号为3的Action。如果NumActions属性小于3，那么将会出现org.alljoyn.Error.MethodNotAllowed的错误。

(4) 信号：Dialog接口的信号如表3-59所示。

表3-59　Dialog接口的信号

信号名称	参数	描　述
MetadataChanged	无	元数据已经改变。任何属性对象变化都导致它改变

(5) 默认XML：下列XML代码定义了Dialog接口。

```
< node
xmlns:xsi = http://www.w3.org/2001/XMLSchema - instance

xsi:noNamespaceSchemaLocation = "https://www.alljoyn.org/schemas/introspect.xsd">
< interface name = "org.alljoyn.ControlPanel.Dialog">
< property name = "Version" type = "q" access = "read"/>
< property name = "States" type = "u" access = "read"/>
< property name = "OptParams" type = "a{qv}" access = "read"/>
< property name = "Message" type = "s" access = "read"/>
< property name = "NumActions" type = "q" access = "read"/>
< signal name = "MetadataChanged" />
< method name = "Action1"/>
< method name = "Action2"/>
< method name = "Action3"/>
</interface >
</node >
```

8. ListProperty接口

这个接口为列表属性控件提供了控制机制，一个列表属性控件保存一份记录列表和一个容器来呈现记录输入/输出形式的界面。

（1）接口名称：ListProperty 接口的名称如表 3-60 所示。

表 3-60 ListProperty 接口的名称

接口名称	版本	安全	对象路径
org. alljoyn. ControlPanel. ListProperty	1	否	/ControlPanel/{ unit }/{ language }/{ panel }/{object name} 例如：/ControlPanel/sprinkler/mainPanel/en/Schedules
org. alljoyn. ControlPanel. SecuredListProperty	1	是	/ControlPanel/{ unit }/{ language }/{ panel }/…/{object name}

（2）属性：ListProperty 接口的属性如表 3-61 所示

表 3-61 ListProperty 接口的属性

<table>
<tr><th>属性名称</th><th>签名</th><th>值列表</th><th>可写入</th><th colspan="3">描 述</th></tr>
<tr><td>版本</td><td>q</td><td>正整数</td><td>不可</td><td colspan="3">接口版本号</td></tr>
<tr><td rowspan="3">状态</td><td rowspan="3">u</td><td rowspan="3">位掩码</td><td rowspan="3">不可</td><td colspan="3">各种控件的位掩码</td></tr>
<tr><td>掩码</td><td>名称</td><td>描述</td></tr>
<tr><td>0x01</td><td>enabled</td><td>表示控件是否已启用。禁用的控件是灰色的或不可见</td></tr>
<tr><td>选择参数</td><td>a{qv}</td><td></td><td>不可</td><td></td><td></td><td>元数据字典，具体见表 3-63</td></tr>
<tr><td>数值</td><td>q{qs}</td><td></td><td>不可</td><td></td><td></td><td>记录列表。每个记录都要包含以下部分：
recordID (q)：记录的 ID 号
label (s)：展示在列表里的标签。记录数据不会展示这个属性
View()方法可以用来观察每个记录的数据</td></tr>
</table>

① ListProperty 控件元数据。表 3-62 列出了 ListProperty 控件的元数据。

表 3-62 ListProperty 控件元数据

库关键词	字段名	值类型	描 述
0	Label	s	标签
1	bgColor	u	背景颜色表示为 RGB 值。如果没有指定，那么使用封闭容器的背景颜色
2	hints	aq	布局提示，具体见表 3-64

② ListProperty 控件提示：表 3-63 列出了 List Property 的控件提示。

表 3-63 ListProperty 控件提示

ID	提示名称	描 述
1	DynamicSpinner	允许终端用户在一个列表中选择、添加、删除和更新一个选项

(3) 方法：

① Add

输入：无；输出：无。

描述：添加一个新记录到表格准备输入界面，UI 要求如下：Controller 必须准备一个 OK 按钮并且将其关联到 Confirm()方法调用。在输入界面完成添加操作之后会将新记录添加到表格；Controller 必须提供一个取消按钮并将其关联到 Cancel()方法调用，允许取消操作。

② Delete：

输入：如表 3-64 所示；输出：无。

表 3-64 Delete 方法输入参数

参数名称	签名	描述
recordID	Q	记录的 ID

描述：准备界面显示删除操作之前的记录。UI 要求如下：Controller 必须提供一个 OK 按钮并将其关联到 Confirm()方法调用。confirm 操作会从列表中删除记录。Controller 必须提供一个取消按钮并将其关联到 Cancel()方法调用，以允许取消操作。

③ View：

输入：如表 3-65 所示；输出：无。

表 3-65 View 方法输入参数

参数名称	签名	描述
recorded	Q	记录的 ID

描述：准备显示界面来展示由 recordID 确定的记录。Controller 必须提供 OK 按钮去解散观察界面。

④ Update：

输入：如表 3-66 所示；输出：无。

表 3-66 Update 方法输入参数

参数名称	签名	描述
recorded	Q	记录的 ID

描述：准备输入界面来显示由 recordID 确定的记录，并且能让终端用户修改字段。UI 要求如下：Controller 必须提供一个 OK 按钮并将其关联到 Confirm()方法调用，一个 confirm 操作会更新给定记录的信息。Controller 必须提供一个取消按钮并将其关联到 Cancel()方法调用，以允许取消操作。

⑤ Confirm：

输入：无；输出：无。

描述：确认操作并保存所要求的改变，Controller 必须提供 OK 按钮来解散观察界面。

⑥ Cancel：

输入：无；输出：无。

描述：取消当前行为，Controller 必须提供取消按钮来解散输入界面。

（4）信号：ListProperty 接口的信号如表 3-67 所示。

表 3-67 ListProperty 接口的信号

信号名称	参数	描述
ValueChanged	无	属性的值已经改变。因为列表数据可能会很大，signal 无法发送当前值
MetadataChanged	无	元数据已经改变。任何属性对象变化都导致它改变

（5）默认 XML：下列 XML 代码定义了 ListProperty 接口。

```
<node
xmlns:xsi = http://www.w3.org/2001/XMLSchema - instance
xsi:noNamespaceSchemaLocation = "https://www.alljoyn.org/schemas/introspect.xsd">
<interface name = "org.alljoyn.ControlPanel.ListProperty">
<property name = "Version" type = "q" access = "read"/>
<property name = "States" type = "u" access = "read"/>
<property name = "OptParams" type = "a{qv}" access = "read"/>
<property name = "Value" type = "a(qs)" access = "read"/>
<method name = "Add"/>
<method name = "Delete">
<arg name = "recordID" type = "q" direction = "in"/>
</method>
<method name = "View">
<arg name = "recordID" type = "q" direction = "in"/>
</method>
<method name = "Update">
<arg name = "recordID" type = "q" direction = "in"/>
</method>
<method name = "Confirm">
</method>
<method name = "Cancel">
</method>
<signal name = "MetadataChanged"/>
<signal name = "ValueChanged"/>
</interface>
</node>
```

3.4.4 错误处理

在控制面板的接口中，方法调用使用 AllJoyn 的错误信息处理功能来设置错误名称和错误信息(ER_BUS_REPLY_IS_ERROR_MESSAGE)，表 3-68 列出了控制面板服务框架接口可能出现的错误。

表 3-68　控制面板服务框架接口错误

错误名称	错误信息
org. alljoyn. Error. OutOfRange	值超出范围
org. alljoyn. Error. InvalidState	无效的状态
org. alljoyn. Error. InvalidProperty	无效的性质
org. alljoyn. Error. InvalidValue	无效值
org. alljoyn. Error. MethodNotAllowed	不允许调用方法

3.4.5 BusObject Map

1. BusObject 结构

图 3-15 表示支持控制面板服务框架的 AllJoyn 对象基本组织的树结构，即控制面板采用多个 AllJoyn 对象来实现。该对象组织用于支持多种单位和多国语言，只有最上层的面板被列入宣告中，因为在 IETF 语言标记允许连字符(-)，但它在总线对象路径中不允许使用，所以在对象路径中的任何语言标签用下划线(_)替换连字符(-)。

除了控制面板，上述控制面板服务框架还可以支持其他的面板，如通知面板，不需要这些面板在宣告中发布出去。

2. BusObject 示例

以下说明了一些简单的 BusObject map 结构。

1) 洗衣机案例

图 3-16 表示洗衣机示例的 bus object map。

2) 自动喷水灭火系统的例子

图 3-17 表示一个自动喷水灭火系统示例的 bus object map。

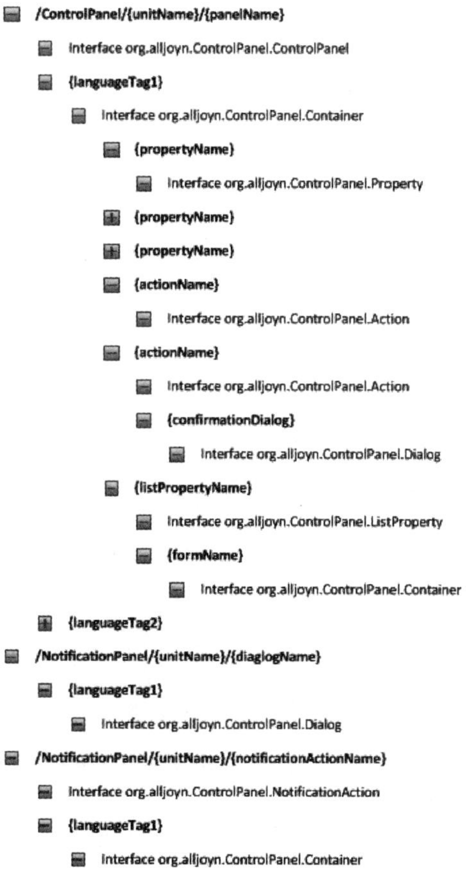

- /ControlPanel/{unitName}/{panelName}
  - Interface org.alljoyn.ControlPanel.ControlPanel
  - {languageTag1}
    - Interface org.alljoyn.ControlPanel.Container
      - {propertyName}
        - Interface org.alljoyn.ControlPanel.Property
      - {propertyName}
      - {propertyName}
      - {actionName}
        - Interface org.alljoyn.ControlPanel.Action
      - {actionName}
        - Interface org.alljoyn.ControlPanel.Action
        - {confirmationDialog}
          - Interface org.alljoyn.ControlPanel.Dialog
      - {listPropertyName}
        - Interface org.alljoyn.ControlPanel.ListProperty
        - {formName}
          - Interface org.alljoyn.ControlPanel.Container
  - {languageTag2}
- /NotificationPanel/{unitName}/{diaglogName}
  - {languageTag1}
    - Interface org.alljoyn.ControlPanel.Dialog
- /NotificationPanel/{unitName}/{notificationActionName}
  - Interface org.alljoyn.ControlPanel.NotificationAction
  - {languageTag1}
    - Interface org.alljoyn.ControlPanel.Container

图 3-15　BusObject map

3.4.6 注意事项

Controllees 通过一个 AllJoyn 宣告被发现，每个 AllJoyn 设备使用 About 功能来宣布基本的应用程序信息如应用程序名称、设备名称、制造商和型号，该宣告还包含对象路径和服务接口的列表以允许 Controller 确定 Controllee 是否提供了感兴趣的功能，该 About 宣告使用一个无会话的信号传播。

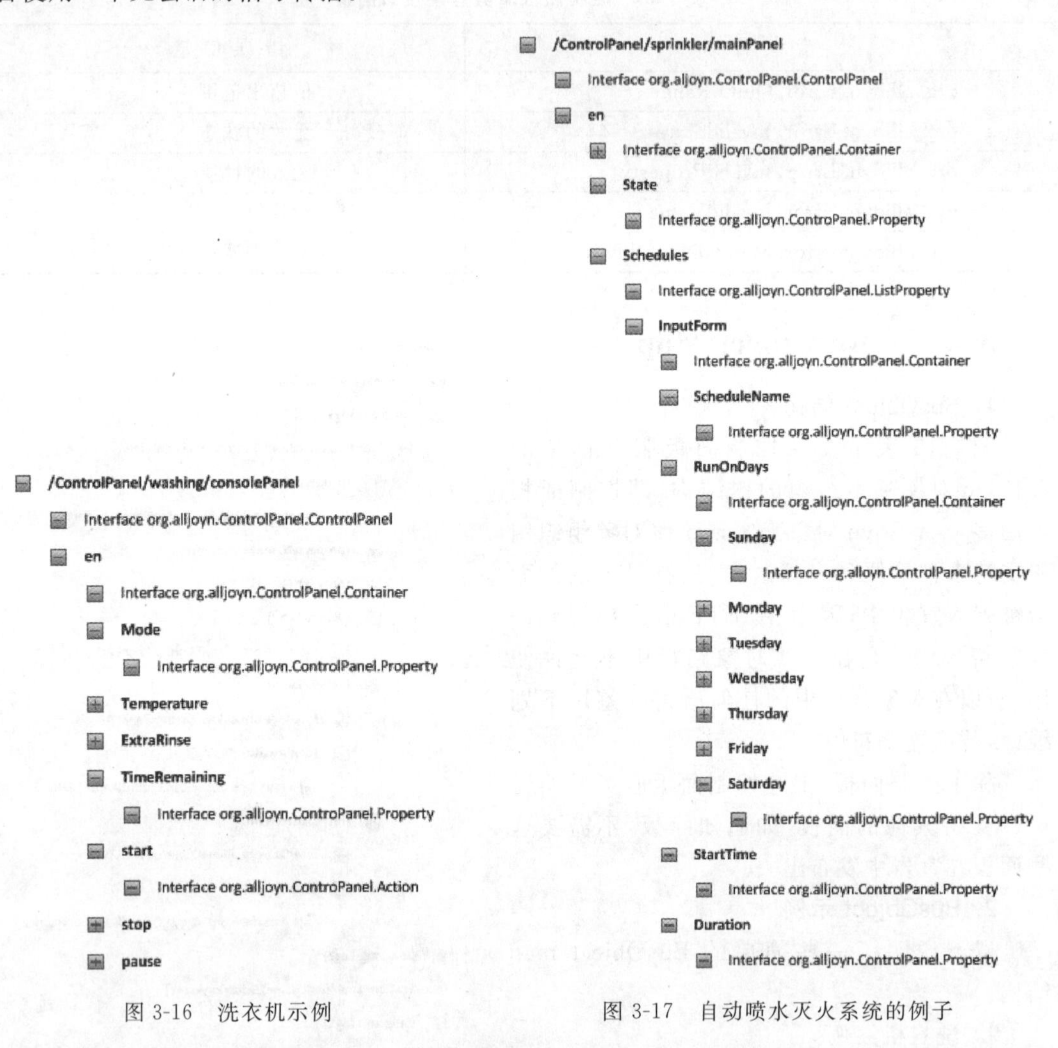

图 3-16 洗衣机示例

图 3-17 自动喷水灭火系统的例子

3.4.7 Control Panel 最佳实践

AllJoyn 控制面板服务框架允许一台设备上的应用程序广播一个虚拟控制面板，并允许另一个近端设备的应用程序发现，并显示控制面板使其与终端用户交互，服务框架适用于设备(Controllee)和控制它的应用程序(Controller)之间进行一对一交互的情形。

通过提供一组“控件”，Controllee 应用程序可以使用该服务通过一系列已给出的控件来明确控制权，包括为每个控制权指定使用控件和在 Controller 上显示时控件的布局。一个控制器应用程序可以使服务发现附近的 Controllee 设备，获得它们的控制面板，并通过目标平台的特定元素使用提供的适配器层创建控制 UI。

本节内容主要讲述 AllJoyn 控制面板服务框架实践，缩写和术语如表 3-69 所示。

表 3-69 Control Panel 服务框架术语解释

术　语	定　义
AllJoyn service frameworks	使用提供特定功能的 AllJoyn 框架去实现完整特性的集合。这些构建块可以组合在一起共同构建可互操作的设备和应用程序
Adapter	控制面板服务框架层，将接收到的 UI 元素转换成 Android UI 元素
AllJoyn device	一种支持 AllJoyn 框架的设备，可以连接到一个个人网络
Control panel	一个控件集合，允许用户与设备进行交互。控制面板被受控设备定义并发布，被控制器发现并展示。一个设备可以有多个定义，也可以用各种语言定义
Controllable device	可控的用户设备
Controllee	一个 AllJoyn 通告其控制面板接口的应用程序，以便其他 AllJoyn 设备可以控制它
Controller	AllJoyn 应用程序，控制其他 AllJoyn 设备所通告的其控制面板接口
Widget	控制面板中的 UI 元素，用于表示一个接口。它以图形方式允许用户执行一个函数和/或访问属性

1. Controller

(1) 显示多重控制版面：在某些情况下，受控者可能有多个控制面板，比如一些控制面板可能作为一个整体设备的不同控件；可以有一个日常的用户控制面板和一个单独适用于技术员或修复人员的控制面板。因此，控制器应用程序应该提供给用户的选项不仅是附近的可交互的 Contorllee，还有 Controllee 的特定控制面板。

(2) 控制面板的反应变化：Controllee 提供的控制面板可以根据用户交互、设备状态和其他因素进行改变，一个控制器有适当的监听者注册一个控制面板是很重要的，这样它就可以获取状态的变化，并更新相应控制面板的用户界面。

比如，用户选择了一个控制面板中的选项，导致其他选项无效，因此，这些选项被禁用或变成了灰色的。另一个例子，洗衣机/烘干机组合，即根据应用所在的状态/周期，在控制面板上有不同的控制选项。

(3) 控制面板异常处理器：当 Controller 试图从 Controllee 中取回一个控件时发生错误，适配器将抛出一个异常，这样应用程序可以处理错误并决定如何向用户显示错误。这些错误是有原因的，并且有多种状态，它们不应该被忽略。

2. Controllee

(1) Controllee 的控制面板命名规则：当设计控制面板时，Controllee 会展示一个单元和各个控件的名称，名称必须遵循特定的命名规则。此外，在控制面板中每个单元和控件的名称必须是唯一的，这是由于单位名称和控件名称被当作控制面板服务框架的 AllJoyn Bus

Object 的路径的一部分使用。命名规则：只包含 ASCII 字符“[A-Z][a-z][0-9]_”，且不能为空。

(2) 控制面板的结构和布局：要记住，由 Controllee 展示的控制面板经常会在一个屏幕大小和可用屏幕空间有限的移动设备上显示，因此，控制面板服务框架的容器控件可以有效地使用起来，以便组织、控制面板上显示的其他控件的布局。

(3) Controllee 处理本地化：开发人员创建一个 Controllee 应用程序时，不应该依赖让控制器应用程序执行本地化（如翻译，解释）的内容，例如，如果一个 Controllee 提供支持英文和西班牙语的控制面板，那么，包含在不同的控件的字符串必须有正确的和完整的语言，即有合适的字符串，以便控制器应用程序可以简单地显示控件。例如，一个 Controllee 控件的定义包含一个数字或代码，用它来在控制器中查找或转换为某种语言的字符串是不可行的。

第4章 基于 Android 的开发方法

本章主要利用 AllJoyn 的应用框架来编写 Android 应用程序，需要下载的软件有 Eclipse 和 AllJoyn 的 SDK。有关 Eclipse 的安装和使用以及 Android SDK 的安装默认读者已经掌握，如果这部分有问题，读者可以参考关于 Android 的书籍，完成这部分准备工作。此外，读者还需要至少一部操作系统在 version2.2(Froyo)版本以上，芯片在 ARM5 版本以上的 Android 智能终端。

4.1 AllJoyn 的 Android 开发简介

4.1.1 创建新的安卓项目

(1) 打开 Eclipse，创建新的 Android 项目，(由于这部分隶属于安卓开发部分，如果读者对这部分有问题，请参考相关的教材，而且编者默认读者具有一定的安卓经验，至少可以创建安卓项目)。在本书中，编者创建的项目名称都统一为 AlljoynLearning。

(2) 进入工作空间，找到新的安卓项目所在的文件夹，目前该项目应该包含如下结构(也可能包含更多)，如图 4-1 所示。

① src 文件夹；

② res 文件夹；

③ AndroidManifest. xml 文件。

(3) 如果在新创建的安卓项目中没有一个名为 libs 的文件夹，那么请在该项目中创建该文件夹，如果有则直接利用该文件夹，并将<Alljoyn dist folder>/java/jar/alljoyn. jar(可以在下载的 Alljoyn SDK 中相应路径下找到)文件复制至该文件夹，如图 4-2 所示。

(4) 在 libs 文件夹下，创建一个名为 armeabi 的文件夹，将 alljoyn distribution 下<Alljoyn dist 文件夹>/java/libs/liballjoyn_java. so 文件复制在该文件中，如图 4-3 所示。

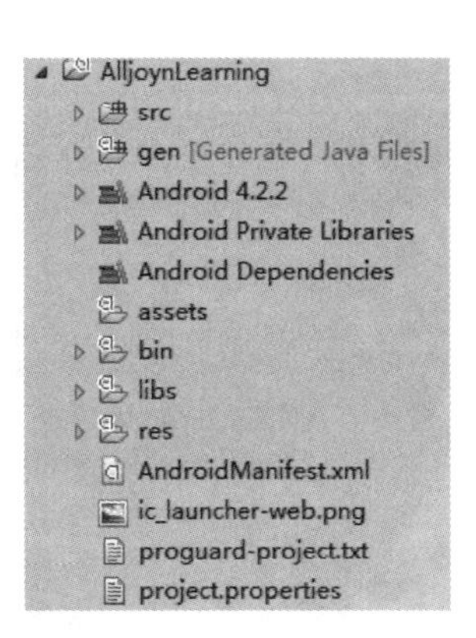

图 4-1 AlljoynLearning 项目结构

如果读者在寻找 alljoyn. jar 或是 liballjoyn_java. so 遇到

问题，也可以直接从<Alljoyn dist folder>/java/samples 中任何一个样例中复制该 libs 文件夹，然后，复制到读者所创建的项目中。

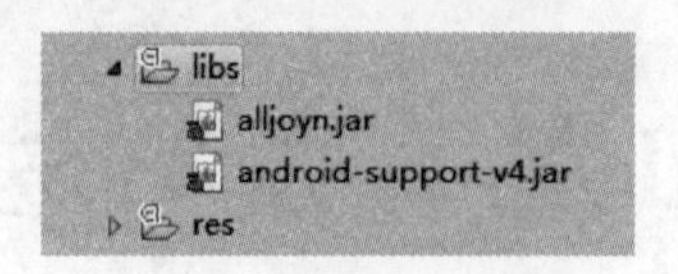

图 4-2 libs 文件夹结构

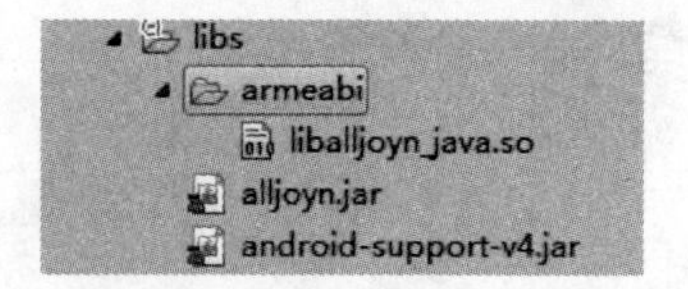

图 4-3 添加 armeabi 后 libs 文件夹结构

至此，读者可以检查自己所创建的新的安卓项目，是否拥有如下的目录结构：

```
+<project name>
|\src
||-<sourcecode files>
|\libs
||\armeabi
|||-liballjoyn_java.so
||-alljoyn.jar
|\res
||-<project resources>
|-AndroidManifest.xml
```

(5) 确认完结构无误后，右键单击新创建的安卓项目，选择属性(Properties)一项，选择 Java Build Path，单击 Libraries，再单击 Add JARs，从<project>/libs 文件夹中选择 alljoyn.jar，如图 4-4 和图 4-5 所示。

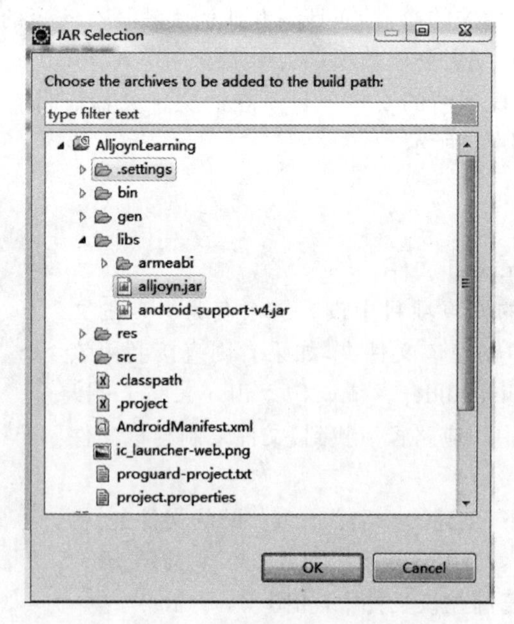

图 4-4 添加 alljoyn.jar

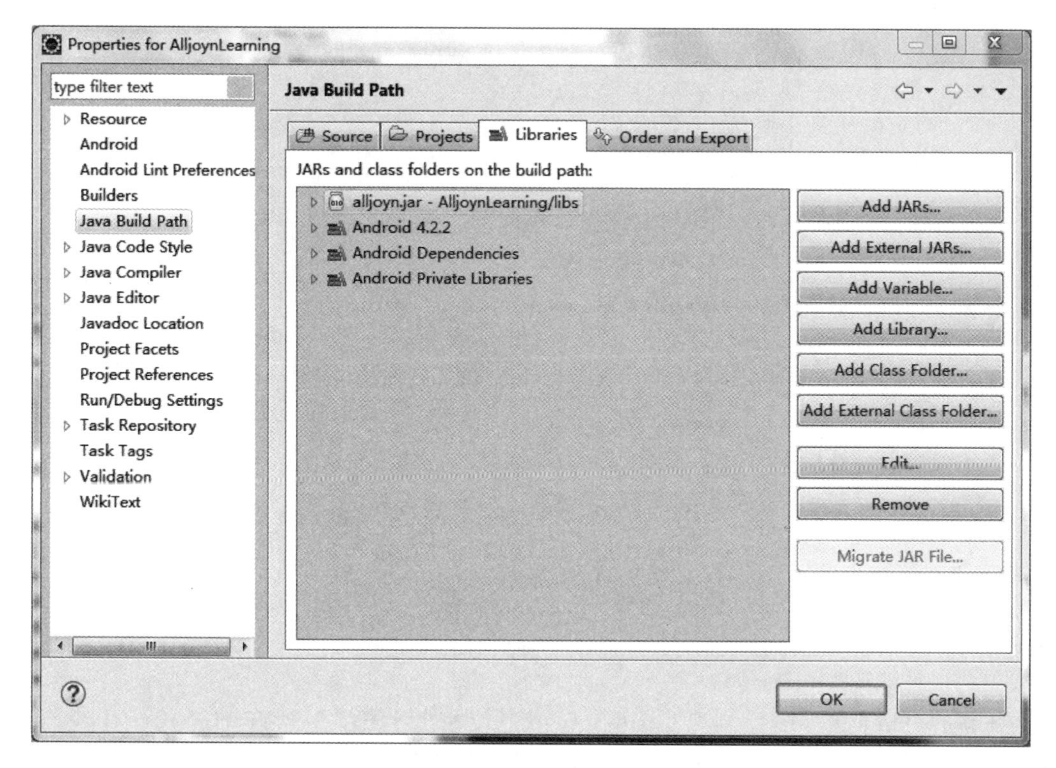

图 4-5 添加 alljoyn. jar 完成后视图

单击 OK，添加成功后，项目中会添加一个新的文件夹 Referenced Libraries，（或是直接在库文件处增加 alljoyn. jar 的文件）如图 4-6 所示。

这里需要特别指出的是，在添加 alljoyn. jar 时，务必保证 alljoyn. jar 来自于 AllJoyn 框架中的 Android 部分，因为 Linux 也存在该同名文件，但该 alljoyn. jar 并不支持安卓开发。至此，读者已经可以开始进入该安卓项目的 AllJoyn 开发工作。

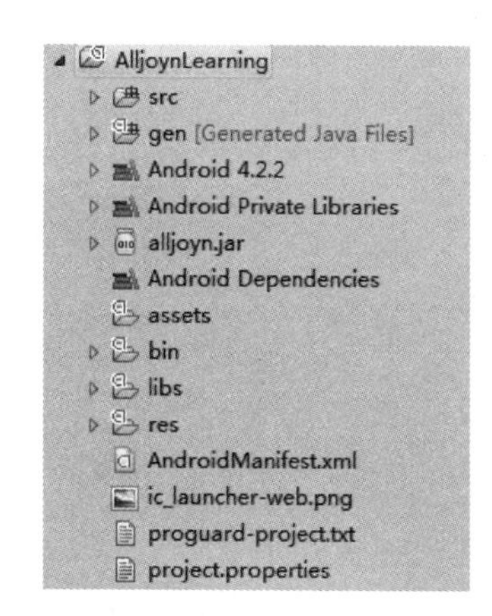

图 4-6 添加 alljoyn. jar 完成后项目结构

4.1.2 导入样例项目

本节将介绍如何导入样例项目，首先在 Eclipse 的界面删除已经创建的 Android 项目 AlljoynLearning 的链接，分别介绍如何将该项目再重新导回。

单击 Eclipse 中的文件（File），选择导入（Import），在弹出的对话框中选择安卓（Android），然后选择已有安卓代码（Existing Project），如图 4-7 所示，单击 Next。

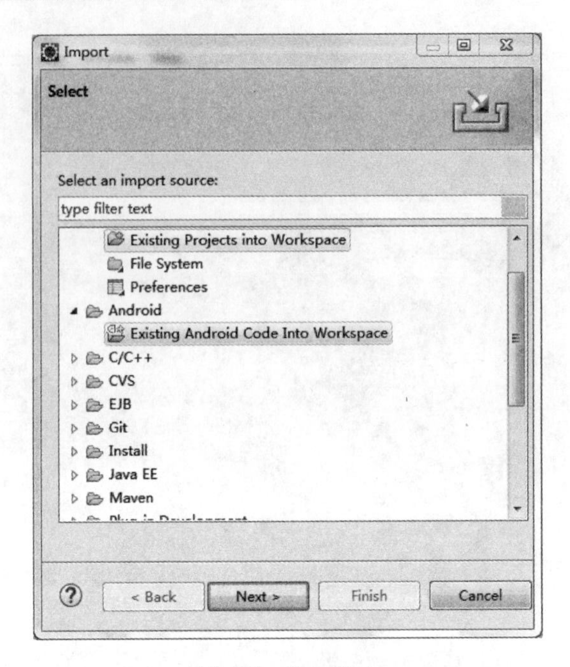

图 4-7 导入项目

在新的对话框中，选择浏览(Browser)，然后根据创建项目所在的路径一步步选择AlljoynLearning 项目，单击完成(Finish)即可完成项目导入，如图 4-8 所示。

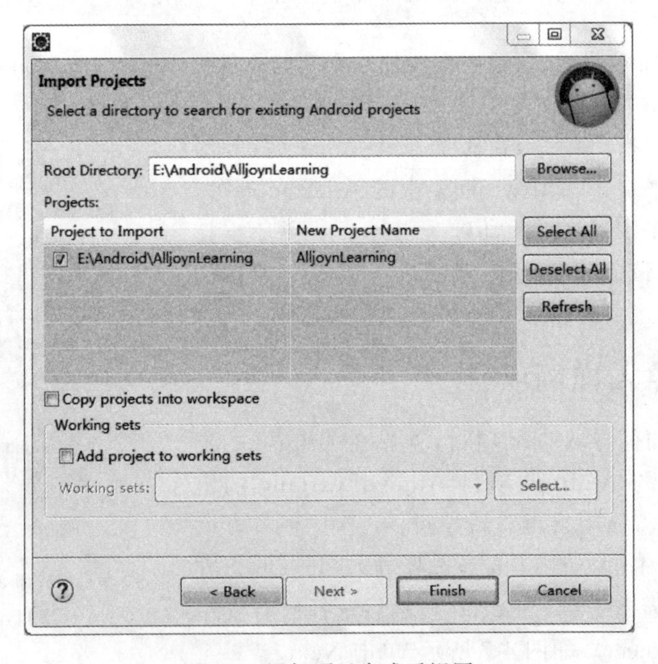

图 4-8 添加项目完成后视图

4.1.3 代码开发详解

本节将详细介绍代码的开发，在此以 Java 为模板。在开发代码前，需要将本地系统库导入代码中，需要书写如下的代码：

```
import android.app.Activity;
public class AlljoynActivity extends Activity {
private static final String TAG = AlljoynActivity.class.getCanonicalname();
  //为了运行 AllJoyn,必须在运行的时候将本地系统导入,无论何时,此行代码必不可少
static { System.loadlibrary("alljoyn_java");}
@Override
Protected void onCreate(Bundle savedInstanceState) {
```

由于在 AllJoyn 的框架中，实质上是通过对象来进行通信的，因此，创建一个接口，来规范对象的属性、方法和信号。

```
Package bupt.edu.drizzle.alljoynlearning;
Import org.alljoyn.bus.BusException;
Import org.alljoyn.bus.annotation.BusInterface;
Import org.alljoyn.bus.annotation.BusMethod;
Import org.alljoyn.bus.annotation.BusProperty;
Import org.alljoyn.bus.annotation.BusSignal;
//@BusInterface 注释是为了表明这个接口是 AllJoyn 的接口; @BusInterface: name 所有的总线
接口都必须有一个名字,如果编程的时候没有分配,系统会自动分配一个,该名字是包名,接口名,建
议编程时候利用 name 的属性对接口进行命名.
@BusInterface(name = "drizzle.interface.AlljoynInterface")
Public interface AlljoynInterface {
     Public String property = null;
     //@BusMethod 注释是为了告诉 Java 编译器这个方法是 AllJoyn 的总线方法;
     @BusMethod:notation
     @BusMethod:name
     @BusMethod:signature
     @BusMethod:replySignature
```

一般说来，这些值 AllJoyn 的框架能够自动获取，所以不必写明，但是当参数或返回类型是无符号整数时必须指明而且区分于普通方法，AllJoyn 方法可以有多个返回值。

```
@Busmethod
public String MyMethod(String inStr) throws BusException;
@BusSignal
public void MySignal(String inStr) throws BusException;
//@BusProperty 注释是为了表明这个信号是 AllJoyn 的属性,与 BusMethod 没区别;
@BusProperty
public void setMyProperty(String instr) throws BusException;
@BusProperty
public String GetMyProperty() throws BusEception;
}
```

完成这部分工作后，就可以创建总线对象了，创建总线对象的时候，只需要继承刚刚定义的接口和 BusObject 接口即可，然后复写方法和信号，代码如下所示：（注，这里只给出了基本框架，读者可以根据自己的业务逻辑在里边添加自己的代码）。

```
public class ServiceBusObject implements AllJoynInterface, BusObject{
    @Override
    public String MyMethod(String inStr) throws BusException{
        return null; }
    @Override
    public void MySignal(String inStr) throws Bus Exception{ }
    @Override
    public void SetMyProperty(String inStr) throws Bus Exception{ }
    @Override
    public String GetMyProperty (String inStr) throws BusException{
        return null; }
}
```

在这里需要补充的是，除去简单的数据类型，AllJoyn 的框架模块也支持类似数组、表和结构等复杂数据类型。对于数组和表的处理，AllJoyn 代码都无须增加额外的操作。但是，结构数据类型，AllJoyn 需要额外的注释来帮助 AllJoyn 的框架来明确结构中各元素的位置，这样 AllJoyn 才能准确地将消息序列化和反序列化。这也是在 AllJoyn 中用@Position 的原因。下边举个简单的例子，比如程序员在开发一个有关图片的应用时，会为图片定义如下的数据结构，那么体现在 AllJoyn 中的代码就如下所示：

```
public class ImageInfo{
    @Position(0)
    public String fileName;
    @Position(1)
    public int isoValue;
    @Position(2)
    public int dateTaken;}
```

需要注意的是，@Position 的下标要从 0 开始，并且每次增加 1，如果中间跳过某个数值会产生逻辑错误。对于数据结构而言，数据类型的签名往往用 r 表示，或者也可以用数据结构内部的元素类型来表示。例如上面例子中的数据结构便可以用(sii)表示。

有些情况下，AllJoyn 的接口可能需要返回多个值，这也是 AllJoyn 的接口区分于 Java 普通接口的一个重要方面。那么，为了承接这多个返回值，AllJoyn 的框架就需要创建一个容器来承接这些值。比如说，可能编写了一个叫 timer 的方法，这个方法需要返回一个起始时间和一个终止时间，那么可能在实现的时候会创建如下的一个接口：

```
@BusInterface(name = "org.my.timeInterface")
public interface MultipleReturnValuesInterface{
  public class Values{
    @Position(0) public int startTime;
```

```
        @Position(1) public int endTime;}
    @BusMethod(replySignature = "ii")
    Public Values timer() throws BusException;
}
```

如果不指定返回类型的话，系统会自动默认返回类型为(ii)，这两者是有区别的，因为前者返回的是两个不同的数据，而后边返回的是一个结构体。有了这些基本的基础，就可以进入实质性的开发了。

当一个程序连接到总线时，不是充当着服务端的角色，就是客户端的角色，或者是同时承担这两者的功能，将分别对此进行介绍。

1. 服务端代码实现

总体来说，要实现服务端主要有如下的步骤：

(1) 创建总线附件；

(2) 在总线附件内的某一绝对路径内注册一个总线对象；

(3) 将总线附件连接到总线上；

(4) 从总线上申请一个 well-known 名称。

在此，给出一个没有错误检查机制的代码版本，来观察其主要结构，如下：

```
/* AllJoyn 服务端代码，第一行创建传承了某一 AllJoyn 接口的总线对象，第二行创建总线附件，里面的参数代表应用名称，第三行将总线对象注册在总线附件的该路径下，第四行将总线附件连接到总线上，第五和第六行表示为该总线附件申请一个名为 com.well.know.name 是 well-known 名称 */
ServiceBusObject serviceBusObject = new ServiceBusObject();
BusAttachment mBus = new BusAttachment("MyService");
mBus.registerBusObject(serviceBusObject,"/service/busObjectpath");
mBus.connect();
int flag = 0;
mBus.requestName("com.well.known.name", flag);
```

一个健壮性更好的版本如下：

```
ServiceBusObject serviceBusObject = new ServiceBusObject();
BusAttachment mBus = new BusAttachment("MyService");
mBus.registerBusObject(serviceBusObject,"/service/busObjectpath");
if(status!= Status.ok){
    System.out.println("BusAttachment.registerBusObjet() failed:" + status);
    System.exit(0);
    return;
}
Status = mBus.connect();
if(status!= Status.ok){
    System.out.println("BusAttachment.connect() failed:" + status);
    System.exit(0);
    return;
```

```
}
int flag = 0;
status = mBus.requestName("com.well.known.name", flag);
if(status!= Status.ok){
    System.out.println("BusAttachment.requestName () failed:" + status);
    System.exit(0);
    return;
```

在这需要补充的是 flag 的意义，flag 主要用来告诉总线，当总线附件申请的 well-known 名称在总线上已经存在，总线附件要如何做出响应。总体来说 flag 可供程序人员选择的三个选项，如表 4-1 所示。

表 4-1　flag 可选值

flag 可选值	值
BusAttachment.ALLJOYN_REQUEST_NAME_ALLOW_REPLACEMENT	0x1
BusAttachment.ALLJOYN_REQUEST_NAME_REPLACE_EXISTING	0x2
BusAttachment.ALLJOYN_REQUEST_NAME_DO_NOT_QUEUE	0x4

当然也可以使用 0x0，这也就是说不使用任何的名字请求 flag，当总线附件使用这个值在总线上申请某个名字时，当申请的名字已经被其他应用占用时，那么总线附件发送的名字请求会和其他也请求了该名字的应用放在队列中。

2. 客户端代码实现

总体来说，实现客户端也需要完成如下几个步骤，分别是：

(1) 创建总线附件；

(2) 将总线附件连接到总线上；

(3) 根据感兴趣的服务名、服务路径以及服务接口创建代理对象；

(4) 和特定的接口建立连接；

(5) (可选)如果服务接口中有感兴趣的信号，或是客户端对 D-Bus 和 AllJoyn 中的信号感兴趣，注册信号处理器。

同样给出客户端的代码如下所示：

```
BusAttachment mBus = new BusAttachment("applicationName");
Status status = mBus.connect();
if(status!= Status.ok){
    System.out.println("BusAttachment.connect() failed:" + status);
    System.exit(0);
    return;
}
/* 为 well - known 名字下/service/busObjectpath 下的总线对象注册代理对象，使得客户端可以通
过调用代理对象的方法来调用服务端的方法 */
ProxyBusObject mProxyObj = mBus. getProxyBusObject ( " com. well. known. name ","/service/
busObjectpath", BusAttachment.SESSION_ID_ANY, new Class[ ] {AlllJoynInterface.class});
```

```
AllJoynInterace mInterface = mProxyObj.getInterface(AllJoynInterface.class);
SignalHandler signalHandler = new SignalHandler();
status = mBus.registerSignalHandlers(signalHandler);
if(status!= Status.ok){
    System.out.println("BusAttachment.registerSignalHandlers() failed:" + status);
    System.exit(0);
    return;
}
```

如果客户端需要调用服务端的某个方法，直接通过 mInterface 就可调用。由于总线对象可以继承多个接口，因此如果客户端对某个 well-known 名称下某路径的总线对象继承的不同接口中的方法感兴趣，那么客户端可以在调用 getProxyBusObject 方法的时候获取所有的这些接口，示例代码如下：

```
/* 为 well-known 名字下/service/busObjectpath 下的总线对象注册代理对象，使得客户端可以通
过调用代理对象的方法来调用服务端的方法 */
ProxyBusObject mProxyObj  =  mBus.getProxyBusObject ( "com.well.known.name" ,"/service/
busObjectpath", BusAttachment.SESSION_ID_ANY, new Class [ ] {AlllJoynInterface.class,
SecondAllJoynInterface.class});
AllJoynInterace mInterface = mProxyObj.getInterface(AllJoynInterface.class);
SecondAllJoynInterace mSecondInterface =  mProxyObj.getInterface ( SecondAllJoynInterface.
class);
SignalHandler signalHandler = new SignalHandler();
status = mBus.registerSignalHandlers(signalHandler);
if(status!= Status.ok){
    System.out.println("BusAttachment.registerSignalHandlers() failed:" + status);
    System.exit(0);
    return;
}
```

为了成功运行客户端的代码，也需要在客户端编写 AllJoynInterface，且实现如下的 SignalHandler，代码如下：

```
class SignalHandler{
    @BusSignalHandler(iface = "drizzle.interface.AlljoynInterface", signal = "MySignal")
    Public void MySignal(String inStr){ }
}
```

3. 建立客户端与服务端的通信

AllJoyn 的神奇之处就在于 AllJoyn 的框架能发现其他物理设备上的总线，并与该总线上的接口进行交互，但从用户的角度来看，使用这些其他设备上的接口就像使用本地的接口一样没有任何差异。具体的细节之前在第 2 章也介绍过，当客户端的应用想寻求某个接口的服务时，运行在程序后台的 AllJoyn 路由会尝试着通过自己支持的通信协议（比如，蓝牙、TCP/IP，这在路由开启的时刻便已经明确）在邻近区域为客户端去寻找相应的服务端。在

邻近区域的设备发现客户端在寻找某一接口服务时，会选择自己和客户端同时都支持的通信协议来与客户端建立连接，这样一来，该设备便会加入这个近邻动态网，网络中的其他设备都可以发现该设备服务的存在并调用其接口。一旦客户端寻找的 well-known 名称在近邻网中被发现，应用就可以通过用户设定的一个端口号与之建立连接（端口号可以从 1 变化到 0xFFFF）。

服务端和客户端要想发现彼此，必须统一 3 个参数。这 3 个参数是：

（1）服务端将要广播的 well-known 名称；

（2）对象路径；

（3）会话使用的端口号。

为了广播一个服务需要实现下边的功能：

（1）创建一个可以接收远端消息的总线附件（RemoteMessage. Receive）。

（2）在总线附件中注册总线对象，该总线对象实现了 AllJoyn 的接口。

（3）注册总线监听器（可选）。

（4）将总线附件连接到 AllJoyn 的路由上。

（5）绑定会话端口（作为绑定会话端口的一部分，需要实现一个会话端口监听器用来响应客户端请求加入会话的请求）。

（6）从总线上申请一个 well-known 名称。

（7）广播 well-known 名称。

具体代码如下：

```
BusAttachment mBus = new BusAttachment (getClass().getName(), BusAttachment.RemoteMessage.
Receive);
ServiceBusObject serviceBusObject = new ServiceBusObject();
Status status = mBus.registerBusObjcet(serviceBusObject, "/service/busObjectpath");
if(status!= Status.ok){
      System.out.println("BusAttachment.registerBusObject() failed:" + status);
      System.exit(0);
      return;
}
Status = mBus.connect();
if(status!= Status.ok){
      System.out.println("BusAttachment.connect() failed:" + status);
      System.exit(0);
      return;
}
Final short CONTACT_PORT = 42;
Mutable.ShortValue contactPort = new Mutable.ShortValue(CONTACT_PORT);
SessionOpts sessionOpts = new SessionOpts();
sessionOpts.traffic = SessionOpts.TRAFFIC MESSAGES;
sessionOpts.isMultipoint = false;
sessionOpts.proximity = SessionOpts.PROXIMITY_ANY;
```

```
status = mBus.bindSessionPort(contactPort, sessionOpts, new SessionPortListener(){
@Override
public boolean acceptSessionJoiner(short sessionPort, String joiner, SessionOpts sessionOpts)
{
      if (sessionPort == CONTACT_PORT){
            return true;
            }else{
                  Return false;
            }
            }
   });
int flag = 0;
status = mBus.requestName("com.well.known.name",flag);
if(status!= Status.ok){
      System.out.println("BusAttachment.requestName () failed:" + status);
      System.exit(0);
      return;
}
//注意广播必须是已申请的名字,否则报告逻辑错误
status = mBus.advertiseName("com.well.known.name", SessionOpts.TRANSPORT_ANY,);
if(status!= Status.ok){
      System.out.println("BusAttachment. advertiseName () failed:" + status);
      mBus.releaseName("com.well.known.name");              //出现问题,申请释放
      System.exit(0);
      return;
}
```

为了连接到一个广播的服务，客户端需要实现以下功能：

(1) 创建一个可以接收远端消息的总线附件(RemoteMessage. Receive)。

(2) 注册总线监听器，用于接收 foundAdvertisedName 信号。

(3) 发现服务端广播的 well-known 名称。

(4) 当接受到 foundAdvertisedName 信号的时候，加入会话。

代码如下：

```
final mBus  = new BusAttachment(getPackageName(), BusAttachment.RemoteMessage.Receive);
final short CONTACT_PORT = 42;
mBus.registerBusListener(new BusListener() {
@Override
public void foundAdvertisedName(String name, short transport, String namePrefix) {
        //TODO Auto - generated method stub
mBus.enableConcurrentCallbacks();
short contactPort = CONTACT_PORT;
SessionOpts sessionOpts = new SessionOpts();
Mutable.IntegerValue sessionId = new Mutable.IntegerValue();
status  = mBus.joinSessionPort(name,contactPort,sessionId, sessionOpts, new SessionListener());
        }
});
```

```
status = mBus.connect();
  if (Status.OK != status) {
      System.out.println("BusAttachment.connect() failed: " + status);
      System.exit(0);
      return;
    }

status = mBus.findAdvertisedName("com.well.known.name");
  if (Status.OK != status) {
      System.exit(0);
    }
```

在此实现第一个通信例子，首先在服务端编写如下的接口：（注：这里主要是 BusMethod 的调用）

```
package bupt.edu.drizzle.alljoynlearning;

import org.alljoyn.bus.BusException;
import org.alljoyn.bus.annotation.BusInterface;
import org.alljoyn.bus.annotation.BusMethod;
import org.alljoyn.bus.annotation.BusSignal;

@BusInterface(name = "drizzle.interface.AlljoynInterface")
public interface AllJoynInterface {
@BusMethod
public String Ping(String inStr) throws BusException;

@BusMethod
public String Concatenate(String arg1,String arg2) throws BusException;

@BusMethod
public int Fibonacci(int arg1) throws BusException;
}
```

然后，在服务端实现该接口的方法，代码如下：

```
package bupt.edu.drizzle.alljoynlearning;

import org.alljoyn.bus.BusObject;

public class ServiceBusObject implements AllJoynInterface,BusObject{
public String Ping(String inStr){
return inStr;
}
public String Concatenate(String arg1,String arg2){
return arg1 + arg2;
}
public int Fibonacci(int arg1) {
```

```
int a = 0,b = 1;
for(int i = 0;i < arg1;i++){
a = a + b;
b = a - b;
}
return a;
}
}
```

服务端的主代码保持不变，在客户端调用服务端的方法即可，在客户端的主代码中需要添加如下的代码，即可实现代码调用：

```
try{
  //返回"Hello World"
  String strPing = mInterface.Ping("Hello World");
  //返回"The program works well"
  String strCat = mInterface.Concatenate("The program","works well");
  //返回 3
  int fib = mInterface.Fibonacci(4);
}catch(BusException e){
e.printStackTrace();
}
```

注意，在调用方法前，必须先获得接口，如果强行在获得接口前调用方法会产生错误使得程序崩溃。

下面将实现总线信号，首先在服务端编写如下的接口：(其余代码不变)

```
package bupt.edu.drizzle.alljoynlearning;

import org.alljoyn.bus.BusException;
import org.alljoyn.bus.annotation.BusInterface;
import org.alljoyn.bus.annotation.BusMethod;
import org.alljoyn.bus.annotation.BusSignal;

@BusInterface(name = "drizzle.interface.AlljoynInterface")
public interface AllJoynInterface {
@BusSignal
public void buttonClicked(int id);

@BusSignal
public void playerPosition(int x, int y, int z);

@BusMethod
public String Ping(String inStr) throws BusException;

@BusMethod
public String Concatenate(String arg1, String arg2) throws BusException;
```

```
@BusMethod
public int Fibonacci(int arg1) throws BusException;
}
```

服务端实现的具体代码如下：

```
package bupt.edu.drizzle.alljoynlearning;

import org.alljoyn.bus.BusObject;

public class ServiceBusObject implements AllJoynInterface,BusObject{
public void buttonClicked(int id){}

public void playerPosition(int x,int y,int z){}

public String Ping(String inStr){
return inStr;
}
public String Concatenate(String arg1,String arg2){
return arg1 + arg2;
}
public int Fibonacci(int arg1) {
int a = 0,b = 1;
for(int i = 0;i < arg1;i++){
a = a + b;
b = a - b;
}
return a;
}
}
```

为了发送信号需要在代码中添加信号发射器，当信号发射器创建之后，就可以利用接口来发送信号了。具体代码如下：

```
package bupt.edu.drizzle.alljoynlearning;

import org.alljoyn.bus.BusAttachment;
import org.alljoyn.bus.Mutable;
import org.alljoyn.bus.SessionOpts;
import org.alljoyn.bus.SessionPortListener;
import org.alljoyn.bus.SignalEmitter;
import org.alljoyn.bus.Status;
import org.alljoyn.bus.annotation.Position;

import android.app.Activity;
import android.os.Bundle;
```

```
import android.view.Menu;
import android.view.MenuItem;

public class AlljoynActivity extends Activity {
static final short CONTACT_PORT = 42;
static int sessionId;
static String joinerName;
boolean sessionEstablished = false;

static{
 System.loadLibrary("alljoyn_java");
}

@Override
protected void onCreate(Bundle savedInstanceState){
 super.onCreate(savedInstanceState);
 setContentView(R.layout.activity_main);

BusAttachment mBus = new BusAttachment(getClass().getName(),BusAttachment.RemoteMessage.Receive);

 ServiceBusObject serviceBusObject = new ServiceBusObject();
 Status status = mBus.registerBusObject(serviceBusObject, "/service/busObjectpath");
 if(status!= Status.OK){
 System.out.println("BusAttachment.registerBusObject() failed: " + status);
    System.exit(0);
    return;
}

status = mBus.connect();
if(status!= Status.OK){
System.out.println("BusAttachment.connect() failed: " + status);
    System.exit(0);
    return;
}

Mutable.ShortValue contactPort  = new Mutable.ShortValue(CONTACT_PORT);
SessionOpts sessionOpts = new SessionOpts();
sessionOpts.traffic = SessionOpts.TRAFFIC_MESSAGES;
sessionOpts.isMultipoint = false;
sessionOpts.proximity = SessionOpts.PROXIMITY_ANY;

        status  =  mBus.bindSessionPort(contactPort, sessionOpts,
      new SessionPortListener(){
      @Override
      public boolean acceptSessionJoiner(short sessionPort,String joiner, SessionOpts sessionOpts)
{
    if (sessionPort == CONTACT_PORT) {
```

```
            return true;
        } else {
            return false;
        }
        }

        @Override
        public void sessionJoined(short sessionPort, int id, String joiner) { // 自动生成
            sessionId = id;
            joinerName = joiner;
            sessionEstablished = true;
         }
            });
        int flag = 0;
        status = mBus.requestName("com.well.known.name", flag);
        if(status!= Status.OK){
        System.out.println("BusAttachment.requestName() failed: " + status);
            System.exit(0);
            return;
        }
        status = mBus.advertiseName("com.well.known.name",
                                    SessionOpts.TRANSPORT_ANY);
        if(status!= Status.OK){
        System.out.println("BusAttachment.advertiseName() failed: " + status);
        mBus.releaseName("com.well.known.name");
        System.exit(0);
            return;
        }
        try{
        while(!sessionEstablished){
        Thread.sleep(10);
        }
             SignalEmitter emitter = new SignalEmitter(serviceBusObject, joinerName, sessionId,
    SignalEmitter.GlobalBroadcast.Off);
            AllJoynInterface signalInterface = emitter.getInterface(AllJoynInterface.class);
            signalInterface.buttonClicked(1);
            signalInterface.playerPosition(12, 1, -24);
          }catch(InterruptedException e){
          e.printStackTrace();
        }
      }
    }
```

对于客户端的代码，客户端对信号进行处理需要注册信号处理器。当注册信号处理器时，必须要实现一个类，在类里边有一个方法必须有@BusSignalHandler的注释。代码如下：

```
SignalHandler signalHandler = new SignalHandler();
status = mBus.registerSignalHandler(signalHandler);
if(status!= Status.OK){
  System.out.println("BusAttachment.registerSignalHandler()failed:" + status);
  System.exit(0);
  return;
}
Class SignalHandler{
@BusSignalHabdler(iface = "drizzle.interface.AllJoynInterface",Signal = "buttonClicked")
public void buttonClicked(int id){
   switch(id)
     case 0:
          startGame();
          break;
     case 1:
          continueGame();
          break;
     case 2:
          stopGame();
          break;
     default:
          break;
  }
}
```

对于总线信号最重要的就是准确获取接口和方法的参数，对该信号感兴趣的总线便是通过这些关键信息来获取信号，与信号本身的名字没有关系，也就是说，客户端和服务端的信号名称不必保持完全一致。

4. 无会话的信号

信号经常用来向其他成员或是多个成员发送单方消息，既不需要返回值。但是，信号发送的时候，往往都需要建立会话。然而，在有些情况下，会发现通过建立会话再发送信号实质是一种资源的浪费。比如说，当你想通知会话外的某个成员某种状态变化时，这个时候往往有两种实现方式，一种是接收方去判断自己是否对接收到的消息感兴趣从而进行处理，另一种是发送者直接向订阅过该消息的用户进行消息发送。在这需要强调一些性能限制：

(1) 无会话的信号并不能完全替换会话，这只是在传输小数据量时避免建立会话的捷径。

(2) 每个无会话的信号都会覆盖之前的，如果接收方没有接收到数据那么信号就会丢失。

(3) 无会话的信号的设计不是为了用于文件传输等大数据量的传送和游戏间频繁地更新消息，而是为了传送一些静态的消息，比如设备细节、玩家信息或是触发其他应用。

(4) 所有无会话的信号都有创建和销毁连接的开销，如果用得不合理会造成不必要的网络开销。

发送无会话的信号与发送普通的信号并没有太大的区别，只要把表示信号无会话的标志设为1，然后把 sessionID 设置成 0 即可，因为发送信号的时候不要求在会话中，同样也不需要名字。

下面给出服务端无会话的信号源码，用户界面如图 4-9 所示。

图 4-9 Sessionless Service 用户界面

```
package org.alljoyn.bus.samples.slservice;

import org.alljoyn.bus.BusException;
import org.alljoyn.bus.annotation.BusInterface;
import org.alljoyn.bus.annotation.BusSignal;

@BusInterface(name = "org.alljoyn.bus.test.sessions")
public interface SimpleInterface {
    @BusSignal
    public void Chat(String inStr) throws BusException;
}

package org.alljoyn.bus.samples.slservice;

import org.alljoyn.bus.BusAttachment;
import org.alljoyn.bus.BusListener;
import org.alljoyn.bus.BusObject;
import org.alljoyn.bus.Mutable;
import org.alljoyn.bus.SessionOpts;
import org.alljoyn.bus.SessionPortListener;
import org.alljoyn.bus.Status;
```

```
import org.alljoyn.bus.annotation.BusSignalHandler;

import android.app.Activity;
import android.os.Bundle;
import android.os.Handler;
import android.os.HandlerThread;
import android.os.Looper;
import android.os.Message;
import android.util.Log;
import android.view.Menu;
import android.view.MenuInflater;
import android.view.MenuItem;
import android.widget.ArrayAdapter;
import android.widget.ListView;
import android.widget.Toast;

public class Service extends Activity {
    /* 加载原始 alljoyn_java 库. */
    static {
        System.loadLibrary("alljoyn_java");
    }

    private static final String TAG = "SessionlessService";

    private static final int MESSAGE_PING = 1;
    private static final int MESSAGE_PING_REPLY = 2;
    private static final int MESSAGE_POST_TOAST = 3;

    private ArrayAdapter<String> mListViewArrayAdapter;
    private ListView mListView;
    private Menu menu;

    private Handler mHandler = new Handler() {
        @Override
        public void handleMessage(Message msg) {
            switch (msg.what) {
            case MESSAGE_PING:
                String ping = (String) msg.obj;
                mListViewArrayAdapter.add("Ping: " + ping);
                break;
            case MESSAGE_PING_REPLY:
                String reply = (String) msg.obj;
                mListViewArrayAdapter.add("Reply: " + reply);
                break;
            case MESSAGE_POST_TOAST:
          Toast.makeText(getApplicationContext(), (String) msg.obj, Toast.LENGTH_LONG).show();
                break;
            default:
                break;
            }
```

```
        }
    };

    /* 服务的 AllJoyn 对象 */
    private SimpleService mSimpleService;

    /* 用于调用 AllJoyn 方法的 Handler. 参见 onCreate(). */
    private Handler mBusHandler;

    @Override
    public void onCreate(Bundle savedInstanceState) {
        super.onCreate(savedInstanceState);
        setContentView(R.layout.main);

        mListViewArrayAdapter = new ArrayAdapter<String>(this, R.layout.message);
        mListView = (ListView) findViewById(R.id.ListView);
        mListView.setAdapter(mListViewArrayAdapter);

  /*使得所有 AllJoyn 调用通过独立的 handler 线程防止阻塞 UI. */
        HandlerThread busThread = new HandlerThread("BusHandler");
        busThread.start();
        mBusHandler = new BusHandler(busThread.getLooper());
    /* 开始服务 */
        mSimpleService = new SimpleService();
        mBusHandler.sendEmptyMessage(BusHandler.ADDMATCH);
    }

    @Override
    public boolean onCreateOptionsMenu(Menu menu) {
        MenuInflater inflater = getMenuInflater();
        inflater.inflate(R.menu.mainmenu, menu);
        this.menu = menu;
        return true;
    }

    @Override
    public boolean onOptionsItemSelected(MenuItem item) {
        // Handle item selection
        switch (item.getItemId()) {
        case R.id.quit:
            finish();
            return true;
        default:
            return super.onOptionsItemSelected(item);
        }
    }

    @Override
    protected void onDestroy() {
        super.onDestroy();
```

```
    /* 断开以防止任何资源泄露. */
        mBusHandler.sendEmptyMessage(BusHandler.DISCONNECT);
    }

    /* AllJoyn 服务类. 用于实现 SimpleInterface. */
    class SimpleService implements SimpleInterface, BusObject {
```

/* 信号 Handler 代码,具有接口名称和信号名称,由客户端发送,打印接收到的 UI 信号参数的字符串.此代码也打印从用户接收到的字符串和返回用户屏幕的字符串. */

```
        @BusSignalHandler(iface = "org.alljoyn.bus.test.sessions", signal = "Chat")
        public void Chat(String inStr) {
            Log.i(TAG, "Signal : " + inStr);
            sendUiMessage(MESSAGE_PING, inStr);
        }

        /* 帮助功能,用于向 UI 线程发送信息. */
        private void sendUiMessage(int what, Object obj) {
            mHandler.sendMessage(mHandler.obtainMessage(what, obj));
        }
    }

    /* 此类会处理所有的 AllJoyn 调用. 参见 onCreate(). */
    class BusHandler extends Handler {
    /* 用于广播和 well - known 的名称,此名称对于总线和网络必须唯一,此名称使用反向 URL 命
        名. */
        private static final String SERVICE_NAME = "org.alljoyn.bus.test.sessions";
        private static final short CONTACT_PORT = 42;
        private BusAttachment mBus;
        /* 从 UI 发送给 BusHandler 的消息. */
        public static final int ADDMATCH = 1;
        public static final int DISCONNECT = 2;
        public BusHandler(Looper looper) {
        super(looper);
        }
        @Override
        public void handleMessage(Message msg) {
            switch (msg.what) {
            /* 连接总线,开始服务. */
            case ADDMATCH: {
             org.alljoyn.bus.alljoyn.DaemonInit.PrepareDaemon(getApplicationContext());
```

/* 所有通过 AllJoyn 的通信始于总线附件,它需要一个名字.除了内部安全,实际的名字并不重要,默认使用类名.默认状态下 AllJoyn 不允许设备间的通信(及总线到总线的通信)第二个参数必须设置为接收才允许设备间通信. */

```
mBus = new BusAttachment(getPackageName(), BusAttachment.RemoteMessage.Receive);
      /* 创建总线监听类 */
        mBus.registerBusListener(new BusListener());
```

/* 为了使其他 AllJoyn 端使用服务,首先要在特定的路径上注册总线附件中的一个总线对象.现在的服务是 SimpleService,总线对象在"/SimpleService"路径 */

```
        Status status = mBus.registerBusObject(mSimpleService, "/SimpleService");
```

```
            logStatus("BusAttachment.registerBusObject()", status);
            if (status != Status.OK) {
                finish();
                return;
            }
/* 使服务在其他 AllJoyn 端可用,下一步是将总线附件通过 well-known 连接总线. */
/* 连接总线附件到总线 */
    status = mBus.connect();
    logStatus("BusAttachment.connect()", status);
    if (status != Status.OK) {
        finish();
        return;
        }
/* 注册信号,实现内部的 SimpleService */
    status = mBus.registerSignalHandlers(mSimpleService);
    if (status != Status.OK) {
        Log.i(TAG, "Problem while registering signal handler");
        return;
    }
        status = mBus.addMatch("sessionless='t'");
         if (status == Status.OK) {
                Log.i(TAG,"AddMatch was called successfully");
            }
                    break;
            }
    /* 释放连接需要的所有资源. */
    case DISCONNECT: {
    /* 从总线断开之前,注销总线对象非常重要,否则导致资源泄露 */
                    mBus.unregisterBusObject(mSimpleService);
                    mBus.disconnect();
                    mBusHandler.getLooper().quit();
                    break;
                }

                default:
                    break;
                }
            }
        }
    private void logStatus(String msg, Status status) {
        String log = String.format("%s: %s", msg, status);
        if (status == Status.OK) {
            Log.i(TAG, log);
        } else {
         Message toastMsg = mHandler.obtainMessage(MESSAGE_POST_TOAST, log);
            mHandler.sendMessage(toastMsg);
            Log.e(TAG, log);
        }
    }
}
```

客户端代码如下，用户界面如图 4-10 所示。

图 4-10 Sessionless Client 用户界面

```
package org.alljoyn.bus.samples.slclient;

import org.alljoyn.bus.BusException;
import org.alljoyn.bus.annotation.BusInterface;
import org.alljoyn.bus.annotation.BusSignal;

@BusInterface(name = "org.alljoyn.bus.test.sessions")
public interface SimpleInterface {
    @BusSignal
    public void Chat(String inStr) throws BusException;
}

package org.alljoyn.bus.samples.slclient;

import org.alljoyn.bus.BusAttachment;
import org.alljoyn.bus.BusException;
import org.alljoyn.bus.BusListener;
import org.alljoyn.bus.BusObject;
import org.alljoyn.bus.Mutable;
import org.alljoyn.bus.ProxyBusObject;
import org.alljoyn.bus.SessionListener;
```

```
import org.alljoyn.bus.SessionOpts;
import org.alljoyn.bus.SignalEmitter;
import org.alljoyn.bus.Status;

import android.app.Activity;
import android.app.ProgressDialog;
import android.os.Bundle;
import android.os.Handler;
import android.os.HandlerThread;
import android.os.Looper;
import android.os.Message;
import android.util.Log;
import android.view.KeyEvent;
import android.view.Menu;
import android.view.MenuInflater;
import android.view.MenuItem;
import android.view.inputmethod.EditorInfo;
import android.widget.ArrayAdapter;
import android.widget.EditText;
import android.widget.ListView;
import android.widget.TextView;
import android.widget.Toast;

public class Client extends Activity {
    /* 加载原始的 alljoyn_java 库. */
    static {
        System.loadLibrary("alljoyn_java");
    }

    private static final int MESSAGE_PING = 1;
    private static final int MESSAGE_PING_REPLY = 2;
    private static final int MESSAGE_POST_TOAST = 3;
    private static final int MESSAGE_START_PROGRESS_DIALOG = 4;
    private static final int MESSAGE_STOP_PROGRESS_DIALOG = 5;

    private static final String TAG = "SessionlessClient";

    private EditText mEditText;
    private ArrayAdapter<String> mListViewArrayAdapter;
    private ListView mListView;
    private Menu menu;

    /* 用于调用 AllJoyn 方法的 Handler,参见 onCreate(). */
    private BusHandler mBusHandler;

    private ProgressDialog mDialog;
```

```
    private Handler mHandler = new Handler() {
        @Override
        public void handleMessage(Message msg) {
            switch (msg.what) {
            case MESSAGE_PING:
                String ping = (String) msg.obj;
                mListViewArrayAdapter.add("Ping: " + ping);
                break;
            case MESSAGE_PING_REPLY:
                String ret = (String) msg.obj;
                mListViewArrayAdapter.add("Reply: " + ret);
                mEditText.setText("");
                break;
            case MESSAGE_POST_TOAST:
Toast.makeText(getApplicationContext(), (String) msg.obj, Toast.LENGTH_LONG).show();
                break;
            case MESSAGE_START_PROGRESS_DIALOG:
mDialog = ProgressDialog.show(Client.this,"","Finding Simple Service.\nPlease wait...",true,
true);
                break;
            case MESSAGE_STOP_PROGRESS_DIALOG:
                mDialog.dismiss();
                break;
            default:
                break;
            }
        }
    };

    @Override
    public void onCreate(Bundle savedInstanceState) {
        super.onCreate(savedInstanceState);
        setContentView(R.layout.main);

        mListViewArrayAdapter = new ArrayAdapter<String>(this, R.layout.message);
        mListView = (ListView) findViewById(R.id.ListView);
        mListView.setAdapter(mListViewArrayAdapter);

        mEditText = (EditText) findViewById(R.id.EditText);
        mEditText.setOnEditorActionListener(new TextView.OnEditorActionListener() {
            public boolean onEditorAction(TextView view, int actionId, KeyEvent event) {
                if (actionId == EditorInfo.IME_NULL
                        && event.getAction() == KeyEvent.ACTION_UP) {
                    /* 调用远程对象的 ping 方法. */
Message msg = mBusHandler.obtainMessage(BusHandler.PING, view.getText().toString());
                    mBusHandler.sendMessage(msg);
                }
```

```
                return true;
            }
        });

    /* 所有的 AllJoyn 调用通过独立的 handler 线程,防止 UI 阻塞. */
        HandlerThread busThread = new HandlerThread("BusHandler");
        busThread.start();
        mBusHandler = new BusHandler(busThread.getLooper());

        /* 连接到 AllJoyn 对象. */
        mBusHandler.sendEmptyMessage(BusHandler.CONNECT);
        //mHandler.sendEmptyMessage(MESSAGE_START_PROGRESS_DIALOG);
    }

    @Override
    public boolean onCreateOptionsMenu(Menu menu) {
        MenuInflater inflater = getMenuInflater();
        inflater.inflate(R.menu.mainmenu, menu);
        this.menu = menu;
        return true;
    }

    @Override
    public boolean onOptionsItemSelected(MenuItem item) {
        // Handle item selection
        switch (item.getItemId()) {
        case R.id.quit:
            finish();
            return true;
        default:
            return super.onOptionsItemSelected(item);
        }
    }

    @Override
    protected void onDestroy() {
        super.onDestroy();
        /* 断开防止资源泄露. */
        mBusHandler.sendEmptyMessage(BusHandler.DISCONNECT);
    }

    class SignalService implements SimpleInterface, BusObject {
        /* ping 方法的空实现,此方法只是用于信号发射,不直接调用 */
        public void Chat(String str) throws BusException {
        }
    }
```

```
/* 此类用于处理所有的 AllJoyn 调用,参见 onCreate(). */
class BusHandler extends Handler {
    private static final String SERVICE_NAME = "org.alljoyn.bus.samples.simple";
    private static final short CONTACT_PORT = 42;

    private BusAttachment mBus;
    private ProxyBusObject mProxyObj;
    private SimpleInterface mSimpleInterface;
    SignalEmitter emitter;

    private int mSessionId;
    private boolean mIsInASession;
    private boolean mIsConnected;
    private boolean mIsStoppingDiscovery;

    /* 从 UI 发送到 BusHandler 的消息. */
    public static final int CONNECT = 1;
    public static final int DISCONNECT = 3;
    public static final int PING = 4;

    private SignalService mySignalService = new SignalService();
    private SimpleInterface mSignalSimpleInterface = null;

    public BusHandler(Looper looper) {
        super(looper);

        mIsInASession = false;
        mIsConnected = false;
        mIsStoppingDiscovery = false;
    }
    @Override
    public void handleMessage(Message msg) {
        switch(msg.what) {
   /* 连接到实现 SimpleInterface 远程的对象实例. */
        case CONNECT: {
  org.alljoyn.bus.alljoyn.DaemonInit.PrepareDaemon(getApplicationContext());
   mBus = new BusAttachment(getPackageName(), BusAttachment.RemoteMessage.Receive);
  mBus.registerBusListener(new BusListener() {
  @Override
  public void foundAdvertisedName(String name, short transport, String namePrefix) {
     logInfo(String.format("MyBusListener.foundAdvertisedName(%s, 0x%04x, %s)",
name, transport, namePrefix));
  }
  });

  Status status = mBus.registerBusObject(mySignalService, "/SignalService");
          if (Status.OK != status) {
```

```
                logStatus("BusAttachment.registerBusObject()", status);
                return;
            }
            status = mBus.connect();
            logStatus("BusAttachment.connect()", status);
            if (Status.OK != status) {
                finish();
                return;
            }
            break;
        }

        case DISCONNECT: {
            mIsStoppingDiscovery = true;
            if (mIsConnected) {
                Status status = mBus.leaveSession(mSessionId);
                logStatus("BusAttachment.leaveSession()", status);
            }
            mBus.disconnect();
            getLooper().quit();
            break;
        }
  /* 通过代理总线对象调用服务端的 Ping 方法. 这也会打印发送到服务端和用户接口的字符
     串. */
case PING: {
  try {
   if(emitter == null){
     emitter = new SignalEmitter(mySignalService, 0, SignalEmitter.GlobalBroadcast.Off);
     emitter.setSessionlessFlag(true);
     mSignalSimpleInterface = emitter.getInterface(SimpleInterface.class);
     }
   if (mSignalSimpleInterface != null) {
     sendUiMessage(MESSAGE_PING, msg.obj);
     mSignalSimpleInterface.Chat((String) msg.obj);
    }
  } catch (BusException ex) {
        logException("SimpleInterface.Ping()", ex);
  }
         break;
  }
default:
break;
}
         }
         /* 帮助功能,发送消息到 UI 线程. */
         private void sendUiMessage(int what, Object obj) {
             mHandler.sendMessage(mHandler.obtainMessage(what, obj));
```

```
        }
    }
    private void logStatus(String msg, Status status) {
        String log = String.format("%s: %s", msg, status);
        if (status == Status.OK) {
            Log.i(TAG, log);
        } else {
        Message toastMsg = mHandler.obtainMessage(MESSAGE_POST_TOAST, log);
            mHandler.sendMessage(toastMsg);
            Log.e(TAG, log);
        }
    }
    private void logException(String msg, BusException ex) {
        String log = String.format("%s: %s", msg, ex);
        Message toastMsg = mHandler.obtainMessage(MESSAGE_POST_TOAST, log);
        mHandler.sendMessage(toastMsg);
        Log.e(TAG, log, ex);
    }
    /*向安卓日志中打印状态和结果,如果是所期望的结果,则打印到日志中,否则,打印到错误日
志,并向用户屏幕发送消息.*/
    private void logInfo(String msg) {
        Log.i(TAG, msg);
    }
}
```

总体来说,在不针对会话的信号中,用户需要记住的是该会话所用的ID是0,标识符为不针对会话的信号。客户端代码类似如下:

```
SignalEmitter emitter = new SignalEmitter(mySignalService, 0, SignalEmitter.GlobalBroadcast.Off);
emitter.setSessionlessFlag(true);
```

服务端如果想接收这些信号,可以通过添加addMatch()方法,将信号规则导入,代码类似如下:

```
Status status = mBus.addMatch("interface = 'my.signal.Service',sessionless = 't'");
```

5. AllJoyn 的属性

AllJoyn的属性可以看作是AllJoyn方法的特例,有关AllJoyn的属性方法必须以get或set开始。如果起始字母是get,那么函数必须是无参的且返回一个单值;如果是set开始的,则必须有一个参数,返回类型是void。参数可以是数组或结构等复杂类型。总之,AllJoyn属性的使用看起来就像是AllJoyn方法的使用。代码如下所示:

```
package bupt.edu.drizzle.alljoynlearning;


import org.alljoyn.bus.BusException;
import org.alljoyn.bus.annotation.BusInterface;
import org.alljoyn.bus.annotation.BusMethod;
```

```
import org.alljoyn.bus.annotation.BusProperty;
import org.alljoyn.bus.annotation.BusSignal;

@BusInterface(name = "drizzle.interface.AlljoynInterface")
public interface AllJoynInterface {
@BusProperty
public void setText(String text);

@BusProperty
public String getText();

@BusSignal
public void buttonClicked(int id);

@BusSignal
public void playerPosition(int x,int y,int z);

@BusMethod
public String Ping(String inStr) throws BusException;

@BusMethod
public String Concatenate(String arg1,String arg2) throws BusException;

@BusMethod
public int Fibonacci(int arg1) throws BusException;
}
//服务总线对象文件
package bupt.edu.drizzle.alljoynlearning;
import org.alljoyn.bus.BusObject;
public class ServiceBusObject implements AllJoynInterface,BusObject{
private String text;
@Override
public void setText(String text) {
this.text = text;
}
@Override
public String getText() {
return text;
}
public void buttonClicked(int id){}
public void playerPosition(int x,int y,int z){}
public String Ping(String inStr){
return inStr;
}
public String Concatenate(String arg1,String arg2){
```

```
return arg1 + arg2;
}
public int Fibonacci(int arg1) {
int a = 0,b = 1;
for(int i = 0;i < arg1;i++){
a = a + b;
b = a - b;
}
return a;
}
}
```

其余部分都与普通 AllJoyn 的方法一致，服务端代码不变，客户端正常调用即可，如下所示：

```
mInterface.setText("Hello, Drizzle");
String text = mInterface.getText();
```

4.1.4 Android 开发注意事项

1. 用户界面线程和 AllJoyn 总线线程

当 Android 开启一个新的行为时，会开启一个新的线程来负责将该行为的用户界面元素显示在屏幕上。此外，所有添加在该行为的代码也会运行在该线程上。Android 系统总是希望用户界面可以随时响应，如果在该线程中调用的某个方法需要耗费大量的处理时间，那么，在处理该函数的时候，用户界面就无法响应用户的操作，就会导致 Android 应用程序崩溃。

AllJoyn 的应用程序一般来说都符合客户端/服务端的模型，应用不是作为服务端提供某项服务，就是作为客户端在申请某项服务。服务端可以和客户端在同一个设备上，也可以不在同一个设备上。由于不知道客户端什么时候会调用服务端的方法，因此，建议将所有调用 AllJoyn 方法或是信号的代码放在独立于主线程的新线程中。

具体的实现方法是，每次调用和 AllJoyn 框架相关的方法和信号时都创建一个新的线程，这可能会创建许多线程，而每个线程都会有自己相应的内存。如果创建了过多的线程，应用可能很快就会耗尽内存从而崩溃，尤其是在游戏的开发中频繁地使用信号来更新游戏的状态。为了避免每一次调用 AllJoyn 方法或是信号都创建一个新的线程，建议创建一个线程并在其中创建一个 Handler 用来专门处理 AllJoyn 的方法和信号调用。在创建一个 Handler 的时候，用 Looper 作为它的初始化参数，代码如下所示：

```
class BusHandler extends Handler {
    public BusHandler(Looper looper) {
            super(looper);
    }
@Override
```

```
            public void handleMessage(Message msg) {
                switch(msg.what) {
                    case :
                        break;
                    default:
                        break;
                }
        }
    }
```

创建了这个BusHandler以后，就可以通过接收到的message用switch的选择来调用不同的AllJoyn方法和信号。启动BusHandler可以通过如下的代码：

```
BusHandler mBusHandler;
HandlerThread busThread = new HandlerThread("BusHandler");
busThread.start();
mBusHandler = new BusHandler(busThread.getLooper());
```

2. Android广播发现配置

一般来说，AllJoyn的框架会自动根据不同的平台进行不同的处理，使得近邻设备能发现彼此，程序员不需要去考虑这些复杂的底层结构。同样地，在Android开发中，程序员也不需要去考虑这些方面，只需保证在开发应用程序的时候获取权限条件，开发的应用程序便能无缝地实现发现和广播功能。

由于AllJoyn的框架是通过多播来实现广播和发现功能的，因此，Android的应用程序也必须开启多播的权限，由于在Android开发中可以通过修改AndroidManifest.xml来修改权限配置，为了开启多播，只需在AndroidManifest.xml中添加如下几行：

```
<uses-permission android:name="android.permission.INTERNET"></uses-permission>
<uses-permission android:name="android.permission.CHANGE_WIFI_MULTICAST_STATE">
</uses-permission>
```

考虑到在一些公共场合，比如咖啡厅、超市等地方，为了保证用户的安全性，可能在开启无线的时候在路由上设置了无线隔离，即只允许接入的设备访问互联网，而不允许接入该路由的设备进行彼此间的访问。显然，无线隔离的开启会影响AllJoyn服务和发现的功能，为了解决这个问题，在WiFi环境中的安卓开发还需要添加下边的两个权限来解决无线隔离的问题，这两个权限可以帮助用户使用ICE来解决无线隔离的问题，它们会使得AllJoyn的框架去寻找无线接入点并去检测是否位于其他设备的近邻区域，具体代码如下：

```
<uses-permission android:name="android.permission.ACCESS_WIFI_STATE"></uses-permission>
<uses-permission android:name="android.permission.CHANGE_WIFI_STATE"></uses-permission>
```

4.2　Base Service 应用

下边给出 Android 中 Base Service 的运行实例，分别包括 Notification/通知、Control Panel /控制面板、Configuration/配置和 Onboarding。

4.2.1　Notification

Android 的 NotificationServiceUISample 中提供了实现 Notification 服务框架的应用，允许用户来发送和接收通知。

（1）在两个或三个以上的设备中下载 NotificationServiceUISample. apk，并且运行应用，如图 4-11 所示。

（2）如果想充当通知接收端，那么选择 Consumer，如图 4-12 所示。

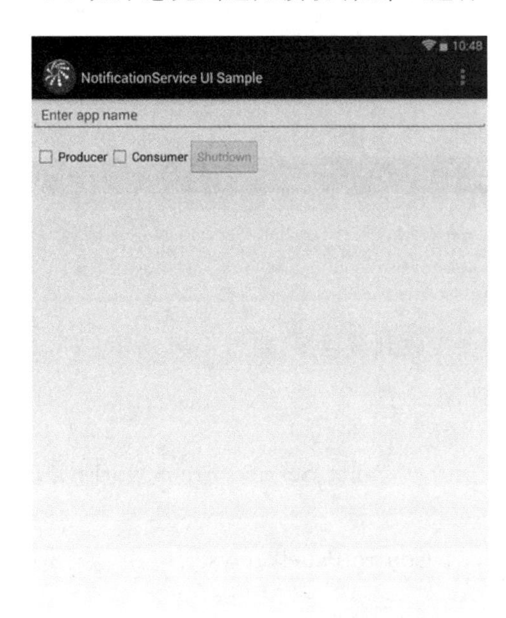

图 4-11　Notification Service 用户界面

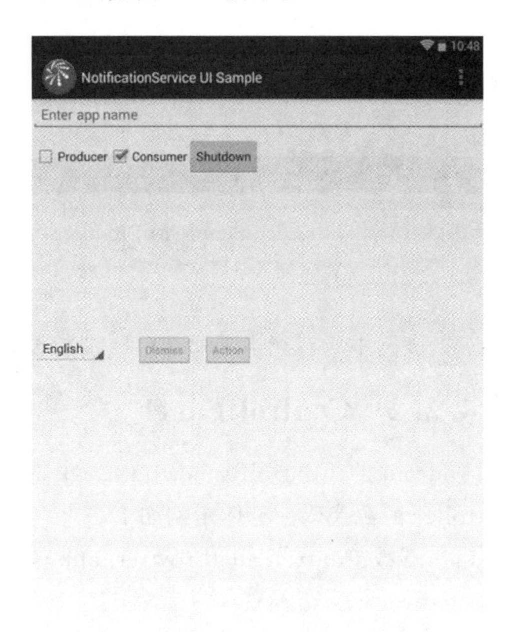

图 4-12　Notification Service 的 Consumer 模式界面

（3）如果作为发送通知的设备，选择 Producer，如图 4-13 所示。

（4）在发送端填写想发送的内容，按下 Send 按钮，如图 4-14 所示。

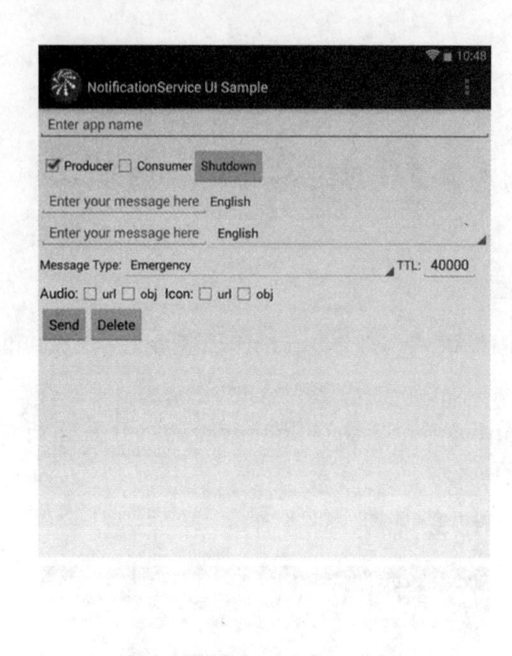

图 4-13 Notification Service 的 Producer 模式界面

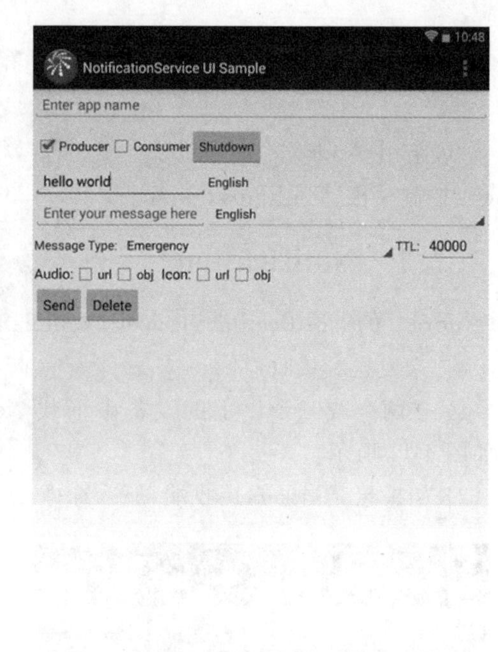

图 4-14 Notification Service 的发送测试

(5) 该网中所有充当了通知接收端的设备都会接收到该通知,如图 4-15 所示。

4.2.2 Control Panel

Android 的 ControlPanelBrowser 中应用 Control Panel Service Framework 实现了 Controller 的源代码。具体示例如下。

(1) 下载 ControlPanelBrowser.apk,然后开启 ControlPanelBrowser 应用,如图 4-16 所示。

(2) 如果在近邻网中出现了 Controllee 设备,那么该设备会显示在屏幕上,如图 4-17 所示。

(3) 选定 Controlee 设备,该设备的可控组件就会显示在屏幕上,如图 4-18 所示。

4.2.3 Configuration

Android 的 ConfigClientSample 提供了一个实现 Config 客户端的实现案例。

(1) 下载 ConfigClientSample.apk,并运行 Config Client,如图 4-19 所示。

(2) 在另一个设备上运行 Onboarding SDK 中的 AboutConfOnbServer.Apk,并将该设备连接到第一个设备所在的网络中,该设备实现了 config Service。

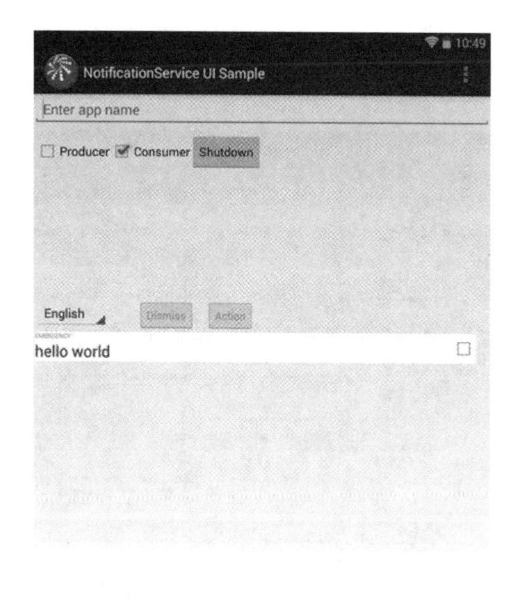

图 4-15 Notification Service 的接收测试

图 4-16 ControlPanelBrowser 的用户界面

图 4-17 ControlPanelBrowser 发现设备

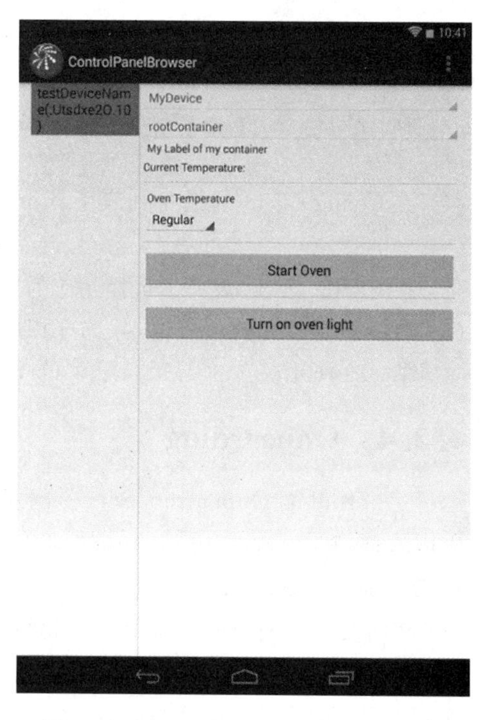

图 4-18 ControlPanelBrowser 选定设备

(3) 在运行 Config Client 的设备上，单击 Connect to AllJoyn，并单击 OK，如图 4-20 所示。

图 4-19　ConfigClient 的用户界面

图 4-20　ConfigClient 连接 Alljoyn

(4) 在 Config Client 的设备列表上，Config Service 的名字此时应该显现出来，如图 4-21 所示。

(5) 在 Config Client 设备上选择相应的 Config Service 的条目进行配置，如图 4-22 所示。

(6) 改变想要改变的设置值，并选择相应的复选框，按下 Save 按钮后，相应的配置即会生效，如图 4-23 所示。

4.2.4　Onboarding

运行 Android 端 OnboardingServer 的实例，提供了一个使用 OnboardingServer 服务的一个应用软件，和 OnboardingClient 端配合，使之实现连接入网。

1. OnboardingServer

(1) 在将要接入网络的设备上开启无线热点，在 Settings > Wireless & networks 菜单下，选择 Tethering & portable hotspot。在某些设备的默认情况下，这将会建立名称为 AndroidAP 的无线热点，如图 4-24 所示。

图 4-21 ConfigClient 找到设备

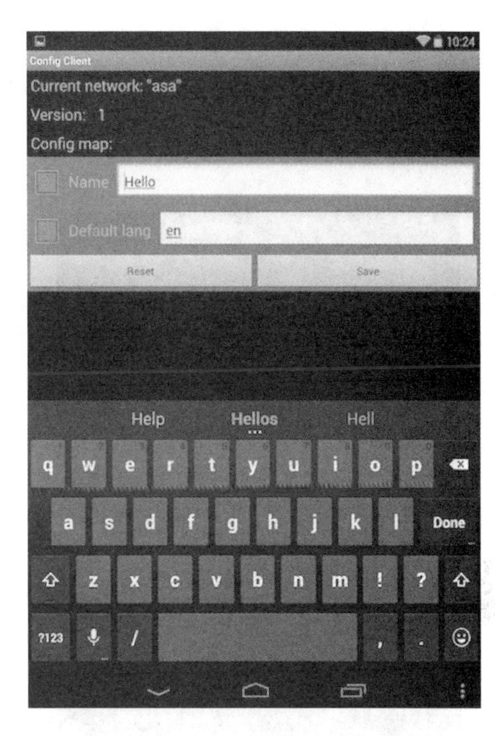

图 4-22 ConfigClient 的配置界面

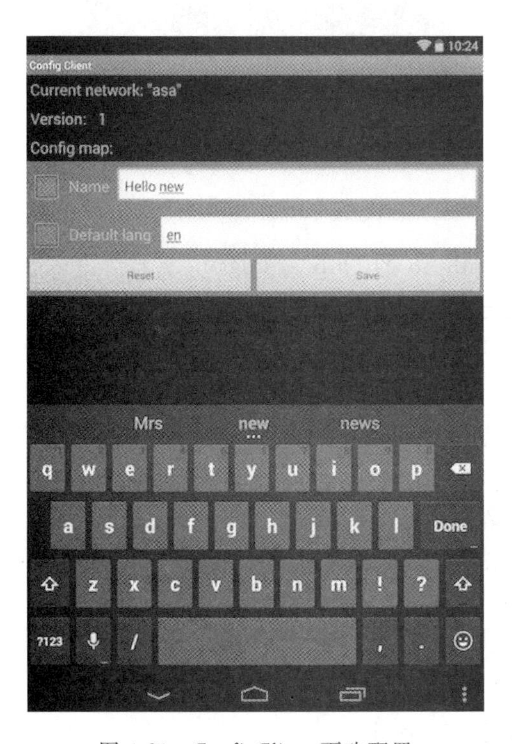

图 4-23 ConfigClient 更改配置

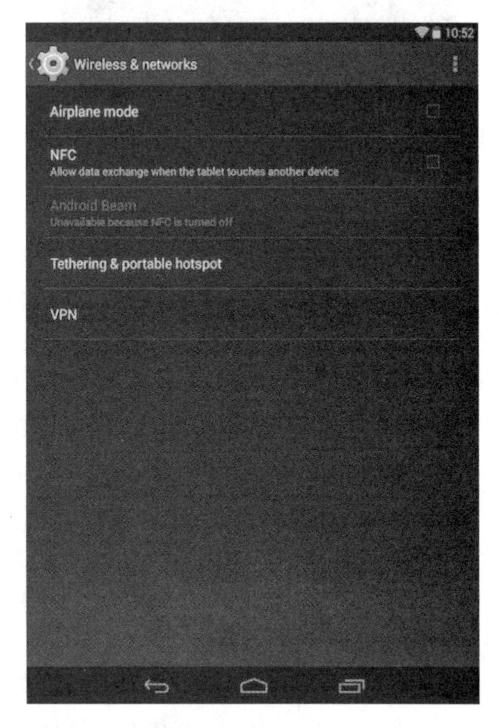

图 4-24 Android 手机开启个人热点

(2) 完成热点设置,如图 4-25 所示。

(3) 装载 AboutConfOnbServer.apk,启动 Onboarding Server。这时,无线热点标题栏将会显示 Tethering or hotspot active 的字样,说明此设备已经做好连入网络的准备了,如图 4-26 所示。

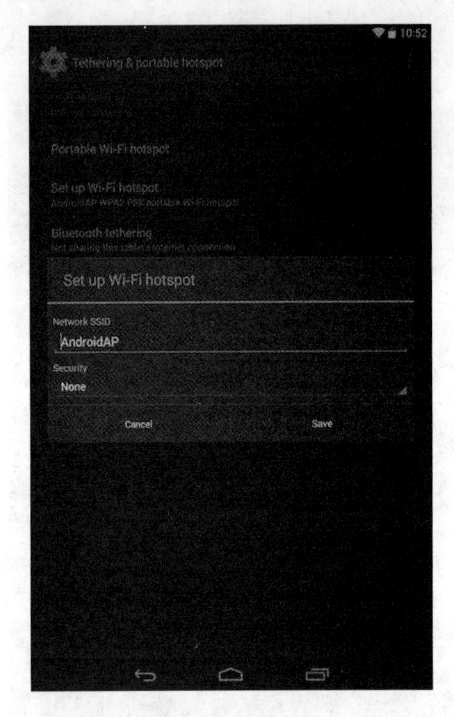

图 4-25　Android 手机配置个人热点

图 4-26　运行 OnboardingClient

2. OnboardingClient

运行 Android 端 OnboardingClient 示例,Android 的 OnboardingClient 提供了一个使用 Onboarding Client 的应用程序,以此来实现与其他设备的网络连入。

(1) 装载 OnboardingSampleClient.apk 并启动 Onboarding Client,如图 4-27 所示。

(2) 单击 Scan WIFI networks 按钮,如图 4-28 和图 4-29 所示。

(3) 选择已经完成设置的无线热点,该热点所在设备上的 Onboarding Server 已经运行,若有需要键入密码,之后单击 OK,如图 4-30 所示。

(4) 单击 Connect to AllJoyn 按钮,之后在弹出的对话框里单击 OK,这里的 realm name 对连接没有影响,如图 4-31 和图 4-32 所示。

(5) 此时一组 AllJoyn 应用将会列出,长按 Hello 应用,选择 Onboarding,如图 4-33 和图 4-34 所示。

(6) 此时键入将要加入的网络的信息,如图 4-35 所示。

单击 Configure 按钮,配置接入点信息,如图 4-36 所示。

图 4-27　OnboardingClient 用户界面

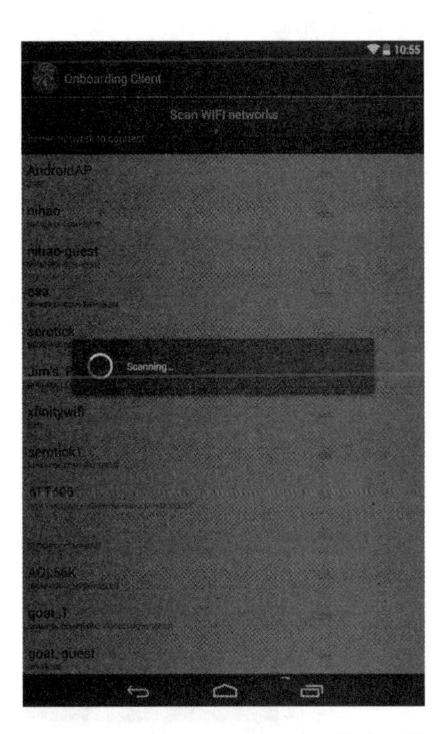

图 4-28　OnboardingClient 应用搜索网络

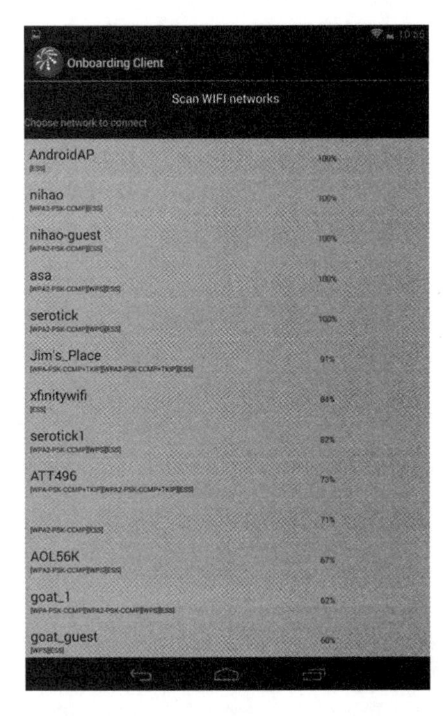

图 4-29　OnboardingClient 找到网络

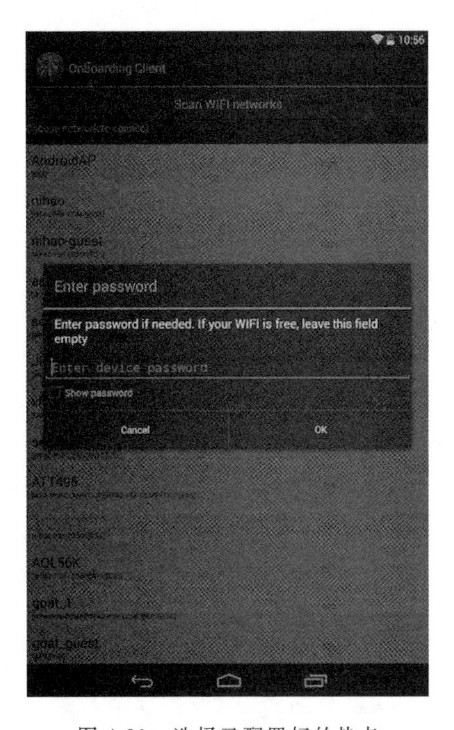

图 4-30　选择已配置好的热点

图 4-31　连入所选网络

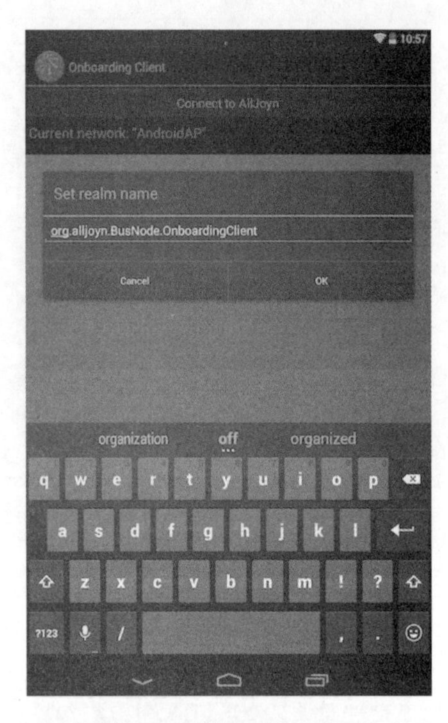

图 4-32　设置 realm name

图 4-33　显示 AllJoyn 应用

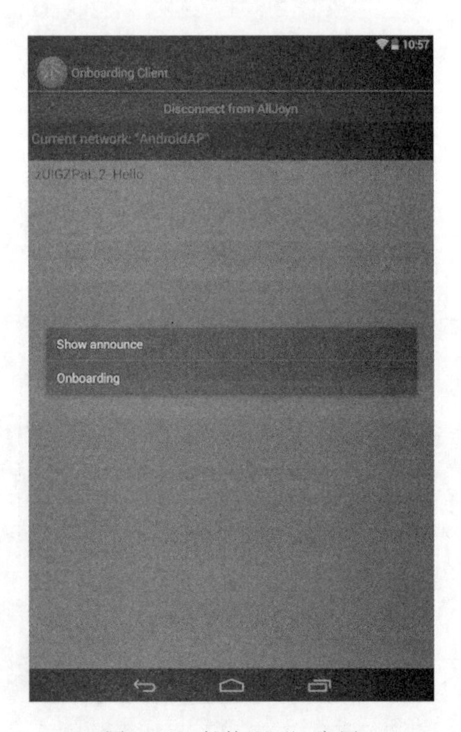

图 4-34　长按 Hello 应用

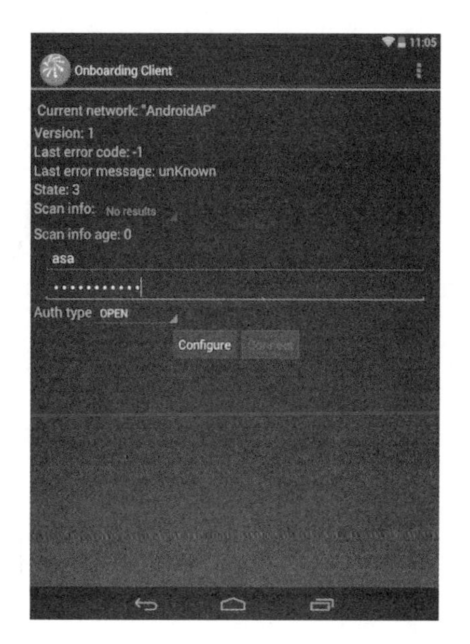

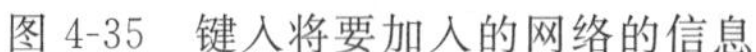

图 4-35　键入将要加入的网络的信息

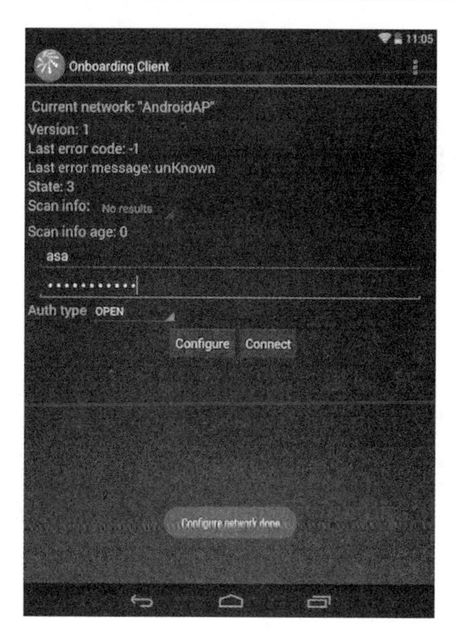

图 4-36　配置接入点信息

单击 Connect，使设备连接到已配置好信息的接入点，如图 4-37 所示。

如果配置信息合理，另一台运行 Onboarding Server 的设备会连接到之前配置好的接入点上，同时，通知栏的无线热点标志会消失，无线网络标志会出现，如图 4-38 所示。

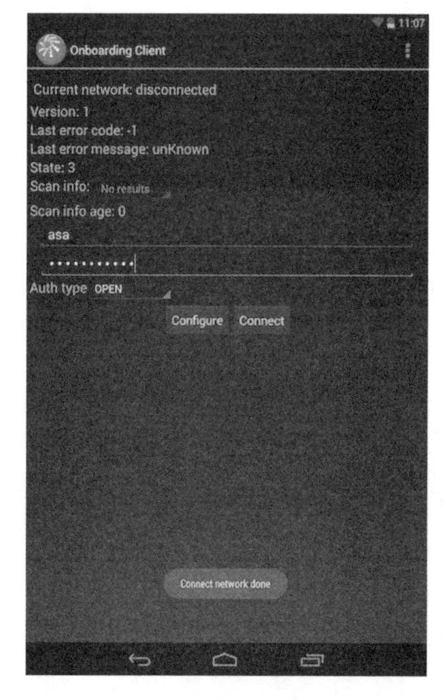

图 4-37　连接到已配置好信息的接入点

图 4-38　设备连接到之前配置好的接入点

第5章 基于 Windows 的开发方法

本章将从 Windows 平台入手，介绍在此平台上的开发方法，包括配置 Windows 环境，搭建 AllJoyn 框架、AllJoyn 路由，单元测试以及应用程序实例。

5.1 配置 Windows 环境

本节描述如何配置微软 Windows 平台来搭建 AllJoyn 框架，配置过程包括必要软件工具的安装。

5.1.1 软件工具的安装

1. Microsoft Visual Studio 2012

搭建编译环境，用于编译 C++语言编写的 AllJoyn 核心部分，以及 C 语言和 C++语言编写的示例部分。

2. Python 2.7.3 for Windows

即使在 64 位系统下也要安装 32 位版本的 Python，用于为 SCons 提供编译环境。

3. SCons 2.3.4 for Windows

Scons 是整个 AllJoyn 项目使用的编译工具，是用 Python 写的一种自动化构建工具。

4. openSSL v1.0.1e for Windows

是为 AllJoyn 通信提供安全及数据完整性的一种安全协议。

5. Msysgit version 1.8.1.2 for Windows

用于搭建在 Windows 平台下的 Git(版本控制系统)客户端。

6. Uncrustify version 0.57 for Windows

代码排版工具，是 Microsoft Visual Studio 的一款插件。

7. Doxygen for Windows

Doxygen 用于从源代码生成文档，是个可选工具，在生成文档时是必需的。

8. Graphviz 2.30.1 for Windows

Graphviz 用于表示抽象图及网络等的结构信息。

9. Java Development Kit

JDK 需要构建 Java 绑定，构建 Java 绑定是可选的，但是如果想建立它们，需要 JDK。

10. Apache Ant

Apache Ant 是一个 Java 库和构建软件的命令行工具，这个工具是可选的，但需要运行 junit 测试。

5.1.2　添加环境变量

打开环境变量设置框，在用户变量框和系统变量框内添加各个软件的环境变量：

(1) 单击开始。

(2) 右击计算机。

(3) 选择属性。

(4) 在左边窗格中选择高级系统设置(Windows 7)。

(5) 选择 Advanced 选项卡。

(6) 单击环境变量，如图 5-1 所示。

(7) 在用户变量中寻找“PATH”变量，(如果没有“PATH”变量，则新建一个)添加下列路径到‘PATH’变量，用分号隔开(路径为各项目的安装路径)，如图 5-2 所示。

```
C:\Python27;C:\Python27\Scripts;C:\Program Files\doxygen\bin;
C:\Program Files\Graphviz2.30.1\bin;C:\OpenSSL-Win32\bin;
C:\Program Files\Git\cmd;C:\uncrustify-0.57-win32;
```

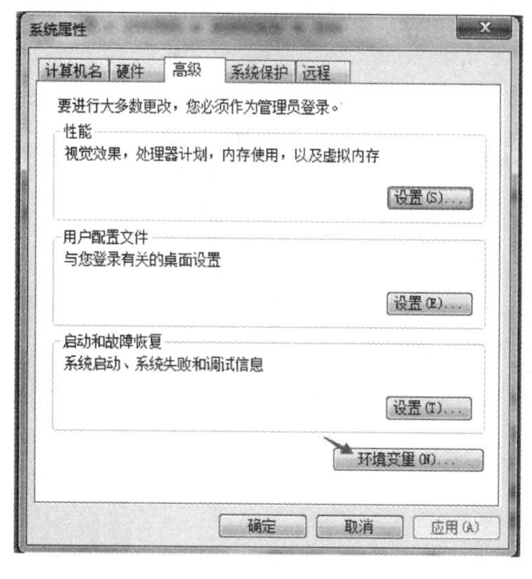

图 5-1　环境变量设置

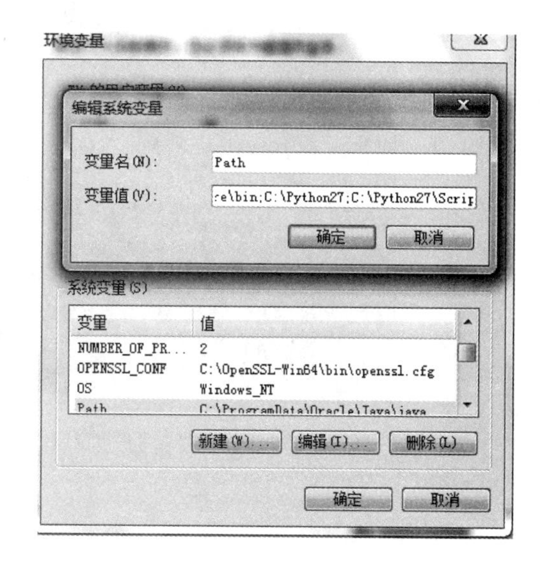

图 5-2　路径设置方法

(8) 如果要使用 Doxygen 生成 API 文档：

① 新建用户变量 DOXYGEN_HOME；

② 设置 DOXYGEN_HOME=C:\PROGRA~1\doxygen；

③ 新建用户 GRAPHVIZ_HOME；

④ 设置 GRAPHVIZ_HOME=C:\PROGRA~1\Graphviz 2.30.1。

(9) 如果要构建 AllJoyn 的 Java 绑定：

① 新建用户变量 JAVA_HOME；

② 设置 t JAVA_HOME=C:\PROGRA~1\Java\jdk1.6.0_43；

③ 新建用户变量 CLASSPATH；

④ 设置 CLASSPATH=C:\junit\junit-4.11.jar。

(10) 如果要使用 Apache Ant：

① 新建用户变量 ANT_HOME；

② 设置 ANT_HOME=C:\apache-ant-1.9.0；

③ 在"PATH"变量中添加：%ANT_HOME%\bin。

5.1.3 验证安装

打开命令窗口，并检查是否可以运行下面的命令，如图 5-3 所示。出现以下截图则表示安装完成。

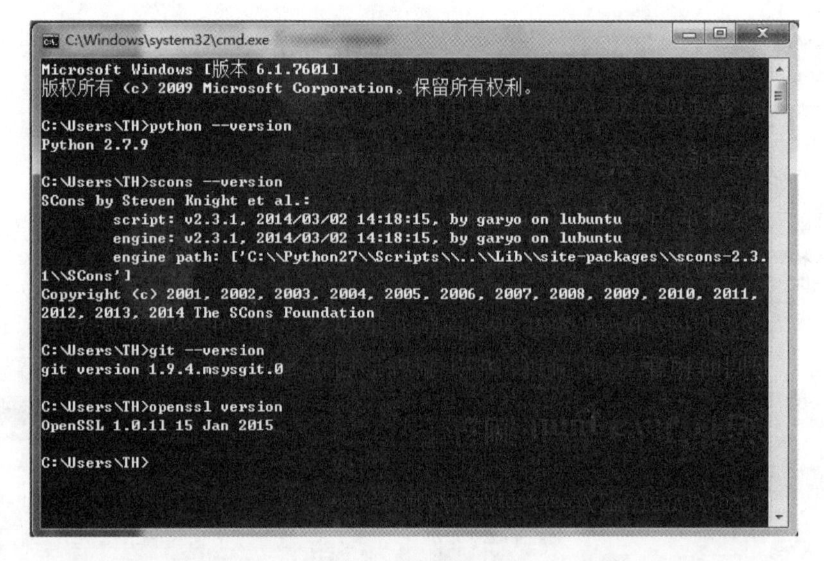

图 5-3 安装成功示意图

5.1.4 Git 下载源码

(1) 创建 AllJoyn 项目的工作空间；

(2) C:\>mkdir allseen；

(3) C:\>cd allseen；

(4) C:\>mkdir core;

(5) C:\>cd core;

(6) C:\>mkdir alljoyn;

(7) C:\>cd alljoyn;

(8) 从 AllJoyn 项目 Git 库中复制代码;

(9) c:\allseen\core\alljoyn> git clone;

(10) https://git.allseenalliance.org/gerrit/core/alljoyn.git。

5.2 搭建 AllJoyn 框架

5.2.1 Windows 平台下 AllJoyn 基本设置

(1) 从命令行中进入 AllJoyn allseen 文件夹。

```
cd c:\allseen\core\alljoyn
```

(2) 根据不同的 Windows 版本,搭建 AllJoyn 框架,使用'scons -h'完成基本设置。

① Windows 7 下搭建(适用 Windows Vista),32 位系统 x86 平台使用 Visual Studio 2013:

```
C:\> cd allseen\core\alljoyn
C:\allseen\core\alljoyn > scons OS = win7 CPU = x86 MSVC_VERSION = 12.0 BINDINGS = cpp
```

64 位系统 x86-64 平台使用 Visual Studio 2013:

```
C:\> cd allseen\core\alljoyn
C:\allseen\core\alljoyn > scons OS = win7 CPU = x86_64 MSVC_VERSION = 12.0 BINDINGS = cpp
```

② Windows XP 下搭建,32 位系统 x86 平台:

```
C:\> cd allseen\core\alljoyn
C:\allseen\core\alljoyn > scons OS = winxp CPU = x86 MSVC_VERSION = 10.0 BINDINGS = cpp
OPENSSL_BASE = < openssl_base_directory >
```

64 位版本的 AllJoyn 框架与 WindowsXP 不兼容。

③ Windows 版本早于 2011 年 11 月的 AllJoyn 框架的搭建,32 位系统 x86 平台:

```
C:\> cd allseen\core\alljoyn
C:\allseen\core\alljoyn > scons OS = windows CPU = x86 MSVC_VERSION = 10.0 BINDINGS = cpp
OPENSSL_BASE = < openssl_base_directory >
```

64 位系统 x86-64 平台:

```
C:\> cd allseen\core\alljoyn
C:\allseen\core\alljoyn > scons OS = windows CPU = x86_64 MSVC_VERSION = 10.0
BINDINGS = cpp OPENSSL_BASE = < openssl_base_directory >
```

MSVC_VERSION 表示电脑安装 Microsoft Visual C++版本。

Microsoft Visual C++ 2008,MSVC_VERSION 为 9.0。

Microsoft Visual C++ 2010,MSVC_VERSION 为 10.0。

Microsoft Visual C++ 2013,MSVC_VERSION 为 12.0。

提示：如果是 Windows 系统,需要以管理员身份运行 scons 命令。

5.2.2 编译 variants

在"release 模式"下编译会移除所有的符号信息从而使代码优化,设置在 release 模式下编译,需要在 scons 命令行中添加 VARIANT 构建选项,VARIANT 选项值为：

(1) debug-(默认选项)

(2) release

示例：

```
scons OS = win7 CPU = IA64 VARIANT = release MSVC_VERSION = 10.0 BINDINGS = cpp
```

5.2.3 AllJoyn_java

编译 Java 代码时,需要设置环境变量来告诉 scons 搭建工具的位置：

```
set JAVA_HOME = "C:\Program Files\Java\jdk1.6.0_43"
set CLASSPATH = "C:\junit\junit-4.11.jar"
scons OS = win7 CPU = x86_64 VARIANT = release MSVC_VERSION = 10.0 BINDINGS = core,java
```

5.2.4 生成 API 文档

在搭建 Java 绑定时会默认生成 Java API 文档；但不会生成 C++ API 文档,添加 DOCS 选项来生成 C++ API 文档。

DOCS 选项值为：

(1) none-(默认选项)不生成 API 文档；

(2) html-生成 HTML 版本的 API 文档。产生的文档路径为：

```
<allseen\core\alljoyn>\alljoyn_core\docs\html\index.html
```

(3) pdf-生成 PDF 文档。产生的文档路径为：

```
<allseen\core\alljoyn>\alljoyn_core\docs\html\refman.pdf
```

(4) dev-为整个 AllJoyn 代码库生成 HTML 文档。

示例：

```
scons OS = win7 CPU = x86_64 MSVC_VERSION = 10.0 DOCS = html BINDINGS = cpp,java
```

5.2.5 确定 Microsoft Visual C++版本

在 Windows 下搭建,系统需要至少一个版本的 Microsoft Visual C++。同时,只有微软的编译器才能构建 AllJoyn 应用程序。使用 MSVC_VERSION 来确定使用的 Microsoft Visual C++版本。

选项值分别为：

(1) 9.0-(默认)使用 Microsoft Visual C++ 2008；

(2) 10.0-使用 Microsoft Visual C++ 2010；

(3) 11.0-使用 Microsoft Visual C++ 2012；

(4) 11.0Exp-使用 Microsoft Visual C++ Express Edition。

5.2.6　使用绑定路由构建

在 AllJoyn 2.6 版本中添加了使用绑定路由编译 AllJoyn 实例、测试代码和单元测试的功能，对于大多数操作系统，包括 Windows，使用绑定路由是唯一支持的配置方式。

BR 编译选项的可能值为：

(1) on -(默认选项)使用绑定路由编译所有的示例和测试代码；

(2) off - 在不使用绑定路由的情况下编译所有的示例和测试代码。

示例：

```
scons OS = win7 CPU = x86_64 MSVC_VERSION = 10.0 BR = on BINDINGS = cpp, java
```

5.2.7　构建 C++单元测试

AllJoyn 框架包含一套基础的单元测试，这些单元测试通过 Google 测试代码构建。与此同时，构建单元测试必须明确 Google 测试源代码的位置，使用 GTEST_DIR 选项来确定 Google 测试源代码的位置。

示例：

```
scons OS = win7 CPU = x86_64 MSVC_VERSION = 10.0 GTEST_DIR = c:\gtest\gtest-1.6.0
BINDINGS = cpp
```

5.3　AllJoyn 路由

AllJoyn 2.6 及以后的版本不再需要运行一个独立的路由，路由所有的功能都构建到每个单独的应用程序中，这表明：

(1) 程序的使用者不再需要安装一个后台服务来运行一个 AllJoyn 框架的程序。

(2) 程序不再需要序列化数据以及发送数据到一个独立的服务，程序具有更好的性能。

(3) 因为要启动内置 Router，调用 BusAttachment.Connect()更长的时间。

(4) 使用 AllJoyn 框架的程序规模稍微变大。

(5) 如果端口 9955 不可用，程序则会随机选择可用的端口进行设备之间的通信。

验证 AllJoyn 项目构建如下：

（1）在命令行中进入以下路径：

```
<allseen\core\alljoyn>\build{OS}{CPU}{VARIANT}\dist\cpp\bin\samples
```

（2）在命令行中运行 basic_service. exe。

（3）在另一个命令行中运行 basic_client. exe。

当客户端运行后将会显示图 5-4 的内容。

```
C:\Windows\system32\cmd.exe
版权所有 (c) 2009 Microsoft Corporation。保留所有权利。

C:\Users\lenovo>cd allseen\core\alljoyn\build\win7\x86\debug\dist\cpp\bin\sample
s

C:\Users\lenovo\allseen\core\alljoyn\build\win7\x86\debug\dist\cpp\bin\samples>b
asic_client.exe
AllJoyn Library version: v0.00.01.
AllJoyn Library build info: AllJoyn Library v0.00.01 (Built Mon Jan 12 06:44:42
UTC 2015 by lenovo).
Interface 'org.alljoyn.Bus.sample' created.
BusAttachment started.
BusAttachment connected to 'null:'.
BusListener Registered.
org.alljoyn.Bus.FindAdvertisedName ('org.alljoyn.Bus.sample') succeeded.
Waited 0 seconds for JoinSession completion.
FoundAdvertisedName(name='org.alljoyn.Bus.sample', transport = 0x100, prefix='or
g.alljoyn.Bus.sample')
NameOwnerChanged: name='org.alljoyn.Bus.sample', oldOwner='<none>', newOwner=':9
FjyrCf-.2'.
JoinSession SUCCESS (Session id=-1945064124).
'org.alljoyn.Bus.sample.cat' (path='/sample') returned 'Hello World!'.
Basic client exiting with status 0x0000 (ER_OK).

C:\Users\lenovo\allseen\core\alljoyn\build\win7\x86\debug\dist\cpp\bin\samples>
```

图 5-4　客户端运行结果

当服务器运行后将会显示图 5-5 内容。

```
C:\Windows\system32\cmd.exe - basic_service.exe
Microsoft Windows [版本 6.1.7601]
版权所有 (c) 2009 Microsoft Corporation。保留所有权利。

C:\Users\lenovo>cd allseen\core\alljoyn\build\win7\x86\debug\dist\cpp\bin\sample
s

C:\Users\lenovo\allseen\core\alljoyn\build\win7\x86\debug\dist\cpp\bin\samples>b
asic_service.exe
AllJoyn Library version: v0.00.01.
AllJoyn Library build info: AllJoyn Library v0.00.01 (Built Mon Jan 12 06:44:42
UTC 2015 by lenovo).
Interface created.
BusAttachment started.
RegisterBusObject succeeded.
ObjectRegistered has been called.
Connect to 'null:' succeeded.
RequestName('org.alljoyn.Bus.sample') succeeded.
NameOwnerChanged: name=org.alljoyn.Bus.sample, oldOwner=<none>, newOwner=:9FjyrC
f-.2.
BindSessionPort succeeded.
Advertisement of the service name 'org.alljoyn.Bus.sample' succeeded.
Accepting join session request from :nohPZVUH.2 (opts.proximity=ff, opts.traffic
=1, opts.transports=100).
_
```

图 5-5　服务器运行结果

5.4 运行单元测试

5.4.1 运行C++单元测试

当编译代码时，如果GTEST_DIR选项被指定，C++测试单元会被自动构建并且放置到以下路径：

build\{OS}\{CPU}\{VARIANT}\test\cpp\bin。该路径下有两个可执行的文件：ajtest和cmtest。

cmtest测试common项目中的代码并且不需要运行AllJoyn router。

运行cmtest：

build\{OS}\{CPU}\{VARIANT}\test\cpp\bin\cmtest.exe。

ajtest测试alljoyn_core中的代码，但必须运行一个AllJoyn路由来执行测试，ajtest不能实现总线(及设备)之间的测试。

运行ajtest：

```
build\{OS}\{CPU}\{VARIANT}\test\cpp\bin\ajtest.exe
```

5.4.2 运行Java junit测试

Java绑定的同时构建junit测试，Junit测试专门用来测试Java绑定。

(1) 从alljoyn_java\ build.xml.top复制并重命名至build.xml文件夹中。

```
copy alljoyn_java\build.xml.top build.xml
```

(2) 在顶部文件夹中使用ant开始测试。

```
ant test - DOS = {OS} - DCPU = {CPU} - DVARIANT = {VARIANT}
```

(3) Html版本号可以在下列路径中找到：

```
build\{OS}\{CPU}\{VARIANT}\test\java\reports\junit\
```

5.5 APP实例：Chat

该实例描述运行基本的客户端和服务器，通过聊天应用程序的通信方式说明AllJoyn的应用程序的运行。

5.5.1 执行提前编译好的.exe文件

在Windows SDK下的AllJoyn标准库中，已有编译好的样例。

(1) 打开cmd命令行。

（2）转到 AllJoyn SDK 文件夹的根目录。

（3）转到 cpp/bin/samples 文件夹的目录。

（4）使用图 5-6 的启动选项启动 Chat 客户端。

```
C:\Windows\system32\cmd.exe - chat.exe -j training

C:\Users\lenovo\allseen\core\alljoyn\build\win7\x86\debug\dist\cpp\bin\samples>c
hat.exe -j training
BusAttachment started.
RegisterBusObject succeeded.
Connect to 'null:' succeeded.
org.alljoyn.Bus.FindAdvertisedName ('org.alljoyn.bus.samples.chat.training') suc
ceeded.
Waited 0 seconds for JoinSession completion.
Waited 1 seconds for JoinSession completion.
Waited 2 seconds for JoinSession completion.
FoundAdvertisedName(name='org.alljoyn.bus.samples.chat.training', transport = 0x
100, prefix='org.alljoyn.bus.samples.chat.training')
Discovered chat conversation: "training"
FoundAdvertisedName(name='org.alljoyn.bus.samples.chat.training', transport = 0x
4, prefix='org.alljoyn.bus.samples.chat.training')
NameOwnerChanged: name=:fFoRRv-2.1, oldOwner=<none>, newOwner=:fFoRRv-2.1
NameOwnerChanged: name=:fFoRRv-2.2, oldOwner=<none>, newOwner=:fFoRRv-2.2
NameOwnerChanged: name=org.alljoyn.bus.samples.chat.training, oldOwner=<none>, n
ewOwner=:fFoRRv-2.2
Joined conversation "training"
Set link timeout to 20
:fFoRRv-2.2: This is Server
This is Client
^A
```

图 5-6　启动选项启动 Chat 客户端

（5）使用图 5-7 的命令启动 Chat 服务器。

```
C:\Windows\system32\cmd.exe - chat.exe -s training
版权所有 (c) 2009 Microsoft Corporation。保留所有权利。

C:\Users\lenovo>cd C:\Users\lenovo\allseen\core\alljoyn\build\win7\x86\debug\dis
t\cpp\bin\samples

C:\Users\lenovo\allseen\core\alljoyn\build\win7\x86\debug\dist\cpp\bin\samples>c
hat.exe -s training
BusAttachment started.
RegisterBusObject succeeded.
Connect to 'null:' succeeded.
RequestName('org.alljoyn.bus.samples.chat.training') succeeded.
NameOwnerChanged: name=org.alljoyn.bus.samples.chat.training, oldOwner=<none>, n
ewOwner=:fFoRRv-2.2
BindSessionPort succeeded.
Advertisement of the service name 'org.alljoyn.bus.samples.chat.training' succee
ded.
NameOwnerChanged: name=:96u00cJ2.1, oldOwner=<none>, newOwner=:96u00cJ2.1
NameOwnerChanged: name=:96u00cJ2.2, oldOwner=<none>, newOwner=:96u00cJ2.2
Accepting join session request from :96u00cJ2.2 (opts.proximity=ff, opts.traffic
=1, opts.transports=100)
SessionJoined with :96u00cJ2.2 (id=-1218585364)
Set link timeout to 20
This is Server
:96u00cJ2.2: This is Client
```

图 5-7　启动 Chat 服务器

(6) 一旦加入通信系统中,通过回车可将任一端的文本发送到另一端的应用中。

从图 5-6 和图 5-7 两个图中可以看到,两端是平行对等通信,双方互相发送的"This is client"和"This is server"可以互相收到。

5.5.2　通过 Visual Studio 运行

注意:除非对源代码做了修改,否则这个样例将不能使用 play command 运行,它需要启动参量。

(1) 打开 VS 基本工程文件。

(2) 右键单击选择你需要的工程,选择 set as StartUpProject。

(3) 在 ParseCommandLine 方法中对 chat.cc 文件进行修改,从而避免需要启动参量的问题。

(4) 在顶部的菜单选项中选择 Debug>Start Debugging,如果菜单工具栏是可见的,可以按下绿色的开始按钮。除非你更改了快捷键的设置,否则 F5 键也可以工作。

(5) 使用在步骤(3)中输入的 hard-coded 值,控制台将会出现。

(6) 在预编译的指令下运行每个 chat 应用。

5.5.3　实例代码

```
#include <alljoyn/BusAttachment.h>
#include <alljoyn/ProxyBusObject.h>
#include <alljoyn/BusObject.h>
#include <alljoyn/InterfaceDescription.h>
#include <alljoyn/DBusStd.h>
#include <alljoyn/AllJoynStd.h>
#include <qcc/Log.h>
#include <qcc/String.h>
#include <cassert>
#include <cstdio>
#include <cstdlib>
#include <signal.h>
using namespace ajn;
/* 常量. */
static const char * CHAT_SERVICE_INTERFACE_NAME = "org.alljoyn.bus.samples.chat";
static const char * NAME_PREFIX = "org.alljoyn.bus.samples.chat.";
static const char * CHAT_SERVICE_OBJECT_PATH = "/chatService";
static const SessionPort CHAT_PORT = 27;

/* 静态数据. */
static ajn::BusAttachment * s_bus = NULL;
static qcc::String s_advertisedName;
static qcc::String s_joinName;
static SessionId s_sessionId = 0;
```

```
static bool s_joinComplete = false;
static volatile sig_atomic_t s_interrupt = false;

static void SigIntHandler(int sig)
{
    s_interrupt = true;
}

/* 从文件指针中得到一行输入,获取 num-1 个字符或者直到新一行字符输入. */
char * get_line(char * str, size_t num, FILE * fp)
{
    char * p = fgets(str, num, fp);
    if (p != NULL) {
        size_t last = strlen(str) - 1;
        if (str[last] == '\n') {
            str[last] = '\0';
        }
    }

    return s_interrupt ? NULL : p;
}

/* Chat 总线对象 */
class ChatObject : public BusObject {
  public:

    ChatObject(BusAttachment& bus, const char * path) : BusObject(path), chatSignalMember(NULL)
    {
        QStatus status;

/* 将 Chat 接口添加到总线 */
        const InterfaceDescription * chatIntf = bus.GetInterface(CHAT_SERVICE_INTERFACE_
NAME);
        assert(chatIntf);
        AddInterface( * chatIntf);
/* 存储信号的成员,当信号发射时可以快速查找 */
        chatSignalMember = chatIntf->GetMember("Chat");
        assert(chatSignalMember);

        /* 注册信号 handler */
        status = bus.RegisterSignalHandler(this, static_cast<MessageReceiver::SignalHandler>
                                           (&ChatObject::ChatSignalHandler), chatSignalMember,
                                           NULL);

        if (ER_OK != status) {
         printf("Failed to register signal handler for ChatObject::Chat (%s)\n", QCC_
StatusText(status));
```

```
        }
    }

    /** 发送 Chat 信号 */
    QStatus SendChatSignal(const char* msg) {

        MsgArg chatArg("s", msg);
        uint8_t flags = 0;
        if (0 == s_sessionId) {
            printf("Sending Chat signal without a session id\n");
        }
        return Signal(NULL, s_sessionId, *chatSignalMember, &chatArg, 1, 0, flags);
    }

    /** 从其他的 Chat 客户端接收信号 */
     void ChatSignalHandler(const InterfaceDescription::Member* member, const char*
srcPath, Message& msg)
    {
        printf("%s: %s\n", msg->GetSender(), msg->GetArg(0)->v_string.str);
    }

  private:
    const InterfaceDescription::Member* chatSignalMember;
};

class MyBusListener : public BusListener, public SessionPortListener, public SessionListener {
  void FoundAdvertisedName(const char* name, TransportMask transport, const char* namePrefix)
    {
        const char* convName = name + strlen(NAME_PREFIX);
        printf("Discovered chat conversation: \"%s\"\n", convName);

        /* 加入会话 */
        s_bus->EnableConcurrentCallbacks();
        SessionOpts opts(SessionOpts::TRAFFIC_MESSAGES, true, SessionOpts::PROXIMITY_ANY,
TRANSPORT_ANY);
        QStatus status = s_bus->JoinSession(name, CHAT_PORT, this, s_sessionId, opts);
        if (ER_OK == status) {
            printf("Joined conversation \"%s\"\n", convName);
        } else {
            printf("JoinSession failed (status=%s)\n", QCC_StatusText(status));
        }
        uint32_t timeout = 20;
        status = s_bus->SetLinkTimeout(s_sessionId, timeout);
        if (ER_OK == status) {
            printf("Set link timeout to %d\n", timeout);
        } else {
            printf("Set link timeout failed\n");
```

```
        }
        s_joinComplete = true;
    }
    void LostAdvertisedName(const char * name, TransportMask transport, const char * namePrefix)
    {
        printf("Got LostAdvertisedName for %s from transport 0x%x\n", name, transport);
    }
    void NameOwnerChanged(const char * busName, const char * previousOwner, const char * newOwner)
    {
     printf("NameOwnerChanged: name = %s, oldOwner = %s, newOwner = %s\n", busName,
previousOwner ? previousOwner : "<none>",newOwner ? newOwner : "<none>");
    }
    bool AcceptSessionJoiner(SessionPort sessionPort, const char * joiner, const SessionOpts& opts)
    {
        if (sessionPort != CHAT_PORT) {
        printf("Rejecting join attempt on non-chat session port %d\n", sessionPort);
        return false;
        }

        printf("Accepting join session request from %s (opts.proximity = %x, opts.traffic
= %x, opts.transports = %x)\n",joiner, opts.proximity, opts.traffic, opts.transports);
        return true;
    }

    void SessionJoined(SessionPort sessionPort, SessionId id, const char * joiner)
    {
        s_sessionId = id;
        printf("SessionJoined with %s (id = %d)\n", joiner, id);
        s_bus->EnableConcurrentCallbacks();
        uint32_t timeout = 20;
        QStatus status = s_bus->SetLinkTimeout(s_sessionId, timeout);
        if (ER_OK == status) {
            printf("Set link timeout to %d\n", timeout);
        } else {
            printf("Set link timeout failed\n");
        }
    }
};

/* 更多静态数据. */
static ChatObject * s_chatObj = NULL;
static MyBusListener s_busListener;

#ifdef __cplusplus
extern "C" {
#endif
```

```
/* 向输出端发送信息,如果 EXIT_FAILURE 则退出. */
static void Usage()
{
    printf("Usage: chat [-h] [-s <name>] | [-j <name>]\n");
    exit(EXIT_FAILURE);
}

/* 解析命令行参数,发生问题通过 Usage()退出. */
static void ParseCommandLine(int argc, char ** argv)
{
    /* Parse command line args */
    for (int i = 1; i < argc; ++i) {
        if (0 == ::strcmp("-s", argv[i])) {
            if ((++i < argc) && (argv[i][0] != '-')) {
                s_advertisedName = NAME_PREFIX;
                s_advertisedName += argv[i];
            } else {
                printf("Missing parameter for \"-s\" option\n");
                Usage();
            }
        } else if (0 == ::strcmp("-j", argv[i])) {
            if ((++i < argc) && (argv[i][0] != '-')) {
                s_joinName = NAME_PREFIX;
                s_joinName += argv[i];
            } else {
                printf("Missing parameter for \"-j\" option\n");
                Usage();
            }
        } else if (0 == ::strcmp("-h", argv[i])) {
            Usage();
        } else {
            printf("Unknown argument \"%s\"\n", argv[i]);
            Usage();
        }
    }
}

/* 验证从命令行获取的数据,如果非法则通过 Usage()退出. */
void ValidateCommandLine()
{
    /* Validate command line */
    if (s_advertisedName.empty() && s_joinName.empty()) {
        printf("Must specify either -s or -j\n");
        Usage();
    } else if (!s_advertisedName.empty() && !s_joinName.empty()) {
        printf("Cannot specify both -s and -j\n");
        Usage();
```

```
    }
}

/* 创建接口,向输出端报告结果返回结果状态. */
QStatus CreateInterface(void)
{
    /* 创建 org.alljoyn.bus.samples.chat 接口 */
    InterfaceDescription* chatIntf = NULL;
    QStatus status = s_bus->CreateInterface(CHAT_SERVICE_INTERFACE_NAME, chatIntf);

    if (ER_OK == status) {
        chatIntf->AddSignal("Chat", "s", "str", 0);
        chatIntf->Activate();
    } else {
        printf("Failed to create interface \"%s\" (%s)\n", CHAT_SERVICE_INTERFACE_NAME,
QCC_StatusText(status));
    }

    return status;
    }

/* 启动消息总线,向标准输出端报告结果,并返回状态码. */
QStatus StartMessageBus(void)
{
    QStatus status = s_bus->Start();

    if (ER_OK == status) {
        printf("BusAttachment started.\n");
    } else {
        printf("Start of BusAttachment failed (%s).\n", QCC_StatusText(status));
    }

    return status;
}

/* 注册总线对象及连接,向标准输出端报告结果,并返回状态码. */
QStatus RegisterBusObject(void)
{
    QStatus status = s_bus->RegisterBusObject(*s_chatObj);

    if (ER_OK == status) {
        printf("RegisterBusObject succeeded.\n");
    } else {
        printf("RegisterBusObject failed (%s).\n", QCC_StatusText(status));
    }

    return status;
```

```
}

/* 连接,向标准输出端报告结果,并返回状态码. */
QStatus ConnectBusAttachment(void)
{
    QStatus status = s_bus->Connect();

    if (ER_OK == status) {
        printf("Connect to '%s' succeeded.\n", s_bus->GetConnectSpec().c_str());
    } else {
        printf("Failed to connect to '%s' (%s).\n", s_bus->GetConnectSpec().c_str(), QCC_
StatusText(status));
    }

    return status;
}

/* 请求服务名称,向标准输出端报告结果,并返回状态码. */
QStatus RequestName(void)
{
    QStatus status = s_bus->RequestName(s_advertisedName.c_str(), DBUS_NAME_FLAG_DO_NOT_
QUEUE);

    if (ER_OK == status) {
        printf("RequestName('%s') succeeded.\n", s_advertisedName.c_str());
    } else {
        printf("RequestName('%s') failed (status=%s).\n", s_advertisedName.c_str(), QCC_
StatusText(status));
    }

    return status;
}

/* 创建会话,向标准输出端报告结果,并返回状态码. */
QStatus CreateSession(TransportMask mask)
{
    SessionOpts opts(SessionOpts::TRAFFIC_MESSAGES, true, SessionOpts::PROXIMITY_ANY,
mask);
    SessionPort sp = CHAT_PORT;
    QStatus status = s_bus->BindSessionPort(sp, opts, s_busListener);

    if (ER_OK == status) {
        printf("BindSessionPort succeeded.\n");
    } else {
        printf("BindSessionPort failed (%s).\n", QCC_StatusText(status));
    }
```

```
    return status;
}

/* 广播服务名称,向标准输出端报告结果,并返回状态码. */
QStatus AdvertiseName(TransportMask mask)
{
    QStatus status = s_bus->AdvertiseName(s_advertisedName.c_str(), mask);

    if (ER_OK == status) {
        printf("Advertisement of the service name '%s' succeeded.\n", s_advertisedName.c_str());
    } else {
        printf("Failed to advertise name '%s' (%s).\n", s_advertisedName.c_str(), QCC_
StatusText(status));
    }

    return status;
}

/* 开始查找 well-known 名称,向标准输出端报告结果,并返回状态码. */
QStatus FindAdvertisedName(void)
{
    /* Begin discovery on the well-known name of the service to be called */
    QStatus status = s_bus->FindAdvertisedName(s_joinName.c_str());

    if (status == ER_OK) {
        printf("org.alljoyn.Bus.FindAdvertisedName ('%s') succeeded.\n", s_joinName.c_str());
    } else {
        printf("org.alljoyn.Bus.FindAdvertisedName ('%s') failed (%s).\n", s_joinName.c_
str(), QCC_StatusText(status));
    }

    return status;
}

/* 等待加入会话完成,向标准输出端报告结果,并返回状态码. */
QStatus WaitForJoinSessionCompletion(void)
{
    unsigned int count = 0;

    while (!s_joinComplete && !s_interrupt) {
        if (0 == (count++ % 100)) {
            printf("Waited %u seconds for JoinSession completion.\n", count / 100);
        }

#ifdef _WIN32
        Sleep(10);
#else
```

```
        usleep(10 * 1000);
#endif
    }

    return s_joinComplete && !s_interrupt ? ER_OK : ER_ALLJOYN_JOINSESSION_REPLY_CONNECT_
FAILED;
}
/* 获取 stdin 的输入并将它作为 Chat 消息发送,直到有信号输入或者发生错误,返回结果状态 */
QStatus DoTheChat(void)
{
    const int bufSize = 1024;
    char buf[bufSize];
    QStatus status = ER_OK;

    while ((ER_OK == status) && (get_line(buf, bufSize, stdin))) {
        status = s_chatObj->SendChatSignal(buf);
    }

    return status;
}

int main(int argc, char** argv)
{
    signal(SIGINT, SigIntHandler);

    ParseCommandLine(argc, argv);
    ValidateCommandLine();

    QStatus status = ER_OK;

    /* 创建消息总线 */
    s_bus = new BusAttachment("chat", true);

    if (!s_bus) {
        status = ER_OUT_OF_MEMORY;
    }
    if (ER_OK == status) {
        status = CreateInterface();
    }
    if (ER_OK == status) {
        s_bus->RegisterBusListener(s_busListener);
    }
    if (ER_OK == status) {
        status = StartMessageBus();
    }
    /* 创建用来收发信号的 Chat 总线对象 */
    ChatObject chatObj(*s_bus, CHAT_SERVICE_OBJECT_PATH);
```

```
    s_chatObj = &chatObj;
    if (ER_OK == status) {
        status = RegisterBusObject();
    }
    if (ER_OK == status) {
        status = ConnectBusAttachment();
    }
    /* 基于命令行选择广播或者发现 */
    if (!s_advertisedName.empty()) {
/* 在总线上广播服务,分为三个步骤:(1)请求客户端用于发现服务的well-known名称.(2)创建
会话.(3)广播well-known名称 */
        if (ER_OK == status) {
            status = RequestName();
        }
    const TransportMask SERVICE_TRANSPORT_TYPE = TRANSPORT_ANY;

        if (ER_OK == status) {
            status = CreateSession(SERVICE_TRANSPORT_TYPE);
        }
        if (ER_OK == status) {
            status = AdvertiseName(SERVICE_TRANSPORT_TYPE);
        }
    } else {
        if (ER_OK == status) {
            status = FindAdvertisedName();
        }
        if (ER_OK == status) {
            status = WaitForJoinSessionCompletion();
        }
    }
    if (ER_OK == status) {
        status = DoTheChat();
    }
    /* 清除资源 */
    delete s_bus;
    s_bus = NULL;
    printf("Chat exiting with status 0x%04x (%s).\n", status, QCC_StatusText(status));
    return (int) status;
}
#ifdef __cplusplus
}
#endif
```

第 6 章

基于 Linux 的开发方法

6.1 AllJoyn 的环境配置方法

本节描述如何配置 Linux 平台来搭建 AllJoyn 框架，配置过程包括库文件的搭建和必要软件工具的安装。

6.1.1 搭建工具和库文件

如图 6-1，打开终端窗口运行以下命令：

```
$  sudo apt - get install build - essential libgtk2.0 - dev
libssl - dev xsltproc ia32 - libs libxml2 - dev
```

```
bupt@ubuntu:~$ sudo apt-get install build-essential libgtk2.0-dev libssl-dev xsl
tproc ia32-libs libxml2-dev
[sudo] password for bupt:
Reading package lists... Done
Building dependency tree
Reading state information... Done
```

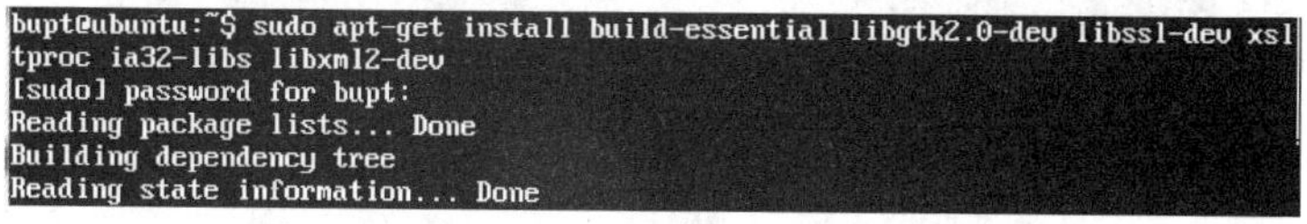

图 6-1

如图 6-2，在 64 位操作系统上搭建 32 位的 AllJoyn 框架需安装以下开发库：

```
$  sudo apt - get install gcc - multilib g++ - multilib libc6 - i386
libc6 - dev - i386 libssl - dev:i386 libxml2 - dev:i386
```

```
bupt@ubuntu:~$ sudo apt-get install gcc-multilib g++-multilib libc6-i386 libc6-d
ev-i386 libssl-dev:i386 libxml2-dev:i386
Reading package lists... Done
Building dependency tree
Reading state information... Done
```

图 6-2

6.1.2 软件工具的安装

1. Python v2.6/2.7

(1) Python 是大多数 Linux 发行版本的常见部分，如图 6-3，可以通过开打终端窗口输入下列指令来确定系统是否安装 Python。

```
$which python
```

```
bupt@ubuntu:~$ which python
/usr/bin/python
```

图 6-3

(2) 如果返回一个路径(例如：/usr/bin/python)，则说明系统已安装 Python。如果不能返回，则打开终端窗口并运行以下指令：

```
$sudo apt - get install python
```

(3) 如果以上安装的 Python 版本不正确，则可以在 http://www.python.org/download/下载安装所需要的版本。

2. SCons v2.0

Scons 是整个 AllJoyn 项目使用的编译工具，是用 Python 写的一种自动化编译工具。如图 6-4，打开终端窗口并运行下列指令：

```
$sudo apt - get install scons
```

```
bupt@ubuntu:~$ sudo apt-get install scons
Reading package lists... Done
Building dependency tree
Reading state information... Done
The following NEW packages will be installed:
  scons
0 upgraded, 1 newly installed, 0 to remove and 34 not upgraded.
Need to get 519 kB of archives.
After this operation, 1,994 kB of additional disk space will be used.
Get:1 http://cn.archive.ubuntu.com/ubuntu/ precise/main scons all 2.1.0-1 [519 k
B]
Fetched 519 kB in 1s (505 kB/s)
Selecting previously unselected package scons.
(Reading database ... 58655 files and directories currently installed.)
Unpacking scons (from .../archives/scons_2.1.0-1_all.deb) ...
Processing triggers for man-db ...
Setting up scons (2.1.0-1) ...
```

图 6-4

3. openSSL

openSSL 是为 AllJoyn 通信提供安全及数据完整性的一种安全协议，如图 6-5，打开终端窗口并运行以下命令：

```
$sudo apt - get install libssl - dev
```

```
bupt@ubuntu:~$ sudo apt-get install libssl-dev
Reading package lists... Done
Building dependency tree
Reading state information... Done
The following extra packages will be installed:
  libssl-doc libssl1.0.0 zlib1g-dev
The following NEW packages will be installed:
  libssl-dev libssl-doc zlib1g-dev
The following packages will be upgraded:
```

图 6-5

4. git v1.7

Git 是源代码库下载工具，AllJoyn 的源代码存放在一套 git 项目中。如图 6-6，打开终端窗口并运行以下命令：

```
$sudo apt - get install git - core
```

```
bupt@ubuntu:~$ sudo apt-get install git-core
Reading package lists... Done
Building dependency tree
Reading state information... Done
```

图 6-6

5. Repo

Repo 是用来管理 git 项目的工具，可以通过 Repo 单独或者打包下载 git 项目。

(1) 如图 6-7，打开终端窗口并运行以下命令安装'curl'：

```
$sudo apt - get install curl
```

```
bupt@ubuntu:~$ sudo apt-get install curl
Reading package lists... Done
Building dependency tree
Reading state information... Done
```

图 6-7

(2) 进入主目录并运行下列指令下载'repo'：

```
$curl https://commondatastorage.googleapis.com/git - repo - downloads/repo >
~/bin/repo
```

(3) 使用以下指令复制'repo'至/usr/local/bin 并使其可执行：

```
$sudo cp repo /usr/local/bin
$sudo chmod a + x /usr/local/bin/repo
```

6. Uncrustify v 0.57

有以下两种方法安装 Uncrustify v 0.57。

(1) 如图 6-8，下载 Uncrustify v 0.57 并安装：

```
$mkdir $HOME/uncrustify # for example
$cd $HOME/uncrustify
$git clone http://github.com/bengardner/uncrustify.git
$#or use
$#git clone git://uncrustify.git.sourceforge.net/gitroot/uncrustify/uncrustify
$cd uncrustify
$git checkout uncrustify - 0.57
$./configure
$sudo make install
```

如果 Uncrustify 在新版本 Ubuntu 中安装失败，则可执行以下操作完成安装：

```
diff -- git a/src/uncrustify.cpp b/src/uncrustify.cpp
index 2635189..7aba76d 100644
--- a/src/uncrustify.cpp
++ + b/src/uncrustify.cpp
@@ - 32,6 + 32,7 @@
#ifdef HAVE_STRINGS_H
#include < strings.h > /* strcasecmp() */
#endif
+ #include < unistd.h >
/* Global data */
struct cp_data cpd;
```

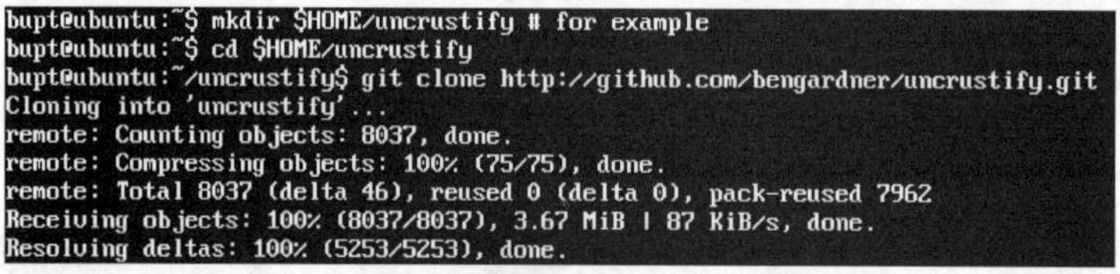

```
bupt@ubuntu:~$ mkdir $HOME/uncrustify # for example
bupt@ubuntu:~$ cd $HOME/uncrustify
bupt@ubuntu:~/uncrustify$ git clone http://github.com/bengardner/uncrustify.git
Cloning into 'uncrustify'...
remote: Counting objects: 8037, done.
remote: Compressing objects: 100% (75/75), done.
remote: Total 8037 (delta 46), reused 0 (delta 0), pack-reused 7962
Receiving objects: 100% (8037/8037), 3.67 MiB | 87 KiB/s, done.
Resolving deltas: 100% (5253/5253), done.
```

图 6-8

（2）直接在 Ubuntu 上安装 Uncrustify v0.57 安装包：

访问 http://packages.ubuntu.com/precise/uncrustify。在网页上单击“Download uncrustify”来选择你的硬件架构。在下载页面下载.deb 包。使用下面任意一个指令安装：

```
$sudo dpkg - i uncrustify_0.57-1_amdd64.deb
$sudo dpkg - i uncrustify_0.57-1_i386.deb
```

7. Doxygen

Doxygen 用于从源代码生成文档。打来终端窗口并运行以下命令：

```
$sudo apt - get install doxygen
```

8. Graphviz 2.30.1 for Windows

Graphviz 用于表示图表类的层次结构。打开终端窗口并运行以下命令：

```
$sudo apt - get install graphviz
```

9. 安装 Java

Java 6 或更新的版本都可以在 Linux 平台上用来构建 AllJoyn 框架。

（1）如果使用的 Ubuntu 版本早于 12.04，按下列步骤安装 Java 6：

① 安装 Java 6：

```
$sudo add - apt - repository "deb http://archive.ubuntu.com/ubuntu lucid
partner"
```

```
$sudo apt - get update
$sudo apt - get install sun - java6 - jdk
```

② 安装junit 3.8及新的版本：访问https://github.com/junit-team/junit/wiki/Download-and-Install,下载“junit-4.9.jar”。从下载文件夹复制所下载的文件并粘贴至usr/share/java/junit-4.9：

```
$sudo apt - get install ant
```

(2) 如果使用的Ubuntu12.04及以后的版本,按下列步骤安装Java 6：

① 下载JDK bin文件；

② 运行下列指令：

```
$chmod +x jdk - 6u32 - linux - x64.bin
$./jdk - 6u32 - linux - x64.bin
$sudo mv jdk1.6.0_32 /usr/lib/jvm/
$sudo update - alternatives -- install /usr/bin/javac javac
  /usr/lib/jvm/jdk1.6.0_32/bin/javac 2
$sudo update - alternatives -- install /usr/bin/java java
  /usr/lib/jvm/jdk1.6.0_32/bin/java 2
$sudo update - alternatives -- install /usr/bin/javaws javaws
  /usr/lib/jvm/jdk1.6.0_32/bin/javaws 2
```

(3) 如果想运行junit测试,则需要安装Apache Ant构建工具。

```
$sudo apt - get install ant
```

10. googletest

Google Test是编写C++测试的Google框架,Google Test是AllJoyn框架用来测试C++ API的单元测试结构。

(1) 访问http://code.google.com/p/googletest/downloads/list。

(2) 下载gtest-1.6.0.zip并解压。

6.1.3 获取AllJoyn资源

```
$cd $HOME
$export AJ_ROOT = 'pwd'/alljoyn # for example
$git clone https://git.allseenalliance.org/gerrit/core/alljoyn.git
$ AJ_ROOT/core/alljoyn
```

6.1.4 搭建AllJoyn框架

使用下列命令搭建Linux的AllJoyn框架。

```
$export JAVA_HOME = "/usr/lib/jvm/java - 6 - sun" # or java - 1.5.0 - sun
```

```
$export CLASSPATH = "/usr/share/java/junit4.9.jar" # for building Java binding
$export GECKO_BASE = ~/xulrunner - sdk # for building Javascript binding
$cd $ AJ ROOT/core/alljoyn
```

32 位系统：

```
$scons BINDINGS = <comma separated list(cpp,java,c,unity,js)>

    ex) $scons BINDINGS = "cpp,java"
```

64 位系统：

```
$scons CPU = x86_64 BINDINGS = <comma separated list (cpp,java,c,unity,js)>
ex) $scons CPU = x86_64 BINDINGS = "cpp,java"
```

6.1.5 建立 API 文档

使用以下指令建立 API 文档：

```
$scons DOCS = html
$scons DOCS = pdf
```

产生的文档位置为/alljoyn_core/docs/html 或/alljoyn_core/docs/latex。

编译 variant：

```
$scons VARIANT = release
```

6.1.6 构建 C++单元测试

AllJoyn 框架包含一套基础的单元测试，这些单元测试通过 Google 测试代码构建。与此同时，构建单元测试必须明确 Google 测试源代码的位置，使用 GTEST_DIR 选项来确定 Google 测试源代码的位置。

示例：

```
scons OS = win7 CPU = x86_64 MSVC_VERSION = 10.0 GTEST_DIR = c:\gtest\gtest - 1.6.0
BINDINGS = cpp
```

6.1.7 运行 AllJoyn 应用程序

为了确保 Linux 开发平台的正确设置，按照下列步骤运行 AllJoyn 路由。

AllJoyn2.6 及以后的版本不再需要运行一个独立的路由，路由所有的功能都构建到每个单独的应用程序中，这表明程序的使用者不再需要安装一个后台服务来运行一个 AllJoyn 框架的程序。每个应用程序都运行自己内置的路由。

(1) 在终端窗口中，输入下列命令运行 AllJoyn 应用程序：

```
$cd <workspace>/build/{OS}/{CPU}/{VARIANT}/dist/cpp/bin
```

```
{OS} = linux
{CPU} = x86 or x86 - 64
{VARIANT} = debug or release
$./bbservice - n com.test
```

（2）打开另一个窗口输入以下命令运行另一个应用程序：

```
$cd <workspace>/build/{OS}/{CPU}/{VARIANT}/dist/cpp/bin
$./bbclient - n com.test - d
```

（3）检验是否输出以下内容：

```
Sending "Ping String 1" to org.alljoyn.alljoyn_test.my_ping synchronously
org.alljoyn.alljoyn_test.my_ping ( path = /org/alljoyn/alljoyn_test ) returned
"Ping String 1"
```

6.1.8　运行单元测试

1. 运行 C++ 单元测试

当编译代码时如果 GTEST_DIR 选项被指定，C++测试单元会被自动构建并且放置到以下路径：

<workspace>/build/{OS}/{CPU}/{VARIANT}/test/cpp/bin。该路径下有两个可执行的文件：ajtest 和 cmtest。

cmtest 测试 common 项目中的代码并且不需要运行 AllJoyn 路由。

运行 cmtest：

```
<workspace>/build/{OS}/{CPU}/{VARIANT}/test/cpp/bin/cmtest
```

ajtest 可执行测试 alljoyn_core 中的代码，但必须运行一个 AllJoyn 路由来执行测试。

启动 alljoyn-daemon：

```
<workspace>/build/{OS}/{CPU}/{VARIANT}/dist/cpp/bin/alljoyn - daemon -- internal
```

运行 ajtest：

```
build\{OS}\{CPU}\{VARIANT}\test\cpp\bin\ajtest.exe
```

2. 运行 Java junit 测试

Java 绑定的同时构建 junit 测试，Junit 测试专门用来测试 Java 绑定。

从 alljoyn_java\ build. xml. top 复制并重命名至 build. xml 文件夹中。

```
cp alljoyn_java\build.xml.top build.xml
```

在顶部文件夹中使用 ant 开始测试。

```
ant test - DOS = {OS} - DCPU = {CPU} - DVARIANT = {VARIANT}
```

Html 版本号可以在下列路径中找到：

<workspace>/build/{OS}/{CPU}/{VARIANT}/test/java/reports/junit/

6.2 About 特性的开发方法

6.2.1 参考代码说明

1. 用于发送 AboutData 的类(表 6-1)

表 6-1 用于发送 AboutData 的类

类 名	描 述
AboutObj	此类实现 org. alljoyn. About 接口作为 BusObject
AboutIconObj	此类实现 org. alljoyn. Icon 接口作为 BusObject
AboutDataListener	此接口提供 MsgArg，包含 AboutData 域，用于宣告信号的有效载荷和 GetAboutData()
AboutData	AboutDataListener 接口的默认实现，对于大多数开发者来说，此实现足够使用
AboutIcon	容器类，包含 AboutIconObj 发送的图标

2. 用于接收 AboutData 的类(表 6-2)

表 6-2 用于接收 AboutData 的类

类 名	描 述
AboutProxy	获取 AboutObj 代理路径的类
AboutIconProxy	获取 AboutIconObj 代理路径的类
AboutListener	由 AllJoyn 用户实现的抽象类，用于接收 About 接口的相关事件
AboutData	AboutDataListener 接口的默认实现，此类用于读取 org. alljoyn. About. Announce 信号内容
AboutObjectDescription	此帮助类用于接入 ObjectDescription MsgArg 的域，作为 org. alljoyn. About. Announce 信号一部分发送
BusAttachment	用于注册 AboutListeners，并指定感兴趣的接口

6.2.2 建立发送宣告信号的应用程序

(1) 创建总线附件，包括以下步骤：开始，连接，绑定会议端口号，其他安全设置。

(2) 创建接口。

(3) 创建接口的总线对象。当给总线对象添加接口是将其标记为 ANNOUNCED。

(4) 为总线对象注册总线附件。

(5) 填写 AboutData。

(6) 创建 AboutObj。

(7) 调用 AboutObj::Announce(sessionPort, aboutData)。

6.2.3 建立接收宣告信号的 AllJoyn 框架

(1) 创建总线附件,包括以下步骤:开始,连接,其他安全设置。

(2) 创建 AboutListener。

(3) 注册新建的 AboutListener。

(4) 调用 BusAttachment::WhoImplements 成员函数来明确应用程序感兴趣的接口。

6.2.4 发送宣告信号的示例代码

1. 创建总线附件

(1) 新建总线附件:

```
BusAttachment bus("About Service Example");
```

(2) 开启总线附件并连接路由节点:

```
status = bus.Start();
if (ER_OK != status) {
    printf("FAILED to start BusAttachment ( %s)\n", QCC_StatusText(status));
    exit(1);
}

status = bus.Connect();
if (ER_OK != status) {
    printf("FAILED to connect to router node ( %s)\n", QCC_StatusText(status));
    exit(1);
}
```

(3) 绑定会议端口:

```
SessionOpts opts (SessionOpts :: TRAFFIC _ MESSAGES, false, SessionOpts :: PROXIMITY _ ANY,
TRANSPORT_ANY);
SessionPort sessionPort = ASSIGNED_SESSION_PORT;
MySessionPortListener sessionPortListener;
bus.BindSessionPort(sessionPort, opts, sessionPortListener);
if (ER_OK != status) {
    printf("Failed to BindSessionPort ( %s)", QCC_StatusText(status));
}
```

2. 创建接口

接口包含方法、信号和属性,接口可以在代码中确定也可以使用 xml 标记。

xml 接口示例:

```
<interface name = 'com.example.about.feature.interface.sample'>
    <method name = 'Echo'>
        <arg name = 'out_arg' type = 's' direction = 'in' />
        <arg name = 'return_arg' type = 's' direction = 'out' />
    </method>
</interface>
```

下列 C++代码使用 xml 为总线附件添加接口：

```
qcc::String interface = "<node>"
   "<interface name = '" + qcc::String(INTERFACE_NAME) + "'>"
                          "   <method name = 'Echo'>"
                          "     <arg name = 'out_arg' type = 's' direction = 'in' />"
                          "     <arg name = 'return_arg' type = 's' direction = 'out' />"
                          "   </method>"
                          "</interface>"
                          "</node>";

status = bus.CreateInterfacesFromXml(interface.c_str());
if (ER_OK != status) {
    printf("Failed to parse the xml interface definition ( % s)", QCC_StatusText(status));
    exit(1);
}
```

不使用 xml 标记添加接口的 C++代码：

```
/* 添加 org.alljoyn.Bus.method_sample 接口 */
InterfaceDescription* intf = NULL;
status = bus.CreateInterface(INTERFACE_NAME, intf);

if (status == ER_OK) {
    printf("Interface created.\n");
    intf->AddMethod("Echo", "s", "s", "out_arg,return_arg", 0);
    intf->Activate();
} else {
    printf("Failed to create interface ' % s'.\n", INTERFACE_NAME);
}
```

3. 为接口创建总线附件

创建总线附件的接口，当为总线附件添加接口时，可以通过添加 ANNOUNCED 值到 AddInterface()成员函数中来确认接口是否被广播。

```
class MyBusObject : public BusObject {
  public:
    MyBusObject(BusAttachment& bus, const char* path)
        : BusObject(path) {
        QStatus status;
        const InterfaceDescription* iface = bus.GetInterface(INTERFACE_NAME);
```

```
        assert(iface != NULL);

        // 此处宣告的值告诉 AllJoyn 此接口应该被宣告
        status = AddInterface( * iface, ANNOUNCED);
        if (status != ER_OK) {
            printf("Failed to add %s interface to the BusObject\n", INTERFACE_NAME);
        }

        /* 注册对象方法的 handlers */
        const MethodEntry methodEntries[] = {
             { iface -> GetMember("Echo"), static_cast < MessageReceiver::MethodHandler >
(&MyBusObject::Echo) }
        };
        AddMethodHandlers(methodEntries, sizeof(methodEntries) / sizeof(methodEntries[0]));
    }

    // 通过返回字符串到发送端回应远程方法调用
    void Echo(const InterfaceDescription::Member * member, Message& msg) {
        printf("Echo method called: %s", msg -> GetArg(0) -> v_string.str);
        const MsgArg * arg((msg -> GetArg(0)));
        QStatus status = MethodReply(msg, arg, 1);
        if (status != ER_OK) {
            printf("Failed to created MethodReply.\n");
        }
    }
};
```

4. 使用总线附件注册总线对象

```
MyBusObject busObject(bus, "/example/path");
status = bus.RegisterBusObject(busObject);
if (ER_OK != status) {
    printf("Failed to register BusObject (%s)", QCC_StatusText(status));
    exit(1);
}
```

5. AboutData 域(表 6-3)

表 6-3　AboutData 域

域　　名	是否必需	是否被广播	局部	签名
AppId	是	是	否	ay
DefaultLanguage	是	是	否	s
DeviceName	否	是	是	s
DeviceId	是	是	否	s
AppName	是	是	是	s
Manufacturer	是	是	是	s

续表

域　名	是否必需	是否被广播	局部	签名
ModelNumber	是	是	否	s
SupportedLanguages	是	否	否	as
Description	是	否	是	s
DateofManufacture	否	否	否	s
SoftwareVersion	是	否	否	s
AJSoftwareVersion	是	否	否	s
HardwareVersion	否	否	否	s
SupportUrl	否	否	否	s

标记为被广播的域是 Announce 信号的一部分，如果一个值没有被广播，则必须使用 org. alljoyn. about. About. GetAboutData 方法来获取值。

标记为被必需的域用来发送 Announce 信号，即使域值不属于 Announce 信号，该域也是必需的。

标记为局部的域需要为 SupportedLanguages 列举的语言提供定域。

6. 填写 AboutData

AboutData 是 AboutDataListener 接口的一个实例，发送一个宣告信号需要 AboutData。

```
// 设置 about data,默认的语言在构建器中指定,如果默认语言应该定位的任何域没有指定,返回错误.
AboutData aboutData("en");
//AppId 是 128bit uuid
uint8_t appId[] = { 0x01, 0xB3, 0xBA, 0x14,
                    0x1E, 0x82, 0x11, 0xE4,
                    0x86, 0x51, 0xD1, 0x56,
                    0x1D, 0x5D, 0x46, 0xB0 };
aboutData.SetAppId(appId, 16);
aboutData.SetDeviceName("My Device Name");
//DeviceId 是字符串编码的 128bit UUIDf
aboutData.SetDeviceId("93c06771 - c725 - 48c2 - b1ff - 6a2a59d445b8");
aboutData.SetAppName("Application");
aboutData.SetManufacturer("Manufacturer");
aboutData.SetModelNumber("123456");
aboutData.SetDescription("A poetic description of this application");
aboutData.SetDateOfManufacture("2014 - 03 - 24");
aboutData.SetSoftwareVersion("0.1.2");
aboutData.SetHardwareVersion("0.0.1");
aboutData.SetSupportUrl("http://www.example.org");
```

例如 DeviceName、AppName 的局部值在构造器中自动被设置为默认语言，或者在设定域值时设置不同的语言。下列操作为 AboutData 设置西班牙语。

```
aboutData.SetDeviceName("Mi dispositivo Nombre", "es");
aboutData.SetAppName("aplicación", "es");
aboutData.SetManufacturer("fabricante", "es");
aboutData.SetDescription("Una descripción poética de esta aplicación", "es");
```

AJSoftwareVersion 在执行 AboutData 时自动被写入。

7. 创建一个 AboutObj 和 Announce

```
AboutObj aboutObj(bus);
status = aboutObj.Announce(sessionPort, aboutData);
if (ER_OK != status) {
    printf("AboutObj Announce failed (%s)\n", QCC_StatusText(status));
    exit(1);
}
```

添加一个新的接口或者 AboutData 改变后，Announce 成员函数需要重新调用。

6.2.5 接收宣告信号的示例代码

接收宣告信号的代码中创建、开始和连接总线附件的代码与发送宣告信号相同，接收宣告信号的应用程序不需要绑定会议端口。

1. 创建 AboutListener

AboutListener 接口用来回应宣告信号。

```
class MyAboutListener : public AboutListener {
    void Announced(const char* busName, uint16_t version, SessionPort port,
        const MsgArg& objectDescriptionArg, const MsgArg& aboutDataArg)
{
        // 此处代码处理宣告信号.
    }
};
```

当一个宣告信号被找到后，AllJoyn 路由节点就会调用 AboutListener，被宣告回调包括包含在接收到的宣告信号里的所有信息和接收宣告信号的总线附件的唯一总线名称信息，远程设备可以使用这些信息建立会话，同时可以通过这些信息创建基于 objectDescriptionArg 中的接口的代理总线对象。

2. 注册一个新的 AboutListener 并且调用 WhoImplements

```
MyAboutListener aboutListener;
bus.RegisterAboutListener(aboutListener);
const char* interfaces[] = { INTERFACE_NAME };
status = bus.WhoImplements(interfaces, sizeof(interfaces) / sizeof(interfaces[0]));
if (ER_OK != status) {
    printf("WhoImplements call FAILED with status %s\n", QCC_StatusText(status));
    exit(1);
}
```

WhoImplements 成员函数：

WhoImplements 成员函数用来声明是否对一个或多个接口感兴趣，如果一个远程设备正在广播接口，所有已经注册了的 AboutListeners 将会被调用。

3. 使用 Ping 来确定设备存在

总线附件 Ping 成员函数可以用来确定设备是否可以响应，宣告信号的内容可能会过期，使用在建立连接之前需要对设备进行 ping 操作来确定它是否存在以及能否响应。

```
// when pinging a remote bus wait a max of 5 seconds
#define PING_WAIT_TIME 5000
bus.EnableConcurrentCallbacks();
QStatus status = bus.Ping(busName.c_str(), PING_WAIT_TIME);
if( ER_OK == status) {
    ...
}
```

4. 请求未广播的数据

如果需要请求宣告之外的信息，执行以下操作：

(1) 加入会话。通过调用创建应用程序的会议

```
BusAttachment::JoinSession

SessionId sessionId;
SessionOpts opts(SessionOpts::TRAFFIC_MESSAGES, false,
                 SessionOpts::PROXIMITY_ANY, TRANSPORT_ANY);
QStatus status = bus.JoinSession(name, port, NULL, sessionId, opts);
if (status == ER_OK) {
    printf("JoinSession SUCCESS (Session id = %d)", sessionId);
} else {
    printf("JoinSession failed");
}
```

(2) 创建一个 AboutProxy。通过本地 BusAttachment 生成 About 代理总线对象，远程 BusAttachment 的名称以及 SessionId 通过调用 BusAttachment::JoinSession 获得。

```
AboutProxy aboutProxy(bus, busName, sessionId);
MsgArg arg;
status = aboutProxy.GetAboutData("", arg);
if(ER_OK != status) {
    //handle error
}
```

(3) 创建 AboutIconProxy(可选)。通过局部 BusAttachment 生成一个 Icon 代理总线对象，远程 BusAttachment 的名称以及 SessionId 通过调用 BusAttachment::JoinSession 获得。

```
AboutIconProxy aiProxy(bus, busName, sessionId);

AboutIcon retIcon;
status = aiProxy.GetIcon(retIcon);
if(ER_OK != status) {
    //处理错误
}
// 获取 Url
retIcon.url
// 获取内容大小
retIcon.contentSize
// 获取图标内容的指针
retIcon.content
// 获取 MimeType
retIcon.mimetype
```

6.3 配置服务的开发方法

本节将介绍配置基础服务在 Linux 系统中的开发方法，包括配置服务框架的配置、配置服务端应用程序、设置 AllJoyn 框架、About 特性以及参考代码等。

6.3.1 应用类

1. 用于提供 ConfigData 的类（表 6-4）

表 6-4　用于提供 ConfigData 的类

服务器类名	描　述
ConfigService	实现接口 org.alljoyn.Config 作为服务框架的类
PropertyStore	使用 ReadAll()提供属性列表的接口并且允许用户通过 Update()，Delete()和 Reset()对属性值进行操作

2. 用于远程操作 ConfigData 的类（表 6-5）

表 6-5　用于远程操作 ConfigData 的类

客户端类名	描　述
ConfigClient	实现接口 org.alljoyn.Config 作为客户端的类

6.3.2 获取服务框架的配置

参考 6.1 节编译服务框架的配置。

6.3.3 建立使用 Config Server 的应用程序

建立维持 ConfigData 应用程序的步骤如下：

(1) 创建 AllJoyn 应用程序的基础；

(2) 实现 PropertyStore 生成 ConfigStore；

(3) 在服务模式下初始化 AboutService；

(4) 实例化 ConfigStore；

(5) 通过 ConfigServer 实现回调；

(6) 在服务模式下初始化 ConfigService，并提供 ConfigStore 和回调。

6.3.4 设置 AllJoyn 框架和 About 特性

设置服务框架的步骤对于使用 AllJoyn 框架的应用程序以及使用一个或多个 AllJoyn 服务框架的应用程序是普遍需要的，在使用 Configuration 服务框架作为 Config 服务器或者 Config 客户端之前，必须实现 About 特性和设置 AllJoyn 框架。

参见 6.1 节和 6.2 节内容。

6.3.5 实现应用：Config Server

实现一个 Config Server 需要创建并注册一个 ConfigService 类的实例，所有使用 Config Server 的应用程序都需要一个 About Server，通过 Announcements 简化发现。

1. 初始化 AllJoyn 框架

参考 6.1 节来设置 AllJoyn 框架，创建总线附件：

```
bus->Start();
bus->Connect();
```

2. 保护网络安全

Config Server 使用网络安全，创建一个从 ajn::AuthListener 继承的 KeyListener 类，该类需要执行两个函数：RequestCredentials 和 AuthenticationComplete。

```
class SrpKeyXListener : public ajn::AuthListener {
    public:
        bool RequestCredentials(const char * authMechanism,
            const char * authPeer,
            uint16_t authCount, const char * userId,
            uint16_t credMask, Credentials& creds);
        void AuthenticationComplete(const char * authMechanism, const char * authPeer, boolsuccess);
};
```

RequestCredentials()需要设置密码验证并返还 true 值。

```
creds.SetPassword(Password);
return true;
```

实例化 keylistener 类并保护网络安全

```
SrpKeyXListener * keyListener = new SrpKeyXListener();
```

```
bus->EnablePeerSecurity("ALLJOYN_PIN_KEYX ALLJYON_SRP_KEYS ALLJOYN_ECDHE_PSK ", keyListener);
```

3. 执行PropertyStore生成ConfigStore

AboutService在存储About接口数据域的设置值时需要PropertyStore接口，ConfigService在存储和简化更新域操作时需要PropertyStore接口。config接口数据域，如表6-6所示。

表6-6 config接口数据域

域 名	是否必需	类 型
DefaultLanguage	是	s
DeviceName	是	s

PropertyStore执行示例指定下列元数据域字典：

(1) Keys是域名。

(2) Values是一系列字符串对象条目，在这里字符串是同对象值关联的语言标签。

PropertyStore执行示例：

```
PropertyStoreImpl::PropertyStoreImpl(const char * factoryConfigFile, const char *
configFile) : m_IsInitialized(false)
{
    m_configFileName.assign(configFile);
    m_factoryConfigFileName.assign(factoryConfigFile);
}

void PropertyStoreImpl::Initialize()
{
    m_IsInitialized = true; m_factoryProperties.clear();
    m_factoryProperties.insert(m_Properties.begin(), m_Properties.end());
    UpdateFactorySettings();
}

void PropertyStoreImpl::FactoryReset()
{
    std::ifstream factoryConfigFile(m_factoryConfigFileName.c_str(), std::ios::binary);
    std::ofstream configFile(m_configFileName.c_str(), std::ios::binary);

    if (factoryConfigFile && configFile) {
        configFile << factoryConfigFile.rdbuf();

        configFile.close();
        factoryConfigFile.close();
    } else {
        std::cout << "Factory reset failed" << std::endl;
    }
```

```
    m_Properties.clear();
    m_Properties.insert(m_factoryProperties.begin(), m_factoryProperties.end());
}

const qcc::String& PropertyStoreImpl::GetConfigFileName()
{
    return m_configFileName;
}

PropertyStoreImpl::~PropertyStoreImpl()
{
}

QStatus PropertyStoreImpl::ReadAll(const char * languageTag, Filter filter, ajn::MsgArg& all)
{
    if (!m_IsInitialized) {
        return ER_FAIL;
    }

    if (filter == ANNOUNCE || filter == READ) {
        return AboutPropertyStoreImpl::ReadAll(languageTag, filter, all);
    }

    if (filter != WRITE) {
        return ER_FAIL;
    }

    QStatus status = ER_OK;
    if (languageTag != NULL && languageTag[0] != 0) {
        CHECK_RETURN(isLanguageSupported(languageTag))
    } else {
        PropertyMap::iterator it = m_Properties.find(DEFAULT_LANG);
        if (it == m_Properties.end()) {

            return ER_LANGUAGE_NOT_SUPPORTED;
        }
        CHECK_RETURN(it->second.getPropertyValue().Get("s", &languageTag))
    }

    MsgArg * argsWriteData = new MsgArg[m_Properties.size()];
    uint32_t writeArgCount = 0;
    do {
        for (PropertyMap::const_iterator it = m_Properties.begin(); it !=
m_Properties.end(); ++it) {
            const PropertyStoreProperty& property = it->second;

            if (!property.getIsWritable()) {
```

```
                continue;
            }

if (!(property.getLanguage().empty() ||
property.getLanguage().compare(languageTag) == 0)) {
                continue;
            }

CHECK(argsWriteData[writeArgCount].Set("{sv}", property.getPropertyName().c_str(),
new MsgArg(property.getPropertyValue())))) argsWriteData[writeArgCount].SetOwnershipFlags
(MsgArg::OwnsArgs,true;

            writeArgCount++;
        }
        CHECK(all.Set("a{sv}", writeArgCount, argsWriteData))
        all.SetOwnershipFlags(MsgArg::OwnsArgs, true);
    } while (0);

    if (status != ER_OK) {
        delete[] argsWriteData;
    }

    return status;
}

QStatus PropertyStoreImpl::Update(const char * name, const char * languageTag, const ajn::
MsgArg * value)
{
    if (!m_IsInitialized) {
    return ER_FAIL;
}

    PropertyStoreKey propertyKey = getPropertyStoreKeyFromName(name);
    if (propertyKey >= NUMBER_OF_KEYS) {
        return ER_FEATURE_NOT_AVAILABLE;

    }

    // 检查 languageTag
    // 如果 languageTag == NULL: 不是有效的 languageTag 值
    //如果 languageTag == "": 使用默认语言
    // 如果 languageTag == string: 值必须是支持的语言之一
    QStatus status = ER_OK;
    if (languageTag == NULL) {
        return ER_INVALID_VALUE;
    } else if (languageTag[0] == 0) {
        PropertyMap::iterator it = m_Properties.find(DEFAULT_LANG);
```

```
        if (it == m_Properties.end()) {
            return ER_LANGUAGE_NOT_SUPPORTED;
        }
        status = it->second.getPropertyValue().Get("s", &languageTag);
    } else {
        status = isLanguageSupported(languageTag);
        if (status != ER_OK) {
            return status;
        }
    }

    // 特殊情况 DEFAULT_LANG 不关联 PropertyMap 中的语言并且其只有 languageTag = NULL 有效.
在此设置,让用户遵循同样的语言规则,如同任何其他属性
    if (propertyKey == DEFAULT_LANG) {
        languageTag = NULL;
    }

    //验证值是否可接收
    qcc::String languageString = languageTag ? languageTag : ""; status = validateValue
(propertyKey, *value, languageString); if (status != ER_OK) {
        std::cout << "New Value failed validation. Will not update" << std::endl;

        return status;
    }

    PropertyStoreProperty* temp = NULL;
std::pair<PropertyMap::iterator, PropertyMap::iterator> propertiesIter =
m_Properties.equal_range(propertyKey);

for (PropertyMap::iterator it = propertiesIter.first; it !=
propertiesIter.second; it++) {
        const PropertyStoreProperty& property = it->second;
        if (property.getIsWritable()) {
            if ((languageTag == NULL && property.getLanguage().empty()) || (languageTag !=
NULL && property.getLanguage().compare(languageTag)
== 0)) {

temp = new PropertyStoreProperty(property.getPropertyName(),

*value, property.getIsPublic(),

property.getIsAnnouncable());
                if (languageTag) {

                property.getIsWritable(),

                    temp->setLanguage(languageTag);
```

```
            }
            m_Properties.erase(it);
            break;
        }
    }
}

if (temp == NULL) {
    return ER_INVALID_VALUE;
}

m_Properties.insert(PropertyPair(propertyKey, *temp));

if (persistUpdate(temp->getPropertyName().c_str(), value->v_string.str, languageTag))
{
    AboutService* aboutService = AboutServiceApi::getInstance();
    if (aboutService) {
        aboutService->Announce();
    std::cout << "Calling Announce after UpdateConfiguration" << std::endl;

    }
    delete temp;
    return ER_OK;
} else {
    delete temp;
    return ER_INVALID_VALUE;
    }
}

QStatus PropertyStoreImpl::Delete(const char* name, const char* languageTag)
{
    if (!m_IsInitialized) {
        return ER_FAIL;
    }

    PropertyStoreKey propertyKey = getPropertyStoreKeyFromName(name);
    if (propertyKey >= NUMBER_OF_KEYS) {
        return ER_FEATURE_NOT_AVAILABLE;
    }

    QStatus status = ER_OK;
    if (languageTag == NULL) {
        return ER_INVALID_VALUE;
    } else if (languageTag[0] == 0) {


        PropertyMap::iterator it = m_Properties.find(DEFAULT_LANG);
```

```
        if (it == m_Properties.end()) {
            return ER_LANGUAGE_NOT_SUPPORTED;
        }
        status = it->second.getPropertyValue().Get("s", &languageTag);
        } else {
            status = isLanguageSupported(languageTag);
            if (status != ER_OK) {
                return status;
            }
        }

        if (propertyKey == DEFAULT_LANG) {
            languageTag = NULL;
        }

        bool deleted = false;
        std::pair<PropertyMap::iterator, PropertyMap::iterator> propertiesIter =
    m_Properties.equal_range(propertyKey);

        for (PropertyMap::iterator it = propertiesIter.first; it !=
    propertiesIter.second; it++) {
            const PropertyStoreProperty& property = it->second;
            if (property.getIsWritable()) {
                if ((languageTag == NULL && property.getLanguage().empty()) || (languageTag !=
NULL && property.getLanguage().compare(languageTag) == 0)) {
                    m_Properties.erase(it);
                    break;
                }
            }
        }

        if (!deleted) {
            if (languageTag != NULL) {
                return ER_LANGUAGE_NOT_SUPPORTED;
            } else {
                return ER_INVALID_VALUE;
            }
        }

        propertiesIter = m_factoryProperties.equal_range(propertyKey);

        for (PropertyMap::iterator it = propertiesIter.first; it !=
    propertiesIter.second; it++) {
            const PropertyStoreProperty& property = it->second;
            if (property.getIsWritable()) {
                if ((languageTag == NULL && property.getLanguage().empty()) || (languageTag !=
NULL && property.getLanguage().compare(languageTag) == 0)) {
```

```
                m_Properties.insert(PropertyPair(it->first, it->second));
                char* value;
                it->second.getPropertyValue().Get("s", &value);
if (persistUpdate(it->second.getPropertyName().c_str(), value, languageTag))
{
        AboutService* aboutService = AboutServiceApi::getInstance();
        if (aboutService) {
            aboutService->Announce();
            std::cout << "Calling Announce after ResetConfiguration" << std::endl;

                }
                return ER_OK;
              }
            }
          }
        }
        return ER_INVALID_VALUE;
    }

    bool PropertyStoreImpl::persistUpdate(const char* key, const char* value, const char*
languageTag)
    {
        std::map<std::string, std::string> data;
        std::string skey(key);
        if (languageTag && languageTag[0]) { skey.append(".");
        skey.append(languageTag);
        }

    data[skey] = value;
    return IniParser::UpdateFile(m_configFileName.c_str(), data);
}

PropertyStoreKey PropertyStoreImpl::getPropertyStoreKeyFromName(qcc::String const& propertyStoreName)
    {
        for (int indx = 0; indx < NUMBER_OF_KEYS; indx++) {
            if (PropertyStoreName[indx].compare(propertyStoreName) == 0) {
                return (PropertyStoreKey)indx;
            }
        }
        return NUMBER_OF_KEYS;
    }

    bool PropertyStoreImpl::FillDeviceNames()
    {
        std::map<std::string, std::string> data;

        if (!IniParser::ParseFile(m_factoryConfigFileName.c_str(), data)) {
```

```
        std::cerr << "Could not parse configFile" << std::endl;
        return false;
    }

    typedef std::map<std::string, std::string>::iterator it_data;
    for (it_data iterator = data.begin(); iterator != data.end(); iterator++)
{
if(iterator->first.find(AboutPropertyStoreImpl::getPropertyStoreName(DEVICE_NAME).c_str
()) == 0) {
            size_t lastDotLocation = iterator->first.find(".");
            if ((lastDotLocation == std::string::npos) || (lastDotLocation + 1
>= iterator->first.length())) {
                continue;
            }
            std::string language = iterator->first.substr(lastDotLocation + 1);
            std::string value = iterator->second;

            UpdateFactoryProperty(DEVICE_NAME, language.c_str(), MsgArg("s", value.c_str()));
        }
    }

    return true;
}

bool PropertyStoreImpl::UpdateFactorySettings()
{
    std::map<std::string, std::string> data;
    if (!IniParser::ParseFile(m_factoryConfigFileName.c_str(), data)) {
        std::cerr << "Could not parse configFile" << std::endl;
        return false;
    }

    std::map<std::string, std::string>::iterator iter;

    iter =
data.find(AboutPropertyStoreImpl::getPropertyStoreName(DEVICE_ID).c_str());
    if (iter != data.end()) {
        qcc::String deviceId = iter->second.c_str(); UpdateFactoryProperty(DEVICE_ID, NULL,
MsgArg("s", deviceId.c_str()));
    }

    if (!FillDeviceNames()) {
        return false;
    }

    iter = data.find(AboutPropertyStoreImpl::getPropertyStoreName(APP_ID).c_str());
```

```
    if (iter != data.end()) {
        qcc::String appGUID = iter->second.c_str();

        UpdateFactoryProperty(APP_ID, NULL, MsgArg("s", appGUID.c_str()));
    }

    iter = data.find(AboutPropertyStoreImpl::getPropertyStoreName(APP_NAME).c_str());
    if (iter != data.end()) {
        qcc::String appName = iter->second.c_str(); UpdateFactoryProperty(APP_NAME, NULL,
MsgArg("s", appName.c_str()));
    }

    iter = data.find(AboutPropertyStoreImpl::getPropertyStoreName(DEFAULT_LANG).c_str());
    if (iter != data.end()) {
        qcc::String defaultLanguage = iter->second.c_str(); UpdateFactoryProperty(DEFAULT_
LANG, NULL, MsgArg("s",defaultLanguage.c_str()));
    }

    return true;
}


void PropertyStoreImpl :: UpdateFactoryProperty(PropertyStoreKey propertyKey, const char *
languageTag,const ajn::MsgArg& value)
{
    PropertyStoreProperty* temp = NULL;
    std::pair<PropertyMap::iterator, PropertyMap::iterator> propertiesIter =
m_factoryProperties.equal_range(propertyKey);

    for (PropertyMap::iterator it = propertiesIter.first; it !=
propertiesIter.second; it++) {
    const PropertyStoreProperty& property = it->second;

    if ((languageTag == NULL && property.getLanguage().empty()) || (languageTag != NULL &&
property.getLanguage().compare(languageTag) == 0)) {

         temp = new PropertyStoreProperty(property.getPropertyName(), value, property.
getIsPublic(),property.getIsWritable(),property.getIsAnnouncable());
        if (languageTag) {

            temp->setLanguage(languageTag);
        }
        m_factoryProperties.erase(it);
        break;
    }
}
```

```
    if (temp == NULL) {
        return;
    }

    m_factoryProperties.insert(PropertyPair(propertyKey, *temp));
    delete temp;
}
```

4. 实例化 ConfigStore

```
propertyStore = new PropertyStoreImpl(FACTORYCONFIGFILENAME, CONFIGFILENAME);
propertyStore->setDeviceName(deviceName);
propertyStore->setAppId(appIdHex);
propertyStore->setAppName(appName);
propertyStore->setDefaultLang(defaultLanguage);

propertyStore->setModelNumber("Wxfy388i");
propertyStore->setDateOfManufacture("10/1/2199");
propertyStore->setSoftwareVersion("12.20.44 build 44454");
propertyStore->setAjSoftwareVersion(ajn::GetVersion());
propertyStore->setHardwareVersion("355.499. b");

std::vector<qcc::String> languages(3);
languages.push_back("en");
languages.push_back("sp");
languages.push_back("fr");
propertyStore->setSupportedLangs(languages);

DeviceNamesType::const_iterator iter = deviceNames.find(languages[0]);
    if (iter != deviceNames.end()) {
        CHECK_RETURN(propertyStore->setDeviceName(iter->second.c_str(), languages[0]));
    } else {
        CHECK_RETURN(propertyStore->setDeviceName("My device name", "en"));
    }

    iter = deviceNames.find(languages[1]);
    if (iter != deviceNames.end()) {
        CHECK_RETURN(propertyStore->setDeviceName(iter->second.c_str(), languages[1]));
    } else {
    CHECK_RETURN(propertyStore->setDeviceName("Mi nombre de dispositivo",
"sp"));
    }

    iter = deviceNames.find(languages[2]);
    if (iter != deviceNames.end()) {
        CHECK_RETURN(propertyStore->setDeviceName(iter->second.c_str(), languages[2]));
```

```
    } else {

        CHECK_RETURN(propertyStore->setDeviceName("Mon nom de l'appareil", "fr"));

    }
propertyStore->setDescription("This is an AllJoyn application", "en");
propertyStore->setDescription("Esta es una AllJoyn aplicacion", "sp");
propertyStore->setDescription("C'est une Alljoyn application", "fr");

propertyStore->setManufacturer("Company", "en");
propertyStore->setManufacturer("Empresa", "sp");
propertyStore->setManufacturer("Entreprise", "fr");

propertyStore->setSupportUrl("http://www.allseenalliance.org");
propertyStore->Initialize();
```

5. 执行一个总线监听器和端口监听器

为了绑定一个会议端口并接受会议，需要创建一个 AllJoyn 总线监听器和会议端口监听器类的继承类。

该类必须包含下列函数：

bool AcceptSessionJoiner (SessionPort sessionPort, const char * joiner, const SessionOpts& opts)。

AcceptSession 函数将在发送加入会议请求的之后随时被调用；Listener 类需要通过返回 true/false 值来决定是否接受加入会议请求。这些决定是特定的，并且包含下列组成部分：

(1) 产生请求的会议端口；

(2) 特定的会话选项限制；

(3) 已加入的会话数。

下面是声明监听类的一个完整类的示例：

```
class CommonBusListener : public ajn::BusListener, public ajn::SessionPortListener {

public:
    CommonBusListener();
    ~CommonBusListener();
    bool AcceptSessionJoiner(ajn::SessionPort sessionPort,
        const char * joiner, const ajn::SessionOpts& opts);
    void setSessionPort(ajn::SessionPort sessionPort);
        ajn::SessionPort getSessionPort();
    private:
        ajn::SessionPort m_SessionPort;
};
```

6. 在服务端模式下初始化 AboutService

```
busListener = new CommonBusListener();
AboutServiceApi::Init( *bus, *propertyStore);
AboutServiceApi* aboutService = AboutServiceApi::getInstance();
busListener->setSessionPort(port);
bus->RegisterBusListener( *busListener);
TransportMask transportMask = TRANSPORT_ANY;
SessionPort sp = port;
SessionOpts opts(SessionOpts::TRAFFIC_MESSAGES, false,
SessionOpts::PROXIMITY_ANY, transportMask);
bus->BindSessionPort(sp, opts, *busListener);
aboutService->Register(port);
bus->RegisterBusObject( *aboutService);
```

7. 执行 Config Server 的回调

```
ConfigServiceListenerImpl::ConfigServiceListenerImpl(PropertyStoreImpl& store, BusAttachment& bus):
   ConfigService::Listener(), m_PropertyStore(&store), m_Bus(&bus)
{
}

QStatus ConfigServiceListenerImpl::Restart()
{
   printf("Restart has been called !!!\n");
   return ER_OK;
}

QStatus ConfigServiceListenerImpl::FactoryReset()
{
   QStatus status = ER_OK;
   printf("FactoryReset has been called!!!\n"); m_PropertyStore->FactoryReset(); printf
("Clearing Key Store\n");
   m_Bus->ClearKeyStore();

   AboutServiceApi* aboutService = AboutServiceApi::getInstance();
   if (aboutService) {
      status = aboutService->Announce();
      printf("Announce for %s = %d\n", m_Bus->GetUniqueName().c_str(), status);
   }

   return status;
}

QStatus ConfigServiceListenerImpl::SetPassphrase(const char* daemonRealm,
size_t passcodeSize, const char* passcode)
{
```

```
    qcc::String passCodeString(passcode, passcodeSize);
    printf("SetPassphrase has been called daemonRealm = %s passcode = %s passcodeLength = %lu
\n", daemonRealm, passCodeString.c_str(), passcodeSize); PersistPassword(daemonRealm,
passCodeString.c_str());

    printf("Clearing Key Store\n");
    m_Bus->ClearKeyStore();

    return ER_OK;
}

ConfigServiceListenerImpl::~ConfigServiceListenerImpl()
{
}

void ConfigServiceListenerImpl::PersistPassword(const char* daemonRealm, const char* passcode)
{
    std::map<std::string, std::string> data;
    data["daemonrealm"] = daemonRealm;
    data["passcode"] = passcode;
    IniParser::UpdateFile(m_PropertyStore->GetConfigFile().c_str(), data);
}
```

8. 在服务模式下初始化 ConfigService，并提供 ConfigStore 和回调

```
configServiceListenerImpl = new ConfigServiceListenerImpl(*propertyStoreImpl,
*msgBus);
configService = new ConfigService(*msgBus, *propertyStoreImpl,
*configServiceListenerImpl);

std::vector<qcc::String> interfaces;
interfaces.push_back("org.alljoyn.Config");
aboutService->AddObjectDescription("/Config", interfaces);

configService->Register();
msgBus->RegisterBusObject(*configService);
```

9. 广播名和公告

```
AdvertiseName(SERVICE_TRANSPORT_TYPE);
aboutService->Announce();
```

10. 反注册并删除 ConfigService 和总线附件

当 ConfigService 的操作完成后删除使用过的变量：

```
if (configService) {
    delete configService;
    configService = NULL;
```

```
}

if (configServiceListenerImpl) {
    delete configServiceListenerImpl;
    configServiceListenerImpl = NULL;
}

if (keyListener) {
    delete keyListener;
    keyListener = NULL;
}

if (propertyStoreImpl) {
    delete propertyStoreImpl;
    propertyStoreImpl = NULL;
}

delete msgBus;
msgBus = NULL;
```

6.3.6 实现应用：Config Client

使用 ConfigClient 类执行接收和修改 ConfigData。当含有 About 服务器和 Config 服务器实例的应用程序可以发送通知时，使用 AboutClass 来确保应用程序得到通知。

1. 初始化 AllJoyn 框架

参考 6.1 节来设置 AllJoyn 框架，创建总线附件：

```
bus->Start();
bus->Connect();
```

2. 保护网络安全

Config Server 使用网络安全，创建一个从 ajn::AuthListener 继承的 KeyListener 类，该类需要执行两个函数，RequestCredentials 和 AuthenticationComplete，如下所示：

```
class SrpKeyXListener : public ajn::AuthListener {
    public:
        bool RequestCredentials(const char * authMechanism,
            const char * authPeer,
            uint16_t authCount, const char * userId,
            uint16_t credMask, Credentials& creds);
        void AuthenticationComplete(const char * authMechanism, const char * authPeer, bool
success);
};
```

RequestCredentials()需要设置密码验证并返还 true。

```
creds.SetPassword(Password);
return true;
```

实例化 keylistener 类并保护网络安全

```
SrpKeyXListener * keyListener = new SrpKeyXListener();
bus->EnablePeerSecurity("ALLJOYN_PIN_KEYX ALLJYON_SRP_KEYS ALLJOYN_ECDHE_PSK ", keyListener);
```

3. 在客户端模式下初始化 AboutService

完成下列步骤：

(1) 执行 announce 句柄；

(2) 执行 announce 方法；

(3) 如果使用到 Config 接口，注册 announce 句柄；

(4) 加入会话。

4. 创建 ConfigService 客户端对象

```
configClient = new ConfigClient( * busAttachment);
```

(1) 请求 ConfigData。Configurations 数据结构由 GetConfiguration() 方法调用，Configurations 可以通过迭代来确定内容。

```
ConfigClient::Configurations configurations;
if ((status = configClient->GetConfigurations(busname.c_str(),
      "en", configurations, id)) == ER_OK) {
   for (ConfigClient::Configurations::iterator it = configurations.begin();
      it != configurations.end(); ++it) { qcc::String key = it->first; ajn::MsgArg value =
it->second;
      if (value.typeId == ALLJOYN_STRING) {
         printf("Key name = %s value = %s\n", key.c_str(), value.v_string.str);
         } else if (value.typeId == ALLJOYN_ARRAY && value.Signature().compare("as") == 0)
{
         printf("Key name = %s values: ", key.c_str());
         const MsgArg * stringArray;
         size_t fieldListNumElements;
         status = value.Get("as", &fieldListNumElements, &stringArray);
         for (unsigned int i = 0; i < fieldListNumElements; i++) {
            char * tempString; stringArray[i].Get("s", &tempString);
            printf(" %s ", tempString);
         }
         printf("\n");
      }
   }
```

(2) 更新 ConfigData。接收到的数据可以通过 ConfigClient 调用 UpdateConfigurations() 方法来更新。

```
configurations.insert(std::pair<qcc::String, ajn::MsgArg>("DeviceName", MsgArg("s", "New
Device Name")));
```

```
configClient->UpdateConfigurations(busname.c_str(), NULL, configurations, id);
```

(3) 获取接口版本：

```
int version;
configClient->GetVersion(busname.c_str(), version, id);
```

(4) 重置 ConfigData。ConfigData 可以通过 ConfigClient 调用 ResetConfigurations()方法重置为默认值。

```
std::vector<qcc::String> configNames;
configNames.push_back("DeviceName");
configClient->ResetConfigurations(busname.c_str(), "en", configNames, id);
```

(5) 重置节点/厂家默认值。网络设备/应用程序的 configuration 可以通过 ConfigClient 调用 FactoryReset()方法重置为厂家默认值。

```
configClient->FactoryReset(busname.c_str(), id);
```

(6) 重启节点。节点应用程序可以通过 ConfigClient 调用 Restart()方法来重启。

```
configClient->Restart(busname.c_str(), id);
```

(7) 在节点上设置密码。节点应用程序可以通过 ConfigClient 调用 SetPasscode()方法设置密码，这个操作可以撤销当前的加密密钥，并且基于新的共享机制重新生成一个密码。

```
configClient->SetPasscode(busname.c_str(), "MyDeamonRealm", 8, (const uint8_t *) NEW_
PASSCODE, id);
srpKeyXListener->setPassCode(NEW_PASSCODE);
qcc::String guid;
busAttachment->GetPeerGUID(busname.c_str(), guid);
busAttachment->ClearKeys(guid);
```

5. 删除变量并取消注册监听器

使用 ConfigService、Configuration 服务框架以及 AllJoyn 框架后，释放应用程序的变量。

```
if (configClient) {
    delete configClient;
    configClient = NULL;
}
busAttachment->Stop();
delete busAttachment;
```

6.4 通知服务的开发方法

本节将介绍通知基础服务在 Linux 系统中的开发方法，包括通知服务框架的配置、配置服务端应用程序、设置 AllJoyn 框架、About 特性以及参考代码等。

6.4.1 参考代码说明

1. 源代码说明(表 6-7)

表 6-7 源代码说明

包	描 述
AllJoyn	AllJoyn 标准客户端代码
AboutService	About 特性代码
NotificationService	通知服务框架代码
Services Common	与 AllJoyn 服务框架类似的代码
Apps 样例	与 AllJoyn 服务框架示例应用程序类似的代码

2. 相关 C++应用代码(表 6-8)

表 6-8 相关 C++应用代码

应用程序	描 述
Producer Basic	发送硬编码的通知底层应用程序
Consumer Service	显示接收到通知的简单 Consumer 应用程序

3. 获得通知服务框架

参考 6.1 节获得编译通知服务框架的指导。

4. 创建通知发送方：Notification Producer

下面的步骤提供了一个建立 Notification Producer 的高级过程：

(1) 创建 AllJoyn 应用的基础。

(2) 实现 ProperyStore,并且在服务器模式利用 AboutService 使用,获得更多的指导请查看 About API Guide。

(3) 初始化通知服务并且创建一个 Producer。

(4) 在需要的域,创建一个通知,使用 Producer 去发送通知。

5. 创建通知接收方：Notification Consumer

下面的步骤提供了一个建立 Notification Consumer 的高级过程：

(1) 创建 AllJoyn 应用的基础。

(2) 创建一个类去接口 NotificationReceiver。

(3) 初始化通知服务并且提供一个接收的实现。

(4) 开始接收通知。

6. 创建 AllJoyn 框架和 About 特征

对于使用 AllJoyn 框架的应用和任意使用一个或多个 AllJoyn 服务框架的应用,它们所需要的步骤基本一致。在使用通知服务框架作为 Producer 或是 Consumer 之前,About 特征一定要提前实现并且保证 AllJoyn 框架已经创建。

6.4.2 执行通知发送方：Notification Producer

1. 初始化 AllJoyn 框架

建立总线附件，如下：

```
bus->Start();
bus->Connect();
```

2. 在服务模式下初始化 AboutService

通知发送方依赖于 About 特性。

(1) 创建 PropertyStore 并且给它赋值。

```
propertyStore = new AboutPropertyStoreImpl();
propertyStore->setDeviceId(deviceId);
propertyStore->setAppId(appIdHex);
propertyStore->setAppName(appName);
std::vector<qcc::String> languages(3);
languages[0] = "en";
languages[1] = "sp";
languages[2] = "fr";
propertyStore->setSupportedLangs(languages);
propertyStore->setDefaultLang(defaultLanguage);
   DeviceNamesType::const_iterator iter = deviceNames.find(languages[0]);
   if (iter != deviceNames.end()) {
      CHECK_RETURN(propertyStore->setDeviceName(iter->second.c_str(), languages[0]));
   } else {
      CHECK_RETURN(propertyStore->setDeviceName("My device name", "en"));
   }

   iter = deviceNames.find(languages[1]);
   if (iter != deviceNames.end()) {
      CHECK_RETURN(propertyStore->setDeviceName(iter->second.c_str(), languages[1]));
   } else {
      CHECK_RETURN(propertyStore->setDeviceName("Mi nombre de dispositivo","sp"));
   }

   iter = deviceNames.find(languages[2]);
   if (iter != deviceNames.end()) {
      CHECK_RETURN(propertyStore->setDeviceName(iter->second.c_str(), languages[2]));
   } else {
      CHECK_RETURN(propertyStore->setDeviceName("Monnomdel'appareil", "fr"));
   }
```

(2) 执行总线和会话端口的监听。为了绑定会话端口和接收会话请求，需要创建一个新的类去继承 AllJoyn 总线监听类和会话端口监听类：

```
bool AcceptSessionJoiner(SessionPort sessionPort, const char * joiner, const SessionOpts& opts)
```

当收到一个加入会话的请求时，AcceptSessionJoiner 功能可以随时被调用，监听类需要分别返回 true 或是 false，从而控制加入会话请求是否应该接收或者是拒绝。这些都是应用的具体化，并且包括以下情况：①出现会话接口的请求；②具体会话选项的限制；③已经加入会话的数量。

下面是一个声明监听类的例子：

```
class CommonBusListener : public ajn::BusListener,
   public ajn::SessionPortListener {

   public: CommonBusListener();
     ~CommonBusListener();
      bool AcceptSessionJoiner(ajn::SessionPort sessionPort,
         const char * joiner, const ajn::SessionOpts& opts);
   void setSessionPort(ajn::SessionPort sessionPort);
      ajn::SessionPort getSessionPort();
   private:
      ajn::SessionPort m_SessionPort;
};

busListener = new CommonBusListener();
AboutServiceApi::Init( * bus, * propertyStore);
AboutServiceApi * aboutService = AboutServiceApi::getInstance();
busListener -> setSessionPort(port);
bus -> RegisterBusListener( * busListener);
TransportMask transportMask = TRANSPORT_ANY; SessionPort sp = port;
SessionOpts opts ( SessionOpts :: TRAFFIC _ MESSAGES, false, SessionOpts :: PROXIMITY _ ANY,
transportMask);
bus -> BindSessionPort(sp, opts, * busListener);
aboutService -> Register(port);
bus -> RegisterBusObject( * aboutService);
```

3. 初始化通知服务框架

```
NotificationService * prodService = NotificationService::getInstance()
```

1）启动通告发送方：Notification producer

启动通知服务框架并且将它传递到总线附件和新创建的 PropertyStore。

```
Sender = prodService -> initSend(bus, propertyStoreImpl);
```

2）发送通知

（1）准备要发送的文本语言：

```
NotificationText textToSend1("en", "The fridge door is open");
NotificationText textToSend2("de", "Die Kuhlschranktur steht offen");
```

```
std::vector<NotificationText> vecMessages;
vecMessages.push_back(textToSend1);
vecMessages.push_back(textToSend2);
```

(2) 创建通知对象：创建一个可以设定可选择区域的通知对象，实现方法如下：

```
Notification notification(messageType, vecMessages);
```

在通知的消息中，下面的可选参量可添加到通知中：

① Icon URL，创建一个可以用来展示通知的图标 URL：

```
notification.setRichIconUrl("http://iconUrl.com/notification.jpeg");
```

② Audio URL，创建可以扩大通知的音频 URL，每种音频 URL 由每种语言设定：

```
richAudioUrl audio1("en", "http://audioUrl.com/notif_en.wav");
richAudioUrl audio2("de", "http://audioUrl.com/notif_de.wav");
std::vector<RichAudioUrl> richAudioUrl;
richAudioUrl.push_back(audio1);
richAudioUrl.push_back(audio2);
notification.setRichAudioUrl(richAudioUrl);
```

③ Icon object path，创建一个图标对象路径使得接收器可以取得图标的内容，从而在 Notification 中展示：

```
notification.setRichIconObjectPath("/OBJ/PATH/ICON");
```

④ Audio object path，创建一个音频对象路径使得接收器可以取得音频的内容，从而在 Notification 中展示：

```
notification.setRichAudioObjectPath("/OBJ/PATH/AUDIO");
```

⑤ Control Panel Service object path，创建一个可以用来和总线对象交互的响应对象路径，从而允许用户表现出类似 Notification 结果的控制行动：

```
notification.setControlPanelServiceObjectPath("/CPS/OBJ/PATH");
```

(3) 发送通知：

```
status = Sender->send(notification, TTL);
```

3) 删除最后的信息

一旦通知已经传输，而编辑应用的人想要取消它，例如，如果通知被发送到一个不再发生的事件时，生存时间一直有效，deleteLastMsg API 可以根据制定的信息类型来删除最后的通知：

```
Sender->deleteLastMsg(deleteMessageType);
```

6.4.3 执行通知接收方：Notification Consumer

1. 初始化 AllJoyn 框架

查看 Building Linux 部分从而建立更多关于 AllJoyn 框架的指导。

(1) 创建总线附件：

```
bus->Start();
bus->Connect();
```

(2) 初始化通知服务框架：

```
conService = NotificationService::getInstance();
```

2. 启动通知接收方：Notification Consumer

(1) 实现通知接收器接口：通知接收器界面有一个 Receive 方法，该方法接收一个通知变量的参量。当通知服务框架收到一个通知时，它会调用 Receive 方法来实现通知接收器接口。

```
public void Receive(ajn::services::Notification const& notification);
```

对于信息中携带的通知参量，通知对象用 getters 去处理，参量描述了设备和接收的应用信息。

```
const char * getDeviceId() const;
const char * getDeviceName() const;
const char * getAppId() const;
const char * getAppName() const;
```

参量描述信息如下：

```
const int32_t getMessageId() const;
const NotificationMessageType getMessageType() const;
```

参量显示信息的内容：

```
const std::vector<NotificationText>& getText() const;
const char * getRichIconUrl() const;
const char * getRichIconObjectPath() const;
const char * getRichAudioObjectPath() const;
const std::vector<RichAudioUrl>& getRichAudioUrl() const;
const char * getControlPanelServiceObjectPath() const;
```

Notification Producer 界面有一个遣散通知的遣散方法，应用可以选择遣散通知，进而在近端区域的所有实体中遣散通知。应用通过调用 QSatus dismiss()方法遣散通知。

```
At void 'derived of NotificationReceiver'::receive(Notification conast& notification)
{
```

```
    Notification.dismiss()
}
```

创建实际对象：

```
receiver = new NotificationReceiverTestImpl();
```

通知接收界面有一个接收调用的遣散方法，用来处理接收端收到了一个遣散信号。

```
virtual void Dismiss(const int32_t msgId, const qcc::String appId) = 0;
```

(2) 开启接收方 Consumer：开启 Consumer 并将它传递到总线附件。

```
conService->initReceive(busAttachment, Receiver);
```

6.5 控制面板服务的开发方法

本节将介绍控制面板基础服务在 Linux 系统中的开发方法，包括控制面板服务框架的配置，配置服务端应用程序，设置 AllJoyn 框架、About 特性以及参考代码等。

6.5.1 相关代码说明

1. 使用存储来建立控制器(表 6-9)

表 6-9 使用存储来建立控制器

包	描　　述
AllJoyn	AllJoyn 标准客户端代码
AboutService	About 特性代码
ControlPanelService	控制面板服务框架代码
Services Common	与 AllJoyn 服务框架类似的代码
示例 Apps	与 AllJoyn 服务框架示例应用程序类似的代码

2. 使用存储和通知发送方建立控制器(表 6-10)

表 6-10 使用存储和通知发送方建立控制器

包	描　　述
AllJoyn	AllJoyn 标准客户端代码
AboutService	About 特性代码
ControlPanelService	控制面板服务框架代码
NotificationService	通知服务框架代码
Services Common	与 AllJoyn 服务框架类似的代码
示例 Apps	与 AllJoyn 服务框架示例应用程序类似的代码

3. 相关 C++应用代码(表 6-11)

表 6-11　相关 C++应用代码

应用程序	描　　述
ControlPanelBrowser	允许查看控制面板的基本应用

4. 获得控制面板服务的框架

控制面板服务由一些元件组成，控制面板服务元件是被控制端与控制端可交互的组件，定义分别如下几部分表示，它位于服务层并且没有具体应用的代码。

(1) 插件模块。表 6-12 所示的插件模块包含于控制面板服务组件，目的是创建控制面板。

表 6-12　插件模块

模　块　名	描　　述
Container	容器 UI 单元。允许同时运行多组插件，但一定要至少包含一个子单元
Label	只能读取文本标签的 UI 单元
Action	一个在 Controllee 端执行代码或者打开一个在执行之前确认对话插件的 UI 单元按钮
Dialog	UI 对话单元，它有一个对话信息和最多 3 种选择的按钮
Property	用于显示值并可以编辑值的 UI 单元

(2) 控制面板提供的组件。这个组件包含了具体控制应用设备的代码，控制面板生成的代码与该组件互相交互，从而可以创建 property 值、获得 property 值、执行操作。

另外，它可以通过调用控制面板服务框架的功能来初始化，在该组件中的模块通过第三方提供。例如，一个智能的洗衣机，控制面板提供的组件代码可以与硬件交互从而进行呈现控制参数，进而可以设定洗衣机的温度及开始洗衣机运转等活动。

(3) 控制面板生成器组件。一个生成器工具接受 XML 的 UI 定义文件，包含了插件和它描述具体受控端的控制面板性质，同时在控制面板中生成代码。更多生成代码的内容，请参见运行代码生成器工具。

(4) 控制面板样例组件。这个组件是应用的样板，它负责一般受控端应用的流程，包括初始化和关闭，它依赖于生成和提供的代码。

5. 创建被控制端

下面的步骤提供了建立一个受控端的高级进程。

(1) 创建一个 AllJoyn 应用的基础。

(2) 实现 ProperyStore 并且在服务器模式下联合 AboutService 使用。更多的指导请查阅 6.2 节内容。

(3) 创建需要的事件处理代码去控制设备，其中，包括性质的 getter 与 setter，处理事件执行的功能。

(4) 创建 XML 定义下的 UI,包括在合适的地方调用代码处理器。

(5) 使用 SDK 提供的代码生成工具从 XML 中生成代码。

(6) 初始化控制面板服务和受控端发送一个通知广播到可用的控制面板。

6.5.2 受控端的实现

1. 初始化 AllJoyn 框架

查看 5.1 节从而获得更多创建 AllJoyn 框架的指导内容。这里主要是创建总线附件。

```
BusAttachment * bus = CommonSampleUtil::prepareBusAttachment();
```

2. 开启服务端模式的 AboutService

控制面板框架依赖于 About 特性。

(1) 创建需要的 PropertyStore 并为它赋值:

```
propertyStore = new AboutPropertyStoreImpl();
propertyStore->setDeviceName(deviceName);
propertyStore->setAppId(appIdHex);
propertyStore->setAppName(appName);
std::vector<qcc::String> languages(3);languages[0] = "en";
languages[1] = "sp";
languages[2] = "fr";
propertyStore->setSupportedLangs(languages);
propertyStore->setDefaultLang(defaultLanguage);

   DeviceNamesType::const_iterator iter = deviceNames.find(languages[0]);
   if (iter != deviceNames.end()) {
      CHECK_RETURN(propertyStore->setDeviceName(iter->second.c_str(), languages[0]));
   } else {
      CHECK_RETURN(propertyStore->setDeviceName("My device name", "en"));
   }

   iter = deviceNames.find(languages[1]);
   if (iter != deviceNames.end()) {
      CHECK_RETURN(propertyStore->setDeviceName(iter->second.c_str(), languages[1]));
   } else {
      CHECK_RETURN(propertyStore->setDeviceName("Mi nombre de dispositivo","sp"));
   }

   iter = deviceNames.find(languages[2]);
   if (iter != deviceNames.end()) {
      CHECK_RETURN(propertyStore->setDeviceName(iter->second.c_str(), languages[2]));
   } else {
      CHECK_RETURN(propertyStore->setDeviceName("Monnomde l'appareil", "fr"));
   }
```

（2）实现一个总线监听器和会话端口监听器。为了绑定会话端口并且接收会话，一个新的类需要继承 AllJoyn BusListener 和 SeesionPortListener 类，这个类必须包含以下功能：

```
bool AcceptSessionJoiner(SessionPort sessionPort,
const char * joiner, const SessionOpts& opts)
```

当加入会话的请求收到时，AcceptSessionJoiner 功能将会被调用，监听类需要通过分别返回 True 或者 False 来接收或拒绝加入会话请求。这些考虑使应用具体化，并且包含以下事项：请求的会话端口、具体的会话选项限制、已经加入会话的数量。

下面是一个关于监听类的全部声明的例子：

```
class CommonBusListener : public ajn::BusListener,
   public ajn::SessionPortListener
{
   public: CommonBusListener();
      ~CommonBusListener();
      bool AcceptSessionJoiner(ajn::SessionPort sessionPort,
         const char * joiner, const ajn::SessionOpts& opts);
      void setSessionPort(ajn::SessionPort sessionPort);
      ajn::SessionPort getSessionPort();
   private:
      ajn::SessionPort m_SessionPort;
};
```

（3）实例化总线监听和初始化 About 特性：

```
busListener = new CommonBusListener();
AboutServiceApi::Init( * bus, * propertyStore);
AboutServiceApi * aboutService = AboutServiceApi::getInstance();
busListener->setSessionPort(port);
bus->RegisterBusListener( * busListener);
TransportMask transportMask = TRANSPORT_ANY;
SessionPort sp = port;
SessionOpts opts(SessionOpts::TRAFFIC_MESSAGES, false,
SessionOpts::PROXIMITY_ANY, transportMask);
bus->BindSessionPort(sp, opts, * busListener);
aboutService->Register(port);
bus->RegisterBusObject( * aboutService);
```

3. 初始化控制面板服务和受控端

```
ControlPanelService * controlPanelService = ControlPanelService::getInstance();
ControlPanelControllee * controlPanelControllee = 0;
ControlPanelGenerated::PrepareWidgets(controlPanelControllee);
controlPanelService->initControllee(bus, controlPanelControllee);
```

4. 发送通知

```
AboutServiceApi * aboutService = AboutServiceApi::getInstance();
aboutService->Announce();
```

5. 创建声明具体回调设备的头文件

关于 GetCode 属性的回调标志，其中 uint16_t getTemperature()是返回属性值，dataType 是应用的具体需求。

(1) SetCode 属性的回调。这个标志并不是由控制面板服务框架决定，但它可根据基本的应用需求来选择。如果其中的一个参量是新的值，那么对应的属性需要被建立。例如：

```
void SetTemperature(uint16 newTemperature);
```

(2) 执行 action 代码的回调。这个标志并不是由控制面板服务框架决定，但它可根据基本的应用需求来选择。例如：

```
void StartOven();
```

6. 创建 XML 定义下的 UI

```
<controlPanelDevice xmlns="http://www.allseenalliance.org/controlpanel/gen">
    <name>MyDevice</name>
    <headerCode>#include "ControlPanelProvided.h"</headerCode>
    <languageSet name="myLanguages">
        <language>en</language>
        <language>de</language>
        <language>fr</language>
    </languageSet>
    <controlPanels>
        <controlPanel languageSet="myLanguages">
            <rootContainer>
                //rootContainer properties and child elements go here.
            </rootContainer>
        </controlPanel>
    </controlPanels>
</controlPanelDevice>
```

(1) 命名习惯。单元的命名和控制面板中每一个插件的命名一定要符合命名规则(这取决于单元名称和插件名称被用来当作 AllJoyn BusObject 对象路径的一部分，而控制面板服务框架使用它们)，命名中仅仅包含 ASCII 码“[A-Z][a-z][0-9]_”，不能包含一个空字符。

(2) 用 XML schema 创建一个控制面板设备标签：

```
<controlPanelDevice xmlns="http://www.allseenalliance.org/controlpanel/gen">
</controlPanelDevice>
```

(3) 在名字标签中定义单元名字。在控制面板设备标签中定义单元名字：

```
<name>MyDevice</name>
```

(4) 添加包含具体设备回调的头文件 include 语句。在名字标签之后添加 include 语句,可以添加多个头文件。

```
<headerCode>#include "ControlPanelProvided.h"</headerCode>
```

(5) 定义控制面板的语言。在头文件代码标签后添加,它必须包括一系列的控制面板可以展示标签和信息的语言。可以定义多种语言。

```
<languageSet name = "myLanguages">
    <language>en</language>
    <language>de</language>
    <language>fr</language>
</languageSet>
```

(6) 创建控制面板结构。每一个控制面板必须定义偏好的语言设置,可以同时定义多种控制面板,在语言设定标签后添加。

```
<controlPanels>
    <controlPanel languageSet = "myLanguages">
    </controlPanel>
    <controlPanel languageSet = "mySecondLanguageSet">
    </controlPanel>
</controlPanels>
```

(7) 定义一个根容器和它的子元素。在控制面板标签内添加根容器,根容器是主要的容器插件,用来集合所有构建控制面板的插件。查看更多关于容器插件和相关的子插件,请查阅 Widget modules 和 XML UI Element Descriptions。

```
<rootContainer>        //根容器属性和子元素
</rootContainer>
```

7. 运行代码生成工具

在 CPSAppGenerator 目录里,运行生成器命令,从而在 XML 中生成控制面板的代码。

```
Python generateCPSApp.py <XML file the generate code from> -p <destination path for generated
files>
```

Python script 在应用目录中生成了如下的文件,并且,生成了每个定义在 XML 中的属性和操作的类,这些文件将用来构建受控端应用。

```
ControlPanelGenerated.cc
ControlPanelGenerated.h
```

8. 编译代码

编译变量的过程取决于主机和目标平台,每一个主机和平台需要不同的文件、布局、工具链的过程，但是，它们都支持 AllJoyn 服务框架。在不同目标平台的文档中都包含了如何组织并创建编译所需要的应用文件的指导。

6.5.3 XML UI 单元描述

这一部分中，主要介绍每个控制面板界面进行布局的 XML UI 的例子，若想要获得每个界面的完整描述，请查看控制面板接口定义。

1. 容器的描述

容器的 XML 示例如下，容器属性构成及描述，如表 6-13 所示。

```
<container>
    <name>rootContainer</name>
    <secured>false</secured>
    <enabled>true</enabled>
    <bgcolor>0x200</bgcolor>
    <label>
        <value type="literal" language="en">My Label of my container</value>
        <value type="literal" language="de">Container Etikett</value>
    </label>
    <hints>
        <hint>vertical_linear</hint>
    </hints>
    <elements>
        //Child elements (Action/Property/Label/Container, etc.) defined here
    </elements>
<container>
```

表 6-13 容器属性构成及描述

属　性	可 能 值	是否必需	描　述
Name	alphanumeric	是	部件名
Secured	• true • false	是	确定容器的接口是否安全
Enabled	• true • false	是	确定容器是否可见
Bgcolor	Unsigned int	否	背景颜色表示为 RGB 值
Label	• tcode • value	否	容器的标签。 • 如果是 code，则为接收标签的函数指针； • 如果为 value，则可以是文字或常数。
Hints	• vertical_linear • horizontal_linear	否	容器布局提示
elements	• Action • Property • LabelProperty • Container	是	子部件。容器中可以包含一个或以上的子部件。

2. 动作的描述

动作的 XML 示例如下，动作属性构成及描述如表 6-14 所示。

onAction 标签包含了执行代码选项和对话选项，所有选项不能包含在同一个标签中。

```
<action>
    <name>ovenAction</name>
    <onAction>
        <executeCode>startOven();</executeCode>
           OR
        <dialog>
        //dialog properties here
        </dialog>
    </onAction>
    <secured>true</secured>
    <enabled>true</enabled>
    <label>
        <value type="literal" language="en">Start Oven</value>
        <value type="literal" language="de">Ofen started</value>
    </label>
    <bgcolor>0x400</bgcolor>
    <hints>
        <hint>actionButton</hint>
    </hints>
</action>
```

表 6-14　动作属性构成及描述

属　性	可 能 值	是否必需	描　述
Name	alphanumeric	是	部件的名称
onAction	• executeCode • dialog	是	确定 actionButton 何时被按下 • 如果是 executeCode，那么将会执行代码； • 如果是 dialog，将显示对话框
Secured	• true • false	是	确定 Action 的接口是否安全
Enable	• true • false	是	确定 Action 是否可见
Label	• code • value	否	Action 的标签。 • 如果是 code，则为接收标签的函数指针 • 如果为 value，则可以是文字或常数
Bgcolor	Unsigned int	否	背景颜色表示为 RGB 值
Hints	Action hint	否	可以是 actionButton

3. 标签属性的描述

标签属性的 XML 示例如下，标签属性的构成及描述如表 6-15 所示。

```
<labelProperty>
    <name>CurrentTemp</name>
    <enabled>true</enabled>
    <label>
        <value type="literal" language="en">Current Temperature:</value>
        <value type="literal" language="de">Aktuelle Temperatur:</value>
    </label>
    <bgcolor>0x98765</bgcolor>
    <hints>
        <hint>textlabel</hint>
    </hints>
</labelProperty>
```

表 6-15 标签属性的构成及描述

属　性	可 能 值	是否必需	描　述
Name	alphanumeric	是	部件的名称
enable	• true • false	是	确定 Label 是否可见
Label	• code • value	否	Label 的文本。 • 如果是代码，则为接收文本的函数指针； • 如果为值，则可以是文字或常数
Bgcolor	Unsigned int	否	背景颜色表示为 RGB 值
Hints	Label hint	否	可以是 text label

4. 属性

属性依赖于识别标志的值，在 XML 中构建属性有许多不同的方法。每一个支持识别标志的样例和属性信息为如下类型：String、Boolean、Date、Time、Scalar。

(1) stringProperty 的 XML 示例如下，String 属性的构成及描述如表 6-16 所示。

```
<stringProperty>
    <name>modeStringProperty</name>
    <getCode>getStringVar</getCode>
    <setCode>setStringVar(%s)</setCode>
    <secured>false</secured>
    <enabled>true</enabled>
    <writable>true</writable>
    <label>
        <value type="constant" language="en">HEATING_MODE_EN</value>
        <value type="constant" language="de">HEATING_MODE_DE</value>
    </label>
    <bgcolor>0x500</bgcolor>
    <hints>
        <hint>edittext</hint>
    </hints>
    <constraintVals>
```

```
        <constraint>
        <display>
            <value type = "literal" language = "en">Grill Mode</value>
            <value type = "literal" language = "de ">Grill Modus</value>
        </display>
            <value>Grill</value>
    </constraint>
    <constraint>
        <display>
            <value type = "literal" language = "en">Regular Mode</value>
            <value type = "literal" language = "de">Normal Modus</value>
        </display>
        <value>Normal</value>
        </constraint>
    </constraintVals>
</stringProperty>
```

表 6-16 String 属性的构成及描述

属　　性	可　能　值	是否必需	描　　述
Name	alphanumeric	是	部件的名称
Getcode	函数指针	是	返回一个属性值的函数指针
Setcode	执行属性设置的代码	是	属性设置调用时执行的代码
Secured	• true • false	是	确定属性的接口是否安全
Enable	• true • false	是	确定属性是否可见
Writable	• true • false	是	确定属性是否可写
Label	• code • value	否	属性标签的文本。 • 如果是代码，则为接收文本的函数指针； • 如果为值，则可以是文字或常数。
Bgcolor	Unsigned int	否	背景颜色表示为 RGB 值
Hints	• switch • spinner • radiobutton • textview • edittext	否	标签提示
constrainVals	约束列表	否	约束属性的值。每个约束由值及其显示构成

(2) Boolean 属性的 XML 示例如下，Boolean 属性的构成及描述如表 6-17 所示。

```
<booleanProperty>
    <name>checkboxProperty</name>
    <getCode>getTurboModeVar</getCode>
```

```
    <setCode>setTurboModeVar(%s)</setCode>
    <secured>false</secured>
    <enabled>true</enabled>
    <writable>true</writable>
    <label>
        <value type="literal" language="en">Turbo Mode:</value>
        <value type="literal" language="de">Turbo Modus:</value>
    </label>
    <bgcolor>0x500</bgcolor>
    <hints>
        <hint>checkbox</hint>
    </hints>
</booleanProperty>
```

表 6-17 Boolean 属性的构成及描述

属　性	可 能 值	是否必需	描　述
Name	alphanumeric	是	部件的名称
Getcode	函数指针	是	返回一个属性值的函数指针。函数指针的 signature 需要申明为 void *（*functionptr）()
Setcode	执行属性设置的代码	是	属性设置调用时执行的代码。在 setcode 中所有的%s 将会被生成器替换成新值
Secured	• true • false	是	确定属性的接口是否安全
Enable	• true • false	是	确定属性是否可见
Writable	• true • false	是	确定属性是否可写
Label	• code • value	否	属性标签的文本。 • 如果是代码，则为接收文本的函数指针； • 如果为值，则可以是文字或常数
Bgcolor	Unsigned int	否	背景颜色表示为 RGB 值
Hints	checkbox	否	如何呈现 UI 的提示

(3) Date 属性(见表 6-18)的 XML 样例：

```
<dateProperty>
    <name>startDateProperty</name>
    <getCode>getStartDateVar</getCode>
    <setCode>setStartDateVar(%s)</setCode>
    <secured>false</secured>
    <enabled>true</enabled>
    <writable>true</writable>
    <label>
        <value type="literal" language="en">Start Date:</value>
```

```
        <value type = "literal" language = "de"> Starttermin:</value>
    </label>
    <bgcolor> 0x500 </bgcolor>
    <hints>
        <hint> datepicker </hint>
    </hints>
</dateProperty>
```

表 6-18 Date 属性的构成及描述

属 性	可 能 值	是否必需	描 述
name	alphanumeric	是	部件的名称
getcode	函数指针	是	返回一个属性值的函数指针。函数指针的 signature 需要申明为 void * (* functionptr) ()
setcode	执行属性设置的代码	是	属性设置调用时执行的代码。在 setcode 中所有的%s 将会被生成器替换成新值
secured	• true • false	是	确定属性的接口是否安全
enable	• true • false	是	确定属性是否可见
writable	• true • false	是	确定属性是否可写
label	• code • value	否	属性标签的文本。 • 如果是代码,则为接收文本的函数指针; • 如果为值,则可以是文字或常数
bgcolor	Unsigned int	否	背景颜色表示为 RGB 值
hints	datepicker	否	如何呈现 UI 的提示

(4) Time 属性(见表 6-19)的 XML 样例:

```
<timeProperty>
    <name> startTimeProperty </name>
    <getCode> getStartTimeVar </getCode>
    <setCode> setStartTimeVar( % s)</setCode>
    <secured> false </secured>
    <enabled> true </enabled>
    <writable> true </writable>
    <label>
        <value type = "literal" language = "en"> Start Time:</value>
        <value type = "literal" language = "de"> Startzeit:</value>
    </label>
    <bgcolor> 0x500 </bgcolor>
    <hints>
        <hint> timepicker </hint>
    </hints>
</timeProperty>
```

表 6-19　Time 属性构成及描述

属　　性	可　能　值	是否必需	描　　述
name	alphanumeric	是	部件的名称
getcode	函数指针	是	返回一个属性值的函数指针。函数指针的 signature 需要申明为 void *（* functionptr）()
setcode	执行属性设置的代码	是	属性设置调用时执行的代码。在 setcode 中所有的%s 将会被生成器替换成新值
secured	• true • false	是	确定属性的接口是否安全
enable	• true • false	是	确定属性是否可见
writable	• true • false	是	确定属性是否可写
label	• code • value	否	属性标签的文本。 • 如果是代码,则为接收文本的函数指针; • 如果为值,则可以是文字或常数
bgcolor	Unsigned int	否	背景颜色表示为 RGB 值
hints	timepicker	否	如何呈现 UI 的提示

(5) Scalar 属性(见表 6-20)的 XML 样例:

这是 constrainDefs 标签包含了值和范围的例子,但它们不能被包含在同一个标签内。

```
<scalarProperty dataType = "UINT16">
    <name>heatProperty</name>
    <getCode>getTemperatureVar</getCode>
    <setCode>setTemperatureVar(%s)</setCode>
    <secured>false</secured>
    <enabled>true</enabled>
    <writable>true</writable>
    <label>
        <value type = "literal" language = "en">Oven Temperature</value>
        <value type = "literal" language = "de">Ofentemperatur</value>
    </label>
    <bgcolor>0x500</bgcolor>
    <hints>
        <hint>spinner</hint>
    </hints>
    <constraintDefs>
        <constraintVals>
            <constraint>
                <display>
                    <value type = "literal" language = "en">Regular</value>
                    <value type = "literal" language = "de">Normal</value>
```

```
            </display>
            <value>175</value>
        </constraint>
        <constraint>
            <display>
                <value type="literal" language="en">Hot</value>
                <value type="literal" language="de">Heiss</value>
            </display>
            <value>200</value>
        </constraint>
    </constraintVals>
OR
    <constraintRange>
        <min>0</min>
        <max>400</max>
        <increment>25</increment>
    </constraintRange>
</constraintDefs>
<unitMeasure>
    <value type="literal" language="en">Degrees</value>
    <value type="literal" language="de">Grad</value>
</unitMeasure>
</scalarProperty>
```

表 6-20　Scalar 属性构成及描述

属　　性	可　能　值	是否必需	描　　述
dataType	• INT16 • UINT16 • INT32 • UINT32 • INT64 • UINT64 • DOUBLE	是	scalar 数据类型
name	alphanumeric	是	部件的名称
getcode	函数指针	是	返回一个属性值的函数指针。函数指针的 signature 需要申明为 void * (* functionptr) ()
setcode	执行属性设置的代码	是	属性设置调用时执行的代码。在 setcode 中所有的%s 将会被生成器替换成新值
secured	• true • false	是	确定属性的接口是否安全
enable	• true • false	是	确定属性是否可见

续表

属　性	可 能 值	是否必需	描　述
writable	• true • false	是	确定属性是否可写
label	• code • value	否	属性标签的文本。 • 如果是代码,则为接收文本的函数指针; • 如果为值,则可以是文字或常数
bgcolor	Unsigned int	否	背景颜色表示为 RGB 值
hints	• spinner • radiobutton • slider • numberpicker • keypad • numericview	否	如何呈现 UI 的提示

5. 对话

对话的 XML 示例如下,对话属性构成及描述如表 6-21 所示。

```
<dialog>
    <name>LightConfirm</name>
    <secured>false</secured>
    <enabled>true</enabled>
    <message>
        <value type="literal" language="en">Do you want to turn on the light</value>
        <value type="literal" language="de">Wollen sie das Licht andrehen</value>
    </message>
    <label>
        <value type="literal" language="en">Turn on Light</value>
        <value type="literal" language="de">Licht andrehen</value>
    </label>
    <bgcolor>0x122</bgcolor>
    <hints>
        <hint>alertdialog</hint>
    </hints>
    <button>
        <label>
            <value type="literal" language="en">Yes</value>
            <value type="literal" language="de">Ja</value>
        </label>
        <executeCode>TurnOnLight(true);</executeCode>
    </button>
    <button>
    <label>
        <value type="literal" language="en">No</value>
```

```
        <value type = "literal" language = "de"> Nein</value>
    </label>
        <executeCode> TurnOnLight(false);</executeCode>
      </button>
    </dialog>
```

表 6-21 对话属性构成及描述

属 性	可 能 值	是否必需	描 述
name	alphanumeric	是	部件的名称
secured	• true • false	是	确定属性的接口是否安全
enable	• true • false	是	确定属性是否可见
message	• code • value	是	对话框的消息： • 如果是代码，则为接收文本的函数指针； • 如果为值，则可以是文字或常数
label	• code • value	否	对话框标签的文本： • 如果是代码，则为接收文本的函数指针； • 如果为值，则可以是文字或常数
bgcolor	Unsigned int	否	背景颜色表示为 RGB 值
hints	alertdialog	否	如何呈现 UI 的提示
button	Label 和 executeCode	是，但最多可以有三个	每个 button 必须包含下列内容： • 包含文本的标签 • 包含在被控对象上执行代码的 executeCode 标签

第7章 瘦客户端开发方法

7.1 瘦客户端概述

AllJoyn是一个开源的软件系统，致力于将运行在不同类型设备上的分布式应用构建成一个分布式环境，并着重于便携、安全和可动态配置。AllJoyn不依赖于平台，即它的设计使它的功能实现尽可能地独立于其所使用的操作系统和硬件设备。

AllJoyn标准客户端(AJSCL)被设计成可用于Windows、Linux、Android、iOS、OS X、OpenWRT和浏览器插件等系统环境中，这些操作系统和软件的共同特点是它们运行于通用型计算机系统。通用型计算机通常拥有相当数量的内存、足够大的功耗和计算能力，而运行于其上的很多操作系统都支持多处理器、多线程和多语言环境。

与之相对的，嵌入式系统往往只具备单一功能，并运行于某个设备的嵌入式处理器中。由于需要其完成的功能有限，工程师们往往通过减小内存容量、降低处理器速度和功耗、减少外设接口和用户接口等方式来优化系统，以降低产品成本和体积。AllJoyn瘦客户端(AJTCL)便是针对嵌入式系统的分布式编程所设计。

由于AJTCL的运行资源有限，AllJoyn组件也因此受到此系统的很多限制。具体来说，这意味着我们无法像编写AllJoyn路由程序一样(需要多线程支持)使用多个网络连接和大量的RAM和ROM资源，也无法使用那些支持多语言的面向对象的编程环境。鉴于这种情况，AJTCL仅仅包含了其中一部分总线连接程序，并完全由C语言写成。其对应于接口、方法、信号、属性和总线对象的数据结构都经过了大幅优化以减少空间占用，同时API(应用程序接口)也经过了简化。尽管AJTCL与AJSCL的API大不相同，但是它们的核心概念是相同的，AJTCL只是以一个更紧凑的形式出现，或更类似于远程运行在一个计算能力更强的机器上。

7.2 瘦客户模型

如之前章节中所言，绝大多数在瘦客户端(AJTCL)所使用的底层概念都与标准客户端(AJSCL)系统中的概念相同，第2章中已经向读者介绍了这些概念。在本章中，假设读者已经对上文的相关概念有所了解，在此只介绍两者的不同点，用于帮助读者理解 AllJoyn 技术的 AJTCL 的架构。

7.2.1 AllJoyn 瘦客户端核心库

理解“AJTCL 是 AllJoyn 架构的一部分”对于理解整个 AllJoyn 系统很重要，瘦客户端的核心库程序可完全地与 AJSCL 互动。鉴于 AllJoyn 网络传输协议在两种类型的库中都有实现，AJSCL 程序完全不用考虑它到底是在跟 AJTCL 程序对话还是在跟 AJSCL 程序对话。

AllJoyn 分布式总线的基本结构由几个处于不同的、物理上分离的计算机系统所构成，如图 7-1 所示。

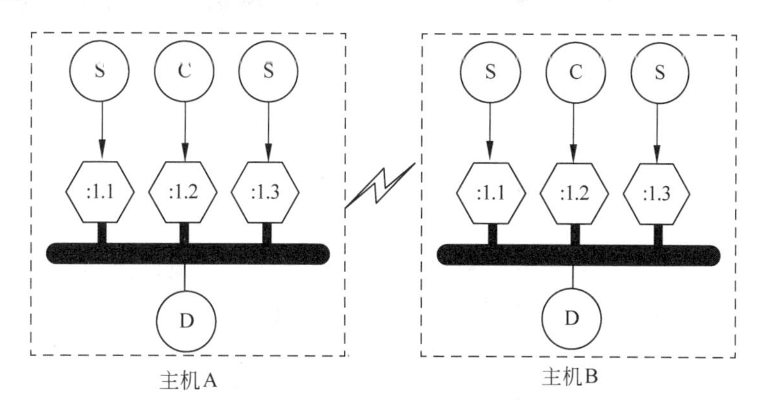

图 7-1　AllJoyn 分布式总线

在图 7-1 中，下标为主机 A 和主机 B 的两个虚线框表示在给定的两个主机（host computer）上的两个总线段（bus segment），每个总线段都包含一个 AllJoyn 路由节点（以标注了 D 字母的圆圈表示）。一个主机上可能连接了多个总线附件（bus attachments），每个总线附件都与一个本地的守护进程（以六边形表示）相连接，这些总线附件分为服务器（services）和客户端（clients）两类。由于运行 AJTCL 的设备通常没有足够的资源运行路由程序，AllJoyn 架构对瘦客户端进行了一些改变，使运行瘦客户端的设备借助于分布式总线上其他主机的 AllJoyn 路由程序连接到 AllJoyn 网络，具体实现如图 7-2 所示。请注意嵌入式系统 A（Embedded System A）和嵌入式系统 B（Embedded System B）与运行路由程序并管理该分布式总线段的主机 B（Host B）并不是同一个设备。这些运行 AJTCL 的嵌入式系统与该总线段上的主机路由程序之间的连接通过 TCP 协议（传输控制协议，Transmission Control Protocol）实现，其中，嵌入式系统和路由节点之间的通信流称为 AllJoyn 消息，包括总线方法、总线信号和对应于各个对话的属性流。

在某些场合，允许 AJTCL 设备连接并借助附近寻找到的路由节点，称这种连接关系为“不受信的关系”。同样在某些场合，只允许特定的 AJTCL 设备连接到特定的路由节点，称这种关系为“受信关系”。

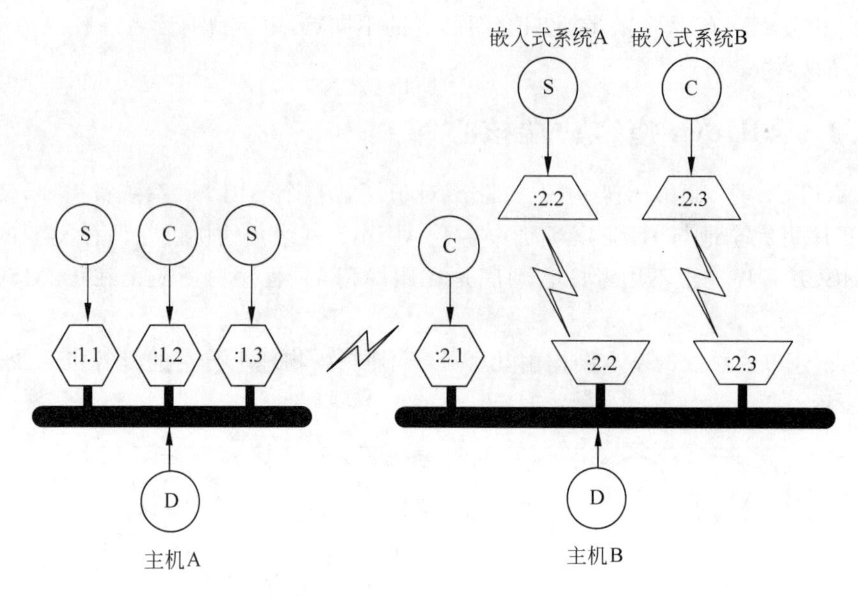

图 7-2　包含瘦客户端的分布式总线

这些关系的建立依赖于一个发现和连接过程，这一过程在概念上和客户端与服务器之间的发现和连接过程相似。一个 AllJoyn 路由节点通过广播一个公开的名称来表示其做好了接管一个 AJTCL 设备的准备，这个广播可能以路由配置包或以具体的 AllJoyn 组件的广播包的形式出现。在收到一个来自设备的连接请求之后，准备建立受信连接的路由节点会开始询问发送该请求的 AJTCL，它们之间会生成一个连接凭证。在建立受信连接的情况下，路由节点将会允许任何连接请求。对于非受信连接，路由节点不会允许 AJTCL 执行任何需要建立远程对话的操作。

正如以上所述的，一个 AJTL 设备建立连接的过程可以分为三个步骤：发现过程、连接过程、认证过程，其中，发现过程除了两种例外情况以外，都如第 2 章中所描述的那样，就像是某种服务广播。第一种例外是 AJTCL 发现广播的方式是静默广播，这表明路由节点不是无缘无故地发送此广播。第二种例外是对静默广播的响应通常是静默的——称之为“静默响应”，这表明响应将被单播回发送者，而不是像活跃广播一样被多播出去。这么做的主要原因是为了使某些无法实现多播的嵌入式设备加入 AllJoyn 分布式系统。

7.2.2　AllJoyn 瘦客户端核心库设备

通常认为，AJTCL 设备和传感器网络（Wireless Sensor Network，WSN）中的传感器节点（Sensor Node，SN）在概念上很相似。传感器节点通常是某些小体积、低功耗、低配置的传感器或者执行器件，它们通常可以检测周围环境、与外界通信，甚至有可能在由网络处理或外界事件的激励下执行某种动作。

AllJoyn 系统与无线传感器网络不同的是，无线传感器网络通常使用自组织、多跳、点对点的无线网络(Self-organizing multi-hop ad hoc wireless networks),而不会主要关注安全问题;而 AllJoyn 架构就像是运行于基础模式的 WiFi 网络,即给定的设备必须经过认证和组织。为了完成某个 WiFi 网络的身份认证,AJTCL 使用了一个名为“Onboarding”的服务过程。这个登录服务的架构允许一个运行瘦客户端的设备从目标网络获取足够的信息,用来完成加入目标网络所需的身份认证过程,即使该设备没有友好的用户接口。

如同一个传感器节点所扮演的角色一样,一个 AJTCL 设备通常包含一项 AllJoyn 发现服务,该服务会以 AllJoyn 信号的形式通过已经连接的硬件和通信事件探索自己的周围环境。它可以通过监听其他设备发来的信号或者响应其他 AllJoyn 客户端的远程方法,对外界事件进行响应。

7.3　瘦客户端核心库架构

由于 AllJoyn 瘦客户端核心库(AJTCL)必须运行在那些功耗受限、计算能力有限、资源紧缺的设备上,因此它无法使用和 AllJoyn 标准核心库(AJSCL)一样的架构。一个标准的 AllJoyn 核心库 AJSCL 或服务进程的分层结构如图 7-3 所示。需要特别注意的是,每个 AllJoyn 客户端或服务器程序都会以这种层次结构来构建 AllJoyn 应用。

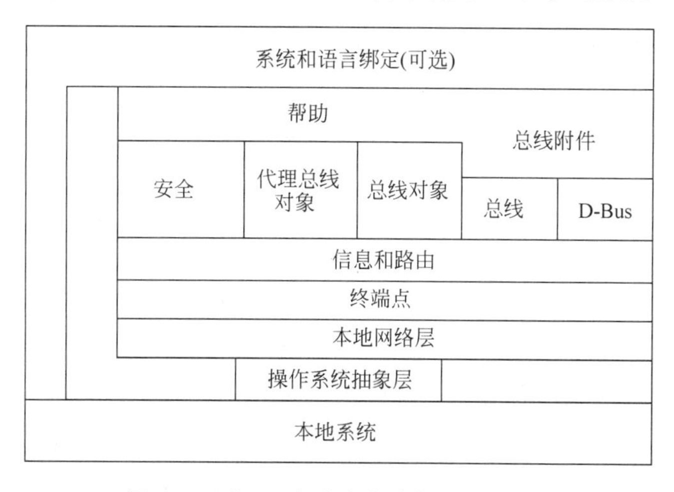

图 7-3　AllJoyn 标准客户端核心分层结构

每个运行 AJSCL 的主机上至少都要运行一个路由/后台程序,这个路由/后台程序可以单独的路由进程形式运行,也可以寄生于某个应用程序中运行。AJSCL 路由/后台程序的分层结构如图 7-4 所示。

需要注意的是,路由程序可以为路由节点之间路由消息的传递提供额外的支持,并能支持如 WiFi 直连的多重网络传输机制,这个功能可以有效地降低对计算能力、功耗和内存的开销。显然,无法在嵌入式系统中同时运行如此数量的程序,所以 AJTCL 最大程度地缩减了在给定设备上运行所需的代码量。AJTCL 只使用最基础的 C 运行环境,并通过借助其

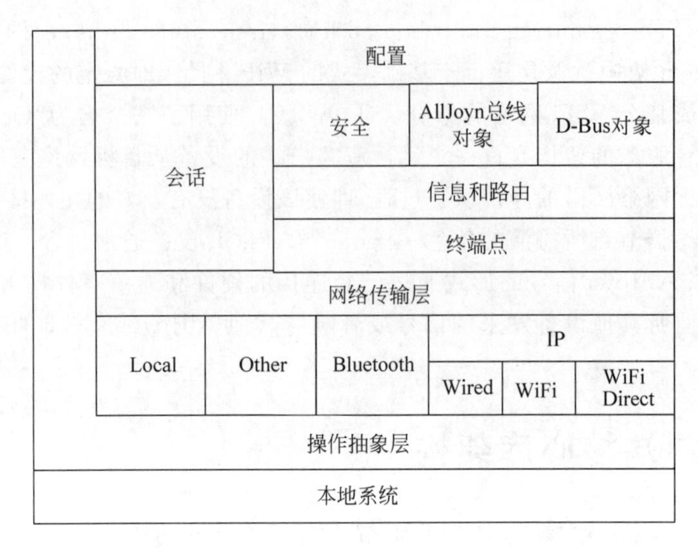

图 7-4　AllJoyn 标准客户端路由/后台分层结构

他设备的计算能力实现路由规则。如图 7-5 所示，AJTCL 舍去了大部分 AJSCL 的系统开销，AJTCL 仅仅为总线挂件提供少量必需的 API(应用程序接口)，并将 AllJoyn 消息接口直接提供给程序员，而不是提供间接的接口函数。

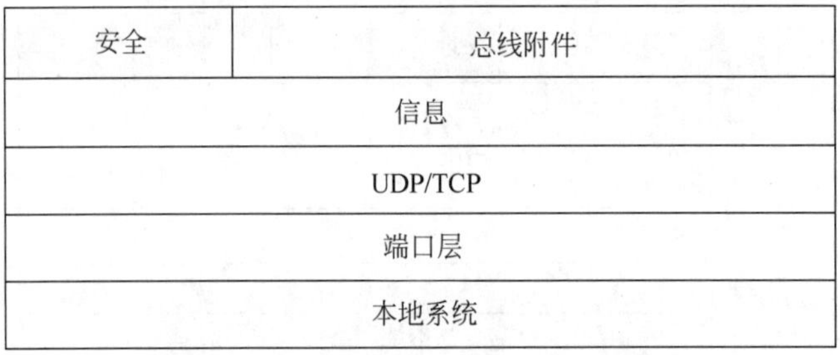

安全	总线附件
信息	
UDP/TCP	
端口层	
本地系统	

图 7-5　AllJoyn 瘦客户端核心分层结构

分层结构中的消息层没有提供抽象的传输机制，而是直接使用了用户数据块传输协议(UDP)和 TCP 协议，而端口层非常简单，只由几个必需的本地系统函数构成。为使代码体积最小化，AJTCL 完全以 C 语言写成。由于使用了这些优化机制，一个 AJTCL 系统只需 25KB 的内存就可运行，而一个拥有路由功能和 C++版本客户端及服务器程序的应用可能需要十倍数额的内存开销，而一个 Java 语言版本的 AllJoyn 程序则需要 40 倍左右的开销。

7.4　瘦客户端示例

为了使本章的讨论更加具体化，在此举了两个分布式系统的例子。第一个例子是一个最小化的 AllJoyn 系统，由一个运行在智能手机上的 AllJoyn 应用程序和一个简单的

AJTCL 设备构成，此例阐述了上文描述的受信路由关系；第二个例子稍微复杂一些，包括一个运行在无线路由器上的路由程序。

这里需要注意的是，通常情况下是由一个运行 OpenWRT 系统的路由器来运行预装好的 AllJoyn 路由程序，此路由程序接受那些连接到 WiFi 网络的瘦客户端发来的非受信连接请求。

少量 AJTCL 设备会连接到路由器，并在基于 AllJoyn 的无线传感器网络中扮演传感器节点的角色，而一个通用型计算机则完成数据融合的工作。在无线传感器网络中，数据融合是将一些不同的节点收集到的结果整合到一起的过程，或者将其结果与其他传感节点获得的结果融合到一起，以便做出决策。

7.4.1　最小化的瘦客户端系统

一个最小化的使用 AJTCL 的系统包括一个运行 AJSCL 的主机和一个瘦客户端设备。AJSCL 给将要连接到它的瘦客户端提供 AllJoyn 路由功能，同时也为使用瘦客户端的应用提供平台。如之前所说，瘦客户端设备通常扮演传感器节点的角色，它向运行在主机上的路由程序发送信息，路由程序以某种方式处理这些信息，并向传感器节点发送一些命令，使其应对当前环境。现在考虑一种简单但可能不完整的情况，一个壁挂式恒温器控制着一个电炉，并在一个安卓设备上运行着一个控制应用。安卓设备上运行 AJSCL，而壁挂式恒温器上运行着 AJTCL，该系统可以用图 7-6 来表示。

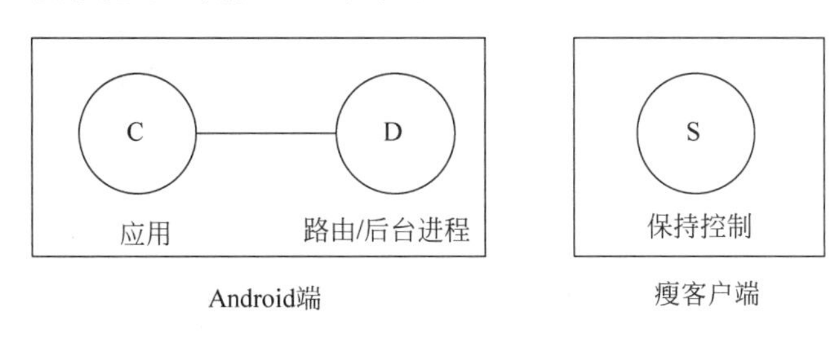

图 7-6　AllJoyn 瘦客户端最小的范例系统

在本例中，一个需求是壁挂式恒温器，其只能被安卓设备中对应的恒温器控制程序所控制。

尽管在本例的需求中说明了恒温器仅可被安卓设备控制，但需求也可以是恒温器连接到某个路由节点，再由该路由节点连接到应用程序。这意味着安卓应用程序应该与 AllJoyn 路由程序绑定在一起，而这个绑定在一起的程序应该以一个路由节点的身份提供给瘦客户端使用，这种配置允许在 AJTCL 和路由节点/应用程序对中建立一种受信关系。

应用程序会接着请求与它绑定的路由程序以一个公开的名称向 AJTCL 发送一个"静默的"广播(例如 com. company. BusNode<guid>)，路由程序会接着准备响应的静默回复是以之前广播的命名方式命名的。当瘦客户端出现时，它应当在关联的网络前缀(com. company. BusNode)上启用发现过程，如图 7-7 所示。

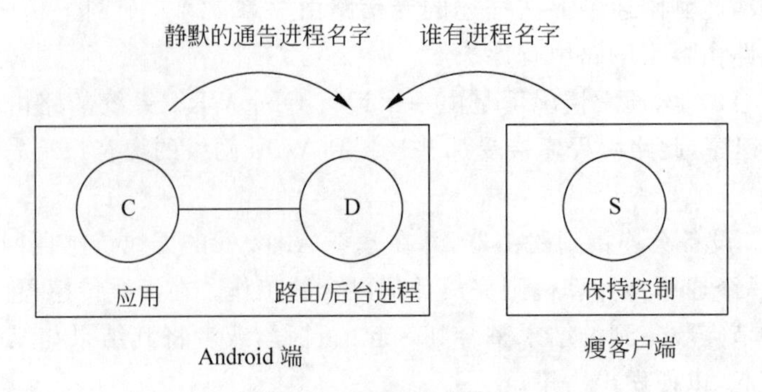

图 7-7　瘦客户端发现路由/后台程序

当路由节点收到一个对其之前的“静默”广播过名字的明确请求时，它将回应一个表明该名字是由此路由节点所广播的消息，接下来 AJTCL 会尝试连接到这个响应的路由节点。过程如图 7-8 所示。

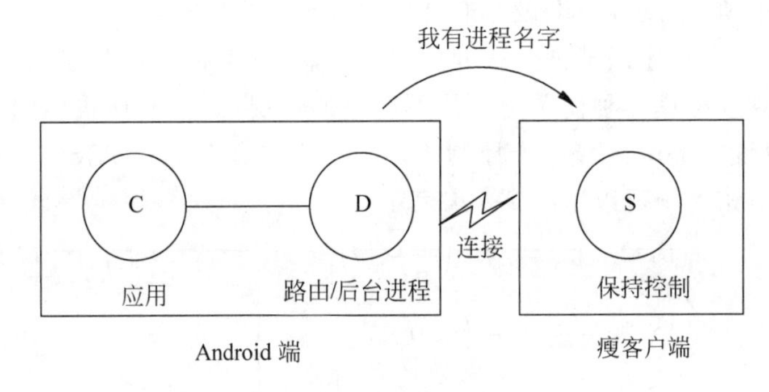

图 7-8　瘦客户端连接尝试

在瘦客户端与路由/后台程序相互信任之后，在连接彻底建立之前，路由会让瘦客户端提供一个证明，这可能是一个 PIN。如果瘦客户端正确地提供证明之后，就会像图 7-9 展示的一样，路由会运行瘦客户端的连接。

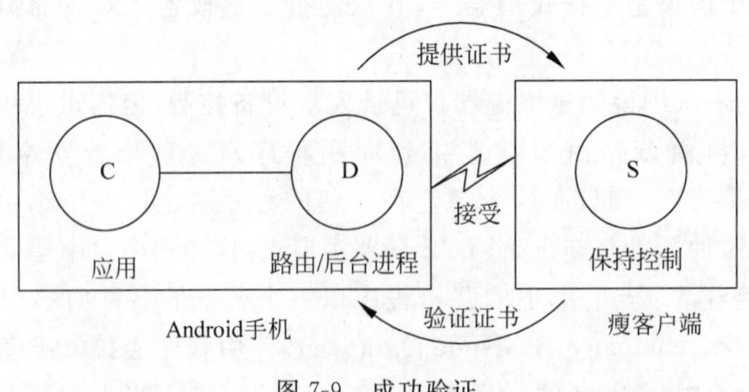

图 7-9　成功验证

这样一来，一个逻辑上的 AllJoyn 总线就已经建立起来了，应用程序和瘦客户端服务通过运行在安卓设备上的路由程序连接起来。以气泡图来表示该系统，这种配置看上去就像是 AllJoyn 路由节点连接了服务器程序和客户端程序，如图 7-10 所示。

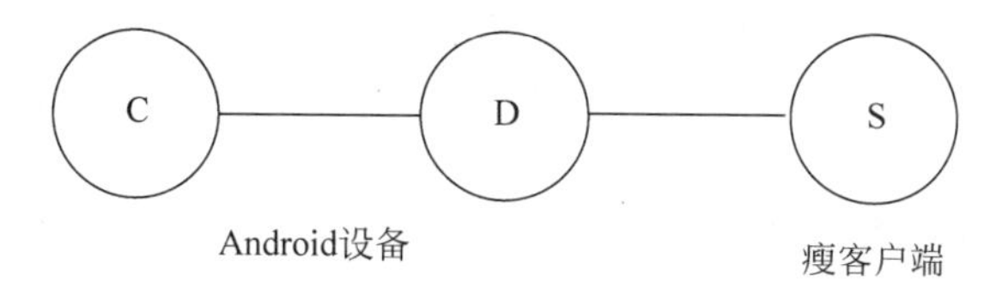

图 7-10　气泡图示例

此时，AJTCL 已经连接上与应用程序绑定在一起的路由程序，但是应用程序和瘦客户端互相都不知道对方的存在。此时，AJTCL 会请求一个公开的总线名，并会在 AllJoyn 知情的情况下实例化一个服务。瘦客户端会使用瘦客户端核心库的 API 接口创建一个对话端口并广播一个公开的名称，这个名称一般不会和路由节点广播的名称相同，而会与瘦客户端和应用间的客户端/服务器的关系有关，与路由节点/瘦客户端间的关系无关。运行在安卓设备上的应用程序将会针对这个名称运行发现服务，如图 7-11 所示。

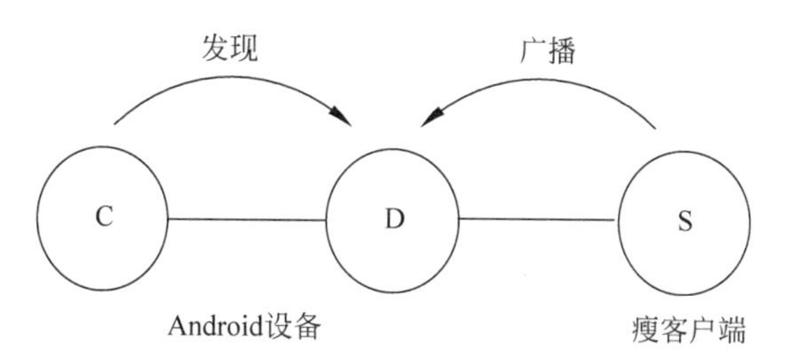

图 7-11　发现瘦客户端

当运行在 AJTCL 上的服务被运行在安卓设备上的客户端发现时，该客户端会加入此服务创建的对话，如图 7-12 所示。

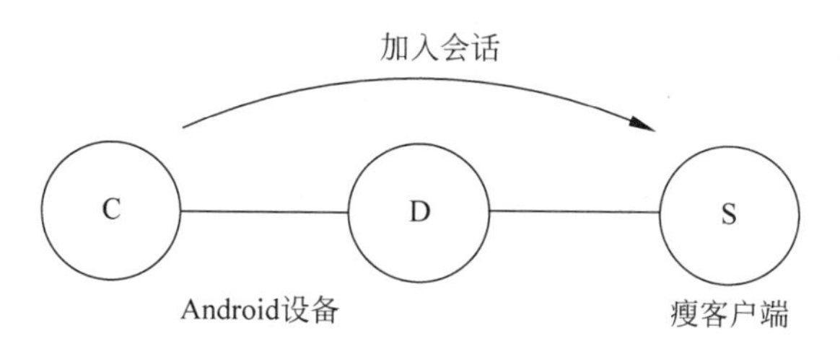

图 7-12　Android 客户端加入到由瘦客户端服务建立的会话

从这个角度来说，运行在 Android 设备上的应用程序可以访问到 AJTCL 的服务，而且可以是任何 AllJoyn 服务。它会通报服务发送的信号——在此例中，可能是包含当前温度的周期信号。此应用也可以构建一个用户界面，允许用户键入期望达到的温度，并将此温度使用 AllJoyn 远程方法发送给 AJTCL。一旦收到一个呼叫，运行在 AJTCL 上的服务程序便会将请求转发到暖炉或是制冷设备以设置理想温度。在瘦客户端上使用的 API 和在 AJSCL 或服务程序上使用的 API 有很大的不同：尽管在两种情况下，传输协议是完全一样的，但对于其中一方而言，另一方组件的状态是不可见的，从这方面而言，AllJoyn 是独一无二的。而之前框图中的各个气泡，包括瘦客户端，从其目的或行为来看都是没有区别的。

7.4.2 基于瘦客户端的无线传感器网络

本例描述了一个非常基础的家庭管理系统，该系统的无线接入点是一个运行 OpenWRT 的路由器，其预装了一个允许来自瘦客户端的非受信连接的 AllJoyn 路由程序，这样 AJTCL 客户端便可以通过该路由节点接入系统，而网络中的瘦客户端设备可以是温度传感器、运动检测传感器、电灯开关、热水器、电炉或空调。

如之前所述，本例中的数据融合功能由一个运行在通用计算机上的应用程序实现并整合显示，这并不是说在该网络中一定要有一个通用型计算机——数据融合可以通过其他方式实现；但是，在本例中的通用型计算机可以帮助我们理解 AJSCL 和瘦客户端设备是如何互动的，而整合显示可以使用壁挂式的显示设备，或者简单地在家中的某个 PC 上显示。举例来说，该显示程序可以提供不同房间的温控器和温度计的用户接口，或者是虚拟的电灯开关，也可以是运动检测仪。数据融合算法程序将会决定什么时候开灯，如何控制电炉或空调的开关，或者如何最有效地控制热水器的温度。

现在需要我们考虑的第一个组件是如图 7-13 所示的 OpenWRT 路由器，该路由器管控一个独立的 AllJoyn 路由域(在图中以黑色粗水平线表示，代表一个 AllJoyn 分布式软件总线的一个总线段)。在该路由器所在的总线段中有一个 AllJoyn 服务程序，该程序使用 AllJoyn 架构提供的方式来配置路由器以及路由器上的预装路由程序。此外，图中的一些空槽表示与 AJTCL 之间的非受信连接。由于这是一个通用 AllJoyn 路由器，对应的软件总线可以被扩展到其他的总线段，这样就形成了如图 7-1 所示的分布式总线。

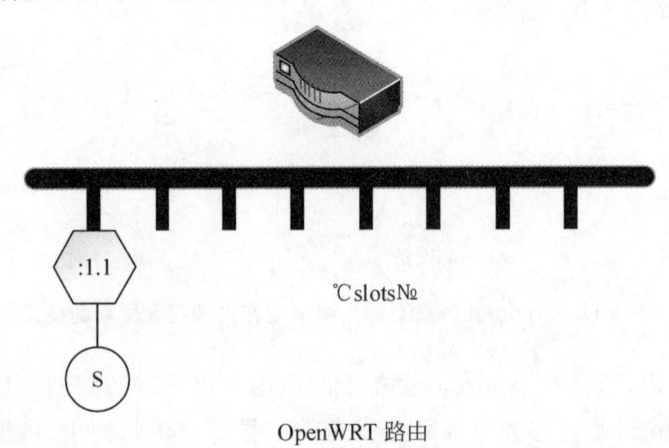

图 7-13 一个 OpenWRT 路由包含一个已建立好的 AllJoyn 路由/后台程序

如之前所述，AJTCL 设备会运行发现过程以搜寻它们能连接到的路由节点，尽管在此描述的是一个非受信关系，然而运行在 OpenWRT 路由器上的 AllJoyn 路由程序可以通过配置成为一个“静默的”广播公开通用名称的程序，这个名称可以是 org. AllJoyn. BusNode，暗示该路由节点是一个 AllJoyn 分布式总线上的一个节点，并试图接管瘦客户端。

代表传感器节点的 AJTCL 设备通过登录过程接入无线网络，在此过程中，它们以所谓的友好的名称(即有意义的名称)来命名。举例说明，一个电灯控制器(开-关-调光控制器)可能被命名为“厨房”，而另一个可能被命名为“卧室”，对应的瘦客户端节点会探索他们连接的路由节点(可能是 org. AllJoyn. BusNode)，并尝试连接。尽管图 7-13 中的很多“槽”被假定是非受信的，瘦客户端设备还是可以如图 7-14 所示那样加入网络。

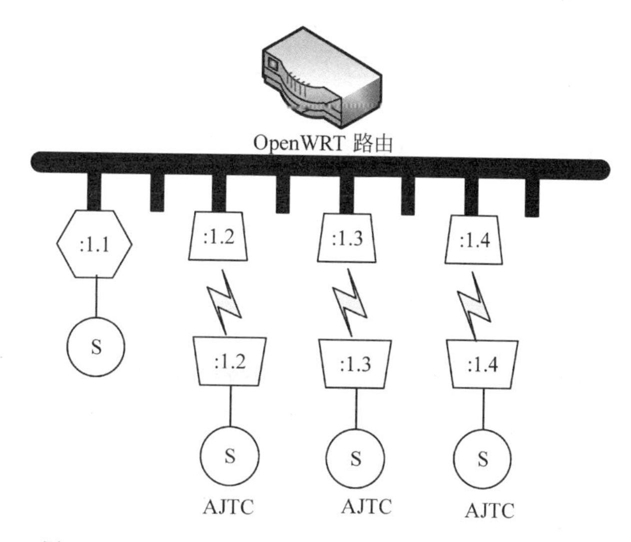

图 7-14　OpenWRT 路由连接的 AllJoyn 瘦客户端节点

一旦瘦客户端程序连接到了 OpenWRT 路由器所在的总线段，它们就会开始广播其对应的服务。如之前所假设的，这是一个家庭控制系统连接到路由器提供的无线网络，家庭控制系统会尝试发现服务，并在系统中寻找瘦客户端库提供的服务，如图 7-15 所示。

一旦家庭控制系统发现了某个瘦客户端广播的服务，它将尝试与该瘦客户端开始对话。其结果是路由器所在的总线段和家庭控制系统融合成一个虚拟分布式总线(见图 7-16)。

当这个融合的总线完全形成时，连接到总线的设备就成了一个标准的 AllJoyn 客户端或服务器。分布式设备上的其他部件不会知道这些 AllJoyn 瘦客户端传感器/执行器实际上是嵌入式设备通过 TCP 协议连接到 AllJoyn 路由节点的，也不会知道家庭控制程序以 Java 编写并运行在一台通用型计算机上，这些客户端和服务器仅仅只是执行远程呼叫方法和收发信号。

运行在数据融合节点上的算法是如何运行的呢？比如说，在分布式总线上传输的一个重要的 AllJoyn 信号可能是与 CARBON-MONOXIDE-DETECTED(检测到一氧化碳)对应的某种东西。家庭控制系统收到这个信号以后，可能会发送一个远程方法给某个执行节点，

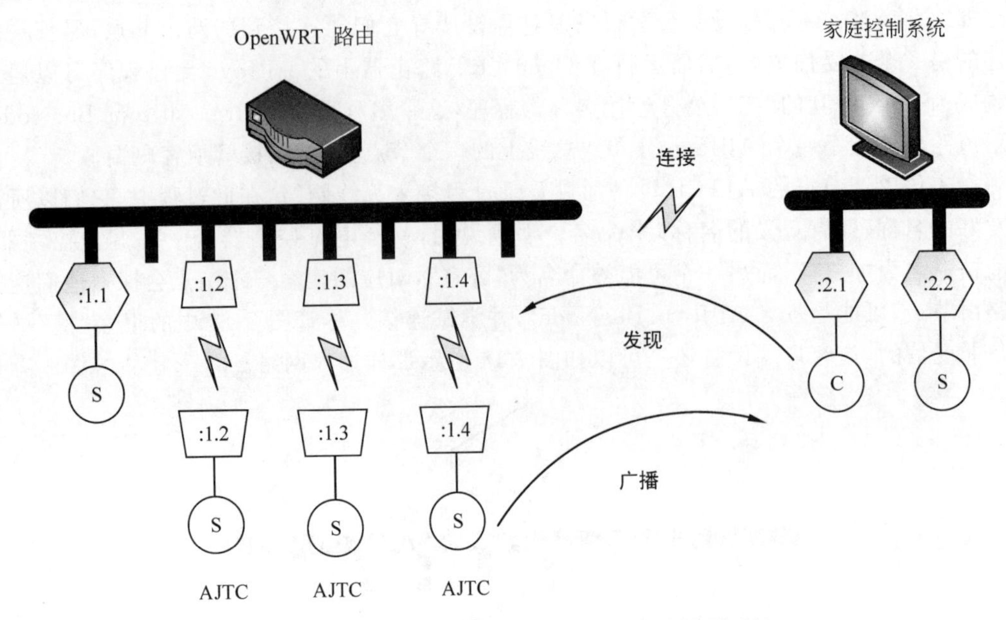

图 7-15 OpenWRT 路由，瘦客户端和家庭控制系统

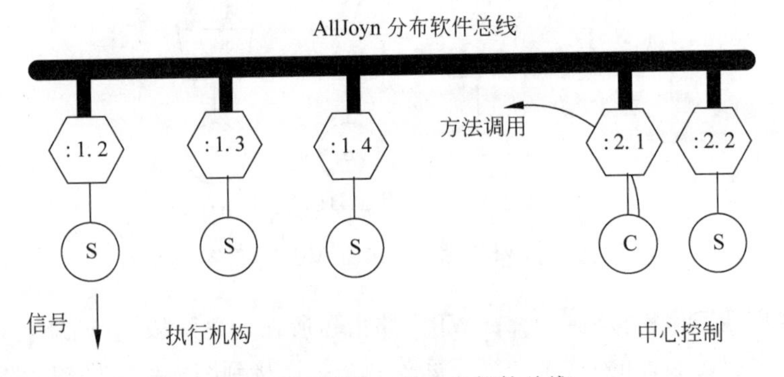

图 7-16 AllJoyn 分布式软件总线

使其 TURN_FAN_ON（打开风扇），它也会发送一个远程方法给另一个执行节点，使其 SOUND_ALARM（播放报警音），还会发送短信给屋主，告诉他家中出现过量的一氧化碳。而更为常见的情况是，家庭控制系统还可能向暖炉发送一个远程方法，使其在房间中没人的情况下（通过运动检测装置的检测结果和日程表判断）降低房间温度。房屋控制单元可能向热水器发送一个消息，使其在工作时间和午夜降低水温，而在夜晚洗碗器需要工作时向其发送一个呼叫方法使其提高水温，这样一来便可以让家用电器在电费最低的时候工作。

家庭控制系统的所有这些响应的信号和发送的呼叫方法都与信号发送/接受设备的类型完全无关。

7.5　瘦客户端基础服务

AllJoyn服务框架指的是使用AllJoyn框架，提供特定功能的集合，它们是由许多设备使用的基本服务，提供的一系列接口能够让不同的设备之间进行交互和操作。

7.5.1　AllJoyn通知服务框架

AllJoyn通知服务框架提供了一个通用机制，它能使设备或应用程序发送的可读文本显示出来或是用其他方式呈现。通知将被广播到AllJoyn网络里，而网络里的所有设备/应用程序都可以接收，收发会一直持续到由通知的生产者定义的存活时间结束。除了文字，其他元数据诸如音频、图片、Control Panel对象或者其他自定义属性也可以被发送。通知是由接收方来确定最佳的处理方式，并呈现自定义属性。同样，通知可以清除所有的接收设备，称之为消费者。通知中使用的名称如表7-1所示。

表7-1　通知中使用的名称

名　　称	描　　述
Consumer(消费者)	能够接收通知的设备，并且有能力通知用户，例如手机或电视
Notification服务框架	能够让设备发送或接收人类可读通知的软件层
Producer(生产者)	产生或是发送通知到另一个设备的设备，例如家电
无会话信号	一个能够被终端用户家庭网络里的所有设备收听到的广播AllJoyn信号(例如WiFi网络)。无会话信号会一直在网络中广播，直到一个存活时间的到达。通知服务框架通过WiFi网络发送通知消息作为无会话信号

1. 获取服务框架源码

这里我们所要使用的源码可以在AllJoyn官网上下载，此外，在编译这些服务框架时，同样需要使用到AJTCL。

如果目标平台已经支持AllJoyn瘦客户端服务框架，那么按照目标平台的使用文档来下载并进行详细安装即可。

2. 相关代码

相关代码包括实现通知生产层代码部分和生成通知以及发送通知的代码部分。组件及其描述如表7-2所示。

表7-2　组件及其描述

组　　件	描　　述
NotificationProducer	Notification服务框架代码
ProducerSample	创建和发送通知的示例代码
common	通用代码
sample_util	作为用户的输入，在Linux平台下得到通知的示例代码

3. 构造通知生产者

(1) 为 AllJoyn 应用程序构造基础。参考 *AllJoyn™ Configuration Service Framework Usage Guide (Thin Client)*部分文档。

(2) 实现数据存储区。参考 About 特性使用指南。

(3) 创建通知结构并加入必要的字段。

① 创建通知结构和 helper 结构：

```
staticnotification notificationContent;
struct keyValue textToSend[2], customAttributesToSend[2], richAudioUrls[2];
```

② 设置被发送文本的语言：

```
notificationContent.numTexts = 2;
textToSend[0].key = "en";
textToSend[0].value = "Hello AJL World";
textToSend[1].key = "es_SP";
textToSend[1].value = "Hola AJL Munda";
notificationContent.texts = textToSend;
```

注意：分配到"值"的变量字符串将被发送到通知用户的每个实例，这个文本要保证是正确且完整的，让通知用户能够正确地显示出信息是非常重要的。

③ 设置消息类型：

```
notificationContent.messageType = INFO;
```

④ 设置消息存活时间：

```
notificationContent.ttl = 20000;
```

(4) 设置通知并发送：

```
ProducerSetNotification(&notificationContent);
ProducerSendNotifications();
```

4. 清除过时信息

如果一个通知已经被发送出去，但是应用的编写者想要清除它，例如，通知发送给一个已经不存在的事件，而 TTL(存活时间)还未到，可以使用 DeleteLastMsg API 来清除最后一个通知给定的消息类型：

```
ProducerDeleteLastMsg(messageType);
```

5. 编译代码

编译过程的变化取决于主机和目标平台，每个主机和平台可能需要一个特定的目录和文件布局、工具链构建、程序以及 AllJoyn 服务框架的支持。参考目标平台的文档，这些文档包含怎么去管理和设置构建进程来关联必要的文件去编译用户的代码。

7.5.2　AllJoyn Onboarding服务框架

Onboarding服务提供的是将新设备带入到WiFi网络中的通用且简单的方法，这对于用户界面有限的设备来说很有用处。Onboarding服务框架术语如表7-3所示。

表7-3　Onboarding服务框架术语

名　　词	解　　释
Onboardee	广播自身所使用的Onboarding接口的AllJoyn设备。设备使用的是Onboarding服务框架的服务器端
Onboarder	用来与Onboardee互联以向其传输Onboarding所需要的WiFi证书的应用。这个应用使用了Onboarding服务框架的客户端
Onboarding service framework	是一种容纳能力，可以使得AllJoyn设备加入或被移除出一个个人的网络
Offboarding	从个人网络中移除一个AllJoyn设备的过程。这一过程同时将AllJoyn设备的存储器中将WiFi热点的名称和密码移除
SoftAP	当AllJoyn设备没有连接上WiFi热点(即没有onboard)它会在热点模式进行广播。这是一个软件激活热点(Software-enabled Access Point)，允许其他设备连接提供WiFi授权证书来使用Onboarding服务框架

1. 获取Onboarding服务框架

服务框架的源代码可以在AllJoyn的github页面上找到。除此之外，编译服务框架也需要AJTCL工程。

如果目标平台已经支持了AllJoyn瘦客户端框架，那么按照目标平台文档中所写的详细安装和下载步骤进行配置。

2. 相关代码

相关代码包含了使用Onboarding服务层提供的对OnboardingData远程访问和设备简单Onboarding控制的支持，表7-4列出了用来构建Onboarding服务框架层的模块。

表7-4　模块构成及描述

模　　块	描　　述
OnboardingService	Onboarding服务框架核心代码
OnboardingOEMProvisioning	可以由通过OEM建立的一个基于设备所需的Onboardee来定义的应用所需数值

3. 建立Onboardee

(1) 创建AllJoyn应用的基础。具体请参考Build an Application using the AllJoyn™ Service Framework (Thin Client)。

(2) SoftAP模式。为了使Onboarding队列中的设备必须处于一种“准备就绪”的状态以满足远程会话请求，这就需要我们把设备的 WiFi 控制器调整为 SoftAP 模式来满足目标，这些 WiFi 控制器的工作方式如同一个工作站等待客户端的 WiFi 连接。表 7-5 列出了设备在 SoftAP 模式使用的设置数据项目所必需的特征值和安全定义。

表 7-5 数据设置项目及描述

参数名称	符 号	描 述
SSID	s	这是一个 32 字符的字符串，用来标明设备的热点，为了优化寻找特定名称的流程，其命名需要遵循 *AllJoyn™ Onboarding ServiceInterface Specification* 中的规定
hidden	b	这个标识通常设置为 FALSE，但是在一些情况下，OEM 厂商或许会期望将该值设为 TRUE 使得设备为不可见的状态，并将 SSID 以带外数据的方法发布
passphrase	s	这是一个可选的 63 字符长的字符串，当它置为 NULL 时，授权协议会被设为 Open 否则它就会被看作 WPA2

下面是使用上述参数的例子。

```
OnboardingOEMProvisioning.h file:
/* 软 AP SSID 前缀，前 25 个字符为个人信息，剩下的是 DeviceID. */
static const char * OBS_SoftAPSSID = "AJ_QUALCOM_GENERIC_BOARD_";
/* SSID 是否隐藏 */
static const uint8_t OBS_SoftAPIsHidden = FALSE;
/* 软 AP 密码，NULL 是开放网络，否则为 WPA2 的最多 63 字符 */
static const char * OBS_SoftAPPassphrase = NULL;
```

(3) 扫描信息设置。Onboarding 服务模块执行一个异步的 WiFi 驱动，获取可得的 WiFi 网络的扫描结果。返回的网络数量是由下列设置规定的：

```
OnboardingOEMProvisioning.h file:
/* 最大扫描信息结果数量 */
#define OBS_MAX_SCAN_INFOS (5)
```

(4) 连接恢复设定。Onboarding 服务拥有一个可依靠的运算法则用来从当前网络中断恢复连接，这些运算法则中包括重连计数，这种方式是满足一定条件后，系统就会将设备转换成 SoftAP 模式，同时一个计时器会开始计时。当计时器结束时，设备会再次尝试连接设置的网络，这些设置被定义在如下文件中：

```
OnboardingOEMProvisioning.h file:
/* 验证配置后错误连接重试参数 */
static const uint8_t OBS_MAX_RETRIES = 2;
/* 重试等待时间(ms) */
static const uint32_t OBS_WAIT_BETWEEN_RETRIES = 60000;
```

(5) 整合设置服务框架反馈。如同在 *AllJoyn™ Configuration Service Framework Usage Guide* (*Thin Client*)中列出的一样，设置服务框架拥有两个反馈，这两个反馈允许应用程序应对一些远程建立的事件：

① 重启——重启设备或是至少重启 WiFi 驱动。

② 工厂重置——清除已经设置的值并将其变回出厂设置。

程序开发者同样可以授权设备的功率循环，需要的反馈已经列在如下文件中：

```
OEMProvisioning.h
OEMProvisioning.c
```

(6) 编译代码。编译的过程因目标平台和编译平台而异，不同的目标平台和编译平台需要指定不同的文件夹和文件，建立工具链，并且流程支持 AllJoyn 服务框架。对于目标平台，文档包含了如何组织并且安装编译适合于自己的瘦客户端应用。

7.5.3　AllJoyn 控制面板服务框架

AllJoyn 控制面板服务框架提供了一个简单的方法，让应用通过 UI 来与远程设备进行交互。该框架包含了一组标准接口，使其在特定对象路径实现时，允许远程设备 UI 的动态绘制。Control Panel 服务通过使用高层次的 API 及代码生成器来创造控件元素，抽象地体现了 AllJoyn 控制面板接口的细节。控制面板并没有规定 UI 看起来应该怎样，它只是提供了提示或信息说明了一个元素所能做到的事情，这个元素应该呈现在屏幕的哪个地方以及与其他应用的同步性。

1. 获取控制面板服务框架

这个服务框架的源代码可以在 AllSeen Alliance github 中找到，另外，编译控制面板服务框架需要 AJTCL 项目。

如果目标平台已经支持 AllJoyn 瘦客户端框架，按照目标平台文档进行详细安装并下载说明。

2. 相关代码

相关代码由几个组件构成，每个组件包括一个或多个模块。此外，示例组件包含一个示例应用程序，实现了控制面板服务框架，并且每个控件的示例应用都包含一个简单的控制面板。组件构成及其描述如表 7-6 所示。

表 7-6　组件构成及描述

组　　件	描　　述
控制面板服务	包含三个部分：widgets、common、main，每部分与它们的组件形成服务，并允许受控对象和控制器之间形成交互
控制面板提供	限定于受控者的代码，将向控制器发出请求设置属性值，获取属性值、和/或操作。另外，它可以通过调用控制面板服务框架的相应功能启动一个刷新控制器，这是 OEM 创建的限定于设备的代码
控制面板生成器(Generator)	一个生成工具，接受 XML UI 定义文件，包含 widgets 和它们的属性，该属性描述特定受控者的控制面板并且生成控制面板的代码

续表

组　件	描　述
控制面板生成(Generated)	使用控制面板生成器生成代码,这段代码将控制面板服务和控制面板提供的代码联系在一起
控制面板示例	应用程序的模板,此组件负责受控者应用程序的一般流程包括初始化、关闭,并将消息传入 ControlPanelService 模块

(1) 控制面板服务组件。表 7-7～表 7-9 列出了由控制面板的每一部分服务组件组成的模块。

表 7-7　Widget 模块构成及描述

模 块 名	描　述
ContainerWidget	容器 UI 元素。允许 Widgets 分组,但至少包含一个子元素
LabelWidget	UI 元素的函数作为只读标签文本
ActionWidget	UI 元素用一个按钮表示,既可以在受控对象上执行代码,也可在执行前作为确认打开一个对话框部件
DialogWidget	UI 对话框元素。有一个对话框消息和 3 个选项的按钮
PropertyWidget	用于显示一个值并可编辑该值的 UI 元素

表 7-8　Common 模块构成及描述

模 块 名	描　述
BaseWidget	所有的 Widget 模块都使用的 Base 模块
ConstrainList	用于定义约束属性值列表
ConstrainRange	用于定义属性值的范围
ControlMarshalUtil	用于整理控制面板属性
DateTimeUtil	使属性拥有一个日期或时间值的模块
HttpControl	模块允许 URL 的广播功能作为控制面板的受控对象

表 7-9　General 模块构成及描述

模 块 名	描　述
ControlPanelInterface	所有控制面板服务接口的定义
ControlPanelService	处理程序控制器和受控对象之间的所有交互

(2) 控制面板提供组件。该组件包含在受控对象引用程序上运行的限定于设备的代码,控制面板生成的代码将与该组件进行下列交互：设置属性值、获取属性值、执行指令。

另外,它可以通过调用控制面板上服务框架的相应功能在控制器上初始化刷新,该组件中的模块由第三方提供。以一台洗衣机为例：控制面板提供组件作为与硬件通信的代码,来执行例如设置水温或启动清洗周期的操作。

(3) 控制面板生成器组件。表 7-10 列举了包含控制面板生成组件的模块。

表 7-10　控制面板生成器模块构成及描述

模　块	描　述
PreGenFiles	文件作为模板用于最终生成的文件
Cp. xsd and cpvalidate	作为生成 XML 的一部分需要以下两个验证步骤： • 验证 XML 所有的标签和他们的内容都是正确定义的 • 所有对于在 XML 上显示部件的必要区域都要明确的定义验证
SampleXMLS	XML 文件的集合，可以视为样本
GeneratorScript	Python 脚本生成的代码

（4）控制面板生成组件。表 7-11 列举了包含控制面板生成组件的模块。

表 7-11　控制面板生成模块构成及描述

模　块　名	描　述
ControlPanelGenerated	生成的文件，由生成器使用指定的 XML 产生

（5）控制面板示例组件。表 7-12 列举了包含控制面板示例组件的模块。

表 7-12　控制面板示例模块构成及描述

模　块　名	描　述
ControlPanelSample	该模块负责受控对象应用程序的一般流程，包括初始化、关闭以及将输入信息传递给 ControlPanelService 模块

（6）创建受控对象。创建受控对象需严格执行下列规定：

① 创建 AllJoyn 应用程序的 Base，具体说明参考文档 *Build an Application using the AllJoyn™ Service Framework*（*Thin Client*）。

② 实现 PropertyStore，具体说明参考文档 *AllJoyn About Feature Usage Guide*（*Thin Client*）。

③ 创建必要的代码处理程序来控制设备，其中包括 properties 的获取和设置，以及动作执行的处理函数。

④ 创建 UI 的 XML 定义，包括在适当的地方调用程序处理器。

⑤ 使用 SDK 提供的代码生成工具从 XML 上生成代码。

3. 实现受控对象

（1）创建 AllJoyn 应用程序的基础，具体说明参考文档 *Build an Application using the AllJoyn™ Service Framework*（*Thin Client*）。

（2）实现 PropertyStore，具体说明参考文档 *AllJoyn About Feature Usage Guide*（*Thin Client*）。

（3）创建用于声明特定于设备的回调的头文件。

GetCode 属性的回调签名：

```
void* getTemperature() - Returns address of the property casted to a void*;
```

SetCode 属性的回调：这个签名不是由控制面板服务框架所决定，而是可以根据具体应用程序的需要来进行选择。属性应该设置的新值为其中一个参数的假定值，例如：

```
void SetTemperature(uint16 newTemperature);
```

动作执行代码的回调：这个签名不是由服务所决定，而是可以根据具体应用程序的需要来进行选择。例如：

```
Void StartOven();
```

(4) 创建 UI 的 XML 定义：

```
<controlPanelDevice xmlns = "http://www.AllJoyn.org/controlpanel/gen">
<name>MyDevice</name>
<headerCode>#include "ControlPanelProvided.h"</headerCode>
<languageSetname = "myLanguages">
        <language>en</language>
        <language>de</language>
        <language>fr</language>
</languageSet>
<controlPanels>
        <controlPanel languageSet = "myLanguages">
            <rootContainer>
            //rootContainer properties and child elements go here.
            </rootContainer>
        </controlPanel>
        </controlPanels>
</controlPanelDevice>
```

XML 文件的定义有如下的规则。

① 命名规则：头文件中可以添加包含两种名称：一种是设备具体回调的包含语句中的单元名称，另一种则是控制面板中包含的单独部件的名称，这些名称必须遵循以下的命名规范。

必须只能含有 ASCII 字符“[A-Z][a-z][0-9]_”。

不能是一个空字符串。

使用 XML 架构创建一个控制面板设备标签。

```
<controlPanelDevice xmlns = "http://www.AllJoyn.org/controlpanel/gen">
</controlPanelDevice>
```

定义名称标签中的单元名。

定义控制面板设备标签中的单元名。

```
</controlPanelDevice>
```

② 添加含有设备具体回调的包含语句：在名称标签后添加包含语句时，可以添加一个以上的头文件。

```
<headerCode>#include "ControlPanelProvided.h"</headerCode>
```

③ 定义控制面板的语言设置：控制面板定义中必须包含显示标签消息时可用的语言列表，至少要设置一种语言。

```
<languageSet name="myLanguages">
<language>en</language>
<language>de</language>
<language>fr</language>
</languageSet>
```

④ 设置控制面板结构。添加 languageSets 标签，为每个控制面板定义优先的语言设置，可以定义一个以上的语言选项。

```
<controlPanels>
<controlPanel languageSet="myLanguages">
</controlPanel>
<controlPanel languageSet="mySecondLanguageSet">
</controlPanel>
</controlPanels>
```

⑤ 定义一个根容器及其子元素。在控制面板设备便签中添加根容器，根容器是将组成控制面板所有部件收容的主要容器部件。

```
<rootContainer>
//rootContainer properties and child elements go here.
</rootContainer>
```

(5) 运行代码生成器工具。在 CPSAppGenerator 目录中，运行生成器命令从 XML 中创建控制面板生成代码。

```
python generateCPSApp.py [nameOfXML] [DirectoryOfApplication]
```

这个 Python 脚本在应用程序目录中生成以下 c 和 h 文件：

```
ControlPanelGenerated.c
ControlPanelGenerated.h
```

这些文件将用于构建受控对象应用程序。

(6) 编译代码。编译的变化流程取决于主机和目标平台，每个主机和平台可能需要特定的目录、文件布局、构建工具链、程序和支持的 AllJoyn 服务框架，有关如何组织和建立构建过程来合并用于编译瘦客户端应用程序的表要文件的方法请参考目标平台文档。

更多关于将该 AllJoyn 服务框架与其他 AllJoyn 服务框架软件结合的细节，请参考文档 *Build an Application using the AllJoyn™ Service Framework* (*Thin Client*)。

4. XML 的 UI 元素描述

本章提供对应每个控制面板接口的 XML 的 UI 元素示例，接口的完整描述参考 AllJoyn Control Panel Service Framework Interface Specification。

(1) 容器的 UI 描述，容器的示例 XML 如下：

```
<container>
<name>rootContainer</name>
<secured>false</secured>
<enabled>true</enabled>
<bgcolor>0x200</bgcolor>
<label>
    <value type="literal" language="en">My Label of my container</value>
    <value type="literal" language="de">Container Etikett</value>
</label>
<hints>
    <hint>vertical_linear</hint>
</hints>
<elements>
    //Child elements (Action/Property/Label/Container etc) defined here
</elements>
<container>
```

容器的属性及其描述如表 7-13 所示。

表 7-13 容器的属性及描述

属　性	可　能　值	是否必需	描　述
name	alphanumeric	是	部件名
secured	• true • false	是	确定容器的接口是否安全
enabled	• true • false	是	确定容器是否可见
bgcolor	Unsigned int	否	背景颜色表示为 RGB 值
label	• tcode • value	否	容器的标签。 • 如果是代码，则为接收标签的函数指针； • 如果为值，则可以是文字或常数
hints	• vertical_linear • horizontal_linear	否	容器布局提示
elements	• Action • Property • LabelProperty • Container	是	子部件。容器中可以包含一个或以上的子部件

(2) Action 的 UI 描述。Action 的示例 XML 如下：

onAction 标签包括执行代码和对话框选项，两个选项不能包含在相同的标签内。

```
<action>
<name>ovenAction</name>
<onAction>
    <executeCode>startOven();</executeCode>
    <dialog>
    //dialog properties here
    </dialog>
</onAction>
<secured>true</secured>
<enabled>true</enabled>
<label>
    <value type="literal" language="en">Start Oven</value>
    <value type="literal" language="de ">Ofen started</value>
</label>
<bgcolor>0x400</bgcolor>
    <hints>
    <hint>actionButton</hint>
</hints>
</action>
```

Action 的属性及描述如表 7-14 所示。

表 7-14 Action 的属性及描述

属 性	可 能 值	是否必需	描 述
name	alphanumeric	是	部件的名称
onAction	• executeCode • dialog	是	确定 actionButton 何时被按下 • 如果是 executeCode,那么将会执行代码 • 如果是 dialog,将显示对话框
secured	• true • false	是	确定 Action 的接口是否安全
enable	• true • false	是	确定 Action 是否可见
label	• code • value	否	• Action 的标签 • 如果是代码,则为接收标签的函数指针 • 如果为值,则可以是文字或常数
bgcolor	Unsigned int	否	背景颜色表示为 RGB 值
hints	Action hint	否	可以是 actionButton

(3) labelProperty 的 UI 描述。labelProperty 的示例 XML 如下:

```
<labelProperty>
<name>CurrentTemp</name>
<enabled>true</enabled>
<label>
    <value type="literal" language="en">Current Temperature:</value>
```

```
    <value type = "literal" language = "de - AT"> Aktuelle Temperatur:</value>
</label>
<bgcolor> 0x98765 </bgcolor>
    <hints>
    <hint> textlabel </hint>
</hints>
</labelProperty>
```

labelProperty 的属性及描述如表 7-15 所示。

表 7-15 labelProperty 的属性及描述

属 性	可 能 值	是否必需	描 述
name	alphanumeric	是	部件的名称
enable	• true • false	是	确定 Label 是否可见
label	• code • value	否	Label 的文本 • 如果是代码,则为接收文本的函数指针 • 如果为值,则可以是文字或常数
bgcolor	Unsigned int	否	背景颜色表示为 RGB 值
hints	Label hint	否	可以是 text label

(4) 属性:根据值的签名,在 XML 中构建属性时有不同的方式。下面提供了支持签名的属性信息和示例,包括 String、Boolean、Date、Time、Scalar。

① String 属性的示例 XML:

```
<stringProperty>
<name> modeStringProperty </name>
<getCode> getStringVar </getCode>
<setCode> setStringVar( % s)</setCode>
<secured> false </secured>
<enabled> true </enabled>
<writable> true </writable>
<label>
    <value type = "constant" language = "en"> HEATING_MODE_EN </value>
    <value type = "constant" language = "de"> HEATING_MODE_DE </value>
</label>
<bgcolor> 0x500 </bgcolor>
<hints>
    <hint> edittext </hint>
</hints>
<constraintVals>
    <constraint>
        <display>
            <value type = "literal" language = "en"> Grill Mode </value>
            <value type = "literal" language = "de "> Grill Modus </value>
```

```
            </display>
            <value>Grill</value>
            </constraint>
        <constraint>
            <display>
                <value type="literal" language="en">Regular Mode</value>
                <value type="literal" language="de">Normal Modus</value>
            </display>
            <value>Normal</value>
        </constraint>
    </constraintVals>
    </stringProperty>
```

String 属性及描述如表 7-16 所示。

表 7-16 String 属性及描述

属 性	可 能 值	是否必需	描 述
name	alphanumeric	是	部件的名称
getcode	函数指针	是	返回一个属性值的函数指针
setcode	执行属性设置的代码	是	属性设置调用时执行的代码
secured	• true • false	是	确定属性的接口是否安全
enable	• true • false	是	确定属性是否可见
writable	• true • false	是	确定属性是否可写
label	• code • value	否	属性标签的文本。 • 如果是代码，则为接收文本的函数指针 • 如果为值，则可以是文字或常数
bgcolor	Unsigned int	否	背景颜色表示为 RGB 值
hints	• switch • spinner • radiobutton • textview • edittext	否	标签提示
constrainVals	约束列表	否	约束属性的值。每个约束由值及其显示构成

② 布尔属性的示例 XML：

```
<booleanProperty>
<name>checkboxProperty</name>
<getCode>getTurboModeVar</getCode>
<setCode>setTurboModeVar(%s)</setCode>
<secured>false</secured>
```

```
<enabled>true</enabled>
<writable>true</writable>
<label>
    <value type = "constant" language = "en">Turbo Mode:</value>
    <value type = "constant" language = "de">Turbo Modus:</value>
</label>
<bgcolor>0x500</bgcolor>
<hints>
    <hint>checkbox</hint>
</hints>
</booleanProperty>
```

Boolean 属性构成及描述如表 7-17 所示。

表 7-17 Boolean 属性构成及描述

属性	可能值	是否必需	描述
name	alphanumeric	是	部件的名称
getcode	函数指针	是	返回一个属性值的函数指针。函数指针的 signature 需要申明为 void * (* functionptr)()
setcode	执行属性设置的代码	是	属性设置调用时执行的代码。在 setcode 中所有的%s 将会被生成器替换成新值
secured	• true • false	是	确定属性的接口是否安全
enable	• true • false	是	确定属性是否可见
writable	• true • false	是	确定属性是否可写
label	• code • value	否	属性标签的文本 • 如果是代码,则为接收文本的函数指针 • 如果为值,则可以是文字或常数
bgcolor	Unsigned int	否	背景颜色表示为 RGB 值
hints	checkbox	否	如何呈现 UI 的提示

③ Date 属性的示例 XML:

```
<dateProperty>
<name>startDateProperty</name>
<getCode>getStartDateVar</getCode>
<setCode>setStartDateVar( % s)</setCode>
<secured>false</secured>
<enabled>true</enabled>
<writable>true</writable>
<label>
    <value type = "constant" language = "en">Start Date:</value>
    <value type = "constant" language = "de">Starttermin:</value>
```

```
</label>
<bgcolor> 0x500 </bgcolor>
<hints>
    <hint> checkbox </hint>
</hints>
</dateProperty>
```

Date 属性构成及描述如表 7-18 所示。

表 7-18 Date 属性构成及描述

属 性	可 能 值	是否必需	描 述
name	alphanumeric	是	部件的名称
getcode	函数指针	是	返回一个属性值的函数指针。函数指针的 signature 需要申明为 void * (* functionptr)()
setcode	执行属性设置的代码	是	属性设置调用时执行的代码。在 setcode 中所有的%s 将会被生成器替换成新值
secured	• true • false	是	确定属性的接口是否安全
enable	• true • false	是	确定属性是否可见
writable	• true • false	是	确定属性是否可写
label	• code • value	否	属性标签的文本。 • 如果是代码，则为接收文本的函数指针 • 如果为值，则可以是文字或常数
bgcolor	Unsigned int	否	背景颜色表示为 RGB 值
hints	datepicker	否	如何呈现 UI 的提示

④ 时间属性的示例 XML：

```
<timeProperty>
<name> startTimeProperty </name>
<getCode> getStartTimeVar </getCode>
<setCode> setStartTimeVar( % s)</setCode>
<secured> false </secured>
<enabled> true </enabled>
<writable> true </writable>
<label>
    <value type = "constant" language = "en"> Start Time:</value>
    <value type = "constant" language = "de"> Startzeit:</value>
</label>
<bgcolor> 0x500 </bgcolor>
<hints>
    <hint> checkbox </hint>
</hints>
```

```
</timeProperty>
```

时间属性的构成及描述如表 7-19 所示。

表 7-19 时间属性的构成及描述

属 性	可 能 值	是否必需	描 述
name	alphanumeric	是	部件的名称
getcode	函数指针	是	返回一个属性值的函数指针。函数指针的 signature 需要申明为 void *（ * functionptr)()
setcode	执行属性设置的代码	是	属性设置调用时执行的代码。在 setcode 中所有的%s 将会被生成器替换成新值
secured	• true • false	是	确定属性的接口是否安全
enable	• true • false	是	确定属性是否可见
writable	• true • false	是	确定属性是否可写
label	• code • value	否	属性标签的文本 • 如果是代码，则为接收文本的函数指针 • 如果为值，则可以是文字或常数
bgcolor	Unsigned int	否	背景颜色表示为 RGB 值
hints	timepicker	否	如何呈现 UI 的提示

⑤ Scalar 属性的示例 XML：Scalar 属性包含了值和范围示例，两者不能被包含在同一个文件内。

```
<scalarProperty dataType = "UINT16">
<name>heatProperty</name>
<getCode>getTemperatureVar</getCode>
<setCode>setTemperatureVar( %s)</setCode>
<secured>false</secured>
<enabled>true</enabled>
<writable>true</writable>
<label>
    <value type = "literal" language = "en">Oven Temperature</value>
    <value type = "literal" language = "de">Ofentemperatur</value>
</label>
<bgcolor>0x500</bgcolor>
<hints>
    <hint>spinner</hint>
</hints>
<constraintDefs>
    <constraintVals>
        <constraint>
```

```
            <display>
                <value type="literal" language="en">Regular</value>
                <value type="literal" language="de ">Normal</value>
            </display>
            <value>175</value>
        </constraint>
        <constraint>
            <display>
                <value type="literal" language="en">Hot</value>
                <value type="literal" language="de ">Heiss</value>
            </display>
            <value>200</value>
            </constraint>
        </constraintVals>
OR
        <constraintRange>
        <min>0</min>
        <max>400</max>
        <increment>25</increment>
        </constraintRange>
</constraintDefs>
<unitMeasure>
        <value type="literal" language="en">Degrees</value>
        <value type="literal" language="de ">Grad</value>
</unitMeasure>
</scalarProperty>
```

Scalar 属性的构成及描述如表 7-20 所示。

表 7-20　Scalar 属性的构成及描述

属　　性	可　能　值	是否必需	描　　述
dataType	• INT16 • UINT16 • INT32 • UINT32 • INT64 • UINT64 • DOUBLE	是	scalar 数据类型
name	alphanumeric	是	部件的名称
getcode	函数指针	是	返回一个属性值的函数指针。函数指针的 signature 需要申明为 void * （ * functionptr)()
setcode	执行属性设置的代码	是	属性设置调用时执行的代码。在 setcode 中所有的%s 将会被生成器替换成新值

续表

属　性	可　能　值	是否必需	描　　述
secured	• true • false	是	确定属性的接口是否安全
enable	• true • false	是	确定属性是否可见
writable	• true • false	是	确定属性是否可写
label	• code • value	否	属性标签的文本。 • 如果是代码，则为接收文本的函数指针； • 如果为值，则可以是文字或常数
bgcolor	Unsigned int	否	背景颜色表示为 RGB 值
hints	• spinner • radiobutton • slider • numberpicker • keypad • numericview	否	如何呈现 UI 的提示

(5) 对话框。以下是对话框的示例 XML：

```
<dialog>
<name>LightConfirm</name>
<secured>false</secured>
<enabled>true</enabled>
<message>
    <value type = "literal" language = "en">Do you want to turn on the light</value>
    <value type = "literal" language = "de">Wollen sie das Licht andrehen</value>
</message>
<label>
    <value type = "literal" language = "en">Turn on Light</value>
    <value type = "literal" language = "de">Licht andrehen</value>
</label>
<bgcolor>0x122</bgcolor>
<hints>
    <hint>alertdialog</hint>
</hints>
<button>
    <label>
        <value type = "literal" language = "en">Yes</value>
        <value type = "literal" language = "de">Ja</value>
    </label>
    <executeCode>TurnOnLight(true);</executeCode>
</button>
```

```
<button>
    <label>
    <value type="literal" language="en">No</value>
    <value type="literal" language="de">Nein</value>
    </label>
    <executeCode>TurnOnLight(false);</executeCode>
</button>
</dialog>
```

对话框的属性构成及描述如表 7-21 所示。

表 7-21　对话框的属性构成及描述

属　性	可　能　值	是否必需	描　　述
name	alphanumeric	是	部件的名称
secured	• true • false	是	确定属性的接口是否安全
enable	• true • false	是	确定属性是否可见
message	• code • value	是	对话框的消息。 • 如果是代码，则为接收文本的函数指针 • 如果为值，则可以是文字或常数
label	• code • value	否	对话框标签的文本。 • 如果是代码，则为接收文本的函数指针 • 如果为值，则可以是文字或常数
bgcolor	Unsigned int	否	背景颜色表示为 RGB 值
hints	alertdialog	否	如何呈现 UI 的提示
button	Label 和 executeCode	最多可以 有三个	每个 button 必须包含下列内容：包含文本的标签包含在被控对象上执行代码的 executeCode 标签

7.5.4　AllJoyn 配置服务框架

配置服务提供了配置设备的功能，例如，设置设备名称和密码等功能。表 7-22 是一些 Configuration 中使用的名称及其解释。

表 7-22　配置名称及解释

名　　称	描　　述
ConfigClient	一个在 AllJoyn 配置服务框架中的被应用程序开发人员远程配置一个对等设备运行 ConfigService 使用的类
ConfigData	一个字符串键 AllJoyn 变量值的一个散列结构，代表不同的远程设备的细节，可更新并被保存到永久存储层，如 NVRAM
ConfigService	一个被开发者/ OEM 在配置使用的服务框架时用来构建一个应用程序模块，这个应用程序公开的能力是远程修改从 PropertyStore 读取的 ConfigData

续表

名　　称	描　　述
Config Client	远程配置对等设备的配置服务的实现框架
Config Server	公开 ConfigData 并允许对等设备远程修改它的配置服务的实现框架
Configuration service framework	使设备能够提供远程配置 AllJoyn 服务框架的元数据(ConfigData)在一个会话的软件层
PropertyStore	一个维持作为 ConfigData 返回的值的模块
Services_Common	一个包含由多个服务共享的代码,包括 PropertyStore API 定义的模块

1. 获取配置服务框架

这里我们所要使用的源码可以在 AllSeen Alliance github page 里找到,此外,在编译这些服务框架时,同样需要使用到 AJTCL。

如果目标平台已经支持 AllJoyn 瘦客户端服务框架,那么按照目标平台的使用文档来下载并进行详细安装即可。

2. 相关代码模块与描述

配置服务器层的模块构成及描述如表 7-23 所示。

表 7-23　配置服务器层的模块构成及描述

模　　块	描　　述
ConfigSample	该模块负责的一般配置示例应用程序的流程,包括初始化、关闭并将消息传入 ConfigService 模块
ConfigService	配置服务核心代码
PropertyStore	PropertyStore 实现代码。这支持所有核心服务 注意:此模块是 ServerSample 的一部分
注意:此模块是 ServerSample 的一部分	为所有服务应用程序配置代码 注意:此模块是 ServerSample 的一部分

3. 创建配置服务器

(1) 创建 AllJoyn 应用程序的基础。这里指的是构建一个使用 AllJoyn 服务框架(瘦客户端)的应用程序,欲知详情,请参阅 AllJoyn 配置服务框架接口规范文档。

(2) 为配置服务框架提供 PropertyStore: ConfigService 需要 PropertyStore 结构,表 7-24 列出了配置接口数据字段需要的值。

表 7-24　PropertyStore 及必要性和标识

域　　名	必 要 性	标识
默认语言	是	s
设备名	是	s

(3) PropertyStore 的实现: PropertyStore 是一个满足 ConfigService 的需求,并被包含在 ServerSample 代码内的实例。

PropertyStore 使用的字段定义在文件 Services_Common PropertyStoreOEMProvisioning. h 中所定义，ServerSample 代码中提供了一个配置示例，下面我们会分段综述这个示例。

① 字段索引：枚举在这里被用来定义字段的索引，它可以被用作一个连接各字段的表的索引，而枚举整数值的值域被分为三个子集，分别指定了计数器值的划定：

保存键(NUMBER_OF_PERSISTED_KEYS)——这个子集包含初始化并且在系统第一次运行或复位后使用，该字段不可以远程通过配置服务框架进行更新。

配置键(NUMBER_OF_CONFIG_KEYS)——这个子集包括可以通过远程服务进行配置的框架的字段。

普通键值(NUMBER_OF_KEYS)——这个子集包含所有字段。

注意：不把计数器作为指向它们的 PropertyStore 代码的计数器(NUMBER_OF_ *)而删除。

```
typedef enum PropertyStoreFieldIndecies{
ERROR_FIELD_INDEX = -1,
DeviceID,
AppID,
NUMBER_OF_PERSISTED_KEYS,
DefaultLanguage = NUMBER_OF_PERSISTED_KEYS,
DeviceName,
Passcode,
RealmName,
NUMBER_OF_CONFIG_KEYS,
AppName = NUMBER_OF_CONFIG_KEYS,
Description,
Manufacturer,
ModelNumber,
DateOfManufacture,
SoftwareVersion,
AJSoftwareVersion,
HardwareVersion,
SupportUrl,
MaxLength,
NUMBER_OF_KEYS,
} enum_field_indecies_t;
```

② 支持语言和语言索引：下面的枚举用来定义语言索引，用作指向支持的语言表和各领域的表的索引。

枚举的整数值被计数器的值 NUMBER_OF_LANGUAGES 分隔，这里 Services_Common 的 PropertyStoreOEMProvision. h 的例子列出了两种语言：

```
typedef enum PropertyStoreLangIndecies{
ERROR_LANGUAGE_INDEX = -1,
NO_LANGUAGE_INDEX,
```

```
LANG_1 = NO_LANGUAGE_INDEX,
LANG_2,
NUMBER_OF_LANGUAGES
} enum_lang_indecies_t;
#defineLANG_NAME_LEN 6
externconstchartheDefaultLanguages[NUMBER_OF_LANGUAGES][LANG_NAME_LEN];
```

ServerSample OEMProvisioning. c 文件中提供的语言名称，是英语和奥地利语的方言。

```
const char theDefaultLanguages[NUMBER_OF_LANGUAGES][LANG_NAME_LEN] = { { "en"}, { "de - AT" }
};
```

注意：语言名称是根据 IETF RFC 5646 规定的语言标记。示例实现只支持简单的语言和扩展语言或变体 sub-tags(地区)的语言。因此，LANG_NAME_LEN 被定义为 6。

③ 字段定义结构：以下一些字段结构被用来定义对瘦客户端暴露在远程客户端中的各种呼叫字段的行为。

```
#define KEY_NAME_LENGTH 20
typedef struct AboutConfigVar {
char keyName[KEY_NAME_LENGTH];
// msb = public/private; bit number 3 - initialise once; bit number 2 -
multi - language value; bit number 1 - announce; bit number 0 - Read/Write
uint8_t mode0Write : 1;
uint8_t mode1Announce : 1;
uint8_t mode2MultiLng : 1;
uint8_t mode3Init : 1;
uint8_t mode4 : 1;
uint8_t mode5 : 1;
uint8_t mode6 : 1;
uint8_t mode7Public : 1;
char * value[NUMBER_OF_LANGUAGES];
} property_store_entry_t;
```

④ 字段定义和值：下面这个数组被用于定义字段和它们的值。

```
extern const property_store_entry_t theAboutConfigVar[NUMBER_OF_KEYS];
```

而这些示例数组是一个基于 ServerSample OEMProvisioning. c 文件的配置服务框架的代码段：

```
const property_store_entry_t theAboutConfigVar[NUMBER_OF_KEYS] =
{
{ "Key Name 19 + '\0'", W, A, M, I . . . . , P,
    { "Value for lang132/64 + '\0'", "Value for lang2 32/64 + '\0'" }
},
{ "DeviceId", 0, 1, 0, 1, 0, 0, 0, 1, { NULL,NULL } },
{ "AppId", 0, 1, 0, 1, 0, 0, 0, 1, { NULL,NULL } },
// Add other persisted keys above this line
```

```
{ "DefaultLanguage", 1, 1, 0, 0, 0, 0, 0, 1, { "en",NULL } },
{ "DeviceName", 1, 1, 0, 0, 0, 0, 0, 1, { "Company AGeneric Board", NULL } },
{ "AppName", 0, 1, 0, 0, 0, 0, 0, 1, { "Announcer",NULL } },
{ "Description", 0, 0, 1, 0, 0, 0, 0, 1, { "My first IOEdevice", "Mein erstes IOE Geraet" } },
{ "Manufacturer", 0, 1, 1, 0, 0, 0, 0, 1, { "Company A(EN)","Firma A(DE - AT)" } },
{ "ModelNumber", 0, 1, 0, 0, 0, 0, 0, 1, { "0.0.1",NULL } },
{ "DateOfManufacture", 0, 0, 0, 0, 0, 0, 0, 1, { "2013 - 10 - 09",NULL } },
{ "SoftwareVersion", 0, 0, 0, 0, 0, 0, 0, 1, { "0.0.1",NULL } },
{ "AJSoftwareVersion", 0, 0, 0, 0, 0, 0, 0, 1, { "3.4.0",NULL } },
{ "HardwareVersion", 0, 0, 0, 0, 0, 0, 0, 1, { "0.0.1",NULL } },
{ "SupportUrl", 0, 0, 1, 0, 0, 0, 0, 1, {"www.company_a.com", "www.company_a.com/de - AT" } },
{ "MaxLength", 0, 0, 1, 0, 0, 0, 0, 1, { "",NULL } }
```

⑤ 实现和配置信息:示例中的一些字段的值是对配置 AllJoyn 服务框架的接口规范功能的实现,不需要对这些做任何改变,只要改变字段的字符串值。当然,可以删除 DateOfManufacture 等可选字段。

根据 NUMBER_OF_LANGUAGES 的要求,已经提供了这个结构所需要的默认值,而且可以使用" "代表 non-provisioned 这种值,这种值用于某一字段是非语言依赖的,如设备名称。

当给非语言依赖的字段赋值时,即使只有第一个值(NO_LANGUAGE_INDEX)被使用,其他值都被忽略,这个字段仍然需要初始化。

⑥ 增加自定义字段。读者们可以通过完成以下步骤来添加自己的自定义字段:

决定字段所属的子集,并将它添加到相应的枚举类型之中;

在各自的索引中的 theAboutConfigVar 处添加一个新字段条目;

判断字段对从远程客户端来的访问是否是公共的,如果是公共的,那么就将 mode7Public 位设为 1;

判断字段是否可以通过配置服务框架进行远程配置,如果字段可以这么操作,那么就将 mode0Write 位设为 1;

注意:如果你需要设置这个数值,那么字段的索引就必须包括在连续或配置了密钥的子集中。

判断这一字段是否要包括在公告里,如果需要将其放入公告中进行声明,那么就将 mode1Announce 位设为 1;

注意:我们建议根据字段是否直接关联到相关的服务框架的发现,对这个字段的声明进行限制。只有这个值与当前 DefaultLanguage 有关,才需要被发送声明中。

判断这个字段是否为多语言字段并为需要使用的语言添加相关的值,如果字段是多语言的,那么就将 mode2MultiLng 位设为 1;

判断这个字段是否为在代码中动态变化的字段或者需要初始化,如果字段初始化了一次,那么就需要将 mode3Init 位设置为 1,添加相关的代码来初始化它。通过 PropertyStore.c 中的 PropertyStore_Init()和 InitMandatoryPropertiesInRAM()两个函数可以设置 DeviceId 和

AppId 字段；注意：如果设置此位，这个字段的索引必须包括在保存键的子集中。

最后，自定义键需要通过 App_IsValueValid()函数在 OEMProvisioning.c 文件中修改默认值，添加相关的更新值。

```
uint8_tApp_IsValueValid(const char * key, const char * value) {return TRUE;}
```

⑦ 配置字段的优化和维护：下面的代码用于存储配置字段的修改值，不同长度的常量被适当地设置为不同的字段，以优化内存的使用。

```
#define LANG_VALUE_LENGTH 7
#define KEY_VALUE_LENGTH 33
#define PASSWORD_VALUE_LENGTH 65
typedef struct ConfigVar {
char * value[NUMBER_OF_LANGUAGES];
size_t size;
} property_store_config_entry_t;
```

注意：条目的大小需要依据提供的字段的实际使用情况分配相匹配的缓冲区长度，同时，还要使用 PropertyStore.C 中的 PropertyStore_Init()和 InitMandatoryPropertiesInRAM()函数来保存字段。下面这个数组则用于维护运行时配置字段修改值，是 PropertyStore.c 文件的一部分。

```
static property_store_config_entry_t theConfigVar[NUMBER_OF_CONFIG_KEYS];
```

如果配置好的字段的值(如设备名称)被修改，则修改的值会被存储在相关语言的数组中。而 ResetConfigurations()对某个字段(对于一些给定的语言)或 FactoryReset()被远程调用，修改后的值将重置为空字符串。

(4) 实现远程回调：配置服务框架有三个回调程序，允许程序员对远程启动的事件做出反应：

① App_Restart——复位设备，或至少复位其 WiFi 驱动程序；

② App_FactoryReset——清除存储的值并恢复工厂默认值；

③ App_SetPasscode——设置新设备密码并销毁以前的密码中生成的加密密钥。

以下提供了 ServerSample 代码：

① 列出需要回调的 ConfigOEMProvisioning.h 文件；

② OEMProvisioning.c 文件中实现这些回调函数的示例。

(5) 集成配置与应用程序的 AuthListener 服务框架：配置服务框架和其他 AllJoyn 服务框架接口需要安全的 AllJoyn 连接，程序员可以选择在他的 AuthListener 应用程序中使用 ALLJOYN_PIN_KEYX 实现身份验证机制。配置服务框架允许使用密钥交换的身份验证机制，也可以使用远程设置的密码。一个使用此工具的实例包含在 Services_Handlers.c 文件中，部分代码如下所示：

```
uint32_t PasswordCallback(uint8_t * buffer, uint32_t bufLen)
```

```
{
const char * password = PropertyStore_GetValue(Passcode);
if (password == NULL) {
    AJ_Printf("Password is NULL!\n");
return 0;
}
const size_t len = strlen(password);
memcpy(buffer, password, len + 1);
AJ_Printf("Retrieved password = % s\n", password);
return len;
}
```

上述程序调用了 PropertyStore_GetValue(password)函数来检索当前的密码，这个程序实现依赖于一个扩展的 PropertyStore 示例，而 PropertyStore 则是通过密码字段定义在 enum field_indecies_t 枚举中的扩展。这个字段通过一个配置服务框架会话，使用专门的 SetPasscode()方法。存储密码长度限制 64 个字符，但这个字段是远程可更新的：

```
#define PASSWORD_VALUE_LENGTH 65
```

这实现了用字段定义来隐藏私有可写字段，就如在 OEMProvisioning. c 文件中的 theAboutConfigVar 初始化中所示：

```
{ "Passcode", 1, 0, 0, 0, 0, 0, 0, 0, { "000000",NULL } };
```

同时，由于密码的枚举值小于 NUMBER_OF_CONFIG_KEYS，所以它也被认为是 theConfigVar 的一部分，这个名称被用来保存修改的值。

另外，当 SetPasscode()被远程调用时，App_SetPasscode()回调函数就会被下面的 OEMProvisioning. c 文件中的实例所调用，如下所示：

```
AJ_Status App_SetPasscode(const char * daemonRealm, const char * newStringPasscode)
{
AJ_Status status = AJ_OK;
do {
    if (PropertyStore_SetValue(RealmName, daemonRealm) &&
    PropertyStore_SetValue(Passcode, newStringPasscode))
    {
    CHECK(PropertyStore_SaveAll());
    CHECK(AJ_ClearCredentials());
    status = AJ_ERR_READ;
    }
    else
    {
        CHECK(PropertyStore_LoadAll());
    }
} while (0);
return status;
}
```

上述实例将密码作为的 PropertyStore 的一部分永久保存，操作如下：

① 它调用 PropertyStore_SetValue(newStringPasscode)设置 RAM 的值；

② 如果成功，它也将调用 PropertyStore_SaveAll ()持续到 NVRAM 状态；

③ 最后 AJ_ClearCredentials()被调用，清空当前所有基于旧的密钥的键值。

注意：存储密码是有限大小为 65、允许 64 个字符的密钥，密码字段的默认值是"000000"，域名和密码通过添加 RealmName 字段索引到 enum_field_indecies_t 进行枚举，在 theAboutConfigVar 进行初始化。

(6) 编译代码：编译的过程因目标平台和编译平台而异，不同的目标平台和编译平台需要指定不同的文件夹和文件。建立工具链流程并且支持 AllJoyn 服务框架。对于目标平台，文档包含了如何组织并且安装编译适合于自己的瘦客户端应用。

7.6 构建运行瘦客户端服务器应用程序

本部分内容将向读者展示如何构建使用 AllJoyn 服务框架的瘦客户端服务器应用。

7.6.1 构建瘦客户端服务器应用程序

1. 获得示例应用程序

请读者参考对应目标平台的介绍文档，下载相应的示例代码。

2. 相关代码

瘦客户端服务器应用的参考代码主要由两个模块组成：

1) 实现主要功能的模块；

2) 实现服务处理器。

瘦客户端服务应用模块构成及描述如表 7-25 所示。

表 7-25 瘦客户端服务应用模块构成及描述

模　块	描　述
OEMProvisioning	所有服务需要的配置代码
PropertyStore	实现代码，支持所有的核心服务
ServerSample	服务器应用的主函数
Services_Handlers	服务处理器的示例代码

3. 建立瘦客户端服务器应用程序

以下是建立瘦客户端服务器应用程序的主要步骤：

(1) 建立 AllJoyn 应用程序的基础；

(2) 调用服务处理器；

(3) 调用 PropertyStore，参考 7.5 节的内容。

7.6.2　运行瘦客户端服务器应用程序

1. 搭建运行 AllJoyn 程序的基础

这里给出了相应的步骤和简单的代码。

(1) 初始化 AllJoyn 框架；

```
AJ_Initialize();
```

(2) 调用主服务初始化函数；

```
Service_Init();
```

(3) 注册对象；

```
AJ_RegisterObjects(AppObjects, ProxyObjects);
```

(4) 设置总线权限密码回调；

```
SetBusAuthPwdCallback(MyBusAuthPwdCB);
```

(5) 创建主循环；

```
while (TRUE)
{
    AJ_Message msg;
    status = AJ_OK;
}
```

(6) 连接 AllJoyn 消息总线；

```
if (!isBusConnected)
{
while (TRUE) {
#ifdef ONBOARDING_SERVICE
Onboarding_IdleDisconnectedHandler(&busAttachment);
#endif
AJ_Printf("Attempting to connect to bus '%s'\n", daemonName);
AJ_Status status = AJ_Connect(&busAttachment, daemonName,
CONNECT_TIMEOUT);
if (status != AJ_OK)
{
    AJ_Printf("Failed to connect to bus sleeping for %d seconds\n",
    CONNECT_PAUSE / 1000);
    AJ_Sleep(CONNECT_PAUSE);
    continue;
    if (busUniqueName == NULL)
    {
        AJ_Printf("Failed to GetUniqueName() from newly connected bus,
```

```
            retrying\n");
            continue;
        }
        AJ_Printf("Connected to daemon with BusUniqueName = % s\n",
        busUniqueName);
        break;
    }
    status = Service_ConnectedHandler();
    }
```

(7) 连接维护;

在完成总线连接后,进行以下步骤以确保服务正确运行:

① 绑定会话端口;

```
CHECK(AJ_BusBindSessionPort(&busAttachment, App_ServicePort, NULL));
```

② 广播消息总线的唯一名称,让其他应用程序能够定位并追踪设备;

```
CHECK(AJ_BusAdvertiseName(&busAttachment,AJ_GetUniqueName(&busAttachment), AJ_TRANSPORT_
ANY,AJ_BUS_START_ADVERTISING));
```

③ AddMatch 调用需要从接收无会话信号开始,所以字符串

```
"sessionless = 't',type = 'error'
```

会被发送到 AJ_BusSetSignalRule 函数。

```
CHECK(AJ_BusSetSignalRule(&busAttachment, SESSIONLESS_MATCH,AJ_BUS_SIGNAL_ALLOW));
```

(8) 继续主循环。

连接建立并且 AllJoyn 服务层初始化之后,我们仍然需要继续主循环,所以要进行以下步骤:

① 检查发布请求是否被标记,并作出相应的发布;

② 检查 WiFi 状态,若网络断开则重新连接;

③ 继续主循环并处理传入消息,执行空闲任务,发出等候通知信号请求。

```
if (IsShouldAnnounce())
{
CHECK(AboutAnnounce(&busAttachment))
SetShouldAnnounce(FALSE);
}
#ifdef ONBOARDING_SERVICE

if (!OBCAPI_IsWiFiClient() && !OBCAPI_IsWiFiSoftAP())
{
status = AJ_ERR_RESTART;
}
```

```
#endif

if (status == AJ_OK)
{
status = AJ_UnmarshalMsg(&busAttachment, &msg, UNMARSHAL_TIMEOUT);
isUnmarshalingSuccessful = (status == AJ_OK);
if (status == AJ_ERR_TIMEOUT)
{
    if (AJ_ERR_LINK_TIMEOUT == AJ_BusLinkStateProc(&busAttachment))
    {
        status = AJ_ERR_READ;
    }
    else
    {
        Service_IdleConnectedHandler();
        continue;
    }
}
if (isUnmarshalingSuccessful)
{
    service_Status = Service_MessageProcessor(&msg, &status);
    if (service_Status == SERVICE_STATUS_NOT_HANDLED)
    {
        status = AJ_BusHandleBusMessage(&msg);
    }
    AJ_NotifyLinkActive();
}
AJ_CloseMsg(&msg);
}

if (status == AJ_ERR_READ)
{
AJ_Printf("AllJoyn disconnect\n");
Service_Finish();
AJ_Disconnect(&busAttachment);
isBusConnected = FALSE;
AJ_Sleep(SLEEP_TIME);
}
```

2. 创建服务架构处理器

服务架构处理器是主循环中在特定时机被调用的服务功能。

(1) 连接处理器：服务连接处理器在守护连接之后和调用应用程序来连接处理器之前被调用。

注意：连接处理器必须在已连接之前或服务框架 API 在发布消息与发送信息执行之前实现。

```
AJ_Status Service_ConnectedHandler()
{
AJ_BusSetPasswordCallback(&busAttachment, PasswordCallback);
/*配置连接路由总线的超时时间*/
AJ_SetBusLinkTimeout(&busAttachment, 60); // 60 seconds
AJ_Status status = AJ_OK;
do {
    CHECK(About_ConnectedHandler(&busAttachment));
    #ifdef CONFIG_SERVICE
    CHECK(Config_ConnectedHandler(&busAttachment));
    #endif
    #ifdef ONBOARDING_SERVICE
    CHECK(Onboarding_ConnectedHandler(&busAttachment));
    #endif
    #ifdef NOTIFICATION_SERVICE_PRODUCER
    CHECK(Producer_ConnectedHandler(&busAttachment));
    #endif
    #ifdef CONTROLPANEL_SERVICE
    CHECK(ControlPanel_ConnectedHandler(&busAttachment));
    #endif
    #ifdef NOTIFICATION_SERVICE_CONSUMER
    CHECK(Consumer_ConnectedHandler(&busAttachment));
    #endif
    return status;
}
while (0);
    AJ_Printf("Service ConnectedHandler returned an error %s\n",(AJ_StatusText(status)));
    return status;
}
```

(2) 空闲连接处理器：连接存在但是空闲时服务会调用空闲连接处理器，空闲时间表示当前没有准备处理的消息，这是为了节约资源 MCU 会休眠一段时间。

```
void Service_IdleConnectedHandler()
{
About_IdleConnectedHandler(&busAttachment);
#ifdef CONFIG_SERVICE
Config_IdleConnectedHandler(&busAttachment);
#endif
#ifdef ONBOARDING_SERVICE
Onboarding_IdleConnectedHandler(&busAttachment);
#endif
#ifdef NOTIFICATION_SERVICE_PRODUCER
Producer_DoWork(&busAttachment);
#endif
#ifdef NOTIFICATION_SERVICE_CONSUMER
Consumer_IdleConnectedHandler(&busAttachment);
```

```
#endif
#ifdef CONTROLPANEL_SERVICE
Controllee_DoWork(&busAttachment);
#endif
}
```

(3) 消息处理器：当 AllJoyn 框架收到来自其连接的消息总线的消息时，框架会调用服务消息总线。

```
Service_Status Service_MessageProcessor(AJ_Message * msg, AJ_Status * status)
{
Service_Status serviceStatus = SERVICE_STATUS_NOT_HANDLED;
if (msg->msgId == AJ_METHOD_ACCEPT_SESSION)
{
    uint16_t port;
    char * joiner;
    uint32_t sessionId = 0;
    AJ_UnmarshalArgs(msg, "qus", &port, &sessionId, &joiner);
    uint8_t session_accepted = FALSE;
    session_accepted |= Services_CheckSessionAccepted(port, sessionId, joiner);
    * status = AJ_BusReplyAcceptSession(msg, session_accepted);
    AJ_Printf("%s session session_id=%u joiner=%s for port %u\n",(session_accepted ? "
Accepted" : "Rejected"), sessionId, joiner, port);
    serviceStatus = SERVICE_STATUS_HANDLED;
}
else
{
    if (serviceStatus == SERVICE_STATUS_NOT_HANDLED)
        serviceStatus = About_MessageProcessor(&busAttachment, msg, status);
    #ifdef CONFIG_SERVICE
    if (serviceStatus == SERVICE_STATUS_NOT_HANDLED)
        serviceStatus = Config_MessageProcessor(&busAttachment, msg, status);
    #endif
    if (serviceStatus == SERVICE_STATUS_NOT_HANDLED)
        serviceStatus = AboutIcon_MessageProcessor(&busAttachment, msg, status);
    #ifdef ONBOARDING_SERVICE
    if (serviceStatus == SERVICE_STATUS_NOT_HANDLED)
        serviceStatus = Onboarding_MessageProcessor(&busAttachment, msg, status);
    #endif
}
}
```

3. 运行 PropertyStore

PropertyStore 结构被 About feature 和配置服务框架用来存储为 AboutData 提供的值并保存了表 7-26 中的配置接口的值。

表 7-26 PropertyStore 存储配置值类型

字段名称	是否被要求	是否被声明	签名
AppID	是	是	Ay
DefaultLanguage	是	是	S
DeviceName	是	是	s
DeviceID	是	是	s
AppName	是	是	S
Manufacturer	是	是	S
ModelNumber	是	是	s
SupportedLanguages	是	否	as
Description	是	否	s
DateOfManufacture	否	否	S
SoftwareVersion	是	否	S
AJSoftwareVersion	是	否	s
HardwareVersion	否	否	S
SupportUrl	否	否	s

PropertyStore 是一个满足 About feature 的需求，并被包含在 ServerSample 代码内的实例。

PropertyStore 使用的字段定义在文件 Services_Common PropertyStoreOEMProvisioning. h 中所定义，ServerSample 代码中提供了一个配置示例，下面会分段综述这个示例。

(1) 字段索引：枚举在这里被用来定义字段的索引，它可以被用作一个连接各字段的表的索引，而枚举整数值的值域被分为三个子集，分别指定了计数器值的划定：

① 保存键(NUMBER_OF_PERSISTED_KEYS)——这个子集包含初始化并且在系统第一次运行或复位后使用，该字段不可以远程通过配置服务框架进行更新。

② 配置键(NUMBER_OF_CONFIG_KEYS)——这个子集包括可以通过远程服务进行配置的框架的字段。

③ 普通键值(NUMBER_OF_KEYS)——这个子集包含所有字段。

注意：不把计数器作为指向他们的 PropertyStore 代码的计数器(NUMBER_OF_ *)而删除。

```
typedef enum PropertyStoreFieldIndecies{
ERROR_FIELD_INDEX = - 1,
DeviceID,
AppID,
NUMBER_OF_PERSISTED_KEYS,
DefaultLanguage = NUMBER_OF_PERSISTED_KEYS,
DeviceName,
Passcode,
RealmName,
NUMBER_OF_CONFIG_KEYS,
```

```
AppName = NUMBER_OF_CONFIG_KEYS,
Description,
Manufacturer,
ModelNumber,
DateOfManufacture,
SoftwareVersion,
AJSoftwareVersion,
HardwareVersion,
SupportUrl,
MaxLength,
NUMBER_OF_KEYS,
} enum_field_indecies_t;
```

(2) 支持语言和语言索引：下面的枚举用来定义语言索引，用作指向支持的语言表和各领域的表的索引。

枚举的整数值被计数器的值 NUMBER_OF_LANGUAGES 分隔，这里 Services_Common 的 PropertyStoreOEMProvision.h 的例子列出了两种语言：

```
typedef enum PropertyStoreLangIndecies{
ERROR_LANGUAGE_INDEX = -1,
NO_LANGUAGE_INDEX,
LANG_1 = NO_LANGUAGE_INDEX,
LANG_2,
NUMBER_OF_LANGUAGES
} enum_lang_indecies_t;
#defineLANG_NAME_LEN 6
externconstchartheDefaultLanguages[NUMBER_OF_LANGUAGES][LANG_NAME_LEN];
```

ServerSample OEMProvisioning.c 中提供的语言名称，是英语和奥地利语的方言。

```
const char theDefaultLanguages[NUMBER_OF_LANGUAGES][LANG_NAME_LEN] = { { "en"}, { "de-AT" }
};
```

注意：语言名称是根据 IETF RFC 5646 规定的语言标记。示例实现只支持简单的语言和扩展语言或变体 sub-tags(地区)的语言。因此，LANG_NAME_LEN 被定义为 6。

(3) 字段定义结构：以下一些字段结构被用来定义对瘦客户端暴露在远程客户端时的各种呼叫字段的行为。

```
#define KEY_NAME_LENGTH 20
typedef struct AboutConfigVar {
char keyName[KEY_NAME_LENGTH];
// msb=public/private; bit number 3 - initialise once; bit number 2 -
multi-language value; bit number 1 - announce; bit number 0 - Read/Write
uint8_t mode0Write : 1;
uint8_t mode1Announce : 1;
uint8_t mode2MultiLng : 1;
```

```
uint8_t mode3Init : 1;
uint8_t mode4 : 1;
uint8_t mode5 : 1;
uint8_t mode6 : 1;
uint8_t mode7Public : 1;
char * value[NUMBER_OF_LANGUAGES];
} property_store_entry_t;
```

(4) 字段定义和值：下面这个数组被用于定义字段和它们的值。

```
extern const property_store_entry_t theAboutConfigVar[NUMBER_OF_KEYS];
```

而这些示例数组是一个基于 ServerSample OEMProvisioning. c 文件的配置服务框架的代码段：

```
const property_store_entry_t theAboutConfigVar[NUMBER_OF_KEYS] =
{
{ "Key Name 19 + '\0' ", W, A, M, I . . . . , P,
    { "Value for lang132/64 + '\0' ", "Value for lang2 32/64 + '\0' " }
},
{ "DeviceId", 0, 1, 0, 1, 0, 0, 0, 1, { NULL,NULL } },
{ "AppId", 0, 1, 0, 1, 0, 0, 0, 1, { NULL,NULL } },
// Add other persisted keys above this line
{ "DefaultLanguage", 1, 1, 0, 0, 0, 0, 0, 1, { "en",NULL } },
{ "DeviceName", 1, 1, 0, 0, 0, 0, 0, 1, { "Company AGeneric Board", NULL } },
{ "AppName", 0, 1, 0, 0, 0, 0, 0, 1, { "Announcer",NULL } },
{ "Description", 0, 0, 1, 0, 0, 0, 0, 1, { "My first IOEdevice", "Mein erstes IOE Geraet" } },
{ "Manufacturer", 0, 1, 1, 0, 0, 0, 0, 1, { "Company A(EN)","Firma A(DE - AT)" } },
{ "ModelNumber", 0, 1, 0, 0, 0, 0, 0, 1, { "0.0.1",NULL } },
{ "DateOfManufacture", 0, 0, 0, 0, 0, 0, 0, 1, { "2013 - 10 - 09",NULL } },
{ "SoftwareVersion", 0, 0, 0, 0, 0, 0, 0, 1, { "0.0.1",NULL } },
{ "AJSoftwareVersion", 0, 0, 0, 0, 0, 0, 0, 1, { "3.4.0",NULL } },
{ "HardwareVersion", 0, 0, 0, 0, 0, 0, 0, 1, { "0.0.1",NULL } },
{ "SupportUrl", 0, 0, 1, 0, 0, 0, 0, 1, {"www.company_a.com", "www.company_a.com/de - AT" } },
{ "MaxLength", 0, 0, 1, 0, 0, 0, 0, 1, { "",NULL } }
```

(5) 实现和配置信息：示例中的一些字段的值是对配置 AllJoyn 服务框架的接口规范功能的实现，不需要对这些做任何改变，只要改变字段的字符串值。当然，可以删除 DateOfManufacture 等可选字段。

根据 NUMBER_OF_LANGUAGES 的要求，已经提供了这个结构所需要的默认值。而且，可以使用""代表 non-provisioned 这种值，这种值用于某一字段是非依赖语言的，如设备名称。

当给非语言依赖的字段赋值时，即使只使用第一个值(NO_LANGUAGE_INDEX)，其他值都被忽略，这个字段仍然需要初始化。

(6) 增加自定义字段。读者们可以通过完成以下步骤来添加自己的自定义字段：

① 决定字段所属的子集，并将它添加到相应的枚举类型之中；

② 在各自的索引中的 theAboutConfigVar 处添加一个新字段条目；

③ 判断字段对从远程客户端来的访问是否是公共的，如果是公共的，那么就将 mode7Public 位设为 1；

④ 判断字段是否可以通过配置服务框架进行远程配置，如果字段可以这么操作，那么就将 mode0Write 位设为 1；

注意：如果你需要设置这个数值，那么字段的索引就必须包括在连续或配置了密钥的子集中。

⑤ 判断这一字段是否要包括在公告里，如果需要将其放入公告中进行声明，那么，就将 mode1Announce 位设为 1；

注意：建议根据字段是否直接关联到相关的服务框架的发现，对这个字段的声明进行限制。只有这个值与当前 DefaultLanguage 有关，才需要被发送入声明中。

⑥ 判断这个字段是否为多语言字段并为需要使用的语言添加相关的值，如果字段是多语言的，那么就将 mode2MultiLng 位设为 1；

⑦ 判断这个字段是否为在代码中动态变化的字段或者需要初始化，如果字段初始化了一次，那么，就需要将 mode3Init 位设置为 1，添加相关的代码来初始化它。通过 PropertyStore.c 中的 PropertyStore_Init()和 InitMandatoryPropertiesInRAM()两个函数可以设置 DeviceId 和 AppId 字段；

注意：如果设置此位，这个字段的索引必须包括在保存键的子集中。

⑧ 最后，你的自定义键需要通过 App_IsValueValid()函数在 OEMProvisioning.c 文件中修改默认值，添加相关的更新值。

```
uint8_tApp_IsValueValid(const char * key, const char * value) {return TRUE;}
```

(7) 配置字段的优化和维护：下面的代码用于存储配置字段的修改值。不同长度的常量被适当地设置为不同的字段，以优化内存的使用。

```
#define LANG_VALUE_LENGTH 7
#define KEY_VALUE_LENGTH 33
#define PASSWORD_VALUE_LENGTH 65
typedef struct ConfigVar {
char * value[NUMBER_OF_LANGUAGES];
size_t size;
} property_store_config_entry_t;
```

注意：条目的大小需要依据提供字段的实际使用情况分配相匹配的缓冲区长度，同时，还要使用 PropertyStore.C 中的 PropertyStore_Init()和 InitMandatoryPropertiesInRAM()函数来保存字段。

而下面这个数组则用于维护运行时配置字段修改值，是 PropertyStore.c 文件的一部分。

```
static property_store_config_entry_t theConfigVar[NUMBER_OF_CONFIG_KEYS];
```

如果配置好的字段的值(如设备名称)被修改,则修改的值会被存储在相关语言的数组中。而 ResetConfigurations()对某个字段(对于一些给定的语言)或 FactoryReset()被远程调用,修改后的值将重置为空字符串。

4. 实现远程回调

配置服务框架有三个回调程序,允许程序员对远程启动的事件做出反应:

(1) App_Restart——复位设备,或至少复位其 WiFi 驱动程序;

(2) App_FactoryReset——清除存储的值并恢复工厂默认值;

(3) App_SetPasscode——设置新设备密码并销毁以前的密码中生成的加密密钥。

以下提供了 ServerSample 代码:

(1) 列出需要回调的 ConfigOEMProvisioning. h 文件;

(2) OEMProvisioning. c 文件中实现这些回调函数的示例。

5. 集成配置与应用程序的 AuthListener 服务框架

配置服务框架和其他 AllJoyn 服务框架接口需要安全的 AllJoyn 连接,程序员可以选择在他的 AuthListener 应用程序中使用 ALLJOYN_PIN_KEYX 实现身份验证机制。配置服务框架允许使用密钥交换的身份验证机制,也可以使用远程设置的密码。一个使用此工具的实例包含在 Services_Handlers. c 文件中,部分代码如下所示:

```
uint32_t PasswordCallback(uint8_t * buffer, uint32_t bufLen)
{
const char * password = PropertyStore_GetValue(Passcode);
if (password == NULL) {
    AJ_Printf("Password is NULL!\n");
return 0;
}
const size_t len = strlen(password);
memcpy(buffer, password, len + 1);
AJ_Printf("Retrieved password = % s\n", password);
return len;
}
```

上述程序调用了 PropertyStore_GetValue(password)函数来检索当前的密码,这个程序实现依赖于一个扩展的 PropertyStore 示例,而 PropertyStore 则是通过密码字段定义在 enum_field_indecies_t 枚举中的扩展。这个字段通过一个配置服务框架会话,使用专门的 SetPasscode()方法。存储密码长度限制 64 个字符,但这个字段是远程可更新的:

```
#define PASSWORD_VALUE_LENGTH 65
```

这实现了用字段定义来隐藏私有可写字段,就如在 OEMProvisioning. c 文件中的 theAboutConfigVar 初始化中所示:

```
{ "Passcode", 1, 0, 0, 0, 0, 0, 0, 0, { "000000",NULL } };
```

同时，由于密码的枚举值小于 NUMBER_OF_CONFIG_KEYS，所以，也被认为是 theConfigVar 的一部分，这个名称被用来保存修改的值。

另外，当 SetPasscode()被远程调用时，App_SetPasscode()回调函数就会被下面的 OEMProvisioning.c 文件中的实例所调用，如下所示：

```
AJ_Status App_SetPasscode(const char * daemonRealm, const char * newStringPasscode)
{
AJ_Status status = AJ_OK;
do {
    if (PropertyStore_SetValue(RealmName, daemonRealm) &&
    PropertyStore_SetValue(Passcode, newStringPasscode))
    {
    CHECK(PropertyStore_SaveAll());
    CHECK(AJ_ClearCredentials());
    status = AJ_ERR_READ;
    }
    else
    {
        CHECK(PropertyStore_LoadAll());
    }
} while (0);
return status;
}
```

上述实例将密码作为的 PropertyStore 的一部分永久保存，操作如下：

(1) 它调用 PropertyStore_SetValue(newStringPasscode)设置 RAM 的值；

(2) 如果成功，它也将调用 PropertyStore_SaveAll ()持续到 NVRAM 状态；

(3) 最后 AJ_ClearCredentials()被调用，清空当前所有基于旧的密钥的键值。

注意：*存储密码是有限大小为 65，允许 64 个字符的密钥；密码字段的默认值是"000000"；域名和密码通过添加 RealmName 字段索引到 enum_field_indecies_t 进行枚举，在 theAboutConfigVar 进行初始化。*

6. 编译代码

编译的过程因目标平台和编译平台而异。不同的目标平台和编译平台需要指定不同的文件夹和文件。建立工具链流程并且支持 AllJoyn 服务框架。对于目标平台，文档包含了如何组织并且安装编译适合于自己的瘦客户端应用。

7.7 在 Arduino 设备上运行瘦客户端程序

Arduino 作为目前流行的开源硬件，AllJoyn 也对其进行了很好的支持，目前支持 Arduino Due 以上版本的开发板，本节将介绍 AllJoyn 瘦客户端在 Arduino 开发板上的具体实现。

7.7.1 硬件环境配置

1. 下载 Arduino IDE

从 Arduino 官网(http://arduino.cc/en/Main/Software)上下载最新的 IDE 软件,如图 7-17 所示,选择适合操作系统的版本下载并安装,Arduino IDE 软件界面选择 Arduino Due 开发板。

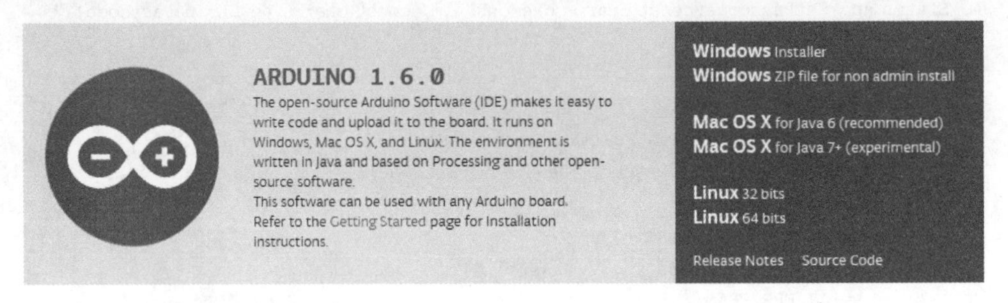

图 7-17　Arduino IDE 软件下载界面

2. Arduino Due 与电脑连接

这里请读者们注意,由于安装在 Arduino Due 开发板上的电子器件对于静电比较敏感,所以通常将其安放在某种外壳板里面。虽然这块开发板对于使用环境没有什么特别的要求,但是,应该采取一些预防措施来避免损坏它。

最简单的方法就是找一个盒子,并将这块静电敏感的开发板放入其中。如图 7-18 所示,这里只是将纸板箱开了个孔(用于 USB 接口),并将开发板放入其中。

(1) 如图 7-19 所示,将数据线的 B 接口插入 Arduino Due 的 programing 口,然后将数据线的 A 口插入主机。主机会显示无法找到驱动程序,这是正常的。

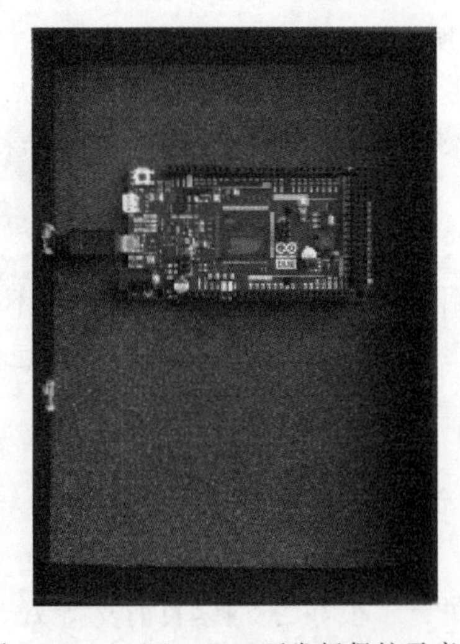

图 7-18　Arduino Due 开发板保护示意图

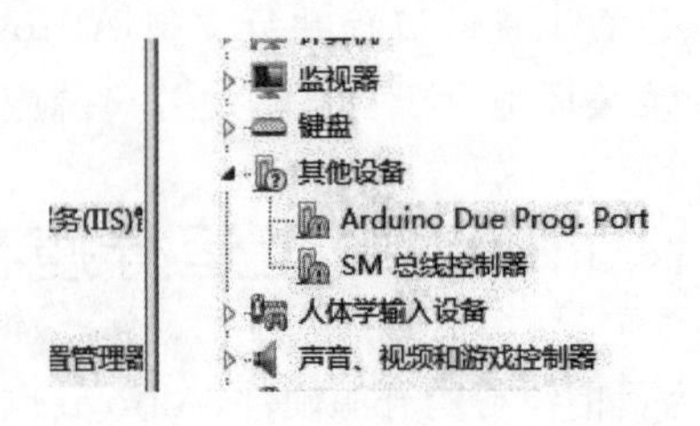

图 7-19　Arduino Due 开发板驱动示意图

(2) 在主机上右键计算机，选择属性，单击左上角的设备管理器。

(3) 在设备管理器里面，在其他设备下可以看到 Arduino Due Prog. Port。

(4) 双击 programming port 设备，单击更新驱动程序软件，之后选择浏览计算机以查找驱动程序软件，这个驱动程序可以从 Arduino 安装目录中找到，例如：C:\Program Files\Arduino\drivers，如图 7-20 所示。

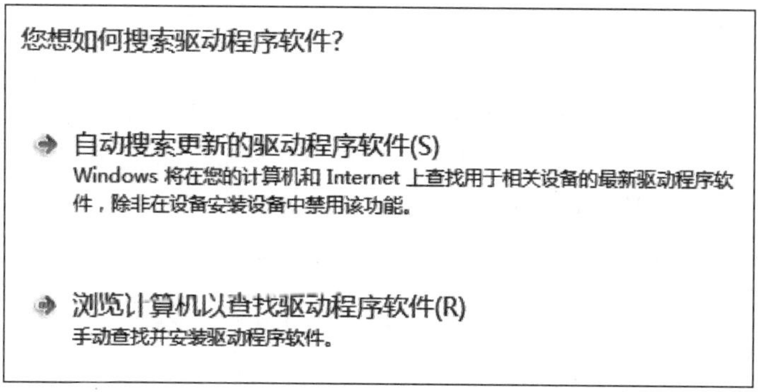

您想如何搜索驱动程序软件?

自动搜索更新的驱动程序软件(S)
Windows 将在您的计算机和 Internet 上查找用于相关设备的最新驱动程序软件，除非在设备安装设置中禁用该功能。

浏览计算机以查找驱动程序软件(R)
手动查找并安装驱动程序软件。

图 7-20　Arduino Due 开发板驱动安装示意图

(5) 单击下一步来安装驱动程序软件(如果有提示的话，允许安装)，安装完成之后，关闭更新驱动程序软件，可以在设备管理器里面见到新的 COM&LPT 端口，如图 7-21 所示。

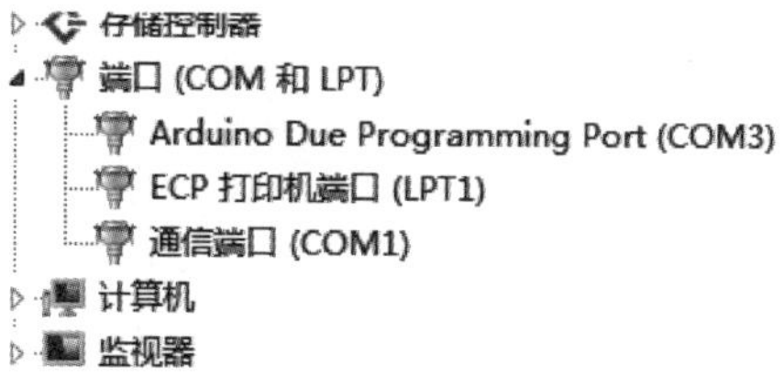

存储控制器
端口 (COM 和 LPT)
Arduino Due Programming Port (COM3)
ECP 打印机端口 (LPT1)
通信端口 (COM1)
计算机
监视器

图 7-21　Arduino Due 开发板驱动成功安装示意图

(6) 这是后打开 Arduino IDE，选择工具→端口，可以看到 Arduino Due Programming Port 已经安装完毕。接着选择工具→开发板→Arduino Due(Programming Port)，这样就可以在下拉菜单的底部看到应该要选择的板。

(7) 现在可以准备去下载示例程序，Arduino 的 Hello World 示例程序是 LED blinker (Blink)程序，通过选择文件→示例→1. Basics→Blink，这时候你应该可以看到 Blink 示例程序显示在 IDE 上。

(8) 将 Blink 程序复制进 Arduino Due 开发板，单击 IDE 工具栏的上传进行测试。

7.7.2　导入 AllJoyn 库文件

本部分需要下载能够运行在 Arduino Due 上的 AllJoyn 代码，可以使用如下的 git 命令来下载代码：

```
git clone https://git.allseenalliance.org/gerrit/core/AJTCL.git
```

代码下载完成后，则需要对瘦客户端代码进行编译，以便其能够在Arduino上使用。AllJoyn的代码是独立于它的开发环境和开发硬件的，因此它与Arduino IDE所期望的不完全一样，必须将AllJoyn代码复制到Arduino IDE的库文件存储位置。AJTCL SDK使用名为SCons的软件构建工具来自动化完成这一任务。

(1) 下载并安装SCons工具，http://www.scons.org。

(2) 从SCons官网上选择适合操作系统版本的软件并安装，按照步骤完成安装即可。

(3) 安装好SCons之后，打开一个Windows命令行窗口，将目录转向AJTCL的位置。使用命令scons TARG=arduino来对代码进行编译。SCons将会在AJTCL目录下新建一个目录，并将一个新的AllJoyn库放在arduino_due\libraries文件夹中。

(4) 如图7-22所示，单击添加库，将整个文件添加进去。

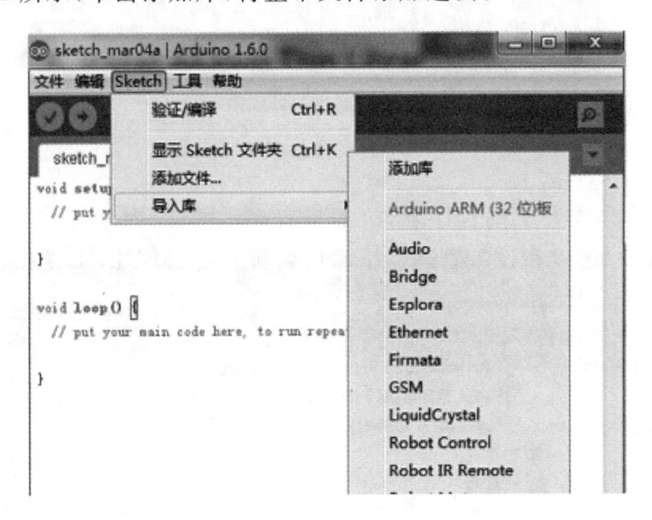

图7-22 添加库文件

(5) 添加完成之后，可以在文件→Sketchbook→libraries看到添加的库文件，包括提供的一些samples，4.如图7-23所示。

7.7.3 运行AllJoyn程序

本节以第一个AJ_Ledservice示例程序为例，对在Arduino Due开发板上运行AllJoyn程序进行讲解。

如图7-24所示，这个示例包括三个文件。

打开文件之后，单击IDE软件左上角的验证进行编译，验证程序是否存在BUG，如图7-25所示。

程序编译完成之后，就可以把它烧录到Arduino开发板上进行测试了，如图7-26所示。

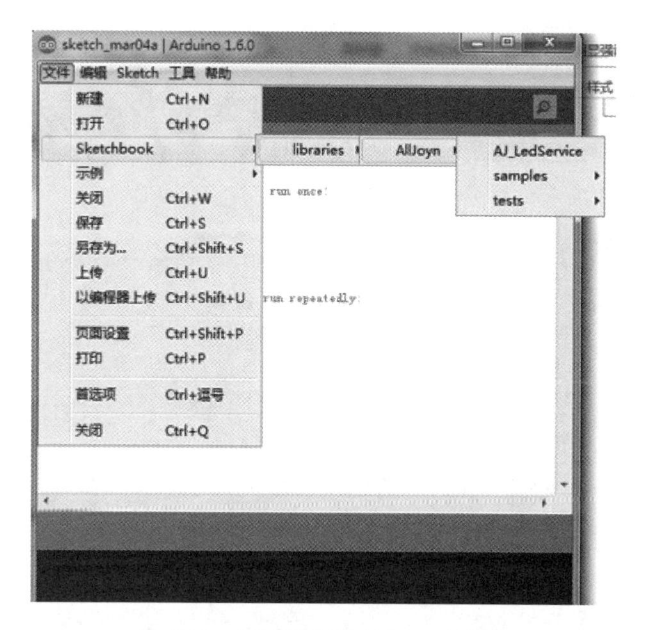

图 7-23　添加完成的 AllJoyn 库文件

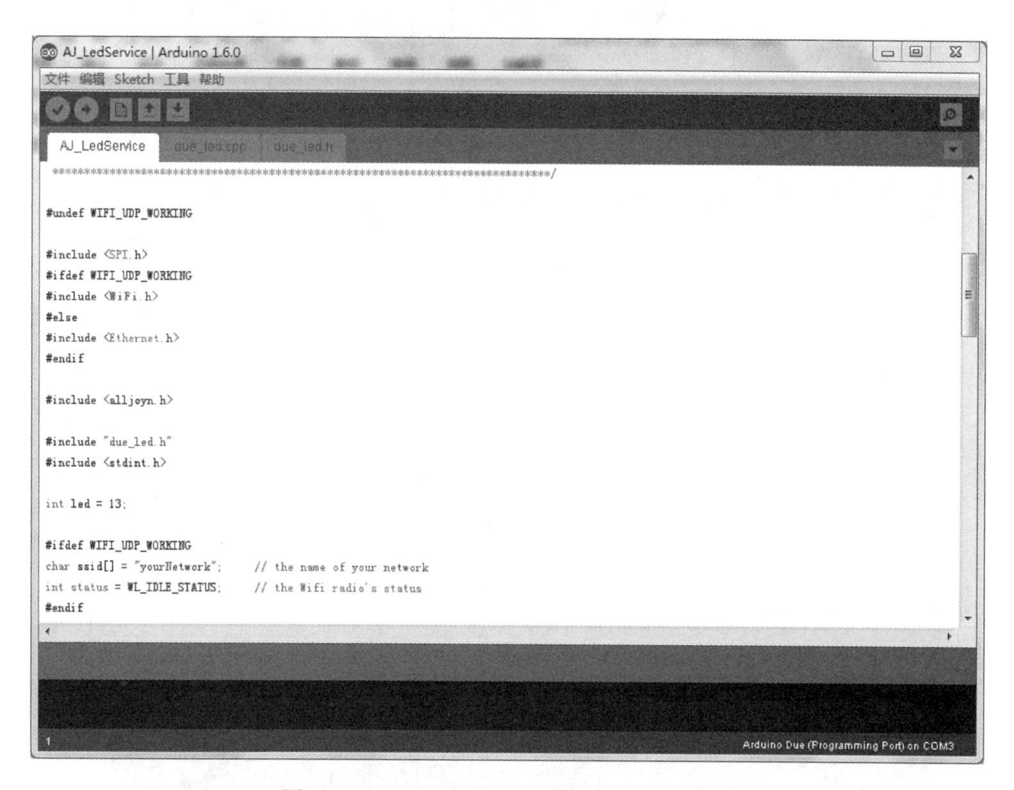

图 7-24　AJ_Ledservice 示例程序文件示意图

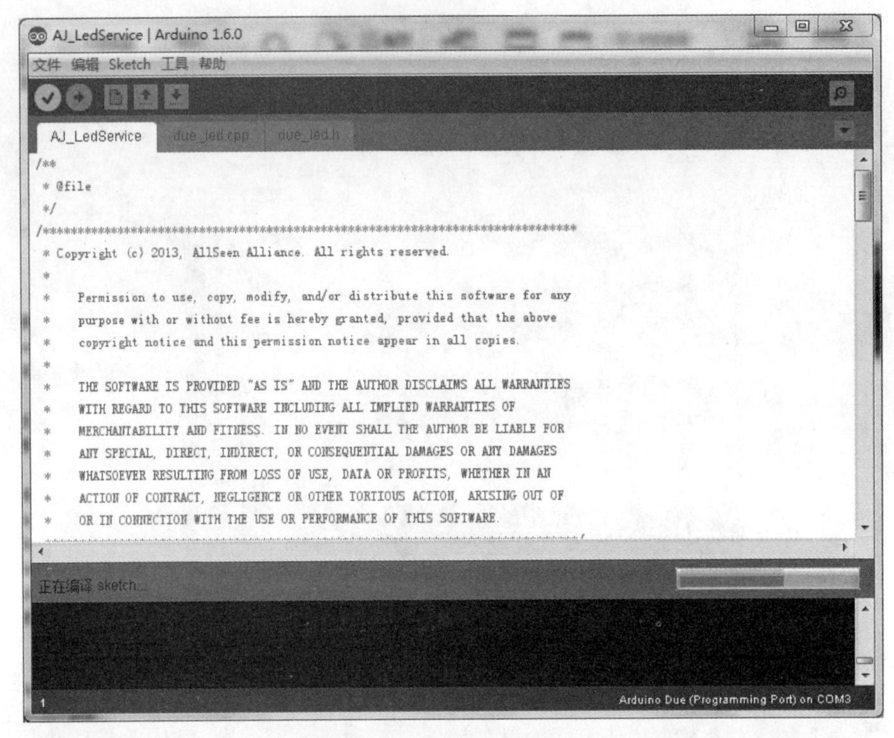

图 7-25 程序验证过程

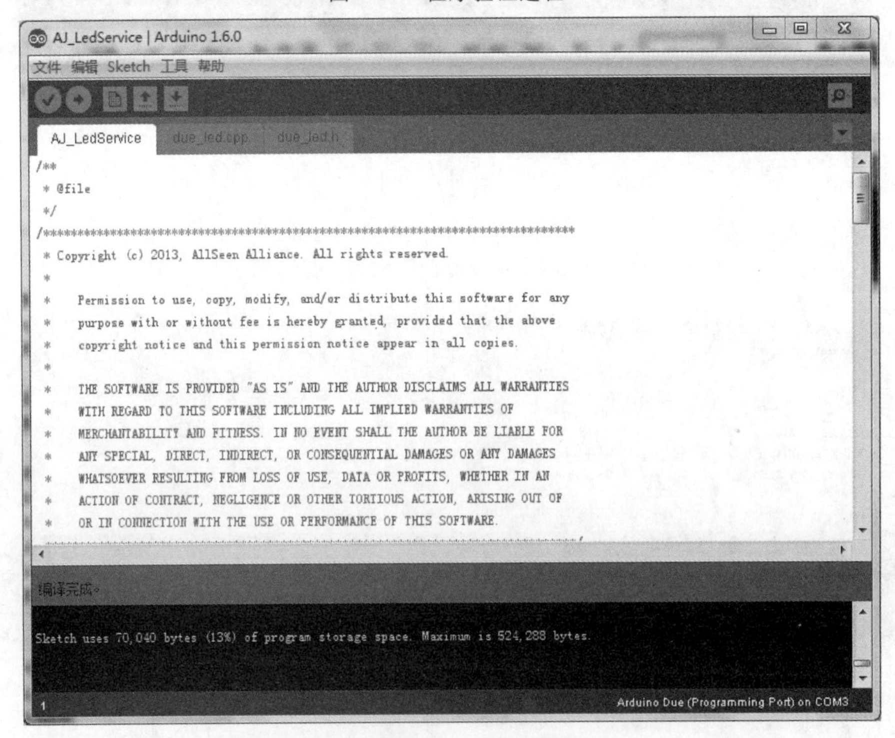

图 7-26 AllJoyn 程序烧录示意图

7.8 总结

AllJoyn是一个综合的系统，其设计目的是为了在不同的软硬件环境中开发分布式应用程序。AJTCL使嵌入式设备可以加入AllJoyn分布式软件总线，并能以忽略具体细节的方式在系统中存在，而这一点正是目前开发人员所头疼的问题。AllJoyn开源系统可以让应用开发者专注于应用程序的内容，而不必考虑太多底层的、嵌入式系统网络方面的事情。

AllJoyn系统可以作为一个整体共同工作，而不像点对点网络，不同节点间固有的不匹配会造成很多问题。因此，与其他平台上开发的应用相比，AllJoyn系统可以使用更简单的方式构建包含嵌入式设备的分布式应用。

第8章 iOS/OS X 的开发方法

8.1 AllJoyn 的开发环境搭建与设置

8.1.1 开发环境搭建

1. 开发环境要求

搭载 OS X 10.8(山狮)及以上版本的苹果系统电脑；Xcode 5.x 及更高版本。

2. 安装软件

本节在 IOS X 10.8 系统中按如下操作安装：

(1) Xcode。打开浏览器，输入网址：http://itunes.apple.com/us/app/xcode/id497799835? mt=12.3；下载并安装 Xcode 应用；安装成功后打开并运行 Xcode；选择 Xcode>Preferences；选择 Downloads；选择 Components；检验是否安装了命令行工具。**注**：安装过程中可能需要运行下面的代码安装命令行工具：$xcode-select-install。

(2) Homebrew。使用 Homebrew 在 OS X 系统中安装 SCons、git 和 uncrustify；打开浏览器并输入网址：http://mxcl.github.com/homebrew/；下载 Homebrew 并完成安装，按照如下网址输入：https://github.com/mxcl/homebrew/wiki/installation。

(3) Scons。使用 Scons 工具产生 AllJoyn C++ API binaries；打开一个 terminal window 并且输入如下命令以安装 Scons：$ brew install scons。

(4) Git。使用 Git 进行源控制；打开一个 terminal window 并输入如下命令以安装 Git：$ brew install git。

(5) Appledoc。Appledoc 工具会生成针对 AllJoyn Objective-C 语言的指定文档，详情参见 http://gentlebytes.com/appledoc/。如果不需要生成 API Reference Manual，则不用安装 Appledoc。

打开浏览器并输入网址：https://github.com/tomaz/appledoc；进行下述操作中的一种：①下载 Appledoc；②打开 terminal window，键入如下命令：$ brew install appledoc。Homebrew 会把模板放在如下位置：~/Library/Application Support/appledoc。

(6) Doxygen。如果不需要生成 API Reference Manual，则不用安装 Doxygen，

Doxygen工具会生成针对AllJoyn C++语言的指定文档，详情参见http://www.doxygen.org。

打开浏览器并输入网址：http://www.doxygen.org；进行下述操作中的一种：①下载并安装Doxygen；②打开一个terminal window，键入如下命令：$brew install doxygen。

(7) Graphviz。如果不需要生成API Reference Manual，则不用安装Graphviz，Graphviz用以呈现类结构，详情参见http://www.graphviz.org。

打开浏览器并输入网址：http://graphviz.org；进行下述操作中的一种：①下载并安装Graphviz；②打开一个terminal window，键入如下命令：$ brew install graphviz。

3. 下载AllJoyn源代码

AllJoyn源代码描述了AllJoyn的基本框架，下载AllJoyn源代码需要进行如下操作：打开一个terminal window；键入如下命令：

```
$mkdir ~/AllJoyn # for example
$cd ~/AllJoyn
$git clone https://git.allseenalliance.org/gerrit/core/AllJoyn.git
```

4. 安装OpenSSL

OpenSSL是一个开源工具包，用来确保SSL v2/v3和TLS v1协议。尽管MAC OS X SDK中包括了OpenSSL，但是iOS的SDK中并没有包含它。

(1) 搭建OpenSSL框架需要从网站中下载源代码，网站地址：http://www.openssl.org/；

(2) 将OpenSSL源复制到开发系统下的一个独立文件夹中，例如：/Development/openssl/openssl-1.0.1。注意，它不能在AllJoyn源目录下；

(3) 从GitHub中下载Xcode工程以搭建iOS的OpenSSL环境。下载网址：https://github.com/sqlcipher/openssl-xcode/；

(4) 使用Finder定位到OpenSSL源文件夹最顶级目录(例如：/Development/openssl/openssl-1.0.1)，将从GitHub中下载的openssl.xcodeproj文件夹复制到这个文件夹内；

(5) 用Xcode打开openssl.xcodeproj文件夹；

(6) 在Xcode中，单选Product>Build For>(的配置)，为每种配置(debug或release)建立crypto target(libssl.a和libcrypto.a)以及平台(iphoneos或iphonesimulator)；

(7) 在第2步中的OpenSSL顶级目录下创建一个文件夹，命名为build(例如：/Development/openssl/openssl-1.0.1/build)；

(8) 定位到OpenSSL build products文件夹(例：Debug-iphoneos)：/Users//Library/Developer/Xcode/DerivedData/XXXXXXXXXXXXX-openssl/Build/Products，复制所有含"-"的文件夹(例如：Debug-iphoneos)到第7步中创建的文件夹内。到目前为止，在每个第6步中生成的$(CONFIGURATION)-$(PLATFORM_NAME)类似的配置中，都应该包含相似的结构，如下所示：

```
openssl-1.0.1c build
Debug-iphoneos ibssl.a libcrypto.a
Debug-iphonesimulator libssl.a libcrypto.a
```

(9) 定义一个环境变量：OPENSSL_ROOT，这个环境变量在每次使用 AllJoyn SDK 时会被用到。对于 Mac OS X 10.7 到 10.9 的版本，需要用到 terminal window 来设置这个变量。在此需要输入：

```
launchctl setenv OPENSSL_ROOT <path to top level folder containing openssl>
```

对于 Mac OS X 10.10，需要如下设置环境变量：

① OPENSSL_ROOT 必须在 Xcode 运行前设置，Xcode 在运行时会自动获取设置的环境变量；

② 打开 terminal window，输入：

```
launchctl setenv OPENSSL_ROOT <path to top level folder containing openssl>
sudo killall Finder
sudo killall Dock
```

5. 搭建 AllJoyn 框架

由于使用 Xcode IDE 安装 AllJoyn SDK 比用命令行要简单许多，下面介绍用 Xcode IDE 安装 AllJoyn SDK 的方法。

(1) 执行以下两项操作中的一项：

① Finder 定位到<AllJoyn root directory>/AllJoyn_objc 目录，双击 AllJoyn_darwin. xcodeproj 运行 Xcode。

② 打开 Xcode，选择 File>Open，选择<AllJoyn root directory>/AllJoyn_objc/AllJoyn_darwin. xcodeproj 文件。

(2) 和任何 Xcode Project 一样，选择 active scheme 来决定使用哪个版本的 AllJoyn 框架。目前有两种 scheme，分别是针对 OS X 的和针对 iOS 的。active scheme 选项在 Xcode 用户界面的左上角。

(3) 单击选择框的 active scheme 可以看到所有 schemes 的菜单，可以选择其中一个以决定 AllJoyn 项目的版本。例如，当用 AllJoyn 做 iOS 的开发时，需要选择 iOS Device，iPad Simulator 或者 iPhone Simulator。

(4) 选择好 scheme 以后，单击 Product→Build 以建立 AllJoyn 项目的二进制文件会被存在下列路径中：

```
<AllJoyn_root_directory>/AllJoyn_core/build/darwin/[arm|x86]/[debug|release]/dist
```

注意：对于 OS X，二进制文件会保存在：.../darwin/x86/...。对于 iOS，二进制文件会被保存在.../darwin/arm/目录中。

6. 搭建命令行

(1) 打开一个 terminal window

(2) 使用下面的命令，定位到目录：<alljoyn root directory>/alljoyn_objc

```
$cd <alljoyn root directory>/alljoyn_objc
```

(3) 针对不同的开发，使用不同的方法搭建环境：

① iOS 设备，执行下列命令：

```
$/Applications/Xcode.app/Contents/Developer/usr/bin/xcodebuild
- project alljoyn_darwin.xcodeproj
- scheme alljoyn_core_ios
- sdk iphoneos
- configuration Debug
```

② iOS Simulator，执行如下命令：

```
$/Applications/Xcode.app/Contents/Developer/usr/bin/xcodebuild
- project alljoyn_darwin.xcodeproj
- scheme alljoyn_core_ios
- sdk iphonesimulator
- configuration Debug
```

③ OS X，执行如下命令：

```
$/Applications/Xcode.app/Contents/Developer/usr/bin/xcodebuild
- project alljoyn_darwin.xcodeproj
- scheme alljoyn_core_osx
```

7. iOS/OS X 系统的搭建

注： 下述内容中有些路径需要根据下载使用的不同版本稍作调整。

(1) 下载 iOS SDKs，包括 Core SDK，Onboarding SDK，Configuration SDK，Notification SDK，Control Panel SDK

(2) 从下载的安装包中提取

```
mkdir alljoyn - ios
mkdir alljoyn - ios/core
unzip alljoyn - 14.06.00 - osx_ios - sdk.zip
mv alljoyn - 14.06.00 - osx_ios - sdk alljoyn - ios/core/alljoyn
unzip alljoyn - config - service - framework - 14.06.00 - ios - sdk - rel.zip
unzip alljoyn - controlpanel - service - framework - 14.06.00 - ios - sdk - rel.zip
unzip alljoyn - notification - service - framework - 14.06.00 - ios - sdk - rel.zip
unzip alljoyn - onboarding - service - framework - 14.06.00 - ios - sdk - rel.zip
```

(3) 设置 OpenSSL

```
cd <parent directory of alljoyn - ios>
pushd alljoyn - ios git clone
git://git.openssl.org/openssl.git
git clone https://github.com/sqlcipher/openssl - xcode.git
```

```
cp -r openssl-xcode/openssl.xcodeproj openssl
pushd openssl git checkout tags/OpenSSL_1_0_1f
    sed -ie 's/\(ONLY_ACTIVE_ARCH.*\)YES/\1NO/'
    openssl.xcodeproj/project.pbxproj xcodebuild -configuration Release -sdk
    iphonesimulator
xcodebuild -configuration Release -sdk iphoneos
xcodebuild -configuration Release
xcodebuild -configuration Debug -sdk iphonesimulator
xcodebuild -configuration Debug -sdk iphoneos
xcodebuild -configuration Debug
launchctl setenv OPENSSL_ROOT `pwd`
popd
popd
```

定义环境变量：

```
cd alljoyn-ios
launchctl setenv ALLJOYN_SDK_ROOT 'pwd'
cd services
launchctl setenv ALLSEEN_BASE_SERVICES_ROOT 'pwd'
```

8. 实例的搭建

用Xcode打开下述iOS应用实例，选择Project>Build以搭建每个实例：

① alljoyn-ios/core/alljoyn/alljoyn_objc/samples/iOS/

② alljoyn-ios/core/alljoyn/services/about/ios/samples/

③ alljoyn-ios/services/alljoyn-config-14.06.00-rel/objc/samples/

④ alljoyn-ios/services/alljoyn-controlpanel-14.06.00-rel/objc/samples/

⑤ alljoyn-ios/services/alljoyn-notification-14.06.00-rel/objc/samples/

⑥ alljoyn-ios/services/alljoyn-onboarding-14.06.00-rel/objc/samples/

(1) 在iOS设备上安装实例：确定iOS设备连接到了电脑，使用Xcode的Run去运行目标实例，它会将这个实例安装到电脑上。

(2) 在iOS应用中添加AllJoyn框架：确定AllJoyn SDK的文件夹位置，这个文件夹应该包含build，services和alljoyn_objc文件夹；打开Xcode，打开目标项目，选择Project Navigator的根目录，然后在Tragets中选择app的target；添加ALLJoyn Core库文件。

① 选择Building Settings，单击列表最上方的All。

② 在Building Settings列表最上面，选择Architecture然后选择Standard Architecture (arm7，armv7s)。

③ 将Build Active Architecture olny设置为Yes。

④ 在Link设置中，将Other Linker Flags设置为：-lalljoyn -lajrouter -lBundledRouter.o-lssl-lcrypto

⑤ 找到Search Paths，双击Header Search Paths，然后输入：

```
$(ALLJOYN_ROOT)/core/alljoyn/build/darwin/arm/$(PLATFORM_NAME)/$(CONFIGURATION)/dist/
cpp/inc $(ALLJOYN_ROOT)/core/alljoyn/alljoyn_objc/AllJoynFramework/AllJoynFramework/
```

⑥ 双击 Library Search Paths 并输入：

```
$(ALLJOYN_ROOT)/core/alljoyn/build/darwin/$(CURRENT_ARCH)/$(PLATFORM_NAME)/
$(CONFIGURATION)/dist/cpp/lib $(OPENSSL_ROOT)/build/$(CONFIGURATION)-$(PLATFORM_NAME)
```

⑦ 观察 Build Settings 表，找到 Apple LLVM5.0-Language-C++，配置如下：

```
Enable C++ Exceptions 设置为 No.
Enable C++ Runtime Types 设置为 No.
C++ Language Dialect 设置为 Compiler Default.
```

⑧ 同上，在 Apple LLVM 5.0-Custom Compiler Flags 中：

在 Other C Flags 中的 Debug 输入：-DQCC_OS_GROUP_POSIX -DQCC_OS_DARWIN。

在 Other C Flags 中的 Release 输入：-DNS_BLOCK_ASSERTIONS=1 -DQCC_OS_GROUP_POSIX -DQCC_OS_DARWIN。

⑨ 同上，在 Apple LLVM 5.0 - Language 中：

设置 C Language Dialect 为 Compiler Default。

设置 Compile Sources As 为 Objective-C++。

⑩ 选择 Build Phases。

⑪ 展开 Link Binary With Libraries 然后单击最左下角的“+”号，会出现一个对话框。

选择 SystemConfiguration.framework 文件；再次单击“+”按钮并且添加下述项中没有被添加的内容：

```
libstdc++.6.0.9.dylib
libstdc++.6.dylib
libstdc++.dylib
libc++abi.dylib
libc++.1.dylib
libc++.dylib
```

(3) 添加 Service 框架：选择 Build Phases，单击列表最上方的 All；在 Link Binary with Libraries 中，单击“+”号，选择 Add Other…，然后添加下列各种服务用到的库内容：

General libs (在使用任何单或多 Service 框架的 App 中都会被用到)：

① alljoyn-ios/services//cpp/lib/

liballjoyn_services_common_cpp.a

liballjoyn_about_cpp.a

② alljoyn-ios-directory/services//objc/lib/

liballjoyn_services_common_objc.a

liballjoyn_about_objc.a

libAllJoynFramework_iOS. a
Config libs：
① alljoyn-ios/services/alljoyn-config-14. 06. 00-rel/cpp/lib/
liballjoyn_config_cpp. a
② alljoyn-ios-directory/services/alljoyn-config-14. 06. 00-rel/objc/lib/
liballjoyn_config_objc. a
Control Panel libs：
① alljoyn-ios/services/alljoyn-controlpanel-14. 06. 00-rel/cpp/lib/
liballjoyn_controlpanel_cpp. a
② alljoyn-ios/services/alljoyn-controlpanel-14. 06. 00-rel/objc/lib/
liballjoyn_controlpanel_objc. a
Notification libs：
① alljoyn-ios/services/alljoyn-notification-14. 06. 00-rel/cpp/lib/
liballjoyn_notification_cpp. a
② alljoyn-ios/services/alljoyn-notification-14. 06. 00-rel/objc/lib/
liballjoyn_notification_objc. a
Onboarding libs：
① alljoyn-ios/services/alljoyn-onboarding-14. 06. 00-rel/cpp/lib/
liballjoyn_onboarding_cpp. a
② alljoyn-ios/services/alljoyn-onboarding-14. 06. 00-rel/objc/lib/
liballjoyn_onboarding_objc. a

8.1.2 开发指导

1. 创建新的 iOS Xcode 项目

(1) 打开 Xcode；

(2) 选择 File > New > Project....；

(3) 在左面菜单中，在 iOS 下面，选择 Application 并且选择 Single View Application；

(4) 单击 Next 并且给项目命名，选择 iPhone 作为 Device Family，并且选择 Use Automatic Reference Counting 和 Use Storyboards options；

(5) 单击 Next，选择新项目的父文件夹，并且选择创建。现在应该看到 HelloAllJoynWorld 项目装载在 Xcode 中，接下来就可以开始 AllJoyn 之旅了。

2. 定义一个 AllJoyn 对象模型

为了能提供有实用价值的服务，必须定义和实现一个服务接口。在此，将通过一个简单的例子来进行说明，在该例子中，会创建一个只有一个方法的简单接口，这个接口方法会把两个字符串联接成一个并且返回结果。AllJoyn 的 iOS SDK 会帮助生成绝大部分样板式的代码。只需要针对的总线对象，在暴露的接口中填入有关的 Objective-C 代码即可。

在运行代码生成器之前，需要用 XML 构造一个服务代表，即总线对象。因为 AllJoyn 框架实现了 D-Bus 的规范，因此在 AllJoyn 中，XML 的格式和 D-Bus 要求的标准是一样的。也正因为如此，AllJoyn 可以兼容所有 D-Bus 应用。与 D-Bus 相关的更多内容请参考 D-Bus 在线说明。

在 HelloAllJoynWorld 的 Xcode 项目中，新建一个文件 SimpleAllJoynObjectModel. xml，在该 XML 文件描述服务接口。

（1）在 Navigator 中右键单击 HelloAllJoynWorld group 文件夹；

（2）选择 New File…；

（3）在 iOS 下选择 Other 并且选择 Empty，然后单击 Next；

（4）输入文件名字：SampleAllJoynObjectModel. xml；

（5）单击 Create 来创建 SML 文件并且把它加到 Xcode 项目中；

（6）在 Navigator 中选择 SampleAllJoynObjectModel. xml 文件，并且添加如下代码：

```
<xml>
   <node name = "org/alljoyn/Bus/sample">
      <annotation name = "org.alljoyn.lang.objc" value = "SampleObject"/>
      <interface name = "org.alljoyn.bus.sample">
      <annotation name = "org.alljoyn.lang.objc" value = "SampleObjectDelegate"/>
         <method name = "Concatentate">
            <arg name = "str1" type = "s" direction = "in">
               <annotation name = "org.alljoyn.lang.objc" value = "concatenateString:"/>
            </arg>
            <arg name = "str2" type = "s" direction = "in">
               <annotation name = "org.alljoyn.lang.objc" value = "withString:"/>
            </arg>
            <arg name = "outStr" type = "s" direction = "out"/>
         </method>
      </interface>
   </node>
</xml>
```

下面对该 XML 文件进行解释：

<xml></xml>是 XML 文件的标准写法。

<node name="org/alljoyn/Bus/sample"></node>声明了一个 node 元素，它对应服务接口暴露的总线对象，该 node 元素名对应于总线对象的路径。在 D-Bus 的 XML 格式下，node 元素内包含各种接口元素，这些接口元素又分别包含自己定义的方法、属性和信号。需要注意的是，node 元素内可以包含其他 node 元素。

<annotation name="org. alljoyn. lang. objc" value="SampleObject"/></annotation>声明了一个 annotation 元素；Annotatiion 用来存储 node、接口、信号、属性和方法的元数据；Annotation 是 name-value 组，包含了任何虚拟的数据。在 AllJoyn 框架背景下，annotation

被命名为“org. alljoyn. lang. objc”，当 XML 中遇到该命名的时候，会提示代码生成器这是一个 Annotation 元素。

```
<interface name = "org.alljoyn.bus.sample"></interface>
<annotation name = "org.alljoyn.lang.objc" value = "SampleObjectDelegate"/>
```

在上面这两行中，创建了一个接口元素：org. alljoyn. bus. sample，接口元素包含了方法、信号、性质等。在这个例子中，annotation 告诉代码生成器为接口构建一个 Objective-C 协议，并命名为 SampleObjcetDelegate，总线对象上所有的接口都会在 Objective-C 中作为一种协议来实现。

```
<method name = "Concatentate">
<arg name = "str1" type = "s" direction = "in">
<annotation name = "org.alljoyn.lang.objc" value = "concatenateString:"/>
</arg>
<arg name = "str2" type = "s" direction = "in">
<annotation name = "org.alljoyn.lang.objc" value = "withString:"/>
</arg>
<arg name = "outStr" type = "s" direction = "out"/>
</method>
```

XML 这几行代码对一个名叫 Concatenate 的方法进行了详细描述，这个方法用两个字符串作为输入参数并且返回一个字符串。在一个方法中，可以包含 0 个到 n 个参数子元素，每个参数元素都有如下 3 个属性。

属性 1：Name：即参数的名字。

属性 2：Type：即元素参数的类型。在的 D-Bus 中，字符串的数据类型可以是 1 个或者多个字母，称之为 signature。用字母 s 代表字符串数据类型，其他数据类型参考第 2 章。

属性 3：Direction：允许为 in 或者 out，该属性描述了数据是输入参数还是输出参数。

D-Bus 接口描述格式和 C 语言风格很像，需要声明方法。C 语言中，声明函数名以及函数内参数；Objective-C 声明方法时却不需要这种语言格式，可以参考下面的代码比较其中的差别。

```
Objective - C: NSString * concatenateString:(NSString * )str1 withString:(NSString * )str2;
C:       void    ConcatenateString(in String str1, in String str2, out String outStr);
```

Annotation 可以帮助代码生成器创建 message 声明，这对保持良好的编程风格很有好处。

3. 搭建并配置代码生成器

熟悉了 D-Bus 的 XML 格式，就可以使用代码生成器生成一些代码来创建一些 Obective-C 对象。AllJoyn 代码生成器项目在如下位置：<AllJoyn SDK Root>/alljoyn_objc/AllJoynCodeGenerator。

在 Finder 中找到上述路径，并双击 AllJoynCodeGenerator. xodeproj 文件来运行 Xcode 并读取项目。在 Xcode 中，选择 Prouct＞Build 搭建 AllJoyn code genetator 可执行文件。可执行文件准备就绪后会放在如下位置：＜AllJoyn SDK Root＞/alljoyn_objc/bin。

现在，回到 HelloAllJoynWorld 这个 Xcode 工程，在 Xcode 中配置一个 target 并运行代码生成器，将 SampleAllJoynObjectModel. xml 导入。

(1) 在 Xcode 左侧，Project Navigator 中选择 HelloAllJoynWorld 目录节点，并且单击 Add Target。

(2) 选择 Other 并选择 External Build System，单击 Next。

(3) 在 Product Name 中输入 Generate Code 并单击 Finish 来创建新的 Target 以及相应的 Scheme。

(4) 在 Target 列表中选择 Generate Code target，并且选中 Info。

(5) 在 Build Tool 文本框中输入 AllJoynCodeGenerator 二进制文件的完整路径，这个文件应该在的＜ALLJOYN_SDK_ROOT＞/alljoyn_objc/bin 目录下。

(6) 在 Arguments 文本区域，输入 SampleAllJoynObjectModel. xml 的完整路径然后输入一个空格，然后输入 SampleObject。例如：

```
$(SOURCE_ROOT)/HelloAllJoynWorld/SampleAllJoynObjectModel.xml SampleObject
```

(7) 选择 Generate Code scheme 并且将它设置为当前 active 的 scheme。

(8) 单击 Product＞Build，此时代码生成器应当已经生成了 SampleObject 代码。右击 HelloAllJoynWorld 把这个新文件加到组里面，并且选择 Add Files To HelloAllJoynWorld。

(9) 选择下面的文件然后单击添加：

```
AJNSampleObject.h
AJNSampleObject.mm
SampleObject.h
SampleObject.m
```

至此，已经拥有一个用 Objective-C 实现的 AllJoyn 总线对象的框架了。

看一下生成的代码文件，可以发现代码生成器只关注那些样板化的部分代码；同时，在 AJNSampleObject. mm 中的代码中包含 C++ 代码，这些代码与 SampleObject. h/. m 文件中的 Objective-C 代码一起工作。通过声明，实现 AJNSampleObject. mm 中的 C++ 类而无需使用任何 C++ 头文件中的类，代码生成器使得应用完全由 AllJoyn C++ API 打造。这样的话，剩下的部分就只需要完全用 Objcetive-C 来实现。

对 SampleObject::concatenateString:withString:的实现逻辑应当存在 SampleObject. m 文件中。通常情况下，不需要改变 AJN*. h/. mm 文件中的代码。

4. 配置 Build 的设置

开发者需要配置一下 Xcode 项目，只有这样才能成功编译 app。

(1) 确定 AllJoyn SDK 文件夹的位置，AllJoyn SDK 文件夹包含了 build、services 和

alljoyn_objc 文件夹。

（2）按照 SDK 文件夹中 README 的指导编译 openssl。

（3）打开 Xcode，打开项目并且选择 Projecct Navigator 里的根目录，然后选择 Targets 下的应用的 target。

（4）选择 build Settings，单击 All 选项。

（5）在 Build Settings 最上面，单击 Architectures 然后选择 Other…。

（6）单击＋号并且把 armv7 添加进去，然后关掉窗口。

（7）设置 Build Acive Architecture 的值为 Only to Yes。

（8）向下滚动到 Linking 部分，设置 Other Linker Flags 如下：

```
- lalljoyn - lajrouter - lBundledRouter.o - lssl - lcrypto
```

（9）向下滚动直到看到 Search Paths 组。

（10）双击 Header Search Paths 区域并且输入：

```
"$(SRCROOT)/../alljoyn- sdk/
build/darwin/arm/$(PLATFORM_NAME)/$(CONFIGURATION)/dist/ cpp/inc"
"$(SRCROOT)/../alljoyn- sdk/
build/darwin/arm/$(PLATFORM_NAME)/$(CONFIGURATION)/dist/ cpp/inc/alljoyn"
```

（11）双击 Library Search Paths 区域并且输入：

```
$(inherited) "$(SRCROOT)/../alljoyn - sdk/
build/darwin/arm/$(PLATFORM_NAME)/$(CONFIGURATION)/dist/ cpp/lib"
    "$(SRCROOT)/../alljoyn - sdk/common/crypto/openssl/openssl - 1.01/build/$(CONFIGURATION) -
$(PLATFORM_NAME)
```

（12）在 Build Settings 中向下滚动直到看到 Apple LLVM compiler 3.1-Language 组。

（13）设置 Enable C++ Exceptions 为 No。

（14）设置 Enable C++ Runtime Types 为 No。

（15）设置 Other C Flags for debug：-DQCC_OS_GROUP_POSIX -DQCC_OS_DARWIN。

（16）设置 Other C Flags for release：-DNS_BLOCK_ASSERTIONS＝1 -DQCC_OS_GROUP_POSIX -DQCC_OS_DARWIN。

（17）选择 Build Phases。

（18）展开 Link Binary With Libraries 组并且单击＋号，会弹出一个会话窗。

（19）选择 SystemConfiguration.framework 文件。

（20）如果库文件中没有 libstdc＋＋.dylib，再次单击＋号并且把最后一个库文件添加进去。

（21）在搜索框输入“std”以查看所有的标准库文件，选择 libstdc＋＋.dylib。

（22）在 Project Navigator 中右击 HelloAllJoynWorld，并选择 New Group 创建一个组来存放 AllJoyn 框架。

(23) 输入"AllJoynFramework"来为新组起一个临时的名字。

(24) 选择新创建的 AllJoynFramework 组,并且选择 Add Files。

(25) 找到如下文件夹:

```
<ALLJOYN_SDK_ROOT>/alljoyn_objc/AllJoynFramework/AllJoynFramework
```

(26) 选择所有的.h/.m 文件,并且确保 Copy items into destination group's folder 不要勾选,然后所有的 HelloAllJoynWorld 的 target 都在 Add to targets 列表中被选中。

(27) 单击 Add 来把 AllJoyn Objective-C 框架加到 AllJoyn Framework 组中。

(28) 在 Xcode 主菜单选择 Product>Build。

至此,项目就可以成功的构造出来了。

8.1.3 开发实例

1. Baisc 实例

AllJoyn 系统中的 Basic 实例主要向用户展示了一个名为 cat 的连接方法,服务端应用会向近邻网络广播 well-known 名称:"org.alljoyn.Bus.sample",并在服务的 25 号端口建立监听。客户端应用在发现"org.alljoyn.Bus.sample"的广播名后,可以向服务端的 25 号端口申请加入会话。不同平台的实现方法也不同,但是,客户端都会去调用"cat"的这个总线方法。

首先,定义 Basic 的接口如下:

```
<node name = "/sample">
  <interface name = "org.alljoyn.Bus.sample">
    <method name = "cat">
      <arg name = "inStr1" type = "s" direction = "in"/>
      <arg name = "inStr2" type = "s" direction = "in"/>
      <arg name = "outStr" type = "s" direction = "out"/>
    </method>
  </interface>
</node>
```

(1) 预先要求:

① 在 IOS 中安装 Basic 客户端和服务端。

② 客户端和服务端连接到同一 WiFi 网络。

(2) 运行步骤:

① 在一台 IOS 设备中运行 Basic 实例的客户端,如图 8-1(a)所示。

② 在另一台 IOS 设备中运行 Basic 实例的服务端,如图 8-1(b)所示。

③ 在 Basic 实例的客户端 app 中,按下 Call Service 按钮,客户端会搜寻并连接到服务上执行总线方法,如图 8-2(a)所示,服务端如图 8-2(b)所示。

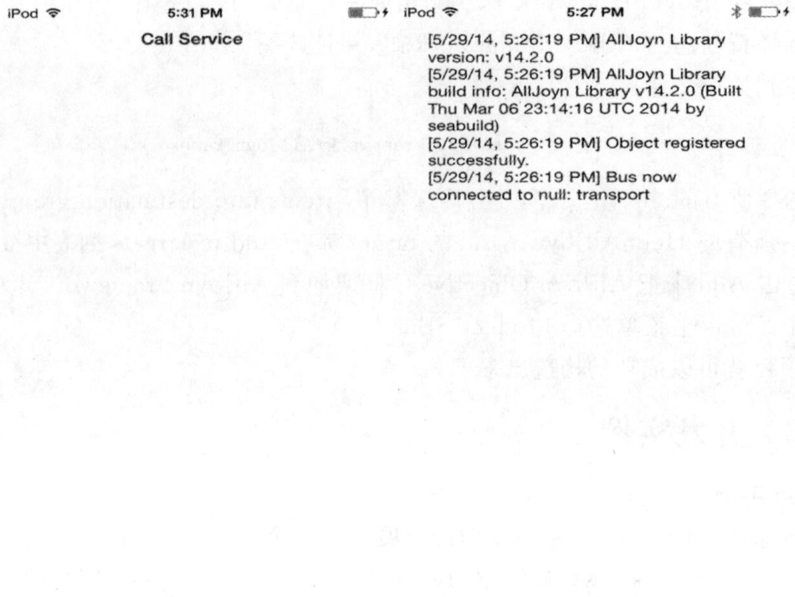

iPod 5:31 PM
Call Service

(a) Basic客户端运行

iPod 5:27 PM
[5/29/14, 5:26:19 PM] AllJoyn Library version: v14.2.0
[5/29/14, 5:26:19 PM] AllJoyn Library build info: AllJoyn Library v14.2.0 (Built Thu Mar 06 23:14:16 UTC 2014 by seabuild)
[5/29/14, 5:26:19 PM] Object registered successfully.
[5/29/14, 5:26:19 PM] Bus now connected to null: transport

(b) Basic服务端运行

图 8-1

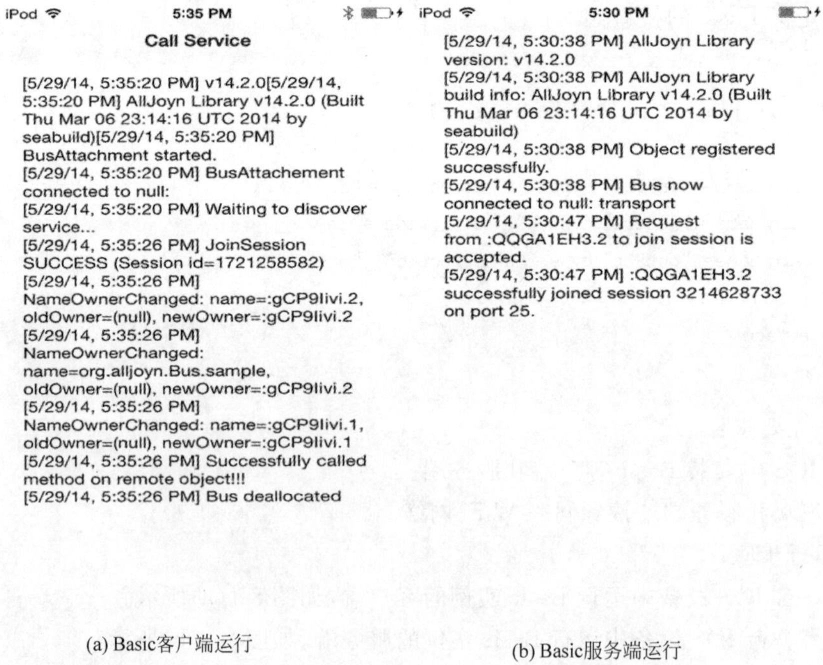

iPod 5:35 PM
Call Service
[5/29/14, 5:35:20 PM] v14.2.0[5/29/14, 5:35:20 PM] AllJoyn Library v14.2.0 (Built Thu Mar 06 23:14:16 UTC 2014 by seabuild)[5/29/14, 5:35:20 PM] BusAttachment started.
[5/29/14, 5:35:20 PM] BusAttachement connected to null:
[5/29/14, 5:35:20 PM] Waiting to discover service...
[5/29/14, 5:35:26 PM] JoinSession SUCCESS (Session id=1721258582)
[5/29/14, 5:35:26 PM] NameOwnerChanged: name=:gCP9Iivi.2, oldOwner=(null), newOwner=:gCP9Iivi.2
[5/29/14, 5:35:26 PM] NameOwnerChanged: name=org.alljoyn.Bus.sample, oldOwner=(null), newOwner=:gCP9Iivi.2
[5/29/14, 5:35:26 PM] NameOwnerChanged: name=:gCP9Iivi.1, oldOwner=(null), newOwner=:gCP9Iivi.1
[5/29/14, 5:35:26 PM] Successfully called method on remote object!!!
[5/29/14, 5:35:26 PM] Bus deallocated

(a) Basic客户端运行

iPod 5:30 PM
[5/29/14, 5:30:38 PM] AllJoyn Library version: v14.2.0
[5/29/14, 5:30:38 PM] AllJoyn Library build info: AllJoyn Library v14.2.0 (Built Thu Mar 06 23:14:16 UTC 2014 by seabuild)
[5/29/14, 5:30:38 PM] Object registered successfully.
[5/29/14, 5:30:38 PM] Bus now connected to null: transport
[5/29/14, 5:30:47 PM] Request from :QQGA1EH3.2 to join session is accepted.
[5/29/14, 5:30:47 PM] :QQGA1EH3.2 successfully joined session 3214628733 on port 25.

(b) Basic服务端运行

图 8-2

2. 聊天实例

聊天实例使得同一近邻网络中的设备可以相互通信。

(1) 预先要求

① 在两台 iOS 设备中安装聊天应用。

② 将两台设备连接到同一 WiFi 网络。

(2) 基于会话的聊天运行步骤

① 在两台设备上分别运行该应用,界面如图 8-3 所示。

② 确保两台设备的"使用会话"功能打开。

③ 在一台设备上按下 Host 按钮,然后单击 Start 按钮;在另一台设备上,按下 Join 按钮,然后单击 Start 键。运行效果如图 8-4 所示。

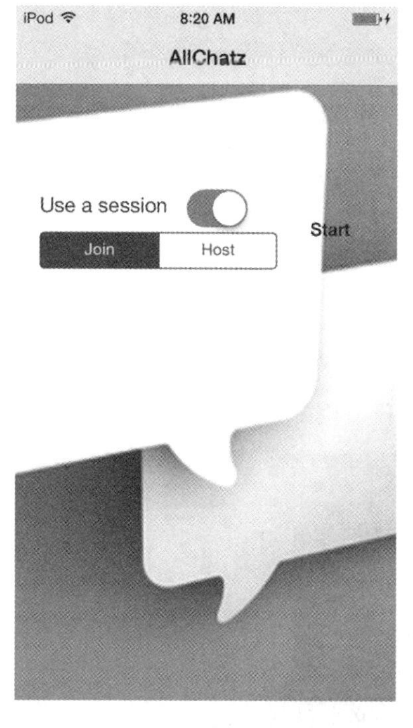

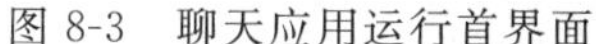
图 8-3 聊天应用运行首界面

图 8-4 聊天应用主机

④ 在另一台设备上输入信息,并按发送键,这条信息会分别显示在本台和主机设备上,效果如图 8-5(a)和图 8-5(b)所示。

(3) 基于无会话的聊天运行步骤

① 确保每台设备的"Use a session"功能处于关闭状态;

② 在每台设备上,都按下 Start 键,如图 8-6 所示。

③ 在其中一台设备上,输入一条消息并按 Send 键,这条消息会显示在该设备和另一台设备上,效果分别如图 8-7(a)和 8-7(b)所示。

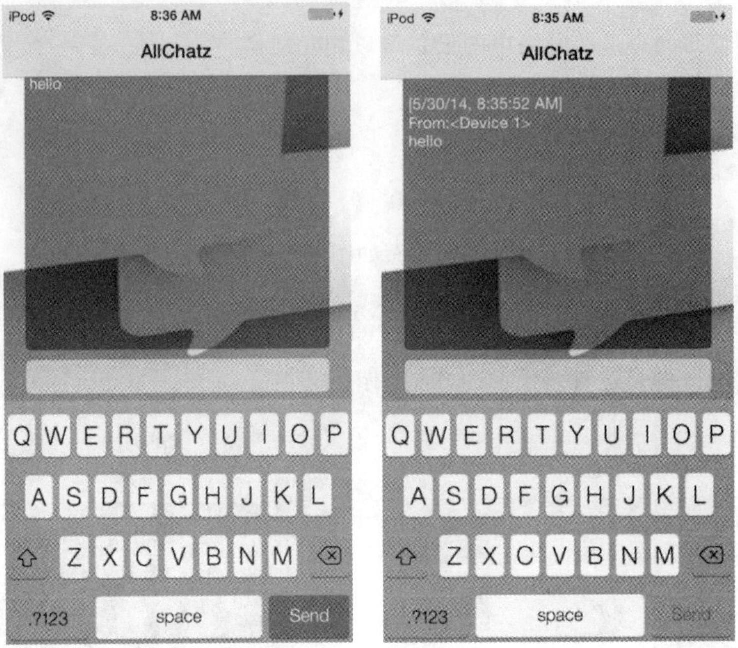

(a) 聊天信息发送方

(b) 聊天信息接收方

图 8-5

图 8-6　不针对会话的聊天应用

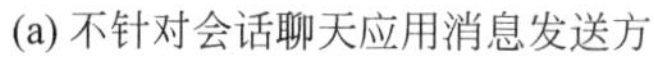
(a) 不针对会话聊天应用消息发送方

(b) 不针对会话聊天应用消息接收方

图　8-7

8.2　About 特性的开发方法

8.2.1　About 介绍

用来发送 About 广播的类或接口如表 8-1、表 8-2 所示。

表 8-1　发送 About 广播的类和接口

类 或 接 口	描　　述
AJNAboutObject	实现 org. alljoyn. About 接口的类
AJNAboutDataListener	提供需要 Announce payload 的 properties 和 About 数据
AJNAboutIcon	保存 icon 信息的容器类
AJNAboutIconObject	实现 org. alljoyn. Icon 接口的类

用来接收 About 广播的类或接口

表 8-2　接收 About 广播的类和接口

类或接口	描　述
AJNAboutListener	可被 AllJoyn 用户实现的，用以接收 About 接口相关事件的接口
AJNAboutProxy	用于代理接入 org. alljoyn. About 接口，这个类使用户可以和远程 About 的 BusObjcet 互动
AJNIconProxy	帮助类。提供到 org. alljoyn. Icon 接口的接入。这个类使用户可以和远程 AboutIcon BusObject 互动

8.2.2　About 开发简介

1. 搭建一个使用 About 服务端应用

下面要介绍的是需要广播宣告信号应用的上层构建过程，标星号(*)的步骤是使用 About 特性所独有的。

(1) 使用代码生成器产生 Object-C 的样例代码。

(2) 将一个接口标记为 announced。

(3) 实现 AJNAboutDataListener 接口。*(参照"创建一个 PropertyStoreImplementation")。

(4) 创建并存储这个 BusObject。

(5) 创建并启动一个新的 AJNBusAttachment、Start、Connect、Bind。

(6) 创建 About 对象。

(7) 添加一个 AboutIcon 对象(可选的)。

(8) Announce*。

2. 搭建一个 About 客户端应用

下面介绍的是需要接受 org. alljoyn. About. Announce 信号的应用的上层构建过程：

(1) 创建一个新的总线附件、Start、Connect。

(2) 实现 AJNAboutListener 接口*。

(3) 寄存 AJNAboutListener*。

(4) 调用 AJNBusAttachment:: WhoImplements 成员函数来指定应用需要的接口。

3. 实例代码：(发送一个 Announce 信号)

这部分代码中涉及的变量：clientBusAttachment(总线附件变量名)

(1) 产生 Objective-C boiler plate 代码：按照在[building-ios-osx document link]提到的步骤指定一个接口定义，并且为总线对象产生一个 wrapper Objective-C 代码。

通常，一个 shouldAcceptSessionJoinerNmed:onSessionPort withSessionOptions: callback in SessionPortListener 会检查是否允许接入。由于 theAboutService 需要接入任何使用了 AboutClient 的应用的指定端口，About Service 会返回 true 当 callback 被触发。

```
self.aboutSessionPortListener = [[CommonBusListeneralloc]initWithServicePort:1000];
```

```
self.serviceBusAttachment registerBusListener:self.aboutSessionPortListener];
```

将一个接口标记为 announced 一共有两种方法：其一为总线对象的代码加一个 ANNOUNCED flag，其二为使用 AJNBusAttachment：：SetAnnounceFlag。

(2) 实现 ANJAboutDataListener 并且为 About 接口区域赋值：当一个用户想要发送一个 About 广播，这个用户需要提供两个虚拟函数的实现方法。这两个虚拟函数是 AJNAboutDataListener 的一部分，目的是以字典的形式填充这个 about 或者 announce 数据。About 服务应用需要 AJNAboutDataListener 接口，这个接口用来储存 About 接口数据区域的规定值，可以在 About 接口定义中了解更多。注：推荐做法是 OEMs 创建一个可分享的规定文件，包含 DefaultLanguage、DeviceName、DeviceID 区域。这个文件可以被开发者使用，它们将管理 AllJoyn 服务中的这些区域。

AJNAboutDataListener 是一个 AllJoyn Objective-C 的协议，所以当有类实现这个协议的时候，协议中的一些方法需要用户去完成。

接口的声明：

```
@interface MySampleClass < AJNAboutDataListener >
```

两个需要实现的 AJNAboutDataListener 中的方法，依照 About 接口数据区域是：

```
- (QStatus)getAboutDataForLanguage:(NSString *)language usingDictionary:(NSMutableDictionary **)aboutData
{
    ⋮
    *aboutData = [[NSMutableDictionary alloc] initWithCapacity:16];
    AJNMessageArgument *appID = [[AJNMessageArgument alloc] init];
    uint8_t originalAppId[] = { 0, 1, 2, 3, 4, 5, 6, 7, 8, 9, 10, 11, 12, 13, 14, 15 };
    [appID setValue: @"ay", sizeof(originalAppId) / sizeof(originalAppId[0]), originalAppId];
    [appID stabilize];
    [*aboutData setValue:appID forKey:@"AppId"];

    AJNMessageArgument *defaultLang = [[AJNMessageArgument alloc] init];
    [defaultLang setValue:@"s", "en"];
    [defaultLang stabilize];
    [*aboutData setValue:defaultLang forKey:@"DefaultLanguage"];
    ⋮
}

- (QStatus)getDefaultAnnounceData:(NSMutableDictionary **)aboutData
{
    ⋮
    *aboutData = [[NSMutableDictionary alloc] initWithCapacity:16];
    gDefaultAboutData = [[NSMutableDictionary alloc] initWithCapacity:16];
```

```
    AJNMessageArgument *appID = [[AJNMessageArgument alloc] init];
    uint8_t originalAppId[] = { 0, 1, 2, 3, 4, 5, 6, 7, 8, 9, 10, 11, 12, 13, 14, 15 };
    [appID setValue:@"ay", sizeof(originalAppId) / sizeof(originalAppId[0]), originalAppId];
    [appID stabilize];
    [ *aboutData setValue:appID forKey:@"AppId"];

    AJNMessageArgument *defaultLang = [[AJNMessageArgument alloc] init];
    [defaultLang setValue:@"s", "en"];
    [defaultLang stabilize];
    [ *aboutData setValue:defaultLang forKey:@"DefaultLanguage"];
    ⋮
}
```

About 接口的数据区域如表 8-3 所示。

表 8-3　About 接口数据

字段名称	是否需要	是否宣告	是否局部	签名
AppId	是	是	否	ay
DefaultLanguage	是	是	否	s
DeviceName	否	是	是	s
DeviceId	是	是	否	s
AppName	是	是	是	s
Manufacturer	是	是	是	s
ModelNumber	是	是	是	s
SupportedLanguages	是	否	否	as
Description	是	否	是	s
DateofManufacture	否	否	否	s
SoftwareVersion	是	否	否	s
AJSoftwareVersion	是	否	否	s
HardwareVersion	否	否	否	s
SupportUrl	否	否	否	s

(3) 创建一个 AJNBusAttachment：每个 AllJoyn 应用都需要创建总线附件和连接到 AllJoyn 框架。

① 创建一个 BusAttachment 实例的基础：

```
self.clientBusAttachment = [[AJNBusAttachment alloc]
initWithApplicationName:APPNAME allowRemoteMessages:ALLOWREMOTEMESSAGES];
```

② 为 bundled router 设密码：

注： AllSeen Alliance 版本 14.06 及更高版本的瘦客户端不需要这些步骤，如果想让瘦客户端和 bundled router 连接，这个路由器需要设立一个密码：

```
[AJNPasswordManager setCredentialsForAuthMechanism:@"ALLJOYN_PIN_KEYX" usingPassword:@"
000000"];
```

③ 连接与绑定步骤：

成功创建以后，总线附件必须要连接到 AllJoyn 框架。

```
[self.clientBusAttachment connectWithArguments:@""];
```

注：如果只想发送一个 announcement，这一步并不是必须的。如果来支持其他设备的连接，就需要构成会话。AllJoyn 框架必须要知道自己是否允许建立连接。

```
AJNSessionOptions *opt = [[AJNSessionOptions alloc]
initWithTrafficType:kAJNTrafficMessages
supportsMultipoint:false proximity:kAJNProximityAny
transportMask:kAJNTransportMaskAny];
serviceStatus = [self.serviceBusAttachment
bindSessionOnPort:1000 withOptions:opt
withDelegate:self.aboutSessionPortListener];
```

④ 带默认值的 PropertyStore。在应用中，PropertyStore 实例会以默认值加载。在上面实现的例子中，PropertStore 实例的 value map 使用的是默认值。

AppId 区域：AppId 区域是一系列字节数组，它是 16 字节的全局唯一标示符。

```
self.uniqueID = [[NSUUID UUID] UUIDString];
[self.aboutPropertyStoreImpl setAppId:self.uniqueID];
```

SupportedLanguage 区域：SupportedLanguage 区域是一系列字符串文本，下面的例子展示了如何将 ModelNumber 插入到 PropertyStore 中。下面的代码中的区域名字可以换成"About 接口的数据区域"中的任意名字。

```
[self.aboutPropertyStoreImpl setDescription:@"This is an AllJoyn application" language:@"en"];
[self.aboutPropertyStoreImpl setDescription:@"Esta es una AllJoyn aplicacion" language:@"sp"];
[self.aboutPropertyStoreImpl setDescription:@"C'est une AllJoyn application" language:@"fr"];
```

(4) 创建一个 About 对象实例：对于一个发送 AboutData 的应用，它需要一个 AboutService 类实例。AboutServiceImp 的作用是包装 AllJoyn 本地调用，它负责处理 About 服务端和 About 客户端的互动。

```
AboutService aboutService = AboutServiceImpl.getInstance();
```

(5) 创建并储存 DeviceIcon 对象：储存相关的 BusObject 并把相关的接口加到 Announcement's ObjectDescription。

```
self.aboutIconService = [[AJNAboutIconService alloc] initWithBus:self.serviceBusAttachment
mimeType:mimeType url:url content:aboutIconContent csize:csize];
[self.aboutIconService registerAboutIconService];
```

(6) 发送 Announcement：[self. aboutServiceApi announce]。

(7) 消除并删除 AboutService 和 BusAttachment：当不需要使用 AboutService 并且不想再发送 Announcements 的时候，销掉 AllJoyn 总线中的进程，并删掉用过的变量。

```
// 停止 AboutIcon
[self.serviceBusAttachment unregisterBusObject:self.aboutIconService];
self.aboutIconService = nil;
//删除 AboutServiceApi
[self.aboutServiceApi destroyInstance];
self.aboutServiceApi = nil;
// 删除 AboutPropertyStoreImpl
self.aboutPropertyStoreImpl = nil;
//清除总线附件
[self.serviceBusAttachment cancelAdvertisedName:[self.serviceBusAttachment
uniqueName] withTransportMask:kAJNTransportMaskAny];
[self.serviceBusAttachment unbindSessionFromPort:SERVICE_PORT];
//删除 AboutSessionPortListener
[self.serviceBusAttachment unregisterBusListener:self.aboutSessionPortListener];
self.aboutSessionPortListener = nil;
// 停止总线附件
[self.serviceBusAttachment stop];
self.serviceBusAttachment = nil;
```

4. 实现一个涉及 AboutClient 的应用

当实现一个接收 AboutData 的应用的时候，使用 AboutClient 类。当使用 AboutClient 类的时候，应用会在接收到 About 客户端，发送 Announcements 的时候发送提醒。

在实现 About 客户端前，检测 BusAttachment 已经被建立、开始运行、并处于连接状态，参考设置 AllJoyn 框架部分代码。此处的代码中总线附件的名字为：self. clientBusAttachment。

(1) 开始接收 Announce 信号：为了能从 About 服务端接收 Announce 信号，一个使用 AJNAnnouncementListener 协议的类必不可少。

创建使用 AJNAnnouncementListener 协议的类：这个类的声明方法允许接收 Announce 信号，虚拟函数 Announce 一定要实现。

```
@interface sampleClass <AJNAnnouncementListener>
- (void)announceWithVersion:(uint16_t)version port:(uint16_t)port busName:(NSString *)
busNameobjectDescriptions:(NSMutableDictionary *)objectDescs aboutData:(NSMutableDictionary **)
aboutData { // add your implementation here }
```

(2) 实现 Announce 方法处理 Announce 信号：对于任何连接到 AllJoyn 框架上的应用设备，存储在 AllJoyn 框架的方法会在接收到 Announce 信号的时候才被执行。

由于应用之间的差异性，开发者处理 AboutData 并且决定这些数据如何在 UI 中展示、何时请求非 Announce signal 传输的数据、任何其他被需要的逻辑。

(3) 注册 AJNAnnouncementListener：当注册一个 Announcement listener 的时候，需

要提供应用的接口信息，下面的代码展示了一个被注册的 listener 来接受 Announce 信号。

```
self.announcementReceiver = [[AJNAnnouncementReceiver alloc]
initWithAnnouncementListener:self andBus:self.clientBusAttachment];
const char* interfaces[] = { [INTERFACE_NAME UTF8String] };
[self.announcementReceiver registerAnnouncementReceiverForInterfaces:interfaces
withNumberOfInterfaces:1];
```

(4) 使用 Ping 功能：AJNBusAttachment pingPeer 函数可以用来决定一个设备是否响应。Announce 信号中的内容可能会变得陈旧，所以用 ping 功能来检测设备在试图建立连接之前的存在和回应就非常重要。

```
// 当 ping 远程总线名称最大等待时间为 5 秒
[self.clientBusAttachment enableConcurrentCallbacks];
QStatus status = [self.clientBusAttachment pingPeer:busName
  withTimeout:5000];
if (ER_OK == status) {
   ...
}
```

(5) 请求一个 non-announced 数据：如果要请求的数据不存在于 announcement 中，需要按如下方法完成：加入一个会话；使用总附件 JoinSession API 中的内容创建一个会话。注：变量名和端口号的设置源自 AboutData 和 Announce 方法。

```
AJNSessionOptions *opt = [[AJNSessionOptions alloc]
initWithTrafficType:kAJNTrafficMessages supportsMultipoint:false
proximity:kAJNProximityAny transportMask:kAJNTransportMaskAny];
self.sessionId = [self.clientBusAttachment
      joinSessionWithName:[self.clientInformation.announcement busName]
            onPort:[self.clientInformation.announcement port]
            withDelegate:(nil) options:opt];
```

(6) 创建一个 AboutClient 即创建一个 AJNAboutClient 并且创建一个实例并将其传入总线附件：

```
AJNAboutClient *ajnAboutClient = [[AJNAboutClient alloc]
initWithBus:self.clientBusAttachment];
```

创建一个 AJNAboutIconClient 并且创建一个实例，将它传入总线附件：

```
self.ajnAboutIconClient = [[AJNAboutIconClient alloc]
initWithBus:self.clientBusAttachment];
[self.ajnAboutIconClient urlFromBusName:announcementBusName url:&url
sessionId:self.sessionID];
```

(7) 关闭。当完成必需的工作后，用如下方法关闭：

```
self.clientBusAttachment = nil;
```

8.2.3 About 实例

1. 预先要求

(1) About 实例应用允许设备成为独立的客户端或服务端,也允许设备同时作为客户端和服务端。如果选择将同一个设备既作为客户端也作为服务端,那么可以在一个 iOS 设备上发送和接受 About 广播。除此之外。也可以选择将一台 iOS 设备作为客户端,另一台 iOS 设备作为服务端在 IOS 设备中安装聊天应用,在这为了更清晰地看到实验结果,我们选择同时使用两台设备。

(2) 将两台设备连接到同一 WiFi 网络。

2. 运行步骤

(1) 运行 About 应用并将其作为客户端:

① 在 iOS 设备上运行 About 实例应用;

② 单击"Connect to AllJoyn";

③ 在弹出窗口中,设置应用中的 About 特征的名称。可以使用默认的 org. alljoyn. BusNode. aboutClient,或者由自己命名。该应用即运行在客户端模式下,在 Disconnect from AllJoyn 按钮下的列表里,可以看到附近正在进行 About 广播的应用。注:如果附近没有这样的应用,这个时候,可以选择让客户端和服务端在同一个设备的同一应用层面进行互动;

④ 想要和 About 服务端进行互动,在列表中选择已发现的服务端;

⑤ 在弹出窗口中选择其中一项:

Show Announce:它允许查看附近进行 About 广播的设备。

About:它会显示客户端收集到的全套信息。

Icon:它会显示客户端收集到的 About 图标。

(2) 运行 About 应用并将其作为服务端:

① 运行 About 实例应用在 iOS 设备上;

② 在屏幕底端,单击 Start About Service,该应用即运行在服务端模式。

注:可以在同一台设备上运行客户端和服务端进行互动,也可以让客户端和服务端在不同的设备上。

8.3 iOS 系统的基础服务

8.3.1 通知开发方法

1. 通知服务介绍

通知服务分为两类,通知产生者 Producer 和消费者 Consumer,通知服务的能力在于能让设备和终端用户"说话"以提供有用的信息。

通知的产生者 Producer 负责发送无会话信号，包含少量的文本和一些可选择的值，这些文本会传输到含有通知消费者 Consumer 的设备上。

通知的服务端负责注册设备并从任何支持通知产生者服务的设备上接收无会话信号。通知服务相关的源代码说明如表 8-4 和表 8-5 所示。

表 8-4 通知服务源代码说明

组　　件	描　　述
AllJoyn™	AllJoyn 标准库代码
NotificationService	通知服务框架代码
ServiceCommons	AllJoyn 服务框架的公共代码
SampleApps	AllJoyn 服务框架样例应用程序公用代码

iOS 应用程序参考代码：

表 8-5 iOS 系统的通知服务源码说明

应 用 程 序	描　　述
NotificationService	用于通知产生者和消费者的 iOS 应用程序

2. 通知服务开发简介

通知服务开发主要包含以下步骤：

(1) 预先要求：搭建好 iOS/OS X 环境以及 AllJoyn 框架和通知服务的项目。

(2) 建造一个通知产生者 Producer，以下步骤是搭建一个 Notification Producer 的高级过程：

① 创建 AllJoyn 应用的 base；

② 实现 ProperyStore 并在 AboutService 的 server 模式下使用它；

③ 初始化 Notification 服务框架并创建 Producer；

④ 创建一个 Notification，填充必要的内容，并用 Producer 发送这个 Notificaiton。

(3) 搭建一个通知消费者 Consumer，以下步骤是搭建一个通知 Consumer 的高级过程：

① 创建 AllJoyn 一个应用的 base；

② 创建一个类，实现 NotificationReceiver 接口；

③ 初始化通知服务框架并且实现 Receiver；

④ 开始接收通知。

(4) 通知的产生：

① 初始化 AllJoyn 框架，参见“搭建 iOS/OS X”部分内容；

② 创建总线附件：

```
AJNBusAttachment * bus = [[AJNBusAttachment alloc]
initWithApplicationName:@"CommonServiceApp" allowRemoteMessages:true];
[bus start];
```

③ About Feature：创建 PropertyStore 并写入必要的值：

```
self.aboutPropertyStoreImpl = [[QASAboutPropertyStoreImpl alloc]
init]; setAppId:[[NSUUID UUID] UUIDString];
[self.aboutPropertyStoreImpl setAppName:@"NotificationApp"];
[self.aboutPropertyStoreImpl setDeviceId:@"123123214566774567547 7"];
[self.aboutPropertyStoreImpl setDeviceName:@"Screen"];
NSArray* languages = @[@"en", @"sp", @"de"];
```

④ 开始 About 服务：

```
self.aboutService = [QASAboutServiceApi sharedInstance];
[self.aboutService startWithBus:self.busAttachment
andPropertyStore:self.aboutPropertyStoreImpl];
```

(5) 创建通知产生者 Producer：

① 初始化通知服务框架：

```
AJNSNotificationService *producerService;
//初始化 AJNSNotificationService 对象
self.producerService = [[AJNSNotificationService alloc] init];
```

② 启动通知产生者 Producer，提供总线附件并且实现 AboutProperty Store：

```
AJNSNotificationSender *Sender;
// 调用 initSend
self.Sender = [self.producerService startSendWithBus:self.busAttachment
andPropertyStore:self.aboutPropertyStoreImpl];
if (!self.Sender) {
      [self.logger fatalTag:[[self class] description]
      text:@"Could not initialize Sender"];
      return ER_FAIL;
}
```

③ 创建一个通知：Message Type 和 Notification Text 是必要的参数。

```
AJNSNotification *notification;
self.notification = [[AJNSNotification alloc] initWithMessageType:self.messageType
andNotificationText:self.notificationTextArr];
```

设置 DeviceId DevideName AppId AppName 和 Sender

```
[self.notification setDeviceId:nil];
[self.notification setDeviceName:nil];
[self.notification setAppId:nil];
[self.notification setAppName:self.appName];
[self.notification setSender:nsender];
```

④ 发送通知：提供一个可用的生存时间。

```
QStatus sendStatus = [self.Sender send:self.notification ttl:nttl];
if (sendStatus != ER_OK) {
    [self.logger infoTag:[[self class] description]
        text:[NSString stringWithFormat:@"Send has failed"]];
}
else {
    [self.logger infoTag:[[self class] description]
        text:[NSString stringWithFormat:@"Successfully sent!"]];
}
```

⑤ 高级功能：包括音频，图像，自定义属性，删除最后发送的信息等。

(6) 消费通知：

① 初始化 AllJoyn 框架：参照"搭建 iOS/OSX 环境"章节搭建 AllJoyn 框架环境。

② 创建总线附件：

```
AJNBusAttachment * bus = [[AJNBusAttachment alloc]
initWithApplicationName:@"CommonServiceApp" allowRemoteMessages:true];
[bus start];
```

③ About Feature

创建 Notification Consumer

初始化 Notification 服务框架

```
AJNSNotificationService *consumerService;
self.consumerService = [AJNSNotificationService sharedInstance];
```

实现 NotificationReceiver 接口

```
- (void)receive:(AJNSNotification *)ajnsNotification
{
    //处理接收通知的应用逻辑
}
- (void)dismissMsgId:(const int32_t)msgId appId:(NSString *) appId
{
    //处理丢弃通知的应用逻辑
}
```

启动 Notification Consumer，提供总线附件和 Notification 接收端

```
// 调用"initReceive"
  status = [self.consumerService startReceive:self.busAttachment
        withReceiver:self];
  if (status != ER_OK) {
    [self.logger fatalTag:[[self class] description]
```

```
        text:@"Could not initialize receiver"];
    return ER_FAIL;
}
```

3. 实例代码

(1) 预先要求：

① 在 iOS 中安装通知实例应用。可以使用通知服务实例应用作为通知产生者 Producer、通知消费者 Consumer 或者同时扮演这两个角色。如果同时让应用作为通知产生者 Producer 和消费者 Consumer，便可以在同一个 iOS 设备上发送和接收通知，在此，使用两个设备分别承担通知产生者 Producer 和通知消费者 Consumer。

② iOS 设备连接到同一 WiFi 网络。

(2) 运行步骤：

① 运行通知实例应用并作为通知产生者 Producer

在 iOS 设备上运行通知实例应用，如图 8-8 所示。

在应用名字区域，输入一个名字，例如 TestApp。

单击 Producer 运行 Producer 模式，如图 8-9 所示。

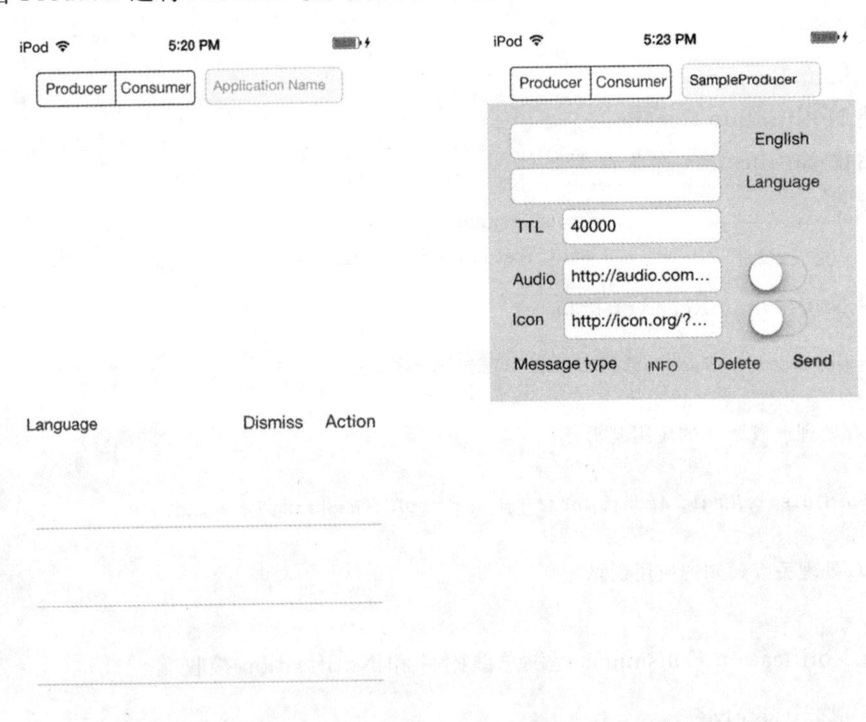

图 8-8 通知运行实例　　　　图 8-9 通知的产生者 Producer

在第一个文本框内输入想要发送的 Notification。

在第二个文本框内输入另一种语言的消息，可以使用文本框右面的选择器选择第二种语言。

使用标准的 TTL，或者通过输入使用新的标准。

打开 Icon URL 和 Audio 按钮。

在 Message Type 标签旁，选择一种信息类型：INFO，WARNING，EMERGENCY。

按下 send 键以发送消息，如图 8-10 所示。

注：如果想查看发送的通知，在同一台设备上或者其他设备上运行通知服务实例应用，并作为消费者 Consumer 即可。

② 运行通知实例应用，并作为消费者 Consumer。

在 iOS 设备上运行通知实例应用，如图 8-11 所示。

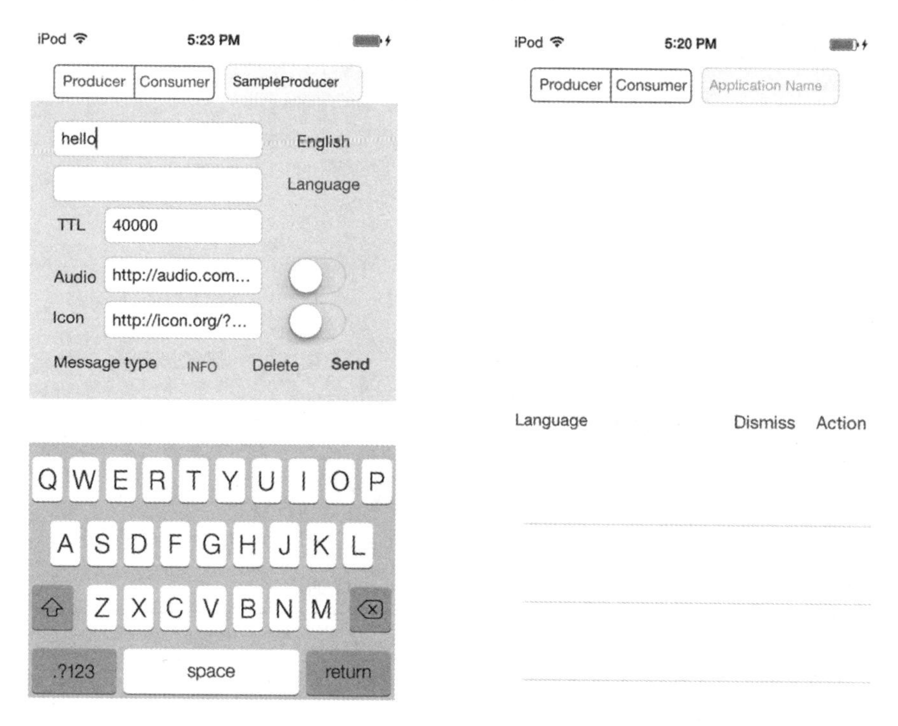

图 8-10 通知发送

图 8-11 通知运行为消费者

从以下内容中选择一项进行操作。

在应用程序名字文本框中输入一个名字，这样，系统会自动滤除除了这个名字外的其他消息。这个特性的目的是，当一个网络中有很多这样的应用的时候，能够更快地完成开发和测试的工作。当然可以保持文本框为空，应用程序会显示它收到的所有通知，如图 8-12 所示。

单击 Consumer 以使设备运行在 Consumer 模式下，这个应用就会接收通知，如图 8-13 所示。

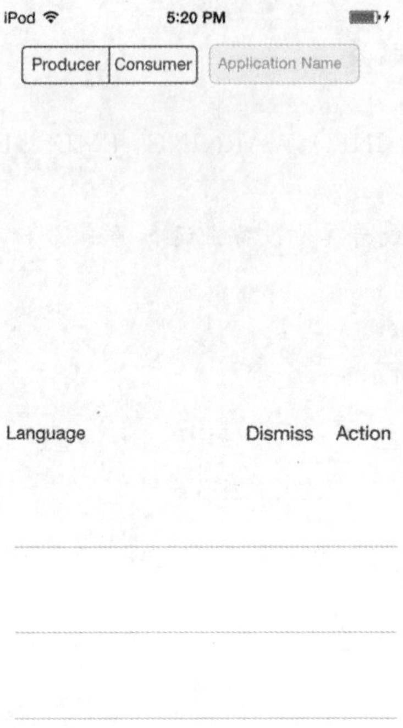

图 8-12　过滤通知发送源

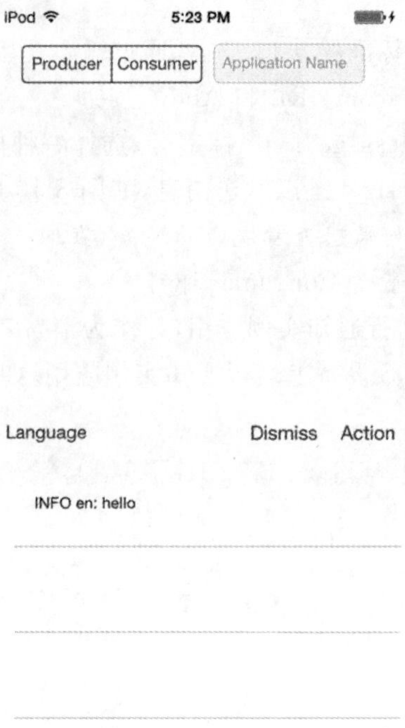

图 8-13　通知消费者

8.3.2　配置服务开发方法

1. 配置服务介绍

用于远程改变 ConfigData 的类如表 8-6 所示。

表 8-6　远程改变 ConfigData 的类

客　户　类	描　　述
ConfigClient	帮助类用于发现 About 服务，该服务提供宣告接入和 AboutService. 使用 org. alljoyn. About 接口监听发送的宣告

2. 配置服务开发简介

配置服务开发主要包含以下步骤：

(1) 搭建一个使用 ConfigClient 的应用。以下步骤提供了搭建一个远程可操作 ConfigData 的应用的过程：

① 创建 AllJoyn 应用的 base；

② 以客户端形式初始化 AboutService；

③ 以客户端形式初始化 ConfigService；

④ 创建一个 ConfigClient 与 ConfigServer 互动。

(2) 设置 AllJoyn 框架和 About 特性：这步操作对任何使用 AllJoyn 服务框架的任何

应用都普遍适用，在使用配置服务框架之前，必须实现 About 特性，并且 AllJoyn 框架必须搭建完成。这部分的步骤可以参见"搭建 iOS/OS X"部分章节。

（3）实现使用 Config Client 的应用：为了实现一个应用来接受和修改 ConfigData，使用 ConfigClient 类。这个 About Client 类是一定要实现，这样才能在 Config Server 实例发送宣告时得到通知。确定总线附件已经创建，在实现 Config Client 前，启动并连接到总线附件。注：这部分代码设计一个参量 clientBusAttachment，它是总线附件的变量名。

（4）建立 AboutService 对象：对于能发现对端应用的 ConfigService 提供者，需要 AJNAnnouncementReceiver 实例，如下所示：

```
self.announcementReceiver = [[AJNAnnouncementReceiver alloc]
initWithAnnouncementListener:self andBus:self.clientBusAttachment];
const char * interfaces[] = { "org.alljoyn.Config" };
[self.announcementReceiver
registerAnnouncementReceiverForInterfaces:interfaces
withNumberOfInterfaces:1];
```

（5）创建 ConfigService 对象：对于一个应用接收并修改 ConfigData，它需要一个 ConfigService 类的实例。AJCFGConfigService 是一个包在 AllJoyn 中负责处理和 ConfigServer 互动的本地调用外的实现。

```
self.configService = [[AJCFGConfigService alloc]initWithBus:self.
busAttachment propertyStore:self.propertyStore listener:self.configServiceListenerImpl];
```

（6）启动客户端模式：

```
[[AJCFGConfigClient alloc] initWithBus:self.clientBusAttachment];
```

① ConfigService：
产生一个 ConfigClient 实例并发送 ConfigData，从一端到另一端。

```
self.configClient = [[AJCFGConfigClient alloc]
initWithBus:self.clientBusAttachment];
```

② 请求 ConfigData：可更新的 ConfigData 可以通过 ConfigClient，用 configurationsWithBus：languageTag：configs：s essionId 方法调用来请求。这个结构可以被反复使用。

```
NSMutableDictionary *configDict = [[NSMutableDictionary alloc] init];
self.configClient configurationsWithBus:self.annBusName languageTag:@""
configs:&configDict sessionId:self.sessionId];
```

③ 更新 ConfigData：接收到的数据可以通过 ConfigClient 更新，通过 UpdateConfigurations() 方法。这个结构，由 GetConfigurations()返回，可以被重复使用以决定其内容。

```
NSMutableDictionary *configElements = [[NSMutableDictionary alloc] init];
NSString *key = [self.writableElements allKeys][textField.tag];
```

```
AJNMessageArgument * msgArgValue = [[AJNMessageArgument alloc] init];
const char * char_str_value = [QASConvertUtil
convertNSStringToConstChar:textField.text];
[msgArgValue setValue:@"s", char_str_value];
configElements[key] = msgArgValue;
self.configClient updateConfigurationsWithBus:self.annBusName
languageTag:@"" configs:&configElements sessionId:self.sessionId];
```

④ 重新发送 ConfigData：ConfigData 可以被重置为默认值通过 ConfigClient 用 ResetConfigurations()方法，这个结构可以重复使用去重置区域内的各值。

```
NSMutableArray * names = [[NSMutableArray alloc]
initWithArray:@[@"DeviceName"]];
[self.configClient resetConfigurationsWithBus:self.annBusName languageTag:@""
configNames:names];
```

(7) 将端设备应用重设为出厂默认设置。使用 FactoryReset()函数，注：这是一个没有回应的函数，所以这个方法是否成功并不能直接作出判断。

```
[self.configClient factoryResetWithBus:self.annBusName sessionId:self.sessionId];
```

(8) 重启端：端应用的重启可以通过方法 Restart()来实现，注：这是一个没有回应的函数，所以这个方法是否成功并不能直接作出判断。

```
[self.configClient factoryResetWithBus:self.annBusName sessionId:self.sessionId];
```

(9) 为端设置密码：端应用可以被设置不同的密码通过方法 SetPasscode()，它会废除当前的密钥并且产生一个新的密钥。

```
NSString * pass = @"123456";
NSData * passcodeData = [pass dataUsingEncoding:NSUTF8StringEncoding];
const void * bytes = [passcodeData bytes];
int length = [passcodeData length];
[self.configClient setPasscodeWithBus:self.annBusName
daemonRealm:self.realmBusName newPasscodeSize:length
newPasscode:(const uint8_t * )bytes sessionId:self.sessionId];
```

(10) 删除变量和为存储的 listeners：

```
const char * interfaces[] = { "org.alljoyn.Config" };
[self.announcementReceiver unRegisterAnnouncementReceiverForInterfaces:interfaces
withNumberOfInterfaces:1];
self.announcementReceiver = nil;
```

3. 实例代码

(1) 预先要求：在 iOS 中安装配置实例应用，可以使用配置服务框架使设备成为 Config 客户端或者 Config 服务端，或者同时成为 Config 客户端与服务端。在客户端模式中，可以看到附近任何支持 Config 服务的设备并与之互动。在服务端模式下，这个应用会使得设备变为 Config 服务端，并允许附近的客户端与之互动。如果要使设备同时成为客户端和服务端，那么就可以在同一应用层面上和自己的设备进行互动；iOS 设备连接到同一 WiFi 网络。

(2) 运行步骤：

① 运行配置服务并使其作为客户端：

在 iOS 设备上运行配置服务，如图 8-14(a)所示。

按 Connect to AllJoyn 按钮，如图 8-14(b)所示。

(a) 运行配置应用　　(b) 连接到AllJoyn

图 8-14　运行配置

这个应用现在运行在客户端模式下，在列表区域，附近任何的配置服务框架都会被列出，内容显示的是其 About 特征，如图 8-15 所示。

注：如果附近没有任何可用的配置服务框架，按照"运行配置服务实例并作为服务端"指导，将 iOS 的设备同时配置为服务端。在这种情况下的服务端和客户端会在同一台设备上互动。

选择上述列表中的一台临近设备，并与之互动。

选择之后会有一个弹出窗口，如图 8-16 所示。

Show Announce：它会让查看搜索到的临近设备的 About 广播，如图 8-17 所示。

About：它会显示附近 About 客户端的全套信息，如图 8-18 所示。

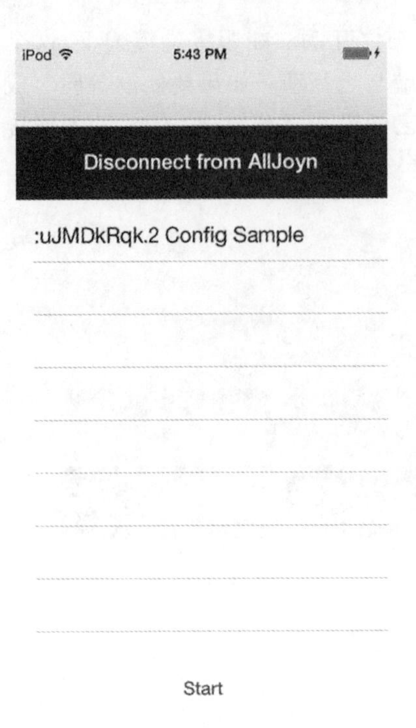

图 8-15 客户端模式

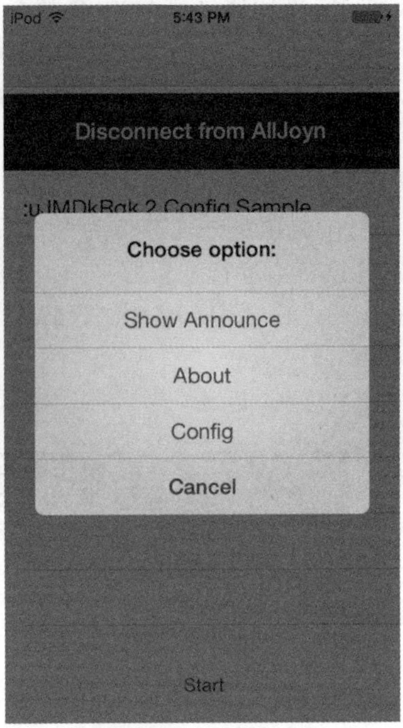

图 8-16 选择列表

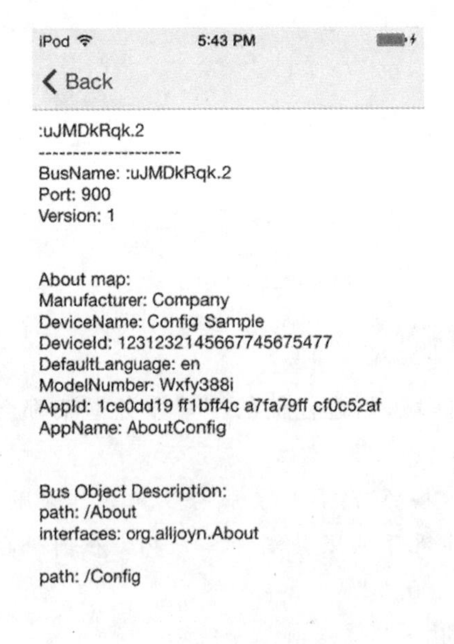

图 8-17 Show Announce

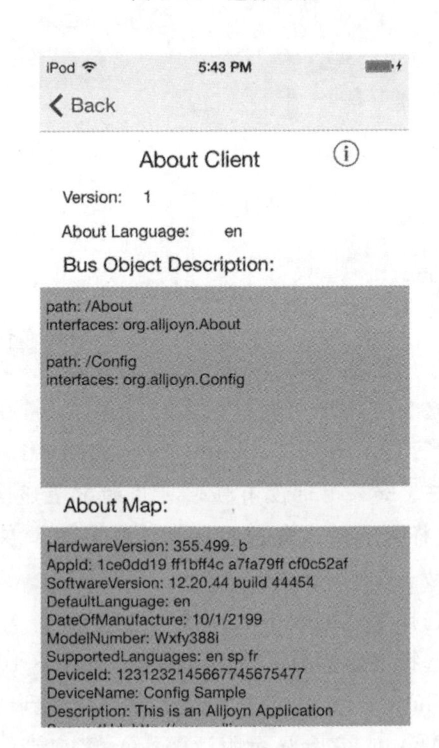

图 8-18 About

Config：现在，可以查看 Config 客户端提供的信息。也可以使用 Config 客户端来和服务端互动或者配置服务端的参数，例如，如果改变了 DeviceName，然后单击 Back，回到主界面，会发现新的设备名称会显示出来。分别如图 8-19 和图 8-20 所示。

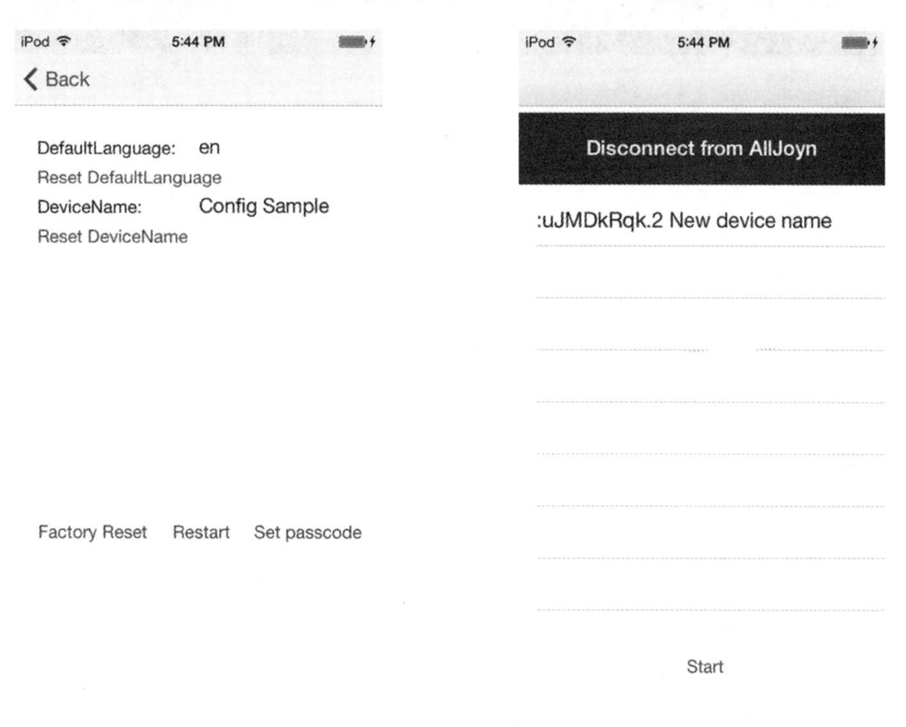

图 8-19 配置名字　　　　图 8-20 显示新名字

② 运行配置服务实例并作为服务端：

运行配置服务实例应用在 iOS 设备上，如图 8-21 所示。

在屏幕底部单击 Start Service 按钮，启动服务如图 8-22 所示。

应用将运行在服务端模式下。

注：可以在同一台 iOS 设备中或者不同 iOS 设备中运行客户端实例应用以和服务端进行互动。

8.3.3 Onboarding 的开发方法

1. Onboarding 介绍

Onboarding 应用使用下列 Onboarding 服务框架库：

① alljoyn_onboarding_objc. a；

② alljoyn_onboarding_cpp. a；

③ alljoyn_about_cpp. a；

④ alljoyn_about_objc. a。

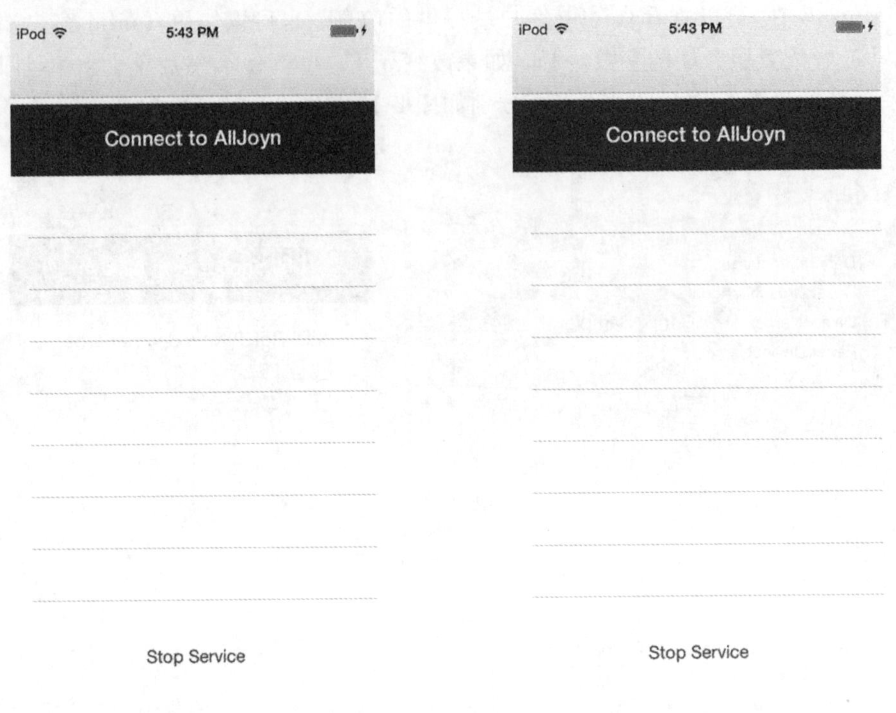

图 8-21　服务端运行实例　　　图 8-22　启动服务

2. Onboarding 开发简介

Onboarding 开发主要包含以下步骤：

(1) 获取 Onboarding 服务框架。参考“搭建 iOS/OS X”部分内容编译 Onboarding 服务框架。

(2) 搭建 Onboarding 应用。以下步骤提供了搭建 Onboarding 应用的方法：

① 创建 AllJoyn base；

② 是指 iOS 设备连接到 AJ_或者 AJ 网络；

③ 初始化 AboutService 客户端模式并且请求 AnnouncementHandler 对象。

(3) 设置 AllJoyn 框架。此步和其他使用 AllJoyn 框架的应用的设置方法是通用的，在使用 Onboarding 服务框架前，必须实现 About 特性并且搭建好 AllJoyn 框架。

(4) Onboarding 应用的实现：

① 初始化 AllJoyn 框架，参照“搭建 IOS/OS X”部分内容搭建 AllJoyn 框架。

② 在客户端模式下初始化 AboutService，About 特性用来接收宣告信号。当 iOS 设备连接到其他 AllJoyn 设备的软 AP 后，AllJoyn 设备可以开始广播自己，这个广播信号提供了启动一个 Onboarding 过程的必要信息。

③ 初始化 About 特性，创建、启动、连接、注册总线附件：

```
clientBusAttachment = [[AJNBusAttachment alloc] initWithApplicationName:APPNAME
```

```
allowRemoteMessages:ALLOWREMOTEMESSAGES];
[clientBusAttachment start];
//给路由设置密码,以便瘦客户端能够接入.
[AJNPasswordManager setCredentialsForAuthMechanism:@"ALLJOYN_PIN_KEYX"
usingPassword:@"000000"];
[clientBusAttachment connectWithArguments:@""];
[clientBusAttachment registerBusListener:self];
```

④ 注册以接收广播和无会话信号:

```
announcementReceiver = [[AJNAnnouncementReceiver alloc]
initWithAnnouncementListener:self andBus:self.clientBusAttachment];
[announcementReceiver registerAnnouncementReceiver];
[clientBusAttachment addMatchRule:@"sessionless = 't',type = 'error'"];
// 广播带有相关前缀的名字,以便瘦客户端发现
[clientBusAttachment advertiseName: @" quiet@org alljoyn. DusNode. CPSService. 542e8562 -
e29b - 89c2 - b456 - 334455667788"]
```

⑤ 监听来自 Onboardee 设备的广播:Onboardee 设备会通过软 AP 广播自己,可以通过将网络由 WiFi 切换到软 AP 上来查看。

一旦 onboarder 加入 Onboardee 的软 AP,onboarder 的广播监听器会收到广播。用 AJNnnouncementListener 协议来对新的广播进行响应,对于每个接收到的广播,需要查看它是否实现了 Onboarding 接口。如果是这样,将它作为一个 onboardee 设备存储起来。

```
- (void)announceWithVersion:(uint16_t)version port:(uint16_t)port
        busName:(NSString * )busName
        objectDescriptions:(NSMutableDictionary * )objectDescs
        aboutData:(NSMutableDictionary ** )aboutData
{
  // 在 AJNAnnouncement 中保存声明
AJNAnnouncement * announcement = [[AJNAnnouncement alloc]
initWithVersion:version port:port busName:busName
objectDescriptions:objectDescs aboutData:aboutData];

NSMutableDictionary * announcementObjDecs = [announcement objectDescriptions];
    (NSString * key in announcementObjDecs.allKeys) {
    if ([key hasPrefix: @"/Onboarding/"]) {
        for (NSString * intf in[announcementObjDecs valueForKey:key]) {
            if ([intf isEqualToString: @"org.alljoyn.Onboarding"]) {
                hasOnboarding = true;
            }
        }
    }
  }

  if(hasOnboarding == true)
  NSLog(@"This announcement has the onboarding service");
```

⑥ 使用 Onboarding 服务框架：

通过来自 About 广播的数据，初始化 OnboardingClient：

```
onboardingClient = [[AJOBSOnboardingClient alloc]
initWithBus:clientBusName];
```

为用户提供 UI，用以输入/选择 AP，然后通过 OnboardingClient 发送

```
AJOBInfo obInfo;
obInfo.SSID = ssidTextField.text;
obInfo.passcode = ssidPassTextField.text;
obInfo.authType = ANY;
[onboardingClient configureWiFi:onboardeeBus obInfo:obInfo
resultStatus:resultStatus sessionId:sessionId];
```

通知 Onboardee 加入提供的网络：

```
[onboardingClient connectTo:onboardeeBus sessionId:sessionId] ;
```

⑦ 获得 AllJoyn 设备的上一个错误：如果在连接到个人 AP 的时候发生了错误，AllJoyn 设备会返回到软 AP 模式。此时，IOS 设备会回到个人 AP 并且寻找个人网络的 AllJoyn 设备。当 AllJoyn 设备并没有出现在个人 AP 中，Onboarder 会假设在设备连接到网络期间发生了错误，例如：WiFi 密码输入错误。想知道没有连接在同一个网络下的错误信息，在连接回软 AP 后，调用 GetLastError 方法：

```
onboardingClient = [[AJOBSOnboardingClient alloc] initWithBus:clientBusName];
onboardingClient lastError:busName lastError: lastError sessionId: sessionId];
```

⑧ 退出 AllJoyn 设备：退出 AllJoyn 设备，与个人 AP 断开连接并切换回软 AP 模式。当需要切换到不同的 AP 时，需要执行这一步，否则，个人 AP 的密码会改变并且 AllJoyn 设备需要重新连接。

```
onboardingClient = [[AJOBSOnboardingClient alloc] initWithBus:clientBusName];
QStatus status = [self. onboardingClient offboardFrom: self. onboardeeBus sessionId: self.
sessionId];
```

3. 实例代码

(1) 预先要求：在 iOS 中安装 Onboarder 实例应用；在安卓设备上设置和运行一个 Onboardee 实例；安卓和 iOS 连接到同一 WiFi 网络。

(2) 运行步骤：

① 运行 Onboarding 实例应用：

在 iOS 设备中使用 Setting->WiFi 菜单选项连接到一个 AP 上，由这个 AP 登录目标设备广播。

一旦连接到 AP 上，便可以在 iOS 设备上运行 Onboarding 服务实例应用。

单击 Connect to AllJoyn 按钮。

在弹出窗口中，设置好名字。可以使用 org. alljoyn. BusNode. onboardinClient 作为默认的名字，也可以自己命名，这个应用以 Onboarder 的身份运行。在 Disconnect from AllJoyn 按钮下面的列表里，可以看到所有附近的应用，这些应用支持 Onboarding 服务框架，并广播 About 特性以让其他应用发现它们，这些应用就是 Onboardee。

选择列表中的一项，以和 Onboardee 互动。

从弹出窗口中选择一项：

Show Announce：选择这个选项可以允许查看附近应用的 About 广播。

About：选择这个选项会显示 About Client 得到的附近应用的全套信息。

Onboarding：可以使用 Onboarder 来逐步完成登录到同一个本地网络的 Onboardee 的过程。

选择 Onboarding 选项并执行下面的内容：

输入想要 Onboardee 登录的 WiFi 网络的 SSID 和密码，然后单击 Configure。设备会将这些数据传输给 Onboardee。单击 Connect，会看到一个成功提示并要求去 iOS 设备的 Settings>WiFi 菜单，将 WiFi 网络改变到想要登录的 WiFi 中。

一旦改变了 WiFi 网络，会看到 Onboardee 端设备变为了临近设别，并列在 Disconnect from AllJoyn 按钮下的列表里。如果选择这个设备，会看到他已经被登录，同样，也可以让这个设备登出。

② 运行 Onboardee：跟随“在安卓环境下运行 AboutConfOnbServer”的指导。便可以用 iOS 设备实例应用来让安卓环境下的应用登录到指定网络中。

当在安卓设备中运行 AboutConfOnbServer 应用时，设备会自动运行在 AP 模式下。根据设备的不同，可能需要手动为 AP 的名字加上“AJ_”的前缀。这个前缀会被 Onboarding 服务框架使用，用以确定该 AP 支持 AllJoyn 的 Onboarding 服务框架。

8.3.4 控制面板服务的开发方法

1. 控制面板介绍

(1) 控制面板源码说明(表 8-7)

表 8-7　控制面板的源码说明

库	描　述
Alljoyn	AllJoyn 标准库代码
Alljoyn_services_common	服务框架的基础代码，Linux(C++)和 Objective-C 都必须使用
Alljoyn_about	About Feature 库文件
Alljoyn_controlpanel	Control Panel 库文件
AlljoynFramework_iOS	iOS 下的 AllJoyn 框架

(2) iOS 应用参考代码(表 8-8)

表 8-8 控制面板 iOS 应用源码

应　用	描　述
SampleApp	使用 Control Panel 服务和 api 的 iOS 应用

2. 控制面板的开发

控制面板的开发主要包含以下步骤：

(1) 获取 Control Panel 服务框架

参考"搭建 iOS/OS X"部分内容。

(2) 搭建一个控制端：

① 创建 AllJoyn 的 base 应用；

② 启动 AboutClient；

③ 监听广播以发现网络内的受控端；

④ 在广播监听到的目录内，选择一个控制面板；

⑤ 和将要进行互动的受控端设备进行一个会话；

⑥ 让设备的控制面板组件通过适配器，适配器把这些组件转换成 iOS UI 元素；

⑦ 让通过适配器的 iOS UI 元素在应用中显示出来，这些元素组合起来形成控制面板的图形界面，并显示在控制端的应用终端上供用户操作。

(3) 配置 AllJoyn 框架和 About 特性：这里要做的工作主要是为了适配任何使用了 Alljoyn 技术和服务的设备，在使用控制面板服务框架之前，必须实现 About 特性并搭建 Alljoyn 框架。

相关操作可以参考以下内容：搭建 iOS/OS X 章节和 iOS 下的 API 指导的内容。

(4) 实现一个控制端：

① 初始化 Alljoyn 框架，参见搭建 iOS/OS X 部分章节。

② 创建客户端模式的 AboutService：控制面板服务框架需要依赖 About 特性，更多有关 About Feature 的内容，参照 API 指导。

③ 初始化 About 特性，创建，启动，连接，并建立一个总线附件。

```
clientBusAttachment = [[AJNBusAttachment alloc] initWithApplicationName:APPNAME
allowRemoteMessages:ALLOWREMOTEMESSAGES];
[clientBusAttachment start];
[AJNPasswordManager setCredentialsForAuthMechanism:@"ALLJOYN_PIN_KEYX" usingPassword:@"
000000"];
[clientBusAttachment connectWithArguments:@""];
[clientBusAttachment registerBusListener:self];
```

④ 注册并接收广播与无会话信号：

```
announcementReceiver = [[AJNAnnouncementReceiver alloc]
```

```
initWithAnnouncementListener:self andBus:self.clientBusAttachment];
[announcementReceiver
registerAnnouncementReceiverForInterfaces:NULL
withNumberOfInterfaces:0];
[clientBusAttachment advertiseName:@"quiet@org.alljoyn.BusNode.CPSService.542e8562 - e29b
- 89c2 - b456 - 334455667788"]
```

⑤ 监听来自受控端设备的广播：一旦客户端模式启动，广播信号会被广播监听侦测到。在类里面实现 AJNAnnouncementListener 协议以确保能回应广播信号。

对于每个接收到的广播信号，检查它是否继承了 ControlPanel 接口。如果继承了，那么就将其存下来，作为候选设备。

```
- (void)announceWithVersion:(uint16_t)version
port:(uint16_t)port
busName:(NSString * )busName
objectDescriptions:(NSMutableDictionary * )objectDescs
aboutData:(NSMutableDictionary ** )aboutData
{
AJNAnnouncement * announcement = [[AJNAnnouncement alloc]
initWithVersion:version port:port busName:busName objectDescriptions:objectDescs aboutData:
aboutData];
NSMutableDictionary * announcementObjDecs = [announcement objectDescriptions];
(NSString * key in announcementObjDecs.allKeys)
{
   if ([key hasPrefix: @"/ControlPanel/"]) {
    for (NSString * intf in[announcementObjDecs valueForKey:key]) {
       if ([intf isEqualToString: @"org.alljoyn.ControlPanel.ControlPanel"]) {
           hascPanel = true;
         }
      }
   }
}

if(hascPanel == true)
NSLog(@"This announcement has control panel");
```

⑥ 用 AJNAnnouncement 对象来装载控制端的 UI。

```
GetControlPanelViewController * getCpanelView =
[[GetControlPanelViewController alloc] initWithAnnouncement:announcement
bus:self.clientBusAttachment]; [self.navigationController
pushViewController:getCpanelView animated:YES];
```

3. 实例代码

(1) 预先要求：

① 在 iOS 中安装控制面板实例应用。

② 在 Linux 下设置和运行一个受控端实例。

③ Linux 和 iOS 连接到同一 WiFi 网络。

(2) 运行步骤：

① 运行控制面板实例应用：

在 iOS 设备上运行控制面板应用。

单击 Connect to AllJoyn 按钮。

在弹出窗口中，设置名称，可以使用默认的 org. alljoyn. BusNode. aboutClient 或者自己命名，这个应用现在以控制端模式运行。在 Disconnect from AllJoyn 按钮下方的列表区域里，可以在列表中看到附近的受控端应用，这些应用通过 About 来广播自己。

在列表中选择一个受控端进行互动。

在弹出的窗口中可以选择。

show announce：它允许查看附近设备通过 About 广播所发送的内容。

About：它允许查看附近设备的全套信息。

Control Panel：可以使用控制端来与受控端提供的控制面板进行互动。

在选择这项后，单击屏幕最右上角的 Language 按钮，并且在文本框内输入可用的语言。例如：输入"en0"可以查看英语版的控制面板，一旦选择了控制面板和语言，所对应的控制面板数据就会显示在界面上。iOS 设备并没有 Widget Rendering Library，控制面板是由一系列展示每个控制的数据和性质的对象而构成的。

② 运行 Controllee 受控端：请跟随"在 Linux 下运行"教程的指导，搭建并运行受控端的实例应用。

参考文献

[1] Y. D. Lee, D. Lee, W. Y. Chung, R. Myllylae. A Wireless Sensor Network Platform for Elderly Persons at Home[J]. 稀有金属材料与工程,2006(3): 95-99.

[2] 陈志奎,李良. 基于 ZigBee 的智能家庭医保系统[J]. 计算机研究与发展, 2010(2): 355-360.

[3] 胡培金,江挺,赵燕东. 基于 ZigBee 无线网络的土壤墒情监控系统[J]. 农业工程学报,2011(4): 230-234.

[4] 郑琛,曹斌. ZigBee 技术在智能交通系统中的应用研究[J]. 通信技术, 2012(5): 86-88.

[5] D. Niyato, L. Xiao, P. Wang. Machine-to-Machine Communications for Home Energy Management System in Smart Grid[J]. IEEE Communications Magazine, 2011, 49(9): 318-326.

[6] D. Han, J. Lim. Design and Implementation of Smart Home Energy Management Systems based on Zigbee[J]. IEEE Trans. on Consumer Electronics, 2010, 56(3): 1417-1425.

[7] J. Han, C. S. Choi. More efficient home energy management system based on ZigBee communication and infrared remote controls[J]. IEEE Trans. on Consumer Electronics, 2011, 57(2): 85-89.

[8] C. L. Zhang, M. Zhang, Y. S. Su. Smart home design based on ZigBee wireless sensor network[C]. International ICST Conference on Communications and Networking in China, Kun Ming, China, 2012.

[9] R. A. Ramlee, M. A. Othman, M. H. Leong. Smart home system using android application[C]. International Conference of Information and Communication Technology (ICoICT), Bandung, Indonesian, 2013.

[10] 刘永富,焦斌亮,刘庆赟. 基于蓝牙的智能家居控制系统[J]. 现代建筑电气, 2010,(12):13-18.

[11] 宋威,黄进,尹航,庞志远,梁鹏程. 基于 WI-FI 物联网的家电智能控制系统信息控制端的研究[J]. 信息通信,2013,(01):199-200.

[12] Stavroulaki V., et al. Distributed Web-based Management Framework forAmbient Reconfigurable Services in the Intelligent Environment[J]. Mobile Networks and Applications, 2006, 11(6): 889.

[13] Li, W., et al. Service-oriented smart home applications: composition, code generation, deployment, and execution[J]. Service Oriented Computing and Applications, 2012, 6(1): 65.

[14] 朱向军,应亚萍,应绍栋,冯志林. 基于 ZigBee 和 WLAN 的智能家居监控系统的设计[J]. 电信科学, 2009,(06):45-50.

[15] Cuong Truong, Kay Romer, Kai Chen. Fuzzy-based sensor search in the Web of Things[C]. 2012 3rd International Conference on the Internet of Things (IOT), Wuxi, China, 2012.

[16] 刘承磊. 基于 Web 的智能家居控制器的设计与实现[D]. 山东农业大学, 2009.

[17] 王秀珍. 基于 Web 方式的智能家居远程监控系统的设计与实现[D]. 南京邮电大学, 2012.

[18] 张敏捷. 基于 WinCE 的智能家居嵌入式 WEB 服务系统研究[D]. 浙江工业大学, 2007.

[19] 孙越. 基于 ZigBee 技术与嵌入式 Web 的智能家居网络系统设计方案的研究[D]. 南京邮电大学, 2012.

[20] 杨海川. 基于物联网的智能家居安防系统设计与实现[D]. 上海交通大学,2013.

[21] 相福利. 基于 Android 平台智能家居系统研究与实现[D]. :电子科技大学,2012.

[22] 陈车.基于IOS的智能家居客户端系统的设计与实现[D]. :北京邮电大学,2012.
[23] 张军霖,于军棋,苏晓峰.基于ZigBee技术的智能家居安防系统设计[J].河南科技,2011(8): 21.
[24] 南忠良,孙国新.基于Zigbee技术智能家居系统的设计[J].电子设计工程,2010(7):117-119.
[25] 董素鸽,李华.基于Zigbee技术的智能家居系统设计[J].河南科技,2012(1):59-60.
[26] Introduction to AllJoyn, HT80-BA013-1 Rev. C, http://www. AllJoyn. org/forums, February 8, 2013.
[27] Mohamad. Eid, R. Liscano, A. El Saddik. A universal ontology for sensor networks data [J]. Computational Intelligence for Measurement Systems and Applications, 2007: 59-62.
[28] Daniel O'Byrne, Rob Brennan. Implementing the Draft W3C Semantic Sensor Network Ontology [J]. IEEE International Conference on Pervasive Computing and Communications Workshops, 2010: 196-201.
[29] W3C Recommendation OWL web ontology language guide[EB/OL]. 2004. http://www. w3. org/TR/2004/ REC-OWL-guide-20040210/. 2004.
[30] 陈莉.基于领域本体的智能搜索系统的研究和应用[D].南京航空航天大学,2008.
[31] Graham Klyne, Jeremy J Carroll. Resource Description Framework (RDF) [M]. Concepts and Abstract Syntax, 2004.